Rechtsfragen des Atomausstiegs

Europäische Hochschulschriften
Publications Universitaires Européennes
European University Studies

Reihe II
Rechtswissenschaft

Série II Series II
Droit
Law

Bd./Vol. 3718

PETER LANG
Frankfurt am Main · Berlin · Bern · Bruxelles · New York · Oxford · Wien

Dirk Hellfahrt

Rechtsfragen des Atomausstiegs

Zugleich eine Betrachtung des Bestands- und Vertrauensschutzes im Atomrecht

PETER LANG
Europäischer Verlag der Wissenschaften

Bibliografische Information Der Deutschen Bibliothek
Die Deutsche Bibliothek verzeichnet diese Publikation in der Deutschen Nationalbibliografie; detaillierte bibliografische Daten sind im Internet über <http://dnb.ddb.de> abrufbar.

Zugl.: Jena, Univ., Diss., 2002
u. d. Titel : Vertrauensschutz und Bestandsschutz im Atomrecht – Rechtsfragen eines Gesetzes zur geordneten Beendigung der Kernenergienutzung

27
ISSN 0531-7312
ISBN 3-631-50906-5

www.peterlang.de

Vorwort

Die vorliegende Arbeit wurde am Fachbereich Rechtswissenschaft der Friedrich-Schiller-Universität Jena im Wintersemester 2002/2003 als Dissertation angenommen.
Zum Zwecke der Veröffentlichung wurde eine Überarbeitung und Ergänzung vorgenommen. Neuerscheinungen wurden berücksichtigt.
Mein erster Dank gilt meinem Doktorvater Professor Dr. Walter Pauly für die Betreuung des Promotionsverfahrens. Ihm verdanke ich vielfältige Anregungen und Hilfen. Frau Professor Dr. Martina Haedrich danke ich für die Übernahme des Zweitgutachtens.
Für die Durchsicht des Manuskripts und kritische Hinweise danke ich Olaf Hünemörder. Ebenso gilt mein Dank für die technische Unterstützung bei der Erstellung des Manuskripts Michael Christ und Reiko Richardt.
Großen Dank schulde ich auch meinen Eltern und meiner Familie für die Unterstützung während des gesamten Studiums.

Frankfurt am Main, im April 2003 Dirk Hellfahrt

Inhaltsverzeichnis

Abkürzungsverzeichnis

a.A.	andere Ansicht
a.a.O.	am angegebenen Ort
Abs.	Absatz
Abschn.	Abschnitt
a.F.	alte Fassung
AG	Aktiengesellschaft
AöR	Archiv des öffentlichen Rechts
AtG	Atomgesetz
atw	Atomwirtschaft, Zeitschrift
Aufl.	Auflage
BayVBl.	Bayerische Verwaltungsblätter
BayVerfGHE	Amtliche Sammlung der Entscheidungen des Bayerischen Verfassungsgerichtshofs
BB	Betriebs-Berater, Zeitschrift
BGBl.	Bundesgesetzblatt
BGH	Bundesgerichtshof
BGHZ	Amtliche Sammlung der Entscheidungen des Bundesgerichtshofs in Zivilsachen
BImschG	Bundes-Immissionsschutzgesetz
BMU	Bundesministerium für Umwelt, Naturschutz und Reaktorsicherheit
BT-Drucks.	Bundestags-Drucksache
BVerfG	Bundesverfassungsgericht
BVerfGE	Amtliche Sammlung der Entscheidungen des Bundesverfassungsgerichts
BVerwG	Bundesverwaltungsgericht
BVerwGE	Amtliche Sammlung der Entscheidungen des Bundesverwaltungsgerichts
Bd.	Band
ders.	derselbe
DM	Deutsche Mark
DÖV	Die öffentliche Verwaltung
DVBl.	Deutsches Verwaltungsblatt
EAGV	Vertrag zur Gründung der Europäischen Atomgemeinschaft (Euratom)

EGKS	Vertrag über die Gründung der Europäischen Gemeinschaft für Kohle und Stahl
EGV	Vertrag zur Gründung der Europäischen Gemeinschaft
EnWG	Energiewirtschaftsgesetz
ESVGH	Entscheidungssammlung des Hessischen Verwaltungsgerichtshofs und des Verwaltungsgerichtshofs Baden-Württemberg mit Entscheidungen der Staatsgerichtshöfe beider Länder
et	Energiewirtschaftliche Tagesfragen, Zeitschrift
EuGH Slg.	Entscheidungssammlung
EuGRZ	Europäische Grundrechte-Zeitschrift, Zeitschrift
EuR	Europarecht
EVU	Energieversorgungsunternehmen
f., ff.	folgende, fortfolgende
FS	Festschrift
GewO	Gewerbeordnung
GG	Grundgesetz
GmbH	Gesellschaft mit beschränkter Haftung
GmbHG	Gesetz betreffend die Gesellschaften mit beschränkter Haftung
HbdStR	Handbuch des Staatsrechts
HessVGH	Hessischer Verwaltungsgerichtshof
Hrsg.	Herausgeber
i.E.	im Ergebnis
i.V.m.	in Verbindung mit
i.w.S.	im weiteren Sinne
Jura	Jura, Zeitschrift
JuS	Juristische Schulung
JZ	Juristenzeitung, Zeitschrift
Kap.	Kapitel
KKW	Kernkraftwerk
KernEAbWG-E	Kernenergieabwicklungsgesetz-Entwurf

LG	Landgericht
NJW	Neue Juristische Wochenschrift, Zeitschrift
NuR	Natur und Recht, Zeitschrift
m.w.N.	mit weiteren Nachweisen
NWVBl.	Nordrhein-Westfälische Verwaltungsblätter, Zeitschrift
NVwZ	Neue Zeitschrift für Verwaltungsrecht
OLG	Oberlandesgericht
PrOVGE	Amtliche Sammlung der Entscheidungen des Preußischen Oberverwaltungsgerichts
Rdn.	Randnummer
RIW	Recht der internationalen Wirtschaft
S.	Seite; Satz
SPD	Sozialdemokratische Partei Deutschlands
UPR	Umwelt- und Planungsrecht
VerfGHNW	Verfassungsgerichtshof Nordrhein-Westfalen
VerwArch	Verwaltungsarchiv
vgl.	vergleiche
VVDStRL	Veröffentlichung der Vereinigung der Deutschen Staatsrechtslehrer
VwVfG	Verwaltungsverfahrensgesetz
WHG	Wasserhaushaltsgesetz
WiVerw	Wirtschaft und Verwaltung, Zeitschrift
WM	Wertpapiermitteilungen
WVK	Wiener Übereinkommen über das Recht der Verträge
ZG	Zeitschrift für Gesetzgebung
ZUR	Zeitschrift für Umweltrecht

Einleitung

A. Einführung

I. Vom Beginn der Nutzung der Kernenergie zu wirtschaftlichen Zwecken bis zu den Ausstiegsinitiativen

Die Historie der Nutzung der Kernenergie zu wirtschaftlichen Zwecken in der Bundesrepublik Deutschland ist in vielen Punkten einmalig.
Mit dem Atomgesetz des Jahres 1959 setzte der Gesetzgeber, gestützt auf eine Technik- und Atomeuphorie und eingebettet in die Europäische Atomgemeinschaft, auf die umfassende Entwicklung und den Ausbau einer bis dahin völlig neuen zivilen Technik zur Erzeugung von Elektrizität.
Anders als in Ländern wie Frankreich und Großbritannien, in denen die Entwicklung der friedlichen Nutzung der Kernenergie reibungsloser erfolgte, da diese dort mit der militärischen Nutzung der Kernenergie verquickt war und daher letztlich in staatlicher Hand ruhte, suchte man in Deutschland, gerade um den Verdacht militärischer Ambitionen nicht zu erwecken, die Zusammenarbeit mit der privaten Energiewirtschaft, um diese in die Richtung der Entwicklung eigener Reaktoren zu lenken. Diese Lenkungsversuche gestalteten sich insoweit als nicht sonderlich problematisch, als eine Verbindung der Energiewirtschaft vor allem mit der öffentlichen Gewalt auf kommunaler Ebene bestand, und die Energieversorgung als Aufgabe der Daseinsvorsorge höchste Priorität genoß.
In der Folgezeit bestand hinsichtlich der Weiterentwicklung der friedlichen Nutzung der Kernenergie auf dieser Grundlage eine breite Übereinstimmung zwischen privaten Unternehmen, Wissenschaft und Politik. Diese Konsensstimmung drückte sich bereits in dem ersten Entwurf zum Atomgesetz aus, in welchem es hieß: "Der Entwurf will der hieraus erwachsenen Aufgaben gerecht werden, indem er versucht, möglichst viele Kräfte zur Mitarbeit zu gewinnen und der Wirtschaft und Wissenschaft einen möglichst großen Ansporn zur Betätigung auf dem Gebiet der Erforschung und friedlichen Nutzung der Kernenergie zu geben."[1]
In den siebziger Jahren entdeckte dann die späte studentische Bewegung der sechziger Jahre die Kernenergie als Thema und verknüpfte diesen Ansatz mit einer insgesamt zivilisationskritischen Betrachtungsweise zum Hauptsymbol der ökologischen Bewegung.[2]

---

[1] BT-Drucks.2/3026 S.19.

[2] Vgl. Radkau, Aufstieg und Krise der deutschen Atomwirtschaft, S. 447., mit einem Hinweis auf die Verbindung des Kampfes gegen das KKW Würgassen mit radikaler Herrschaftskritik in einer Veröffentlichung der „Deutschen Volkszeitung" im Juli 1968.

Über zwei Jahrzehnte hinweg wurde ein Kampf für und gegen die friedliche Nutzung der Kernenergie mit großer Härte und Ausdauer ausgefochten.
Zeugnis von dieser Auseinandersetzung auch auf hoher politischer Ebene geben unter anderem die Gesetzentwürfe der Grünen (Atomsperrgesetz[3]) und der SPD (Kernenergieabwicklungsgesetz[4]) aus den Jahren 1984 beziehungsweise 1987.
Aktualität erhielt die Debatte mit der Verantwortungsübernahme einer von SPD und Bündnis 90 / Die Grünen gebildeten Bundesregierung in Anschluß an die Bundestagswahl im September 1998.
Nachdem beide Parteien bereits in ihrer Koalitionsvereinbarung[5] vorgesehen hatten, den Atomausstieg durchzuführen, wurde am 14. Juni 2000 eine Vereinbarung zwischen der Bundesregierung und den Energieversorgungsunternehmen geschlossen, die die Eckpunkte des Ausstiegs umreißt.
Nunmehr ist das "Gesetz zur geordneten Beendigung der Kernenergienutzung zur gewerblichen Erzeugung von Elektrizität vom 22.04.2002" in Kraft getreten.[6] Die hier interessierenden Regelungen des Gesetzes sehen in § 1 Nr. 1 AtG die Änderung des vormaligen Förderzwecks dahingehend vor, daß nunmehr Zweck ist, "die Nutzung der Kernenergie zur gewerblichen Erzeugung von Elektrizität geordnet zu beenden und bis zum Zeitpunkt der Beendigung den geordneten Betrieb sicherzustellen". Weiter werden gemäß § 7 Abs. 1 S. 2 AtG keine Genehmigungen für die Errichtung und den Betrieb neuer Kernkraftwerke, einschließlich von Anlagen zur Aufarbeitung von bestrahlten Kernbrennstoffen, mehr erteilt. § 7 Abs. 1 a AtG sieht eine nachträgliche Befristung der ursprünglich unbefristet erteilten Betriebsgenehmigungen für die deutschen Atomkraftwerke vor, wobei sich die Frist nach einer zu produzierenden Elektrizitätsmenge bestimmt, die einer Regellaufzeit von 32 Jahren pro Kraftwerk entspricht. Nach § 7 Abs. 1 b AtG besteht insoweit aber die Möglichkeit, Elektrizitätsmengen von einer Anlage auf eine andere Anlage zu übertragen. In § 19 AtG wird den Betreibern der Atomanlagen eine Verpflichtung zu periodischen Sicherheitsüberprüfungen aufgegeben. Verletzt ein Betreiber diese Verpflichtung, so kann ihm gemäß § 17 Abs. 3 Nr. 4 AtG die Atomaufsichtsbehörde nach fruchtlos abgelaufener Frist die Betriebsgenehmigung widerrufen. Des weiteren sieht § 13 Abs. 3 S. 2 AtG die Erhöhung der Deckungsvorsorge für jedes einzelne in Deutschland betriebene Kraftwerk um das Zehnfache gegenüber der alten Rechtslage auf 2,5 Milliarden Euro vor.

---

[3] BT-Drucks. 10/1913.
[4] BT-Drucks. 11/13.
[5] Vgl. Koalitionsvereinbarung zwischen SPD und Bündnis 90 / Die Grünen vom Oktober 1998; Kap. IV. Abschn. 3.2. („ Ausstieg aus der Atomenergie").
[6] BGBl. 2002 I, v. 22.04.2002, 1351 ff.

Gemäß § 9 a Abs. 1 S. 2 AtG ist die Abgabe von bestrahlten Kernbrennstoffen zur schadlosen Verwertung in Wiederaufarbeitungsanlagen vom 01.07. 2005 an unzulässig. Mit der letztgenannten Regelung in Zusammenhang stehend und eine Neuausrichtung der Zwischenlagerung vornehmend ist § 9 a Abs. 2 S. 3 AtG. Danach hat der Anlagenbetreiber dafür zu sorgen, daß ein Zwischenlager innerhalb des abgeschlossenen Geländes der Anlage oder in dessen Nähe errichtet wird, um die anfallenden bestrahlten Kernbrennstoffe bis zu deren Ablieferung an eine Anlage zur Endlagerung radioaktiver Abfälle aufzubewahren.
Damit ist jedoch sicher noch nicht die letzte Schlacht um die friedliche Nutzung der Kernenergie geführt. Solange die bestehenden Kraftwerke nicht vom Netz sind und solange Züge mit Brennelementen zu den Wiederaufarbeitungsanlagen nach Sellafield und La Hague unterwegs sind, wird es weiter zu Auseinandersetzungen rund um die Kernenergienutzung kommen.
Aber auch darüber hinaus ist der Ausstieg nicht irreversibel. Denkbar wäre durchaus, daß bei einem Wechsel der Mehrheitsverhältnisse nach Wahlen von dem Ziel des Atomausstiegs wieder Abstand genommen wird.

II. Die Frage nach der Sinnhaftigkeit eines Atomausstiegs

Abgesehen von der rechtlichen Beurteilung des Atomausstiegs wird die Frage des Sinns dieses Vorhabens unter verschiedenen Aspekten, etwa umwelt- und energiepolitischen, diskutiert.
Unter den umweltpolitischen Gesichtspunkten steht die Problematik im Vordergrund, ob nicht durch einen Atomausstieg die Nutzung von fossilen Brennstoffen forciert wird, was letztlich zu einem erhöhten Kohlendioxidausstoß und zur Verfehlung gesteckter Klimaschutzziele führt.
Aus energiepolitischer Sicht wird debattiert, ob der Verzicht auf Kernenergie dazu führen muß, daß aus dem Ausland Atomstrom importiert wird und damit letztlich doch eine Förderung von – technisch unsichereren – Kernkraftwerken erfolgt. Auch stellt sich die Frage, ob die Entwicklung neuer Energieerzeugungstechnologien eher gefördert oder verhindert wird.
Eine abschließende Beurteilung dieser Fragestellungen wird an dieser Stelle jedoch nicht möglich sein.
In Anbetracht des Zeitraums, in welchem sich der Atomausstieg vollziehen soll, kann nicht abschließend geklärt werden, auf welche Weise die durch Abschaltung von Atomkraftwerken wegfallenden Stromerzeugungskapazitäten substituiert werden und in welchem Umfang auf längere Sicht eine solche Ersetzung überhaupt nötig ist im Hinblick auf Einsparungspotentiale und vor-

handene Überkapazitäten.[7] Sicherlich ist der Atomausstieg wenig plausibel, sollte tatsächlich Atomstrom aus dem Ausland importiert werden, respektive aus Ländern in der unmittelbaren Nachbarschaft Deutschlands, deren Kraftwerke erwiesenermaßen nicht den Sicherheitsstandards in Deutschland genügen würden.
Dennoch scheint ein solches Szenario weniger wahrscheinlich. Auch ist keinesfalls sicher, daß eine Ersetzung der wegfallenden Atomstromkapazitäten durch Stromerzeugungsverfahren unter Nutzung fossiler Brennstoffe erfolgen wird.
Zwar ist nicht unbedingt ersichtlich, wie mittelfristig eine sinnvolle und nachhaltige Energiepolitik aussehen wird, doch ist zu wünschen daß weiterhin und in steigendem Maße – unabhängig von den poltischen Verhältnissen in Deutschland – neuen Energieträgern eine Chance gegeben wird. Eine andere Frage ist dann natürlich, inwieweit diese genügen, wegfallende Kapazitäten zu ersetzen.
Die Fakten sprechen dabei aus jetziger Sicht für die Atomenergie. So entlasten die bestehenden Kernkraftwerke in der Bundesrepublik die Atmosphäre jährlich um 160 bis 170 Millionen Tonnen Kohlendioxid.[8] In Anbetracht dieser Zahlen wird deutlich, daß für Deutschland die übernommenen Klimaschutzziele in der "Kyoto-Vereinbarung", den Kohlendioxidausstoß um 21 % von 2008 bis 2012 zu senken und die Planung, bis 2030 eine Kohlendioxidminderung von 50 % herbeizuführen, zumindest schwer zu erreichen sind.[9]
Bestehende Berechungen gehen insoweit davon aus, daß die Ziele auch bei einem Atomausstieg erreichbar sind. Voraussetzung dafür ist aber, daß entsprechende neue Energieerzeugungsformen hinreichend gefördert werden und Einsparungspotentiale genutzt werden.[10] Bei einem bloßen Rückgriff auf fossile Energieträger wird die Zielerreichung hingegen nicht möglich sein.
Im Ergebnis hängt aus umweltpolitischer Sicht somit viel davon ab, wie mit dem Atomausstieg umgegangen wird. Ein bloßer Rückgriff auf Braun- und Steinkohle kann, allein wegen des Beitrags dieser Energieträger zur Erderwärmung, sicherlich nicht der richtige Weg sein und würde wohl eher ein Gemeinwohlgrund sein, der gegen ein derartigen Ausstiegsbegehren sprechen würde. Anders sieht es hingegen aus, soweit auf die Förderung bestehender

---

[7] Weitere zu berücksichtigende Aspekte sind: direkte und indirekte Beschäftigungseffekte, Auswirkungen auf das Investitionsklima am Standort Deutschland und die mögliche Aufgabe einer Spitzentechnologie; vgl. Schmitt, et 1998, 6 (8).
[8] Wagner, NVwZ 2001, 1089 (1097).
[9] Vgl. UB-Doc. FCCC/CP/1997/L.7/Add. 1; bzgl. der 21 % im Rahmen eines burden sharing innerhalb der EG: vgl. Bull.EG-6 / 1998, S. 72.
[10] Ausführlich: Hennicke, in Koch/Roßnagel (Hrsg.), 10. Deutsches Atomrechtssymposium 1999, 33 (48 ff.).

oder neuer Energieerzeugungstechniken verwiesen wird. Insoweit besteht aber eine hohe Unsicherheit, da nur ungenau vorhersehbar ist, wie sich der Energieverbrauch entwickeln wird und wie der Entwicklungsstand und die Akzeptanz dieser neuen Energieträger sein wird.[11]
Im atomausstiegsfreundlichen Studien wird angenommen, daß der Atomausstieg zu einem erhöhten Innovationsdruck und damit einem Innovationsschub führen wird, der letztlich nicht nur ermöglichen soll, Klimaschutzziele einzuhalten, sondern auch die Substitution der durch den Ausstieg verlorengehenden Energieerzeugungskapazitäten.Weitere positive Nebeneffekte für die Volkswirtschaft sollen durch Exportimpulse entstehen.[12]
Ausstiegskritische Betrachtungen gehen demgegenüber davon aus, daß der Rückgriff auf fossile Energieträger mit deren negativen Folgen zwingend ist, da ein umfassender Ersatz durch alternative Energieträger aus tatsächlichen und wirtschaftlichen Gründen nicht möglich sein wird.[13] Insoweit wird darauf verwiesen, daß die bekannten regenerativen Energieträger nur begrenzt verfügbar sind und einen nicht unerheblichen Kostennachteil besitzen. Die geschätzten Zahlen liegen insoweit bei circa 2,5 bis 3 Milliarden Euro pro Jahr verkürzter Betriebsdauer von Kernkraftwerken gegenüber dem Normalbetrieb. Weiter sollen sich die Kohlendioxidminderungskosten – zur Einhaltung eingegangener Verpflichtungen der Bundesrepublik mittels Emission Trading und Aufforstung tropischer Wälder – nochmals auf bis zu eine Milliarde Euro pro Jahr belaufen können. Hinzu kommen weitere Kosten durch die heute nicht bezifferbare Verteuerung fossiler Energieträger aufgrund deren Verknappung. Eingeräumt wird aber auch, daß sich die Kosten der Kernenergieerzeugung erhöhen werden, weil zusätzliche Sicherungsmaßnahmen getroffen werden müssen und ein erhöhter Wartungsaufwand der Kernanlagen entstehen wird.
Die vorgenannten Zahlen sind jedoch mit einem Fragezeichen zu versehen, da angesichts des zeitlich gestreckten Atomausstiegs und der nicht vorhersehbaren Preise auf dem Weltenergiemarkt und technologischer Sprünge und von Strukturänderungen die den Berechnungen zugrundeliegenden Annahmen äußerst unsicher sind.
Ein verbleibender Kritikpunkt am Atomausstieg bleibt aber der Verlust der aus dem Umgang mit einer Spitzentechnologie entstehenden Erkenntnissgewinne, die sich auch auf andere Technikbereiche ausdehnen können und Entwicklungen dort beschleunigen – sog. spill over –. Daß Forschungsreaktoren weiter-

[11] Gassner/Maichel, in: Koch/Roßnagel (Hrsg.), 11. Deutsches Atomrechtssymposium 2001, 443 (454 f.).
[12] Hennicke, in Koch/Roßnagel (Hrsg.), 11. Deutsches Atomrechtssymposium 2001, 399 (436 ff.).
[13] Schmitt, et 1999, 6 (8 f.).

hin errichtet und betrieben werden können, wird dieses Defizit nich vollständig kompensieren können.
Auch sind die Auswirkungen auf den Arbeitsmarkt nur schwer prognostizierbar. Einerseits werden bei den Kernkraftwerken und den damit in Verbindung stehenden Bereichen Arbeitskräfte wegfallen. Demgegenüber werden aber in den dann zu schaffenden neuen Anlagen neue Arbeitsmöglichkeiten enstehen. Allerdings sind auch diesbezüglich weitere Analysen der unternehmens- und kraftwerksbezogenen Nettoeffekte notwendig, um gegebenenfalls mit Umschulungs- und Weiterbildungsprogrammen unternehmensinterne Weiterbeschäftigungsmöglichkeiten zu sichern[14], da nicht jeder Mitarbeiter eines Kernkraftwerks in der Lage sein wird, ohne weiteres in neuen Energieerzeugungszweigen tätig zu sein.
Die mit dem Atomausstieg und dem Wiederaufarbeitungsverbot einhergehenden Sicherheitsgewinne durch wegfallende Atomtransporte und den Nichtbetrieb von Kernkraftwerken kann man hingegen als – bedingt – positiven Aspekt betrachten. Auch wenn vorgebracht wird, daß deutsche Anlagen so sicher seien, daß praktisch nichts passieren könne[15], so wird man doch nicht bestreiten können, daß, angesichts doch immer wieder an die Öffentlichkeit dringender kleinerer Störfälle, mit einem endgültigen Abschalten von Anlagen jegliches Risiko ausgeschaltet wird. Relativiert wird dieser Aspekt natürlich durch den doch erheblichen Zeitraum des Atomausstiegs.
Daß im Ausland unsicherere Anlagen betrieben werden, kann man demgegenüber dem deutschen Gesetzgeber nicht vorwerfen. Eine mittelbare Förderung dieser Anlagen könnte allerdings durch Stromimporte aus diesen Ländern erfolgen. Im Hinblick auf das "Ob" und den Umfang derartiger Importe besteht aber ebenfalls Unklarheit.

Resümierend bleibt daher festzustellen, daß sich sowohl für als auch gegen einen Atomausstieg gewichtige Argumente anführen lassen. Aufgrund der unsicheren Argumentationsbasis und aufgrund der bestehenden Unwägbarkeiten läßt sich jedoch die Frage nach der Sinnhaftigkeit des Atomausstiegs objektiv und abschließend derzeit nicht beantworten.

[14] Vgl. Hennicke, in Koch/Roßnagel (Hrsg.), 11. Deutsches Atomrechtssymposium 2001, 399 (436).
[15] Vgl. Wagner, NVwZ 2001, 1089 (1097).

III. Verhältnis von Technik und Recht

Vor dem Hintergrund der Auseinandersetzungen um die Nutzung der Kernenergie zu friedlichen Zwecken stellt sich, analog zu anderen Bereichen von Techniken, insbesondere den gefahrgeneigten, die Frage des Verhältnisses von Technik und Recht.

Der Begriff Technik kann heute nicht mehr allein instrumentell als "Einsatz von Naturkräften zur Befriedigung menschlicher Bedürfnisse"[16] definiert werden, sondern es ist gerade im Hinblick auf das Verhältnis zum Recht bedeutend, daß die "moderne Technik dynamisch, wesensmäßig auf permanente Fortentwicklung angelegt" ist[17] und dadurch in immer kürzeren Abständen zu immer revolutionierenderen Veränderungen der sozialen und menschlichen Umwelt führt.[18] Dabei wird die Entwicklung der Technik bestimmt vom Machbaren. Ihr Antrieb ist, alles zu ermöglichen, was "geht", was technisch funktionabel ist. Daraus ergibt sich aber auch zugleich die innere Grenze der Technik. Mehr als das, was aktuell menschlich möglich ist, ist technisch nicht machbar.

Demgegenüber sieht sich das Recht mit der Aufgabe konfrontiert, eine Ordnung der Gegebenheiten der sozialen Existenz der Menschen unter den Aspekten der Rechtssicherheit, der Freiheitssicherung und des Gemeinwohls herbeizuführen. Herausragender Wesenszug des Rechts ist dabei die Beständigkeit. Es will, erfüllt von der Vergangenheit, aus der Gegenwart heraus schon dem künftigen menschlichen Verhalten die Richtung weisen.[19]

Recht und Technik treffen in der Wirklichkeit aufeinander. Wie dieses Aufeinandertreffen aussieht und welcher der beiden Aspekte im Verhältnis zum anderen stärker gewichtet ist, hängt von verschiedenen gesellschaftlichen und wirtschaftlichen Faktoren ab. Kulturelle Wertvorstellungen und politische Machtkonstellationen sind insoweit und gerade von Bedeutung.

Das Spektrum des Verhältnisses von Technik und Recht kann dabei von der Dominanz der Technik und einem bloß begleitenden Charakter des Rechts bis zur rechtlichen Verhinderung technischer Projekte zum Schutz tatsächlich oder vermeintlich schützenswerter Güter reichen.[20]

---

[16] Lukes, in: Münch/Renn/Roser, Technik auf dem Prüfstand, 1982, 167.

[17] Roßnagel, in: ders. (Hrsg.), Recht und Technik im Spannungsfeld der Kernenergiekontroverse", 1984, 13; Forsthoff, Der Staat der Industriegesellschaft, 1971, S. 33.

[18] Vgl. Hans Huber, in: ders., Rechtstheorie, Verfassungsrecht, Völkerrecht, 1971, 59.; Forsthoff, Der Staat der Industriegesellschaft., S. 33 f.

[19] Hans Huber, Das Recht im technischen Zeitalter, S. 69.

[20] Vgl. Schmidt-Preuß, in: Kloepfer (Hrsg.), Kommunikation-Technik-Recht, 2002; 175 (177 ff.).

Insoweit ist in neuerer Zeit durch die Entwicklung immer komplizierterer Techniken, die ein erhöhtes Schadenspotential mit sich bringen und zu gravierenden Verschiebungen bei den die Gesellschaft tragenden Werten führen können – man denke an die Gentechnik und die Präimplantationsdiagnostik – eine wesentliche Verschärfung des Spannungsverhältnisses zwischen Technik und Recht zu verzeichnen. Die diesbezüglich in der Öffentlichkeit seit vielen Jahren schon bestehende Diskussion wird in Anbetracht dessen in der Zukunft sicherlich noch zunehmen.
Ein bereits gefundenes Ergebnis des in der Öffentlichkeit geführten Diskurses ist hierbei die Einsicht, daß eine technische Entwicklung politischer Steuerung bedarf. Diesbezüglich macht es sich erforderlich das Verhältnis von Technik und Recht kontinuierlich zu überprüfen und ständig neu zu durchdenken.
Hierbei zeigt die geführte Kontroverse um die Kernenergie – ebenso wie die Debatte über die Gentechnik –, daß die jüngeren großtechnischen Entwicklungen die Evidenz ihrer Fortschrittlichkeit verloren haben.[21]
Sie sind einer umfassenden Legitimitätsdiskussion ausgesetzt und werfen soziale und politische Fragen auf. Da die technische Entwicklung auch in ein diese Entwicklung ablehnendes Umfeld eingebettet ist, kann sich nicht ausschließlich die Frage stellen, wie dieses Umfeld an die Dynamik der Technik herangeführt werden kann, sondern auch umgekehrt, wie sich eine technische Entwicklung sozialverträglich in eine gesellschaftliche Ordnung einfügen kann.
Beantwortet werden können diese Fragen natürlich nicht nach dem bereits beschriebenen Grundsatz der Machbarkeit und dem Grundsatz naturwissenschaftlicher Richtigkeit. Denn was naturwissenschaftlich richtig ist, ist gesellschaftlich noch lange nicht akzeptabel.
Ebenso kann eine technische Entwicklung auch keine Legitimation über die Kräfte des Marktes finden. Denn diese gewährleisten aufgrund ihrer Orientierung an Rentabilität und Gewinn keinesfalls die Beachtung grundlegender gesellschaftlicher Werte, insbesondere der Humanität. Vor diesem Hintergrund und unter diesen Prämissen kommt es eben gerade auf das Recht als Steuerinstrumentarium im Verhältnis zur Technik an. Recht kann insoweit Ziel und Mittel der Steuerung sein.[22]
Betrachtet man das Recht als Ziel, so hat es im Hinblick darauf, daß revolutionäre technische Entwicklungen nicht allein Leben und Gesundheit beeinträchtigen können, sondern auch wirtschaftliche und soziale Verschiebungen hervorrufen können, nicht nur die grundrechtliche Gewähr von Leben und körperliche Unversehrtheit zu beachten, sondern auch und gerade die Begrenzung

[21] Vgl. Roßnagel, in: ders. (Hrsg.), Recht und Technik im Spannungsfeld der Kernenergiekontroverse, 1984, 13 ff. (15).
[22] Roßnagel, a.a.O., S. 17.

staatlicher und gesellschaftlicher Macht und die Erhaltung individueller Freiheiten zu gewährleisten.
Recht als adäquates Mittel der Techniklenkung setzt voraus, daß ausreichende Instrumentarien vorhanden sind, die den vielfältigen und komplexen Bereich der Technik erfassen. Denn erst durch gleichwertige Mittel ist eine den Anforderungen gemäße Techniklenkung möglich.
Betrachtet man die Entwicklung – nicht nur in jüngerer Zeit – kann allerdings von einer Lenkung der Technik im engeren Sinne oftmals nicht gesprochen werden. Vielmehr erfolgte im Ergebnis – meist nach langwierigen und ausgiebigen Debatten – ein bloßes Nachvollziehen technischer Entwicklungen in dem Sinne, daß die mit der Herstellung und Vewendung technischer Systeme einhergehenden Risiken ein akzeptables Maß nicht überschreiten.
Eine Lenkung eines ganzen Technikbereichs im Sinne eines Totalverbots wie bei der Kernenergienutzung ist insoweit ein Novum. Wie sich die weitere Entwicklung bei der Gentechnik und der Präimplantationsdiagnostik vollziehen wird, bleibt abzuwarten.
Eines ist allerdings klar: Immer dann, wenn sich die Rechtsordnung inhaltlich den Diktaten des "Fortschritts der Technik" unterordnet, ist der Zusammenhang zwischen Recht und Technik nur formal sichergestellt.[23]
Im Ergebnis bleibt somit festzuhalten, daß – gleichwohl wie man zum Atomausstieg stehen mag – mit der Kernenergiekontroverse und ihrem zwischenzeitlichen gesetzlichen Höhepunkt, eine neue Form von Technikkritik entstanden ist, die nicht pauschal als technikfeindlich bezeichnet werden kann, sondern vielmehr nach den Folgen und Gefahren bestimmter technischer Entwicklungen fragt und eben auch für einen bestimmten Bereich Formen der Technik sogar fördert.

[23] In diesem Sinne: Roßnagel, Auf der Suche nach einem zeitgemäßen Verhältnis von Technik und Recht, S. 19 f.

B. Grundtendenzen des Atomrechts

Das Atomgesetz führt in seinem § 1 vier Zweckbestimmungen auf, wobei die Streichung des ursprünglich an Nr. 1 des § 1 AtG stehenden Förderzwecks, welche spätestens seit einem nicht umgesetzten Novellierungsentwurf des Atomgesetzes aus dem Jahre 1994[24] auf der politischen Tagesordnung stand, mit dem Gesetz zur geordneten Beendigung der Kernenergienutzung vom 22.04.2002 umgesetzt wurde. § 1 Nr. 1 AtG regelt nunmehr den Zweck, die Beendigung der Nutzung der Kernenergie zur gewerblichen Erzeugung von Energie herbeizuführen und bis zu diesem Zeitpunkt den geordneten Betrieb der Kernanlagen sicherzustellen.
Der Wegfall des Förderungszwecks wird die Stellung der existierenden Kernanlagenbetreiber aber nicht spürbar beeinträchtigen, da dieser bereits bisher hinter dem Schutzzweck zurückzustehen hatte.[25]
Was die inhaltliche Ausgestaltung des Atomrechts betrifft, so befaßt sich das Atomgesetz nunmehr im wesentlichen mit der Überwachung des Betriebs von Kernanlagen bis zum Auslaufen der erteilten Betriebsgenehmigungen nach dem Erreichen einer bestimmten Stromproduktionsmenge. Des weiteren geht es um die Ein- und Ausfuhr von Kernbrennstoffen, deren Beförderung, Aufbewahrung, sowie die Errichtung von Zwischenlagern.
Kennzeichnend für das Atomrecht ist, daß dieses durch seine Ausgestaltung ein spezielles Gewerberecht darstellt, aber auch regelmäßig dem Umweltrecht zugeordnet wird. In den Vorschriften des Gesetzes wird einerseits auf die Zuverlässigkeit und Fachkunde des Antragstellers abgestellt, auf die erforderliche Vorsorge für die Erfüllung gesetzlicher Schadensersatzpflichten und die Abwehr von Gefahren, andererseits ist mit dem Vorsorgeprinzip aber ein wesentliches Element des Umweltrechts enthalten. Nach dem Vorsorgeprinzip des § 7 Abs. 2 Nr. 3 AtG ist die nach dem Stand von Wissenschaft und Technik erforderliche Vorsorge gegen Schäden durch die Errichtung und den Betrieb der Anlage zu treffen, was nach dem Atomausstiegsgesetz nach wie vor Bedeutung hat im Rahmen von Änderungsgenehmigungen nach § 7 Abs. 1 S. 3 AtG und bei nachträglichen Auflagen gemäß § 17 Abs. 1 S. 3 AtG.
Die Grundrechte machen das Atomgesetz zu einem besonderen Konfliktfeld. Es stehen hier auf der einen Seite die Anlagenbetreiber, die Milliardeninvesti-

---

[24] Entwurf zur Änderung des Atomgesetzes, abgedruckt in: BMU (Hrsg.): Umweltpolitik, Mai 1994.

[25] Vgl. insoweit: BVerfGE 53, 30 (58); Kühne/Brodowski, NJW 2002, 1458 (1460).; Schmans, in: Posser/Schmans/Müller-Dehn; Atomgesetz-Kommentar, Zur Novelle 2002; § 1 Rdn. 18.; a.A. v. Komorowski, Jura 2001, 17 (18), Die Regelungen des AtG würden in den Dienst des Atomausstiegs gestellt.

tionen getätigt haben und sich auf die wirtschaftlichen Grundrechte der Art. 12 und 14 GG berufen. Auf der anderen Seite stehen, begründet angesichts des große Potentials an Gefahren und Risiken der Kernenergie, die Grundrechte betroffener Dritter auf Leben und körperliche Unversehrtheit aus Art. 2 Abs. 2 S. 1 GG und eine sich hieraus auch ergebende Schutzpflicht des Staates. Hiervon ausgehend entwickelte sich auch die Rechtsprechung insbesondere des Bundesverfassungsgerichts. Unter Bejahung der grundsätzlichen Zulässigkeit der friedlichen Nutzung der Kernenergie, fußend auf dem insoweit materiellen Gehalt des Art. 74 Abs. 1 Nr. 11 a GG[26], ging dieses davon aus, daß der Gesetzgeber mit der Schaffung des Atomgesetzes die „Mitverantwortung“ für die von den Kernkraftwerken ausgehenden Gefährdungen übernommen habe.[27] Man fand den Ansatzpunkt in den Grundrechten der Betreiber, die in den atomrechtlichen Bestimmungen ihre Schranken finden sollten. Daß damit aber nur ein unzureichender Schutz Dritter besteht, wurde durch das Gericht gesehen und insoweit eine Fortentwicklung der Grundrechtsdogmatik vorgenommen. Betont wurde eine grundrechtliche Schutzpflicht aller staatlichen Gewalt, insbesondere des Gesetzgebers zugunsten gefährdeter Dritter.[28] Dieser Schutzpflicht sei der Gesetzgeber bei der Schaffung des Atomgesetzes nachgekommen, insbesondere durch den in § 7 Abs. 2 Nr. 3 AtG geregelten Grundsatz der bestmöglichen Gefahrenabwehr und Risikovorsorge.

Mit der Annahme dieser Schutzpflicht wurde aber noch eine Erweiterung des Schutzes durch Grundrechte angenommen. Grundrechtsschutz soll sich, gerade auch im Atomrecht, im Verfahren verwirklichen.[29] Danach kann eine Grundrechtsverletzung dann vorliegen, wenn Verfahrensvorschriften verletzt worden

[26] BVerfGE 53, 30 (56).

[27] BVerfGE 53, 30 (58 ff.).

[28] BVerfGE 49, 89 (132, 140 ff.); Die dogmatische Begründung der grundrechtlichen Schutzpflichten des Staates erfolgt nicht einheitlich (vgl. nur Murswiek, Verantwortung, S. 123 ff., nach dem sich die staatlichen Schutzpflichten auf die Abwehr von Grundrechtsbeeinträchtigungen beziehen und somit auf die Abwehrfunktion der Grundrechte.) Ausgegangen werden soll von dem Ansatz, der zunächst auf das Verständnis der Grundrechte als Beinhaltung einer objektiven Wertordnung abstellt. Grundrechte als objektive Wertordnungen bezeichneten einen bestimmten normativen Gehalt, der auf Verwirklichung drängt. Sie sind auf den Schutz dieser Gehalte angelegt. Demzufolge ergibt sich als notwendige Konsequenz aus dem Charakter der Grundrechte als objektive Wertentscheidung die Sichtweise der Grundrechte als dem Staat auferlegte Pflichten zum Schutz des einzelnen auch und gerade vor den ihm von anderen Bürgern drohenden Gefahren. (vgl. etwa Böckenförde, Grundrechte, in : Der Staat 29 (1990), 1 (12) ; Stern, Staatsrecht III / 1, S. 729 (§ 67 V. 2. a.)) Die staatliche Schutzpflich ist dann jeweils als Gesichtspunkt in zu treffenden Verhältnismäßigkeitsentscheidungen zu berücksichtigen. Bezüglich des Inhalts der Schutzpflicht soll auf die Ausführungen im Text des ersten und zweiten Teils verwiesen werden.

[29] BVerfGE 53, 30 (62 ff.).

sind, die im Interesse des Schutzes von Leben und Gesundheit erlassen worden sind. Bei der Frage nach der Effektivität des Grundrechtsschutzes kommt es aber nicht nur auf das Verfahren als solches an, relevant ist auch die Gewaltenteilung, also wer bestimmt, auf welche Weise etwaige Sicherungsmaßnahmen zu treffen sind. Für das Verhältnis der Gesetzgebung zur Verwaltung gilt hier, daß ein effektiver Grundrechtsschutz nur über die Verwendung unbestimmter Rechtsbegriffe zu realisieren ist. Detaillierte gesetzliche Regelungen[30] würden hier eher einen dynamischen Grundrechtsschutz verhindern, als diesen fördern.
Bei der Überprüfung dieser unbestimmten Rechtsbegriffe geht das Bundesverwaltungsgericht davon aus, daß die Verwaltung die Verantwortung für die Risikoermittlung- und bewertung zu tragen habe und hierbei wissenschaftliche Erkenntnisse heranzuziehen habe.[31] Daraus soll sich auch ergeben, daß der Inhalt einer Risikoabschätzung durch die Exekutive im Ergebnis nur politisch zu verantworten sei.[32] Mit der Anerkennung dieses Spielraums der zuständigen Behörden sind die Gerichte auf eine Willkürkontrolle beschränkt, solange die Daten, die der Bewertung zugrundegelegt sind, korrekt ermittelt wurden.

Eine weitere bedeutende Frage stellt im Atomrecht die Problematik der Entsorgung dar, welche mit dem Verbot der Wiederaufarbeitung nach § 9 a Abs. 1 S. 2 AtG zum 01. Juli 2005 allein noch als Zwischen- oder Endlagerung möglich sein wird.
Teilte das Atomgesetz ursprünglich die Verantwortung zur Entsorgung zwischen den Anlagenbetreibern (§ 9 a Abs. 1 AtG) und Besitzern radioaktiver Stoffe und Abfälle (Abs. 2) einerseits und Bund und Ländern andererseits, so wurde bereits mit den Änderungen des Atomgesetzes 1998 der Weg dahin beschritten, daß der Staat die ihm bis dato obliegende Aufgabe der vorübergehenden Beseitigung auf Dritte im Wege der Beleihung übertragen kann (§ 9 a Abs. 4 AtG).
Bei der Bundesaufgabe "atomares Endlager" wurde mit § 9 a Abs. 3 S. 3 AtG die Option einer von den Atomanlagenbetreibern zu bildenden Körperschaft des öffentlichen Rechts geschaffen.
Mit der nunmehr bestehenden Verpflichtung der Anlagenbetreiber nach § 9 a Abs. 2 S. 3 AtG standortnahe Zwischenlager zu schaffen, läuft die bisherige Staatsaufgabe der Zwischen- und Endlagerung dann endlich nicht nur faktisch, sondern auch kraft Gesetzes leer.[33]

[30] Zu Reformvorschlägen zur gesetzlichen Konkretisierung des § 7 Abs. 2 Nr. 3 AtG: Nolte, Rechtliche Anforderungen an die technische Sicherheit von Kernanlagen, 1984, S. 171 ff.
[31] BVerwGE 72, 300 (315).
[32] BVerwG DVBl. 1998, 596.
[33] Huber, DVBl. 2001, 239 (244).

Hatte die Problematik der Entsorgung zudem für auszusprechende Genehmigungen im Rahmen des behördlichen Versagungsermessens eine jetzt entfallene Bedeutung, so ist in diesem Kontext nunmehr die neue Regelung des § 17 Abs. 3 Nr. 4 AtG von Bedeutung, die nicht nur den Genehmigungswiderruf erlaubt, wenn keine Ergebnisse einer periodischen Sicherheitsüberprüfung vorgelegt werden, sondern auch dann, wenn kein Entsorgungsvorsorgenachweis vorgelegt wird.

C. Ziele der Arbeit und Gang der Untersuchung

Im ersten Teil der Arbeit sollen die Auswirkungen des Bestands- und Vertrauensschutzes auf die behördlichen Instrumentarien des § 17 AtG und auf § 18 AtG herausgearbeitet werden.
Die Untersuchung beginnt in diesem Teil mit der Darstellung der Grundlagen des Bestands- und Vertrauensschutzes.
Nach der Beschreibung betroffener eigentumsrechtlicher Positionen werden die atomrechtlichen Instrumentarien des § 17 AtG einer eingehenden Untersuchung unterzogen. Dabei sollen auch die Auswirkungen des Atomausstiegsgesetzes vom 22.04.2002 berücksichtigt werden.
Daran schließt sich eine Betrachtung der Entschädigungsregelung des § 18 AtG unter den Vorgaben des Bestandsschutzes an.
Der zweite Teil der Arbeit beschäftigt sich mit Rechtsfragen des Ausstiegs aus der friedlichen Nutzung der Kernenergie.
Hierbei werden zunächst mögliche Ausstiegsalternativen neben einem gesetzlich angeordneten Atomausstieg dargestellt.
Nach der Untersuchung der Frage der Grundrechtsinhaberschaft der Atomanlagenbetreibergesellschaften wird sich verschiedenen Vorschriften des Atomausstiegsgesetzes vom 22.04.2002 gewidmet.
Diese Vorschriften werden einer Überprüfung am Maßstab des Art. 14 GG und des Art. 12 GG, aber auch des rechtsstaatlichen Vertrauensschutzes unterzogen. Insoweit soll es darauf ankommen, die Grenzen aufzuzeigen, die die Verfassung dem Vorhaben des Atomausstiegs zieht. Im weiteren Verlauf der Untersuchung geht es schließlich um die Europarechtskonformität eines legislativen Atomausstiegs und eines Wiederaufarbeitungsverbots.
Hierbei werden Freiheiten des EAGV und EGV beleuchtet, welche einem Atomausstieg und Wiederaufarbeitungsverbot entgegenstehen können.
Das Wiederaufarbeitungsverbot ist auch Gegenstand einer Betrachtung vor dem Hintergrund des Völkerrechts.

Erster Teil : Bestandsschutz und Vertrauensschutz im Atomrecht

A. Begriff und Problematik des Bestandsschutzes im Atomrecht

Die der Bestandsschutzproblematik im Atomrecht zugrundeliegenden Lebenssachverhalte sind gekennzeichnet durch das Bestehen gegenläufiger Interessen. So ist der Anlagenbetreiber Inhaber einer Genehmigung zum Betrieb seines Kraftwerks, wobei diese Genehmigung bekundet, daß die Anlage zum Zeitpunkt der Genehmigung den technischen Anforderungen genügt. Da aber die Entwicklung der Sicherheitsstechnik rasant vonstatten geht, kann es durchaus dazu kommen, daß die Anlage sich in einem nicht mehr genehmigungsfähigen Zustand befindet.
Dies kann es erforderlich machen, gerade wenn in einem so sensiblen Bereich des technischen Sicherheitsrechtes Gefahren für die Allgemeinheit oder einzelne Personen drohen, mit nachträglichen Maßnahmen an den Betreiber der Anlage heranzutreten.
Diese Maßnahmen treffen auf den Bestand der genehmigten Anlage und verkürzen somit letztlich die Position des Kernanlagenbetreibers, indem dieser von der ihm einmal eingeräumten Erlaubnis zum Betreiben einer Kernanlage nicht mehr uneingeschränkt Gebrauch machen kann.
Der Grundkonflikt im hier interessierenden Sinne besteht somit letztlich in dem Erfordernis der Anpassung der Sicherheitstechnik an sich wandelnde tatsächliche und rechtliche Rahmenbedingungen zum Schutze der Allgemeinheit einerseits und den Interessen des Anlagenbetreibers, den Bestand seiner Anlage mit möglichst wenigen kapitalintensiven Nachrüstungsmaßnahmen zu erhalten, andererseits.

Eine umfassende Definition des Bestandsschutzes liegt nicht vor. Seinen Inhalt auf den kleinsten gemeinsamen Nenner bringend, könnte festgestellt werden, daß es zunächst einmal um die Sicherung der Fortdauer eines Zustands geht[34].
Demgemäß umfaßt der Bestandsschutz dann so unterschiedliche rechtliche Kategorien wie die Präklusion von Einwendungen, den Ausschluß von Beseitigungsansprüchen, die Folgen der Bestandskraft einer Genehmigung, die Bindungswirkung von Teilentscheidungen im gestuften Genehmigungsverfahren und so weiter.
Im Hinblick auf technische Anlagen bedeutet Bestandsschutz Schutz vor Eingriffen der öffentlichen Hand in Gestalt von Gesetzesänderungen, Betriebsuntersagungen und ähnlichen nachteiligen Maßnahmen in den Bestand der ge-

[34] Köbler, Juristisches Wörterbuch, 2002, S.71.

nehmigten Anlage.[35] Vordergründig könnte man damit zu der These verleitet sein, daß der Bestandsschutz einen ausschließlich statischen Charakter besitzt. Gestützt wird dieser Eindruck zudem durch die in Rechtsprechung und Literatur vorherrschende Charakterisierung des gewerberechtlichen Bestandsschutzes, wonach dieser die Befugnis darstellt, eine Anlage, die auf der Grundlage einer entsprechend erteilten rechtmäßigen Genehmigung errichtet wurde, also materiell legal ist, auch dann halten und nutzen zu dürfen, wenn sie nach zwischenzeitlich geänderter Sach- oder Rechtslage materiell illegal geworden ist.[36]

Zwar stellt die atomrechtliche Genehmigung statisch auf die Situation der Anlage und ihrer Umwelt zum Zeitpunkt der Sach- und Rechtslage bei Genehmigungserteilung ab, jedoch darf der Umstand, daß Kernkraftwerke Teil einer dynamischen technischen Entwicklung sind, nicht außer Acht gelassen werden. So wird bereits von den Genehmigungsbehörden der sich immer weiter entwickelnde Stand von Wissenschaft und Technik durch eine vorausschauende Genehmigungspolitik berücksichtigt und die Sicherheitstechnik wird permanent an neueste wissenschaftliche Erkenntnisse angepaßt. Es liegt auch nicht im Interesse der Betreiber, den status quo rechtlich unabänderlich festschreiben zu wollen.

Ein weiterer Aspekt ist der Faktor Zeit im Spannungsverhältnis von Technik und Recht. Dadurch, daß das Atomrecht umfänglich in das technische Vorfeld der noch nicht in die allgemeine Praxis umgesetzten Erkenntnisse greift, verbietet sich schon ein allzu statisch ausgeprägtes Bestandsschutzverständnis.[37]

Darüber hinaus kann bei sich widersprechenden Interessenlagen nur das jeweilige Ergebnis statisch sein, also die Frage, ob im konkreten Fall einer Rechtsposition Bestandsschutz zukommt oder nicht.[38] Ein gewisse Dynamik besitzt der Bestandsschutz auch insoweit, als es bei der Beurteilung der Frage, wie weit er konkret reicht, primär darum geht, warum sich gerade in einer Situation das Interesse des Betreibers durchzusetzen vermag, in einer anderen das Eingriffsinteresse des Staats.

---

[35] Ossenbühl, Bestandsschutz und Nachrüstung von Atomkraftwerken,1994, S.7.

[36] Vgl. BVerwGE 25, 161, 162 f.; 27, 341, 343; 36, 296, 300 f.; 50, 49, 77; NJW 1981, 1224; Friauf, WiVerw, 1989, 121, 125; Dolde, in: Festschrift für Bachof, S.191, 211; Schulze-Fielitz, Die Verwaltung 20 (1987), 307, 333.

[37] Vgl. Gemmecke, Nachträgliche Anordnungen im Atomrecht, 1995, S. 35; Kuckuck in: 6. Deutsches Atomrechtssymposium 1979, S. 205, 206 f.

[38] Kutschera, Bestandsschutz im Öffentlichen Recht, 1990, S.11.

Ursprünglich entwickelt wurde der Bestandsschutz als Rechtsinstitut im Baurecht.[39] Durch Literatur und Rechtsprechung erhielt er hier seine Prägung und diente anschließend als Vorbild für andere Rechtsgebiete, insbesondere das Gewerbe- und Umweltschutzrecht.

Der Bestandsschutz ist im Atomrecht als tatsächlicher und als wirtschaftlicher Bestandsschutz ausgestaltet. Der tatsächliche Bestandsschutz, dessen Aufgabe es ist, einen tatsächlichen Bestand in materieller Hinsicht zu schützen, wird ausgestaltet durch die gesetzlichen Bestimmungen über die Rücknahme, den Widerruf und die nachträglichen Auflagen nach § 17 AtG.

Seine Schutzfunktion wird aktiviert, wenn eine ursprünglich legal erlangte Rechtsposition durch die Änderung rechtlicher oder tatsächlicher Verhältnisse illegal wird.

Der wirtschaftliche Bestandsschutz kommt hingegen zum Einsatz, wenn für eine nachträgliche belastende Maßnahme der Verwaltung eine finanzielle Entschädigung zu leisten ist. Hier treten im Falle des Zurückweichens des materiellen Bestandsschutzes als Ersatz die Rechte auf finanziellen Ausgleich gemäß § 18 AtG an dessen Stelle. Es wird somit eine Wertgarantie vermittelt, teilweise wird im Hinblick auf die entsprechende Systematik und Terminologie im allgemeinen Verwaltungsrecht der Begriff des Vermögensschutzes bevorzugt.

Eine weitere Unterteilung ist in passiven und aktiven Bestandsschutz möglich, wobei sich beide Kategorien als Unterfälle des tatsächlichen Bestandsschutzes darstellen.

Grundsätzlich kann man den passive Bestandsschutz, auch für das Atomrecht, so definieren, daß er das Recht des Anlagenbetreibers bezeichnet, eine einmal in formell und materiell legaler Weise errichtete Anlage ohne nachträgliche Sanktionen von behördlicher Seite betreiben zu dürfen, auch wenn sie infolge einer zwischenzeitlich geänderten Sach- oder Rechtslage materiell illegal geworden ist.[40]

Auf der Ebene des Gesetzesrechts ist durch die Regelung des § 17 AtG bestimmt, wann Eingriffe in den genehmigten Bestand der Anlage zulässig sind. Dies soll im Rahmen der Arbeit interessieren.

Der aktive Bestandsschutz geht, in Abgrenzung zum passiven Bestandsschutz, der durch die Anerkennung des gegenwärtigen Zustandes gekennzeichnet ist, in seiner Wirkungsweise weiter. Dieser Bestandsschutz ist nicht auf den Erhalt des status quo begrenzt, sondern läßt in einem gewissen Umfang Erweiterungsmöglichkeiten zu.

---

39 Friauf, WiVerw. 1986, 87 (89); Schenke, NuR 1989, 8ff. (9).

40 Gemmecke, Nachträgliche Anordnungen, S. 36.

Eine weitere Beschäftigung mit dem aktiven Bestandsschutz soll jedoch nicht erfolgen. Einerseits wurde die Geltung des aktiven Bestandsschutzes im Atomrecht seit jeher in Frage gestellt.[41] Andererseits hat auch das Bundesverwaltungsgericht die Rechtsprechung zum aktiven Bestandsschutz in einem Baurechtsfall ausdrücklich aufgegeben.[42]
Das Gericht erklärt hierzu, daß sich die Reichweite der Eigentumsgarantie aus der Bestimmung des Inhalts und der Schranken des Eigentums ergibt, die nach Art. 14 Abs. 1 S. 2 GG Sache des Gesetzgebers sei.
Eine Eigentumsposition genieße verfassungsrechtlichen Schutz nur im Rahmen der mit ihr zulässigerweise verbundenen gesetzlich definierten Befugnisse. Bei einer Einschränkung des Privateigentums durch den Gesetzgeber habe dieser den Gleichheitssatz und den Verhältnismäßigkeitsgrundsatz zu beachten. Weise nun eine gesetzliche Regelung vor dem Hintergrund der Anforderungen des Art. 14 Abs. 1 S. 1 GG Defizite auf, die sich weder durch Auslegung noch im Wege der Analogie beheben ließen, so sei es den Fachgerichten verwehrt, unter Umgehung des einfachen Rechts unmittelbar auf der Grundlage der Verfassung Ansprüche zu gewähren, die von der Entscheidung des hierzu berufenen Gesetzgebers nicht gedeckt würden.
Aufgabe der Verwaltungsgerichte sei es lediglich, zu prüfen, ob einfachgesetzliche Vorschriften, mit dem Gewährleistungsgehalt des Art. 14 GG vereinbar seien. Bei Vorliegen der Voraussetzungen des Art. 100 GG müsse das Verwaltungsgericht das Verfahren aussetzen und die Entscheidung des Bundesverfassungsgerichts einholen.

[41] Vgl. auch Gemmecke, Nachträgliche Anordnungen, S. 37 f.
[42] BVerwGE 106, 228 ff.; zum Thema: Frings, Bestandsschutz atomrechtlicher Anlagen. S.176 ff.

B. Grundlagen des Bestandsschutzes

Eine hinreichende rechtsdogmatische Einordnung des Bestandsschutzes ist unablässige Voraussetzung dafür, zu klären, welche Rechtspositionen durch dieses Institut auf welche Weise und in welchem Umfang geschützt werden. Dabei sollen zunächst die verfassungsrechtlichen Grundlagen interessieren, während die einfachgesetzlichen Ausprägungen des Bestandsschutzes und das Verhältnis zum verfassungsrechtlichen Bestandsschutz später behandelt werden sollen. Soweit dem Bestandsschutz Verfassungsrang beigemessen wird [43], können zwei relevante Ansätze festgestellt werden.
So wird der Bestandsschutz sowohl in den Grundrechten, hier insbesondere Art. 14 GG, verortet als auch im aus dem Rechtsstaatsprinzip abgeleiteten Vertrauensschutzgrundsatz.

I. Bestandsschutz aus Art. 14 GG und dem Vertrauensschutzprinzip

Der Eigentumsgewährleistung des Art. 14 GG werden zwei Wirkungsweisen zugesprochen. Zum einen soll das Eigentum als eine Einrichtung der Rechtsordnung mit dem Ziel verbürgt sein, die privatwirtschaftliche und autonome Zuordnung, Nutzung und sonstige Verwendung vermögenswerter Rechte zu ermöglichen. Insoweit wird von der objektivrechtlichen Wirkung der Eigentumsgarantie, der Institutsgarantie, gesprochen.[44]
Weiterhin sollen durch Art. 14 GG die konkret erworbenen und bestehenden vermögenswerten Rechte des einzelnen geschützt werden. Diese subjektivrechtliche Wirkung wird als Bestandsschutz beschrieben .[45]
Begründet wird diese Wirkungsseite des Art. 14 GG damit, daß der Schutzzweck dieses Grundrechtes darin besteht, gerade in Verbindung mit Art. 2 Abs. 2 GG, dem Bürger einen Freiheitsraum im vermögensrechtlichen Bereich zu sichern, der eine eigenverantwortliche Lebensgestaltung erst ermöglicht.[46]

---

[43] Wahl, in: Festschrift für Redeker, 1993, S.245., Dieser bestreitet eine verfassungsrechtliche Verortung des Bestandsschutzes und will diesen ausschließlich auf der einfachgesetzlichen Ebene verortet wissen.
[44] BVerfGE 24, 367 (389); 42, 263 (294); Papier in: Maunz/Dürig, Grundgesetz, Art. 14 Rdnr.11; Bryde in: v. Münch, Art. 14 Rdnr.30.
[45] BVerfGE 24, 367 (389); 42, 263 (294); Papier in: Maunz/Dürig, Grundgesetz, Art. 14 Rdnr. 57; Schwerdtfeger, Dogmatische Strukturen der Eigentumsgarantie, 1983, S.17, 20ff.
[46] Bryde, in: v. Münch, Art. 14 GG Rdn.3; Papier in: Maunz/Dürig, Grundgesetz, Art. 14 Rdn.10; BVerfGE 24, 367 (389); 30, 292 (334); 31, 229 (239); 40, 65 (83 f.); 50, 290 (339 f.).

Ein wesentlicher Bestandteil der Eigentumsgewährleistung und des Eigentumsbegriffs ist in diesem Zusammenhang das Vertrauen.[47] Dieses Vertrauen in den Fortbestand einer Eigentumsposition darf vom Gesetzgeber nicht einfach im Wege der Inhalts- und Schrankenbestimmung übergangen werden, sondern unterliegt vielmehr dem Gebot der Beständigkeit der Rechtsordnung. Der Gesetzgeber muß, auch im Falle der Änderung der Rechtsordnung, für den Eingriff in die Positionen, die von Art. 14 GG geschützt werden, legitimierende Gründe nachweisen.
Der Bestandsschutz eröffnet somit zum einen die Möglichkeit, ungerechtfertigte Eingriffe in Rechtspositionen, die einem Rechtssubjekt zustehen, abzuwehren, zum anderen und vorrangig stellt er sich aber als objektivrechtliches Eingriffsverbot dar, das dem Staat den Zugriff auf das Privateigentum verbietet.
Damit steht für diesen Ansatz fest, daß die zentrale Funktionskategorie der Eigentumsgewährleistung im Erhalt des konkreten Bestands zu sehen ist und erst dann in einem eventuellen Ausgleich für Verluste.
Eine weitere Grundlage des Bestandsschutzes wird auch im Vertrauensschutzprinzip gesehen.
Die dogmatischen Grundlagen werden hierbei sehr kontrovers diskutiert. Der Grundsatz des Vertrauensschutzes wird insoweit aus dem Rechtsstaatsprinzip, aus dem Grundsatz von Treu und Glauben, aus dem Sozialstaatsprinzip oder aus den Grundrechten hergeleitet.[48]
An dieser Stelle soll jedoch die Herleitung nicht weiter vertieft werden, vielmehr soll der Blick auf die Funktion des Vertrauenschutzprinzips gelenkt werden.
Grundsätzlich soll der Vertrauensschutz dazu dienen, Rechtspositionen des Bürgers gegen Kursänderungen der Gesetzgebung und der vollziehenden Gewalt zu schützen.[49]
Nach gängiger Lesart kommt es damit sowohl im Bereich des Verfassungs- als auch des Verwaltungsrechts zum Tragen. Im Verfassungsrecht geht es um die Wirksamkeit rückwirkender Gesetze, im Verwaltungsrecht darum, ob begünstigende Verwaltungsakte zurückgenommen oder widerrufen werden dürfen

[47] Leisner, in: Handbuch des Staatsrechts, § 149 Rdn. 94, 98.
[48] Eingehend Blanke, Vertrauensschutz im deutschen und europäischen Verwaltungsrecht, 2000, S. 51 ff.; Weber-Dürler, Vertrauensschutz, 1983, S. 36 ff.; Muckel, Vertrauensschutz, 1989, S. 29 ff.; Auch Art. 14 GG wird hier genannt. Somit würde der Bestandsschutz einerseits aus Art. 14 GG hergeleitet, anderseits aus dem Vertrauensschutz, der wiederum seine Grundlage in Art. 14 GG hat. Jedoch kann der (rechtsstaatliche) Vertrauensschutz weitergehen, da er auch Fälle außerhalb des Schutzbereiches von Art. 14 GG erfaßt.
[49] Vgl. Maurer in: Handbuch des Staatsrechts, Band 3, S. 216; Kisker, VVdStRL 32 (1972), 151.

oder nachträglichen Anordnungen ergehen können. Liegen die Voraussetzungen des Vertrauensschutzes vor – der einzelne muß sich in einem Vertrauensszustand befinden, der auf einen bestimmten Tatbestand zurückzuführen ist und ihn zu einem bestimmten Verhalten veranlaßt hat – muß ein entsprechendes Gesetz Übergangsvorschriften enthalten, kann der entsprechende Verwaltungsakt nicht oder nur unter Entschädigung zurückgenommen werden.
Letztlich bedeutet dies, daß eine Wirkungskategorie des Vertrauensschutzes der Bestandsschutz sein kann.[50]
In diesem Falle ist der Vertrauensschutz vergangenheitsorientiert und schützt das Erworbene.

II. Rechtsstaatlicher Vertrauensschutz und eigentumsrechtlicher Bestandsschutz

Wurde festgestellt, daß Bestandsschutz sowohl über Art. 14 GG, als auch durch den Grundsatz des Vertrauensschutzes vermittelt werden kann, ist damit noch nichts über das Verhältnis der beiden Ansätze in der vorliegenden Konstellation gesagt.
In der Literatur geht man überwiegend davon aus, daß sich der Vertrauensschutz subsidiär zum eigentumsrechtlichen Bestandsschutz verhält.[51] Eine Genehmigungsaufhebung wäre somit an Art. 14 GG zu messen.
Hier wäre aber Grundsätzliches zu beachten. Eine solche Sichtweise kann allenfalls dann gelten, wenn eigentumsrechtlicher Bestandsschutz und der Vertrauensschutz konkurrierend auf einer Ebene zusammentreffen, denn eine Konkurrenzsituation kann immer nur dann entstehen, wenn ein und dasselbe Bezugsobjekt betroffen ist.[52]
Hier stehen als Bezugsobjekte von nachträglichen Anordnungen und Genehmigungswiderrufen zum einen die Genehmigungen nach § 7 AtG, aber auch die letztlich konkret betroffenen Anlagen zur Debatte.
Würde man dazu kommen, daß die Genehmigungen als solche keine Eigentumsposition im Sinne des Art. 14 GG darstellen, könnte für die Betrachtung der Vorschriften über nachträgliche Anordnungen und Genehmigungswiderrufe nur der auf den im Rechtsstaatsprinzip basierenden Vertrauensschutz zurück-

[50] Siehe auch Maurer in: Handbuch des Staatsrechts, Band 3, S. 217.
[51] Blanke, Vertrauensschutz, S. 87; Breuer, Die Bodennutzung, S. 306 Fn. 428; Pieroth, Rückwirkung und Übergangsrecht, S. 340 f.
[52] Anders Frings, Bestandsschutz, S.12 f., der für den vorliegenden Fall von einer generellen Verdrängung des rechtsstaatlichen Vertrauensschutzes durch den eigentumsrechtlichen Bestandsschutz ausgeht.

gegriffen werden.[53] Abgesichert wird der Genehmigungsbestand auf dieser Ebene, worauf noch näher eingegangen wird, zudem durch die Bestandskraft (Bindungswirkung) der einmal erlassenen Anlagengenehmigung.[54] Eine Konkurrenzsituation zum eigentumsrechtlichen Bestandsschutz würde sich hier jedoch nicht stellen.
Anders wäre es dann auf der Ebene der konkreten Anlage. Denn diese stellt, insoweit kann schon vorgegriffen werden, eine Eigentumsposition dar, womit der eigentumsrechtliche Bestandsschutz als Maßstab herangezogen werden kann.

Natürlich kann nicht bestritten werden, daß im Hinblick auf die Regelungen der nachträglichen Anordnung und des Genehmigungswiderrufs beide Ebenen in gewisser Weise zusammenfließen, da sich der Widerruf der Genehmigung unmittelbar auch auf die Anlage auswirkt. Dennoch wird so den von Maßnahmen der Verwaltung Betroffenen – hier den Betreibern von Kernanlagen – ein doppelter Schutz gewährt, zum einen über den Vertrauensschutz im Hinblick auf die konkrete Genehmigung, zum anderen über den eigentumsrechtlichen Bestandsschutz der Kernanlage.

[53] Ein Schutz der Genehmigung als solcher wird auch über Art. 12 GG verwirklicht. Einem Rückgriff auf das Rechtsstaatsprinzip und den darin verorteten Vertrauensschutz steht dies aber nicht entgegen.
[54] Vgl. Blanke, Vertrauensschutz, S. 314 f.

C. Die Bestandskraft der Anlagengenehmigung

Einen weiteren Gesichtspunkt stellt in diesem Kontext die Bestandskraft der Anlagengenehmigung und deren Reichweite dar.[55]
Diese Betrachtungsweise steht in enger Verbindung zu dem unter B.II. dargestellten Ansatz der Betrachtung der Anlagengenehmigung unter dem Aspekt des rechtsstaatlichen Vertrauensschutzes. Jedoch bezieht sich dieser Ansatz auf die genehmigende Behörde und kann mit der durch die Bestandskraft der Anlagengenehmigung verbundenen Bindung der Behörde beschrieben werden .
Die entsprechende Genehmigung vermittelt letztlich einerseits Vertrauen in ihren Bestand und führt, unter noch darzustellenden Voraussetzungen, dazu, daß die Behörde an die von ihr einmal getroffene Entscheidung gebunden ist.
Aber auch der Bestandsschutz, der einer Anlage zukommt, wird über die Bindungswirkung (Bestandskraft)[56] der atomrechtlichen Genehmigung vermittelt.
Besonderen Konfliktstoff bietet die Bindungswirkung der Genehmigung gerade dann, wenn, was hier von Bedeutung ist, später zusätzliche oder andersartige Anforderungen an das genehmigte Vorhaben oder Handeln gestellt werden oder eine Nutzung ganz untersagt wird. Kennzeichen solcher Fälle ist im Regelfall, daß bei Genehmigungserteilung bestimmte Gefahren noch nicht vorhanden waren, noch nicht erkennbar waren oder schlicht übersehen wurden, so daß nachträgliche Anordnungen erforderlich werden.
Eine Beantwortung der Frage, ob die erforderlichen Anordnungen die früher erteilte Genehmigung einschränken, ist nur möglich, wenn die objektive Reichweite des Bindungsumfanges der Genehmigung geklärt ist, und, damit zusammenhängend, feststeht, ob der Regelungsgehalt einer Genehmigung Aussagen über die Nutzung des genehmigten Vorhabens enthält, ob er eine Nutzungserlaubnis beinhaltet, wenn ja, für welchen Zeitraum oder Zeitpunkt die Nutzungserlaubnis erteilt wird und ob sie auch bei Änderungen der Sach- oder

---

[55] Diesen Ansatz wählt Ossenbühl, Bestandsschutz und Nachrüstung von Kernkraftwerken, 1994, S.8 f.; vgl. Kutschera, Bestandsschutz, S.173 ff.

[56] Zu den Begrifflichkeiten und zur Frage des Verhältnisses von Bindungswirkung und Bestandskraft: Kopp, VwVfG, Vorbemerkungen § 35 Rdn. 18 ff.; Erichsen/Knoke, NVwZ 1983, S.188.; Die überwiegende Ansicht geht davon aus, daß die Bindungswirkung eines Verwaltungsakts mit dessen Bestandskraft eintrete. Dem wird jedoch zunehmend und überzeugend widersprochen. Bindungswirkung und damit die vertrauensschutzrechtliche Relevanz eines Verwaltungsaktes sollen mit dessen äußerer Wirksamkeit bestehen., eingehend: Blanke, Vertrauensschutz, S. 152 ff.; Seibert, Die Bindungswirkung von Verwaltungsakten, 1989, insbes. S. 192 ff.; Letzterer versteht die Verbindlichkeit als Ausfluß der inneren Wirksamkeit des Verwaltungsaktes. Verbindlichkeit erlange ein Verwaltungsakt danach mit dem Zeitpunkt des Erlasses, der regelmäßig gleichbedeutend sei mit der Erlangung der inneren Wirksamkeit.

Rechtslage fortgilt.[57] Erst dann läßt sich auch feststellen, ob und in welchen Fällen eine Genehmigung einer später ergehenden belastenden Anordnung entgegensteht oder aufgehoben werden muß, um nachträgliche Anordnungen treffen zu können.

Will man Inhalt und Weite der Bestandskraft atomrechtlicher Vollgenehmigungen[58] bestimmen, ist es notwendig, sich auch diesbezüglich der Grundlagen auf der Basis der gängigen Dogmatik zu versichern.
Als verfassungsrechtliche Grundlage der Bestandskraft wird das Prinzip der Rechtssicherheit als Ausfluß des Rechtsstaatsprinzipes angesehen.[59] Dieses soll dem Grundsatz der Gesetzmäßigkeit der Verwaltung gleichwertig gegenüberstehen, so daß der Gesetzgeber das Gewicht beider Prinzipien im jeweiligen Kontext gegeneinander abzuwägen hat.[60]
Die Rechtssicherheit soll es geradezu gebieten, daß den Betroffenen möglichst schnell Gewißheit über das für sie Verbindliche zuteil wird.[61]
Diesen verfassungsrechtlichen Zusammenhang hat das Bundesverfassungsgericht unterstrichen, indem es feststellte, daß der Bestandskraft von Verwaltungsakten, wenn auch auf anderer Ebene, eine vergleichbare Bedeutung für die Rechtssicherheit zukomme, wie der Rechtskraft der gerichtlichen Entscheidung.[62] Ebenso hat das Bundesverwaltungsgericht auf den verfassungsrechtlichen Zusammenhang zwischen der Bestandskraft von Verwaltungsakten und dem Prinzip der Rechtssicherheit als Verfassungsgebot hingewiesen.[63]

Wie vom Bundesverfassungsgericht[64] diesbezüglich bestätigt wurde, enthalten die Verwaltungsverfahrensgesetze in den Widerrufs- und Rücknahmebestimmungen einen verfassungsrechtlichen „Konkretisierungsmaßstab“, an dem die materielle Bindungswirkung näher bestimmt werden kann.[65]
Die Bedeutung der genannten Entscheidungen des Bundesverfassungsgerichts

[57] Seibert, Die Bindungswirkung von Verwaltungsakten, S. 410 f.
[58] Die Bindungswirkung von Teilgenehmigungen und Vorbescheiden war schon Thema einiger Bearbeitungen; Klante, Erste Teilerrichtungsgenehmigung und Vorbescheid im Atomrecht, 1984, S.319 ff.; Ossenbühl, NJW 1980, 1353; Breuer/Hansmann/Mutschler/de Witt, in: 6. Deutsches Atomrechtssymposium 1980, S. 243 ff.
[59] Siehe allgemein: Stern, Staatsrecht I, § 20 III 1; IV 4g m.w.N.
[60] BVerfGE 60, 253, 266 f.,270; 80, 103, 108; BVerwGE 28, 122, 127; 44, 333, 336; Sachs, in: Stelkens/Bonk/Sachs, VwVfG, § 43 Rdn. 8.
[61] BVerfGE 60, 253 (270).
[62] BVerfGE 60, 253 (270).
[63] BVerwGE 48, 271 (275).
[64] BVerfGE 59, 128; 60, 253.
[65] Hierzu auch Häberle, in: Festschrift für den Boorberg Verlag, S.47 ff.,77 ff.

liegt darin, daß hieraus Folgerungen für die sachliche und persönliche Reichweite der Bindungswirkung von Verwaltungsakten gezogen werden können.
Bei der Darlegung der verfassungsrechtlichen Grundlagen der Bestandskraft wurde bereits angesprochen, daß das Verfassungsgericht hier einen Vergleich zwischen der Bestandskraft von Verwaltungsakten und der Rechtskraft von Urteilen zieht. Die Wirkung der materiellen Rechtskraft von Urteilen besteht darin, daß jede neue Verhandlung und Entscheidung über die rechtskräftig festgestellte Rechtsfolge ausgeschlossen ist. Ist der Streitgegenstand im späteren Prozeß derselbe wie im rechtskräftig entschiedenen, so ist in den Grenzen der Rechtskraft die Klage einer früheren Partei, die gleiche oder gegenteilige Rechtsfolgen begehrt, als unzulässig ohne Sachprüfung durch Prozeßurteil abzuweisen.[66]
Überträgt man die Folgen der materiellen Rechtskraft von Urteilen auf bestandskräftige Verwaltungsakte, so kann dies nur bedeuten, daß solange ein Verwaltungsakt besteht (§ 43 Abs. 2 VwVfG), keine staatliche Entscheidung ergehen darf, die sich zu seinem Regelungsgehalt in Widerspruch setzt.
Der begünstigende Verwaltungsakt gewährt somit dem Bürger ein subjektiv öffentliches Recht, entsprechend dem Regelungsgehalt des Verwaltungsakts Handlungen oder Unterlassungen vorzunehmen.[67]
Die materielle Bestandskraft eines begünstigenden Verwaltungsakts entfaltet demnach eine Sperrwirkung gegenüber nachteiligen Maßnahmen und Anordnungen von Behörden im Regelungsbereich dieses Verwaltungsakts. Wäre dies nicht so, könnten die detaillierten Rücknahme- und Widerrufsvorschriften umgangen werden.[68]
Diese Sperrwirkung kann aber nur dann eingreifen, wenn die Maßnahme, etwa eine nachträgliche Anordnung, wie dies bereits angedeutet wurde, in den Regelungsgehalt des bestandskräftigen Verwaltungsakts eingreift.
Es ist von daher ausschlaggebend, was Entscheidungsgegenstand im jeweiligen Verwaltungsverfahren geworden ist.
Im Verwaltungsverfahren ist es so, daß der Gegenstand des Verfahrens, soweit die Behörde nicht von Amts wegen tätig wird, durch einen bestimmten Sachverhalt in Verbindung mit einem bestimmten Antrag näher festgelegt wird.[69]
Dies kann ein erster Anhaltspunkt zur Ermittlung des Entscheidungsgegenstands sein.

---

[66] Vgl. Thomas/ Putzo, § 322 Anm.3.
[67] Kutschera, Bestandsschutz, S.176.
[68] Kutschera, Bestandsschutz, S. 176 f.
[69] Kopp/Ramsauer, VwVfG, § 9, Rdn.24.

Entscheidend kommt es aber einerseits darauf an, was der Wille der Behörde war, wie er in dem Gesamtinhalt des Verwaltungsakts zum Ausdruck gekommen ist[70], wobei Tenor und Entscheidungsgründe Anhaltspunkte liefern und andererseits auf die angewendeten Rechtsvorschriften zurückgegriffen werden kann. Denn für den Fall, daß sich der Entscheidungsgegenstand nicht eindeutig bestimmen läßt, kann davon ausgegangen werden, daß die Behörde eine Regelung anhand der einschlägigen Rechtsvorschriften getroffen hat.[71] Dies ist hier der § 7 AtG und dazukommend noch etwaige untergesetzliche Vorschriften. Aus diesen ergeben sich die Anforderungen, die erfüllt sein müssen, damit eine Genehmigung zur Errichtung einer Kernanlage erteilt werden kann. Der angesprochene Wille der Behörde wird sich regelmäßig auf diese Regelungen beziehen. Aus der Gesamtheit der Normen ergibt sich damit auch der Regelungsgehalt des entsprechenden Verwaltungsakts.
Als Ergebnis läßt sich daher festhalten: Maßnahmen im Sinne des § 17 AtG werden grundsätzlich in den Regelungsgehalt der Genehmigung eingreifen. Genehmigungsrücknahme und Genehmigungswiderruf, indem sie die mit der Genehmigung erteilte Erlaubnis zum Betrieb eines Kraftwerks beseitigen, die nachträgliche Auflage, indem sie, wie noch genauer dargestellt wird, zu einer Teilaufhebung der ursprünglichen Genehmigung führt. Die Grundsätze der materiellen Bindungswirkung sind hier also regelmäßig von Bedeutung, da Widerruf, Rücknahme und nachträgliche Auflage den Regelungsgehalt der Genehmigung betreffen und so die Sperrwirkung der Bestandskraft angesprochen ist.

D. Widerruf, nachträgliche Auflage und Bestandsschutz

Nunmehr wäre aber immer noch zu klären, in welchem Verhältnis die einfachgesetzlichen Ausprägungen des Bestandsschutzes zum eigentumsrechtlichen Bestandsschutz, zum rechtsstaatlichen Vertrauensschutz und zur Bestandskraft stehen.
Im Hinblick auf den Bestandsschutz stellt sich die Frage, inwieweit hier die Regelungen der §§ 17 und 18 AtG, die den Bestandsschutz einfachgesetzlich konkretisieren, durch die grundlegenden eigentumsrechtlichen Gewährleistungen des Art. 14 Abs. 1 GG gedeckt oder gegebenenfalls zu modifizieren sind.

---

[70] Ossenbühl, NJW 1980, 354.
[71] Hierzu: Erichsen/Knocke, NVwZ 1983, 185 ff., 191.

Damit im Zusammenhang steht der Versuch, gestützt auf neuere Entscheidungen des Bundesverwaltungsgerichts zum baurechtlichen Bestandsschutz, das Institut des Bestandsschutzes als ein ausschließlich einfachgesetzliches und nicht ein auf der Ebene des Grundrechts selbst angesiedeltes Institut zu begreifen.[72]

Begründet wird dies so, daß die konkrete Art und Weise des Bestandsschutzes ein vom einfachen Gesetzgeber zu bestimmendes Ergebnis eines Interessenabwägungs- und -ausgleichsprozesses nach Art. 14 Abs. 1 S. 2 GG sei, während Art. 14 Abs. 1 S. 1 GG dem Gesetzgeber einen präzisen Inhalt des Bestandsschutzes nicht vorschreiben könne.

Ausgehend davon, daß es auf der Ebene des einfachen Rechts einen tatsächlichen Bestandsschutz an sich nicht gibt, der den nachträglichen behördlichen Anordnungen gemäß § 17 Abs. 1 S. 3 AtG entgegengehalten werden könnte, sind jedoch die Bestandsinteressen des Anlagenbetreibers mit den Schutzinteressen Dritter und der Allgemeinheit in einen verhältnismäßigen Ausgleich zu bringen. Der Bestandsschutz ist somit keine absolute, vorgegebene Rechtsstellung, sondern eine ausgestaltungsbedürftige, der Abwägung mit anderen Interessen bedürftige Position.

Dies macht aber gerade eine Prüfung, inwieweit der Gesetzgeber bei der Umsetzung der in Art. 14 GG verankerten Direktiven das Verfassungsrecht überhaupt hinreichend konkretisiert hat, keinesfalls entbehrlich.

Es stellt sich die Frage, ob der Gesetzgeber eine Regelung getroffen hat, die den grundrechtlichen Erfordernissen, wie sie von Art. 14 Abs. 1 S. 1 GG einerseits und Art. 14 Abs. 2 GG andererseits aufgestellt werden, genügt. Soweit der Gesetzgeber dem verfassungsrechtlichen Regelungs- und Ausgestaltungsauftrag gerecht geworden ist oder die gesetzliche Ausgestaltung sogar über die von der Verfassung gestellten Anforderungen hinausgeht, ist das Verwaltungsrecht selbstverständlich die alleinige Grundlage bei der möglichen Durchsetzung nachträglicher Auflagen.

Hat der Gesetzgeber aber seinen Auftrag verfehlt und ist hinter den verfassungsrechtlichen Vorgaben zurückgeblieben, muß ein unmittelbarer Rückgriff auf Art. 14 Abs. 1 GG nicht nur möglich sein, sondern ist auch geboten. In diesem Fall, in dem der Gesetzgeber den vorzunehmenden Interessenausgleich verkannt hat und die einfach-gesetzliche Wertung damit verfassungswidrig und nichtig ist, bleibt der Betroffene unmittelbar auf die grundrechtliche Sicherungen seines vorhandenen Bestands angewiesen, um behördliche Eingriffe in sein Eigentum abwehren zu können.

---

[72] Wahl, in: Festschrift für Redeker, S. 245, 255 ff.

Diese Sichtweise, die eine mögliche Heranziehung des in der Normenhierarchie vorrangigen Eigentumsartikels befürwortet, führt jedoch nicht dazu, daß sich der Gesetzgeber vor jeder Abwägung und vor jedem Ausgleichungsbemühen von vornherein unüberwindbaren Schranken zugunsten der Bestandsinteressen und zum Nachteil der entgegenstehenden Belange Dritter und der Allgemeinheit gegenübergestellt sieht.[73] Art. 14 Abs. 1 GG behält allerdings bei Regelungsdefiziten im geltenden einfachen Recht zwangsläufig seine Berechtigung.
Zudem besteht neben der bloßen Ausfüllung von Lücken im einfachen Recht durch verfassungsunmittelbar verankerte Ansprüche auf der Ebene der Rechtsanwendung die Möglichkeit, im Einzelfall noch eine Modifizierung der konkreten Eingriffsgrundlage im Sinne verfassungskonformer Auslegung unter Einbeziehung der aus Art. 14 Abs. 1 GG ableitbaren Bestandsschutzpositionen vorzunehmen.
Da der Gesetzgeber in abstrakten Regelungen notwendig nicht alle Konfliktsituationen verfassungsgemäß lösen kann, erlauben vornehmlich unbestimmte Rechtsbegriffe und Ermessensnormen, daß die eigentumsspezifischen Bestandsinteressen mittels verfassungskonformer Auslegung auch im einfachen Recht berücksichtigt werden können.
Vom Grundsatz her nichts anderes hat dann auch für etwaige Erwägungen auf der Grundlage des rechtsstaatlichen Vertrauensschutzes zu gelten. Diese fließen in die Auslegung unbestimmter Rechtsbegriffe und von Ermessenstatbeständen ein. Hinsichtlich der Bestandskraft der atomaren Anlagengenehmigung ist, wie bereits dargestellt, davon auszugehen, daß die Regelungen über Widerruf und nachträgliche Auflagen die Bestandskraft des Verwaltungsakts bei Vorliegen ihrer Voraussetzungen durchbrechen können. Auch insoweit haben die entsprechenden gesetzlichen Grundlagen den verfassungsrechtlichen Anforderungen zu entsprechen, die sich aus der dargestellten verfassungsrechtlichen Verankerung der Bestandskraft ergeben.

[73] So aber Wahl, in: Festschrift für Redeker, S. 245, 260.

E. Die geschützten Eigentumspositionen

Da einer der Ansatzpunkte der eigentumsrechtliche Bestandsschutz ist, wären zunächst die hiervon erfaßten eigentumsrechtlichen Positionen festzustellen.
Art. 14 GG liefert selbst keine Definition des Eigentumsbegriffs, sondern überlässt vielmehr in Abs. 1 S. 2 GG dem Gesetzgeber die Bestimmung von Inhalt und Schranken des Eigentums.
Dennoch ist eine Übernahme des zivilrechtlichen Eigentumsbegriffs nicht möglich, da der Schutzbereich eines rechtserzeugten Grundrechts immer noch ein Verfassungsbegriff ist und von daher aus der Verfassung selbst gewonnen werden muß. Aus Normen des einfachen Rechts, die im Rang unter der Verfassung stehen, kann weder eine solche Ableitung erfolgen, noch kann aus der privatrechtlichen Rechtsstellung der Umfang der Gewährleistung konkreten Eigentums bestimmt werden.[74]
Vielmehr von der Schutzfunktion des Art. 14 GG, der Schaffung eines dem Grundrechtsträger eine eigenverantwortliche Selbstbestimmung gestattenden „Freiheitsraumes im vermögensrechtlichen Bereich“[75], ausgehend, umfaßt der grundrechtliche Eigentumsschutz nicht nur Sacheigentum, sondern grundsätzlich alle vermögenswerte Rechte, die dem Berechtigten von der Rechtsordnung in der Weise zugeordnet sind, daß er die damit verbundenen Befugnisse nach eigenverantwortlicher Entscheidung zu seinem privaten Nutzen ausüben darf.[76]
Da Art. 14 GG aber, wie bereits angesprochen, auf Bestandsschutz ausgerichtet ist, fallen bloße Erwerbschancen und Gewinnaussichten, die sich noch nicht zu Vermögensbestandteilen verdichtet haben, nicht unter die Eigentumsgarantie.[77]
Aus der Sicht der Kernanlagenbetreiber kann sich der eigentumsrechtlich geschützte Vermögenswert entweder in der mit dem Grundeigentum verbundenen Nutzungsbefugnis, in dem eingerichteten und ausgeübten Gewerbebetrieb, in der atomrechtlichen Anlagengenehmigung oder der auf der Grundlage einer ordnungsgemäßen Anlagengenehmigung errichteten Kernanlage manifestieren.

I. Die mit dem Grundeigentum verbundene Nutzungsbefugnis und das Recht am eingerichteten und ausgeübten Gewerbebetrieb

Zunächst wäre hier das Grundeigentum zu nennen, das einen bedeutenden Anwendungsbereich der Eigentumsgarantie ausmacht. Die bloße Beschränkung

[74] BVerfGE 58, 300 (335).
[75] BVerfGE 24, 367 (389).
[76] BVerfGE 24, 396.
[77] BGHZ 45, 150 (155); 76, 387 (394); BVerfG NJW 1992, 1878.

des Schutzbereichs lediglich auf das Privateigentum würde dazu führen, daß die Effektivität der Eigentumsgewährleistung erheblich reduziert wäre.
Erst die Nutzbarkeit und hier gerade die wirtschaftliche macht den Wert eines Grundstücks aus. Ein möglichst umfassender Schutz müßte demzufolge auch mit dem Grundeigentum verbundene Nutzungsmöglichkeiten erfassen.
Jedoch wurde vom Bundesverfassungsgericht ausdrücklich darauf hingewiesen, daß angesichts der Begrenztheit und Unvermehrbarkeit des Grundeigentums, dessen sozialer Einbindung in gesteigertem Maße Rechnung zu tragen ist. [78]
Das kann aber nur bedeuten, daß eine unbeschränkte Nutzung des Grundeigentums nicht geschützt sein kann.

Wird im Grundeigentum die wichtigste Eigentumsposition gesehen, so rangiert bezüglich seiner Verwendbarkeit die bauliche Nutzung an erster Stelle. Durch die Errichtung baulicher Anlagen wird der Wert des Grundstücks beträchtlich erhöht.
Nicht zuletzt ist diese Nutzung des Eigentums auch von einer Dauerhaftigkeit und Wertbeständigkeit gekennzeichnet.
Die bauliche Nutzung stellt somit einen essentiellen Bestandteil des Eigentums dar und wird, nicht ganz unstrittig, als unmittelbar in der Eigentumsgarantie verwurzelt angesehen.[79] Nichtsdestotrotz wird die bauliche Nutzung mittels einer großen Zahl an baulichen Vorschriften reguliert, die als Inhaltsbestimmungen des Eigentums den Schranken des Übermaßverbotes unterliegen. Geschützt sein kann somit nur die Nutzung des Grundeigentums im Sinne der erteilten baulichen Genehmigung, also die genehmigungskonforme Nutzung.
Für die Nutzung von Luft und Wasser kann nichts anderes gelten. Nun sind diese Nutzungen keinesfalls originäre Bestandteile des Grundeigentums. Gerade die elementare Bedeutung des Wassers erfordert es, bestätigt durch das Bundesverfassungsgericht[80], alle wasserrechtlichen Nutzungen einem repressiven Verbot zu unterstellen. Damit ist die wasserrechtliche Nutzung des Grundeigentums nicht vom Eigentumsschutz des Art. 14 Abs. 1 S. 1 GG erfaßt und industriellen Anlagen somit der Zugriff auf die natürlichen Gewässer zunächst verboten.[81]

[78] BVerfGE 21, 73 (82 f.).
[79] Badura, in: Handbuch des Verfassungsrechtes, S. 685 f; Leisner, in: Handbuch des Staatsrechts, § 149 Rdn. 104; anders hingegen: Breuer, Bodennutzung, S. 158 ff., Bryde, in : v. Münch/Kunig, Art. 14 Rdn. 14.
[80] Siehe hierzu BVerfGE 58, 300 (346); Die verfassungsgerichtliche Bestätigung erfaßte zwar nur Grundwasser, da aber die Wassergesetze keinen Unterschied zwischen den Gewässern machen, wird davon ausgegangen, daß die Bestätigung auch für oberirdische Gewässer gilt.; Gieseke/Wiedemann/Czychowski; § 1a WHG, Rdn. 28 m. w. N.
[81] BVerfGE 58, 300 (332).

Die Frage der Luftnutzung wird etwas differenzierter betrachtet. Nun kann aber, unabhängig davon, ob man die Luftnutzung wegen ihrer Bedeutung gerade im gewerblichen Bereich, als Bestandteil des Eigentums ansieht, oder ob man sie, wegen der Vergleichbarkeit mit der Wassernutzung, hiervon ausschließen möchte[82], davon ausgegangen werden, daß hier, ebenso wie für die Nutzung des Wassers, gelten kann, daß nur die genehmigungskonforme Nutzung eigentumsrechtlichem Schutz unterfällt. Es ist insoweit unerheblich, ob ein Anspruch auf eine bestimmte Nutzung besteht, oder ob eine bestimmte Nutzungsmöglichkeit verliehen wird, da der Gesetzgeber die zu schützenden Positionen jeweils inhaltlich ausgestalten kann. Entspricht somit eine gesetzliche Regelung den verfassungsrechtlichen Anforderungen an eine Inhaltsbestimmung des Eigentums, so kann eine entsprechende Eigentumspostion nur dann dem Schutz des Art. 14 GG unterfallen, wenn sie diesen Vorgaben genügt. Dies gilt dann auch für die Nutzung des Grundstücks zum Betrieb einer Atomanlage, wobei hier, wegen des starken sozialen Bezugs des Eigentums, nicht davon ausgegangen werden kann, daß diese Nutzungsart Ausfluß des Grundeigentums ist. Dieser Annahme entspricht auch die Ausgestaltung des § 7 AtG, der die atomrechtliche Genehmigung in das Ermessen der zuständigen Behörde stellt. Geschützt ist damit letztlich das Anlageneigentum im Sinne des § 903 BGB, so wie es durch die atomrechtliche Betriebsgenehmigung eine Ausgestaltung erfahren hat, also die genehmigungskonforme Kernanlagennutzung.

Mit der Entwicklung des Rechts am eingerichteten und ausgeübten Gewerbebetrieb durch die Zivilgerichte sollten Beeinträchtigungen unternehmerischer Betätigung erfaßt werden, die keine Regelung erfahren hatten, für die man aber ein Regelungsbedürfnis sah.[83]
An diesem Schutz ist auch, trotz kritischer Äußerungen des Bundesverfassungsgerichts, festzuhalten, da das Gericht keine Bedenken hinsichtlich bestimmter Rechte mit Vermögenswert postuliert, sondern auf bloße Chancen und tatsächliche Gegebenheiten abstellt, die – im Verbund mit anderen Rechten – zu einem einheitlichen Recht zusammengefaßt werden[84] und die nach allgemeiner Meinung dem Schutz der Eigentumsfreiheit nicht zugerechnet werden können.
Demgemäß kann Art. 14 GG den Gewerbebetrieb nur im "jetzt und hier" schützen, während die aus ihm resultierenden Hoffnungen und Chancen nicht mehr als dem Schutzbereich unterfallend angesehen werden können.

---

[82] Rittstieg, NJW 1982, 724; Sendler, UPR 1983, 33 (38).
[83] Vgl. nur BGHZ 67, 190 (192); 81, 21 (33); 92, 34 (37).
[84] BVerfGE 51, 193, (221 f.); Kutschera, Bestandsschutz, S. 79 ff.

II. Die atomrechtliche Genehmigung als Eigentumsposition

Ansatzpunkt zur Beantwortung der Frage, ob auch die atomrechtliche Genehmigung eine eigentumsrechtliche Position darstellt, ist, daß die Genehmigung gemäß § 7 AtG dem Inhaber auch das subjektiv-öffentliche Recht auf Betrieb der genehmigten Anlage gewährt.
Zwar handelt es sich dabei um eine vermögenswerte Position, jedoch nicht um eine solche des Privatrechts. Der verfassungsmäßige Eigentumsschutz findet in einem solchen Fall nur Anwendung, wenn das vermögenswerte Recht durch eigene Leistung und/oder Kapitaleinsatz erworben wurde sind und nicht allein auf staatlicher Gewährung beruht.[85]
Die atomrechtliche Genehmigung als solche kann von daher keine Eigentumsposition im Sinne des Art. 14 GG darstellen. Sie kann nicht als Äquivalent eigener Leistung des Antragenden qualifiziert werden, da sie eben nur bei Erfüllung bestimmter tatbestandlicher Voraussetzungen verliehen wird. Insoweit ist auch von Belang, daß der Antragende, selbst bei Erfüllung aller Voraussetzungen von seiner Seite, keinen Anspruch auf die Genehmigung hat, da die Genehmigungserteilung im Ermessen der Behörde steht, wobei in dieses auch sicherheitsrelevante Aspekte, die außerhalb der Kernanlage liegen, einfließen können. Art. 14 Abs. 1 GG schützt nicht eine öffentlich-rechtliche Genehmigung als solche, sondern nur die aufgrund der bestandskräftigen Genehmigung durch eigene Tätigkeit und Kapitaleinsatz entwickelte private Vermögensposition.[86]

Damit kann aber auch die „ins Werk gesetzte“ Genehmigung als solche nicht dem Eigentumsschutz unterfallen.[87] Am Charakter der Genehmigung kann sich nicht dadurch etwas ändern, daß auf ihrer Grundlage eine Anlage errichtet wird. Auch nach Errichtung der Kernanlage fehlt ihr das Merkmal, Äquivalent

---

[85] BVerfGE 18, 392 (397); 24, 220 (225 f.).

[86] Jarass, Die Anwendung neuen Umweltrechts auf bestehende Anlagen, S. 81 f; Papier in: Maunz/Dürig, Grundgesetz, Art.14 Rdn. 107 f.; Frings, Bestandsschutz atomrechtlicher Anlagen, S. 39 ff.; Die Einbeziehung der Genehmigung wird auch, da regelmäßig das Substrat geschützt ist, als wenig ertragreich erachtet.; Ossenbühl, Staatshaftungsrecht, S. 135, mit der Differenzierung zwischen staatlicher Erlaubnis und Anlagenbestand; Dolde NVwZ 1986, 873 (874) mit Fn. 15; Kube, ZG 2000, 11 (25 ff.).

[87] So aber Gemmecke, Nachträgliche Anordnungen, S. 244.; vgl. auch Blanke, Vertrauensschutz, S. 185; Dieser führt – mit Verweis auf Sach, Genehmigung, S. 54 und Sundermann, Anlagen im Immissionsschutzrecht, S. 54 – aus, daß bei aller Unterschiedlichkeit der vertrauensschutzrechtlichen und der eigentumsrechtlichen Kollissionslage doch das Gebrauchmachen der Genehmigung, mithin die auf ihr beruhende Disposition des Begünstigten, einen *grundrechtsrelevanten* Vertrauenstatbestand begründe.

eigener Leistung zu sein, zumal man nicht davon ausgehen kann, daß aus der Genehmigung plötzlich eine privatrechtliche Rechtsposition geworden ist. Sicherlich ist die Anlage ohne die Genehmigung „nichts wert". Jedoch darf nicht übersehen werden, daß die Genehmigung in diesem Falle lediglich die „Hülle" ist, die die Nutzungsbefugnis transportiert. Mittels der Genehmigung wird das Eigentum an der Anlage im Sinne des § 903 BGB ausgestaltet und diese darf fortan nur genehmigungskonform genutzt werden. Eigentumspositionen sind und bleiben in diesem Falle die genehmigungskonforme Nutzung der Anlage und gegebenenfalls der eingerichtete und ausgeübte Gewerbebetrieb, keinesfalls aber die Genehmigung, weder die Genehmigung als solche, noch die „ins Werk gesetzte" Genehmigung als solche, also das „ins Werk gesetzte" Substrat der Genehmigung.

F. Widerruf, Rücknahme, nachträgliche Auflage und Art. 14 GG

Durch die Maßnahmen der nachträglichen Auflage, des Genehmigungswiderrufs und der Genehmigungsrücknahme wird das jeweilige Unternehmen unmittelbar berührt. Zwar wird zunächst nur die Genehmigungsebene betroffen, jedoch zeitigen die Maßnahmen auch unmittelbare Auswirkungen auf der Anlagenebene. Widerruf und Rücknahme verhindern den Weiterbetrieb der Kernanlage, nachträgliche Auflagen verpflichten den Anlagenbetreiber zur Durchführung etwaiger Gefahrenabwehr- oder Risikovorsorgemaßnahmen.
Da diese Maßnahmen wirtschaftlichen Auswirkungen in Form finanzieller Belastungen nach sich ziehen, ist das Unternehmen in seiner rechtlich geschützten Substanz betroffen, wie es sich als eine von dem Betreiber auf der Basis der Genehmigung geschaffene Organisation persönlicher und sachlicher Mittel darstellt, als eine bestimmte, dem Sacheigentum vergleichbare Sach- und Rechtsgesamtheit und damit als vermögenswertes Recht des Privatrechts.[88] Damit ist in den Fällen von Genehmigungswiderrufen, Genehmigungsrücknahmen und nachträglicher Auflagen der Schutzbereich des Art. 14 Abs. 1 GG im Grundsatz auch unter dem Gesichtspunkt des Rechts am eingerichteten und ausgeübten Gewerbebetrieb betroffen.
Zu beachten ist aber, daß nur die genehmigungskonforme Nutzung der Anlage geschützt ist, da Inhalt und Reichweite des eigentumsrechtlichen Schutzes einer genehmigungsbedürftigen kerntechnischen Anlage von der erteilten Genehmigung abhängen. Diese Nutzungsbefugnis, die ein Element des eingerichteten und ausgeübten Gewerbebetriebs ist, ist es auch, die durch die hier relevanten

[88] Gemmecke, Nachträgliche Anordnungen, S. 242; für nachträgliche Anordnungen im Immissionsschutzrecht: Hülsebusch, Nachträgliche Anordnungen gemäß § 17 Abs. 1 BImschG unter eigentumsrechtlichen Gesichtspunkten, S. 22 f.

Maßnahmen betroffen ist. Daß heißt aber nichts anderes, als daß der Schutz, der durch die Eigentumsposition des eingerichteten und ausgeübten Gewerbebetriebes vermittelt wird, nicht weitergehen kann, als der Schutz, der durch das Recht auf genehmigungskonforme Nutzung gewährt wird.
Daß das Anlageneigentum des Betreibers und die Nutzungsbefugnis von Beginn an mit der Möglichkeit des Erlasses von Genehmigungswiderrufen, Rücknahmen und nachträglichen Auflagen belastet sind, ändert auch nichts daran, daß der Schutzbereich des Art. 14 GG einschlägig ist.
Eine andere Betrachtungsweise hätte zur Folge, daß der Betreiber gegenüber beschränkenden Anordnungen von vornherein schutzlos gestellt würde. Zudem hätte es der Gesetzgeber in der Hand, die vermögenswerten Rechte im Wege ständiger Gesetzesnovellierungen entschädigungslos zu entwerten, was offenkundig von Art. 14 GG nicht mehr gedeckt wäre.[89]
Vor allem stellt der vorhandene Anlagenbestand einen privatrechtlichen Vermögenswert dar, der die konstituierenden Merkmale des Eigentumsbegriffs erfüllt. Es hat insoweit eine strikte Trennung zwischen eigentumsfähiger Rechtsposition auf der einen und der konkreten Ausgestaltung der Rechte und Pflichten des Eigentümers durch den inhalts- und schrankenbestimmenden Gesetzgeber auf der anderen Seite zu erfolgen.[90] Durch die Maßnahmen auf der Grundlage des § 17 AtG werden somit der Anlagenbestand und das Recht zur genehmigungskonformen Nutzung der Anlage und damit auch der Schutzbereich des Art. 14 GG betroffen. Diese Aspekte sind somit bei der Betrachtung der nach § 17 AtG zulässigen Maßnahmen im Rahmen der Auslegung der unbestimmten Rechtsbegriffe und bei der Ermessensabwägung und Verhältnismäßigkeitsprüfung zu beachten.

[89] Friauf, WiVerw. 1986, 87 (103).
[90] Gemmecke, Nachträgliche Anordnungen, S. 243.

G. Der Regelungsgehalt der §§ 17 und 18 AtG

Folgend sollen ausführlich das Atomgesetz und seinen Instrumentarien dargestellt werden. In diesem Bereich stellen sich, wie bereits ausgeführt, die §§ 17 und 18 AtG als gesetzliche Ausformungen des Bestands- und Vertrauensschutzes dar. § 17 AtG ist zudem „Konkretisierungsmaßstab" der Bestandskraft der Anlagengenehmigung.

I. Atomrechtliche Instrumentarien

Die in den §§ 17 ff. AtG geregelten Instrumente der Überwachung sind als abschließend zu betrachten.[91] Damit darf auf die allgemeinen Vorschriften über die Aufhebung oder Änderung von Verwaltungsakten im Verwaltungsverfahrensgesetz nicht zurückgegriffen werden. Der abschließende Charakter der atomgesetzlichen Regelung ist mit der Ausgewogenheit der §§ 17 ff. AtG und ihrer durchgängigen Abstimmung auf die besonderen Erfordernisse der rechtlichen Regelung der Kernenergienutzung zu begründen.
Geht man davon aus, daß in den §§ 17 ff. AtG sowohl die Voraussetzungen als auch die Rechtsfolgen der Rücknahme und des Widerrufs erschöpfend normiert sind, so kann wegen des Spezialitätsgrundsatzes das Verwaltungsverfahrensgesetz nicht zur Anwendung kommen. Einzig in den Fällen des § 19 Abs. 1 S. 3 oder des § 19 Abs. 2 S. 3 AtG, in denen das Atomgesetz selbst auf andere Rechtsvorschriften verweist, bleibt für eine ergänzende Anwendung des § 139 b GewO Raum.

Zu den Überwachungsinstrumentarien gehören die Rücknahme und der Widerruf von Anlagengenehmigungen, § 17 Abs. 2 und 3 bis 5 AtG, die nachträgliche Auflage im Sinne von § 17 Abs. 1 S. 3 AtG und das Institut der Änderungsgenehmigung nach § 7 Abs. 1 AtG, welches allerdings antragsgebunden ist.
Weiter zählen zu den Überwachungsmöglichkeiten die Befugnisse und Obliegenheiten, die sich aus der entsprechenden Anwendbarkeit des § 139 b GewO ergeben (vgl. § 19 Abs. 1 S. 3 AtG), wozu das Recht zur jederzeitigen Besichtigung und Prüfung der Anlagen zählt.
Das Zutritts- und Prüfungsrecht der Vertreter der Überwachungsbehörde wird in § 19 Abs. 2 S. 1 AtG ausgedehnt auf die von dieser Behörde zugezogenen Sachverständigen sowie auf die Beauftragten anderer zugezogener Behörden

[91] Lange, NJW 1986, 2463; Wagner, DÖV 1987, 528; a.A.: Haedrich, Atomgesetz, Baden-Baden 1986, Rdn. 1 zu § 17.

und wird in bestimmtem Umfang auch örtlich über den Anlagenbereich hinaus erweitert, um ein sofortiges Zugreifen bei Gefahr im Verzuge zu ermöglichen. Die entsprechenden Mitwirkungspflichten der Eigentümer, Hersteller oder Betreiber sind in § 13 Gerätesicherheitsgesetz normiert, der über § 19 Abs. 2 S. 3 AtG entsprechend anwendbar ist.
In ihrer Bedeutung vorrangig sind im Rahmen dieser zu den Aufsichtsmaßnahmen im eigentlichen Sinne zählenden Überwachungsbefugnisse aber die Anordnungen nach § 19 Abs. 3 AtG zur Beseitigung eines atomrechtswidrigen Zustands oder einer Gefahrensituation. Diese können wiederum verschiedenartige Maßnahmen zum Gegenstand haben.
Dies wird durch § 19 Abs. 3 S. 2 AtG verdeutlicht, der die Hauptarten von aufsichtlichen Anordnungen beispielhaft aufführt.

II. Verhältnis von Genehmigungs- und Aufsichtsverfahren

Da es bei der Thematik des Bestandsschutzes im Atomrecht um die Bewahrung des Genehmigungsbestands geht, sind hiervon die Fälle der staatlichen Aufsicht nach § 19 AtG zu unterscheiden. Diese folgt dem Genehmigungsverfahren nach und ist auf eine Befolgungskontrolle gerichtet und erhält ihre Richtwerte aus den Festsetzungen der Genehmigung. Die staatliche Aufsicht hat über die Einhaltung der Genehmigungsvoraussetzungen zu wachen und kann vorläufige Schutzmaßnahmen anordnen.[92]
Diese Abgrenzung läßt sich an sich schon aus dem Gesetzestext gewinnen, wird aber teilweise in der Literatur bestritten. Der wohl weitestgehende Ansatz von Schneider ist der einer völligen Gleichsetzung von Genehmigungsphase und Aufsichtsphase.[93] Orientierungspunkt für diese Ansicht ist nicht der Gesetzestext, sondern die Feststellung, daß sich die Schadensvorsorge in der Genehmigungsphase und in der Aufsichtsphase nicht unterscheiden könnten, da es nicht nachvollziehbar wäre, wenn im Genehmigungsverfahren höhere Maßstäbe relevant wären, als in der Aufsichtsphase. Von Seiten der Behörden sei die Kernanlage nicht nur bei Errichtung, sondern erst recht nach dem Anfahren darauf zu überprüfen, ob die erforderliche Schadensvorsorge gewährleistet sei, und notwendigenfalls nach denselben Maßstäben wie im Genehmigungsverfahren Vorkehrungen zur Sicherung zu treffen.[94]

---

[92] Schattke, et 1986, 744 ff.
[93] Schneider, in: Steinberg/Schneider, Schadensvorsorge im Atomrecht zwischen Genehmigung, Bestandsschutz und staatlicher Aufsicht, 1991, 117 ff.
[94] Schneider, a.a.O., S. 123 ff.

Es könne somit in der Aufsichtsphase allenfalls institutionell-organisatorisch, nicht aber funktionell zwischen der Genehmigungs- und Aufsichtsbehörde unterschieden werden.[95]
Die Bedenken im Hinblick auf diese Ansicht treffen jedoch schon deren Ansatz. Unbestreitbar ist sicherlich, daß die Sicherheitsanforderungen nach Erteilung der Genehmigung nicht reduziert sein können. Jedoch geht die Überprüfung des erforderlichen Sicherheitsstandards nach Erteilung der Genehmigung nicht allein auf die staatliche Aufsicht über, sondern bleibt auch bei der Genehmigungsbehörde. Diese hat gemeinsam mit der Aufsichtsbehörde den Sicherheitsstandard der Atomanlage zu kontrollieren, wie sich schon aus dem Gesetzeswortlaut ergibt. Und hierbei ist die Genehmigungsbehörde zunächst einmal an die Bestandskraft der atomrechtlichen Anlagengenehmigung und dem daraus folgenden Bestands- und Vertrauensschutz gebunden. Damit ist der Umstand zu berücksichtigen, daß mit Betrieb der Anlage Zeit vergeht und sich die Anforderungen an die Schadensvorsorge dem zu beugen haben.
Augenscheinlich wird das Hinwegsetzen über den eindeutigen Gesetzeswortlaut auch da, wo versucht wird, entgegen der gängigen Ansicht, darzustellen, daß Aufsichtsmaßnahmen nicht nur vorläufigen Charakter haben dürfen. Nach einhelliger Meinung haben Maßnahmen nach § 19 Abs. 3 AtG vorläufigen Charakter, bis eine endgültige Entscheidung nach § 17 AtG ergeht.[96]
Begründet wird die entgegengesetzte Meinung damit, daß durch Ordnungsverfügungen ein rechtswidriger oder gefahrenträchtiger Zustand „beseitigt" werden solle, was nur heißen könne, nachhaltig und dauerhaft, da ansonsten die Ordnungsverfügung als ungeeignet gegen den Grundsatz der Verhältnismäßigkeit verstoßen würde.[97] Bedenken hiergegen ergeben sich aber bereits aus der Tatsache, daß mangelnde Eignung erst dann eintritt, wenn die Maßnahme in keiner Weise geeignet ist, einen Gefahrenzustand zu bekämpfen. Dies ist aber bei vorläufigen Maßnahmen ohne Zweifel nicht der Fall, da durch die Ordnungsverfügung der Gefahrenzustand, wenn auch vorläufig, so doch beseitigt wird. Zum anderen ergibt sich auch hier wieder aus dem Gesetzeswortlaut, genauer § 19 Abs. 3 S. 2 Nr.3 AtG, entsprechendes. Demgemäß ist als eine mögliche Maßnahme der Aufsicht die Anordnung vorgesehen, daß der Umgang mit radioaktiven Stoffen, die Errichtung und der Betrieb von Anlagen einst-

[95] Schneider, in: Steinberg/Schneider, Schadensvorsorge im Atomrecht, S. 128.
[96] Wagner, DÖV 1987, 531; Schmitt, 8. Deutsches Atomrechtssymposium 1989, 26; aber auch BT-Drucks. 3/759 S.32: „ Diese Anordnungen werden regelmäßig vorläufigen Charakter haben, bis die Genehmigungsbehörde die Angelegenheit im Rahmen des § 17 AtG gewürdigt hat. .... Wenn eine erforderliche Genehmigung nicht erteilt oder rechtskräftig widerrufen ist, kann die endgültige Einstellung angeordnet werden."
[97] Schneider, in Steinberg/Schneider, a.a.O., S. 185.

weilen einzustellen ist. Eine nicht nur einstweilige Einstellung ist laut Gesetz nur zulässig, wenn eine erforderliche Genehmigung nicht erteilt wurde oder rechtskräftig widerrufen wurde. Daraus ergibt sich eindeutig die Priorität des Genehmigungsverfahrens im Verhältnis zu Aufsichtsmaßnahmen.[98]
Vor diesem Hintergrund hat die rechtliche Zuordnung einer Maßnahme zum Aufsichts- oder aber zum Genehmigungsverfahren anhand ihres objektiven Regelungsgehalts zu erfolgen.
So können Maßnahmen der Aufsicht lediglich dazu bestimmt sein, die Rechtmäßigkeit und Gefahrlosigkeit des Anlagenbetriebs zu gewährleisten, ohne dabei auf die Genehmigung selbst zurückzuwirken, während Maßnahmen, die den Bestand oder Inhalt der Genehmigung berühren, dem Genehmigungsverfahren vorbehalten bleiben müssen. Demgemäß lassen sich auch Nachrüstungs- oder Modernisierungsmaßnahmen auf der einen und die bloßen Reparatur- oder Instandsetzungsarbeiten auf der anderen Seite rechtlich einordnen.
Konsequenz des Gesagten ist aber auch, daß die aufsichtsrechtlichen Mittel nicht zu den atomrechtlichen Bestands- und Vertrauensschutzregelungen gezählt werden können. Diese sind, wie gesehen, nicht dazu bestimmt, den Platz einzunehmen, der dem Genehmigungswiderruf, der Genehmigungsrücknahme und der nachträglichen Auflage zugeordnet ist. Geht es dort um das Vertrauen in den Bestand der Genehmigung und wird mittels der Maßnahmen der Bestandsschutz der Anlage durchbrochen, so geht es bei den aufsichtsrechtlichen Mitteln um vorübergehende Zugriffe, die keinen Eingriff in den Genehmigungsbestand darstellen.

III. Zeitlicher Anwendungsbereich des § 17 AtG / Beginn des Bestandsschutzes

Grundsätzlich gilt zunächst einmal, daß Maßnahmen des Widerrufs, der Rücknahme und nachträgliche Auflagen erst nach Erteilung der Anlagengenehmigung möglich sind. Hierbei wird dann, wie bereits dargestellt, die Bindungswirkung der Genehmigung im Verhältnis Anlagenbetreiber und Behörde durchbrochen. Problematisch ist jedoch, ob eine noch nicht bestandskräftige Genehmigung bereits Bestandsschutz genießt und so nur unter den Voraussetzungen der entsprechenden Rücknahme- und Widerrufsvorschriften aufgehoben werden kann.

---

[98] Weiter nimmt Schneider bei der Aufteilung in Maßnahmen der Aufsicht im engeren Sinne und solche im weiteren Sinne keine einheitliche Zuordnung vor; so rechnet er etwa die nachträgliche Auflage im Sinne von § 17 Abs. 1 S. 3 AtG zunächst zu den Aufsichtsmitteln im wieteren Sinne (S. 146 f.), um sie dann später, ohne hierfür eine Erklärung zu liefern (S. 180, 187) den Aufsichtsmaßnahmen im engeren Sinne zuzurechnen.

Diese Frage stellt sich so auch für die nachträgliche Auflage, denn diese stellt verbunden mit dem teilweisen Neuerlaß eines inhaltlich geänderten Verwaltungsakts sachlich auch immer eine teilweise Aufhebung des ursprünglichen Verwaltungsakts dar.
Richter bejaht den Bestandsschutz einer noch nicht bestandskräftigen Atomanlagengenehmigung mit Hinweis auf den Subsidiaritätsgrundsatz des § 1 Abs. 1 VwVfG. Da § 17 AtG keine Regelung über die Rücknahme und den Widerruf einer Genehmigung vor Eintritt der Bestandskraft enthalte, werde dieser Bestandsschutz von den Regelungen der §§ 48, 49 VwVfG erfaßt.[99] Diese Normen böten dem Genehmigungsinhaber einen begrenzten Bestandsschutz und seien daher auch günstiger. Folge dieser Ansicht ist, daß nach den Grundsätzen der §§ 48, 49 VwVfG eine atomrechtliche Genehmigung bereits nach ihrem Erlaß nur eingeschränkt aufgehoben und bereits von diesem Zeitpunkt an auch lediglich unter den engen Voraussetzungen des § 17 Abs. 1 S. 3 AtG mit nachträglichen Auflagen versehen werden kann.
Die angeführte Ansicht überzeugt auch im Hinblick auf die erwähnte Subsidiaritätsklausel des § 1 Abs. 1 VwVfG nicht, denn danach steht die Anwendbarkeit des Verwaltungsverfahrensgesetzes unter dem allgemeinen Vorbehalt anderweitiger (inhaltsgleicher oder entgegenstehender) Regelungen durch Rechtsvorschriften des Bundes. Das bedeutet, daß die Bestimmungen des Verwaltungsverfahrensgesetzes nur subsidiär gelten, also nur, wenn und soweit das Atomgesetz keine Vorschriften hinsichtlich des Verfahrens enthält.[100]
Nun ist das Atomgesetz ein zeitlich älteres Gesetz als das Verwaltungsverfahrensgesetz, so daß bei der Frage, ob eine abschließende oder eine Teilregelung vorliegt, im Grundsatz nach dem Zweck des Verwaltungsverfahrensgesetzes, ein möglichst einheitliches, modernen rechtsstaatlichen Grundsätzen genügendes Verwaltungsverfahrensrecht zu schaffen, im Sinne einer Ergänzung und Lückenschließung des Spezialrechts zu entscheiden wäre. [101]
Zweifel entstehen aber vor dem Hintergrund, daß die Rücknahmeregelung des § 17 Abs. 2 AtG mit dem Dritten Änderungsgesetz im Jahre 1975 eingefügt wurde als Anpassung an das zur Verabschiedung anstehende Verwaltungsverfahrensgesetz. Das Atomgesetz hat damit ausdrücklich die verwaltungsverfahrensgesetzliche Regelung, nach der ein Verwaltungsakt schon nach seinem

[99] Richter, Nachrüstung von Kernkraftwerken, S. 13 f.; Allgemein zur Anwendbarkeit der §§ 48, 49 VwVfG vor Bestandskraft der Genehmigung und zum Eintritt der für den Vertrauensschutz relevanten Bindungswirkung; Blanke, Vertrauensschutz, S. 152 ff.; 156 f.; 164 f..
[100] Vgl. Gemmecke, Nachträgliche Anordnungen, S. 92.
[101] Zu fragen ist aber auch, ob der im Wege der Auslegung zu ermittelnde Zweck der Sonderregelung des § 17 AtG eine Ergänzung durch das Verwaltungsverfahrensgesetz erlaubt; vgl. BVerwG NVwZ 1987, 488.

Wirksamwerden zurückgenommen oder widerrufen werden kann, nicht übernommen. Auch für ein Redaktionsversehen ist nichts ersichtlich.[102]
Ebenso kann auch der historische Hintergrund der Regelung des § 17 AtG nicht für eine Anwendbarkeit der §§ 48, 49 VwVfG herangezogen werden. Denn der im Zusammenhang mit den Auflagen gegebene Hinweis auf die „allgemeinen verwaltungsrechtlichen Grundsätze" kann nur im historischen Kontext verstanden werden. Und bis zum Erlaß des Verwaltungsverfahrensgesetzes war es ständige Rechtsprechung des Bundesverwaltungsgerichts, daß der Bestandsschutz einer Genehmigung mit deren Bestandskraft eintritt. § 17 AtG schließt somit Widerrufs- und Rücknahmemöglichkeiten der Behörde bei nicht bestandskräftigen Genehmigungen aus.[103] Aufgrund der Regelung des § 1 Abs. 1 Nr. 2 2. HS VwVfG tritt somit der Bestandsschutz erst mit der Bestandskraft der Anlagegenehmigung ein, also ab dem Zeitpunkt, ab dem die Genehmigung nicht mehr mit Rechtsbehelfen angreifbar ist.[104]

---

[102] So auch Gemmecke, Nachträgliche Anordnungen, S. 97.
[103] Vgl. nur BVerwG DVBl. 1976, 220 (222) m.w.N..
[104] So auch: Haedrich, AtG, § 17 Rdn. 10; Schattke, atw 1988, 411; Lange NJW 1986, 2459 (2463); Bender, DÖV 1988, 813 (814); Schoch, DVBl. 1990, 549; Backherms, in: 6. Deutsches Atomrechtssymposium 1979, S. 173 (74); Gemmecke, Nachträgliche Anordnungen, S. 97; Auch eine entsprechende Heranziehung des § 50 VwVfG führt, soweit man diesen zumindest für entsprechend anwendbar hält, zu dem gefundenen Ergebnis. § 17 AtG wäre danach nicht anwendbar und somit auch nicht dessen Einschränkungen hinsichtlich der Aufhebung der Genehmigung, wenn die Aufhebung erfolgt bzw. die nachträgliche Auflage erlassen wird, um dem Widerspruch oder der Klage eines Drittbetroffenen abzuhelfen. Die abschließende Regelung des § 17 AtG ist nur auf bereits bestandskräftige Genehmigungen anwendbar.

H. Anordnung nachträglicher Auflagen gemäß § 17 Abs. I S. 3 AtG

Begonnen werden soll die Darstellung und Analysierung der atomrechtlichen Instrumentarien mit der nachträglichen Auflage gemäß § 17 Abs. 1 S. 3 AtG.

I. Zulässigkeit von Auflagen nach dem Atomrecht

Gemäß der Regelungen des allgemeinen Verwaltungsverfahrensrechts ist eine nachträgliche Auflage nur dann zulässig, wenn der Genehmigung der Vorbehalt einer nachträglichen Aufnahme, Änderung oder Ergänzung einer Auflage beigefügt war. Besteht auf die Genehmigung hingegen ein Rechtsanspruch, besteht die Notwendigkeit, daß die Beifügung der Nebenbestimmung durch Rechtsvorschrift zugelassen ist oder sicherstellen soll, daß die gesetzlichen Voraussetzungen der Genehmigungserteilung erfüllt werden, § 36 Abs. 2 Nr. 5, Abs. l VwVfG. Hingegen steht gemäß § 36 Abs. 2 VwVfG die Beifügung des Auflagenvorbehalts im Ermessen der Genehmigungsbehörde, wenn auf die Genehmigungserteilung kein Anspruch besteht.
Für das Atomgesetz bestimmt nun § 17 Abs. 1 S. 2 AtG, daß Genehmigungen zur Erreichung der in § 1 AtG genannten Zwecke inhaltlich beschränkt und mit Auflagen verbunden werden können.
Aber auch Auflagenvorbehalte sind durch die Regelung des Atomgesetzes nicht ausgeschlossen, soweit ein solcher Vorbehalt, die Genehmigung nachträglich mit Auflagen zu versehen, zur Erreichung der in § l Nr. 2 und 3 AtG bezeichneten Zwecke gemacht wird.[105]
Eine unbeschränkte Zulässigkeit des Vorbehalts nachträglicher Auflagen kann indes nicht angenommen werden. Der Vertrauensschutzes und der Bestandsschutzes, die eine gesetzliche Ausformung in § 17 AtG erhalten haben, würden anderenfalls untergraben. Gerade durch das atomrechtliche Genehmigungsverfahren soll dem potentiellen Anlagenbetreiber eine Rechtsstellung verschafft werden, die nur unter erschwerten Bedingungen beeinträchtigbar ist. Demgemäß muß eine im Genehmigungsbescheid vorgesehene Unterwerfung des Antragstellers unter bestimmte nachträgliche Anordnungen zumindest dann unzulässig sein, wenn die Genehmigungsbehörde damit die Entschädigungsregelung des § 18 AtG umgehen will.[106] Andererseits müßte ein Auflagenvorbehalt dann

[105] Vgl.: Ronellenfitsch, Das atomrechtliche Genehmigungsverfahren, S. 382; Fischerhof, Deutsches Atomgesetz und Strahlenschutzrecht, Band 1, § 17 Rdn. 4; Gemmecke, Nachträgliche Anordnungen, S. 89.

[106] Mutschler, Nebenbestimmungen zur Atomanlagengenehmigung und die Zulässigkeit ihrer Verwendung zur Ausräumung von Versagungsgründen, S.29 ff.; Haedrich, Atomgesetz, § 17 Rdn. 7; Fischerhof, a.a.O, § 17 Rdn.8.

als rechtmäßig anzusehen sein, wenn er im Interesse des Antragstellers der Sicherstellung der Genehmigungsvoraussetzungen dient. Liegt ein Fall eines zulässigen Auflagenvorbehaltes vor, so bestehen keinerlei Entschädigungsansprüche des Anlageninhabers gegen die zuständige Behörde. Dies ergibt sich schon aus § 18 Abs. 3 AtG, wonach ein Entschädigungsanspruch nur in Fällen einer nachträglichen Auflage nach § 17 Abs. 1 S. 3 AtG entsteht. Der Genehmigungsinhaber besitzt insoweit schon gar kein entsprechendes Vertrauen in den ungeänderten Fortbestand seiner Rechtsposition, da er ja gerade aufgrund des Vorbehalts mit entsprechenden Maßnahmen rechnen muß.
Ist in der Genehmigung hingegen kein Auflagenvorbehalt enthalten, kann eine nachträgliche Auflage nur ergehen, wenn eine entsprechende spezialgesetzliche Ermächtigung dies vorsieht. Eine solche Regelung ist im Atomgesetz mit § 17 Abs.1 S. 3 AtG vorhanden.

II. Der Begriff der nachträglichen Auflage i. S. von § 17 AtG

Über die Einordnung der nachträglichen Auflage im Atomrecht herrscht keine Einigkeit. Entsprechend der unter anderem von Ossenbühl, Ronellenfitsch und Haedrich vertretenen überwiegenden Auffassung stellt die nachträgliche Auflage sachlich die teilweise Aufhebung des ursprünglichen Verwaltungsakts, verbunden mit dem Erlaß eines neuen, inhaltlich beschränkten Verwaltungsakts dar.[107] Demgegenüber behauptet Schneider, daß nachträgliche Auflagen den Regelungsgehalt des Verwaltungsakts gerade unberührt lassen.[108] Zur Entscheidung dieses Meinungsstreits ist zunächst eine Einordnung der nachträglichen Auflage in die Dogmatik des Allgemeinen Verwaltungsrechts erforderlich.
Im Verwaltungsverfahrensgesetz findet zunächst der Auflagenvorbehalt, auf dessen Grundlage eine nachträgliche Auflage erlassen werden kann, in § 36 Abs. 2 Nr. 5 VwVfG Erwähnung. Weiterhin ist noch die einem begünstigenden Verwaltungsakt bei dessen Erlaß beizufügende Auflage in § 36 Abs. 2 Nr. 4 VwVfG geregelt. Demnach ist die vorbehaltsunabhängig zu erlassende nachträgliche Auflage im Allgemeinen Verwaltungsrecht nicht normiert. Zur Einordnung dieses Rechtsinstituts in die Verwaltungsrechtsdogmatik wäre somit zunächst zu bestimmen, ob es sich um einen Verwaltungsakt handelt.
In Falle der einem Verwaltungsakt beigefügten Auflage wird dies von einer Ansicht abgelehnt. Begründet wird dies damit, daß die Auflage als Nebenbestimmung zu einem begünstigenden Verwaltungsakt in einem Verwaltungs-

[107] Ossenbühl, Bestandsschutz, S. 16; Ronellenfitsch, Genehmigungsverfahren, S. 383; Haedrich, AtG, § 17 Rdn. 7; Gemmecke, Nachträgliche Anordnungen, S. 88.
[108] Schneider , in Steinberg/Schneider, Schadensvorsorge im Atomrecht , S. 115 (187).

verfahren ergeht und damit als Bestandteil dieses Verwaltungsakts ohne eigene Verwaltungsaktqualität sei.[109] Daß die Auflage in einem Verwaltungsverfahren mit dem begünstigenden Verwaltungsakt ergeht, kann aber nicht das entscheidende Kriterium sein, denn es ist durchaus denkbar, daß in einem Verwaltungsakt mehrere inhaltlich voneinander verschiedene Regelungen desselben Verwaltungsrechtsverhältnisses getroffen werden, die ihrem Inhalt nach durchaus Verwaltungsakte sein können.[110]

Entscheidender Umstand kann vielmehr nur die Frage sein, ob die von § 35 VwVfG gestellten Anforderungen erfüllt werden.[111] Ist dies der Fall, so ist auch die Auflage im Sinne des § 36 Abs. 2 Nr. 4 VwVfG ein Verwaltungsakt. Da nun die Auflage gemäß der Definition auf ein bestimmtes Tun, Dulden oder Unterlassen gerichtet ist, letztlich also unabhängig vom Hauptinhalt eines Verwaltungsakts zu diesem hinzutritt, damit für dessen Bestand oder Wirksamkeit ohne unmittelbare Bedeutung ist, ist sie nichts anderes, als eine Ergänzung zum begünstigenden Verwaltungsakt, nicht aber dessen integrierter Bestandteil. Folglich ist die Auflage im Sinne des § 36 Abs. 2 Nr. 4 VwVfG eine selbständige hoheitliche Anordnung mit Regelungsgehalt, erfüllt also die Voraussetzungen des § 35 VwVfG und ist daher selbst ein materieller Verwaltungsakt.[112]

Für die nachträgliche Auflage kann nun nichts anderes gelten. Eine Einordnung als Verwaltungsakt kann hier, unabhängig vom oben genannten Streit, einerseits dann erfolgen, wenn sie den Inhalt des Verwaltungsakts ebenso wie die Auflage im Sinne des § 36 Abs. 2 Nr. 4 VwVfG bloß verändert, andererseits aber auch, wenn die nachträgliche Auflage statt dessen die teilweise Aufhebung des ursprünglichen Verwaltungsakts verbunden mit dem Erlaß eines neuen, inhaltlich beschränkten Verwaltungsakts bedeuten würde. Ersterenfalls wäre die nachträgliche Auflage inhaltlich ebenso wie die Auflage im Sinne des § 36 Abs. 2 Nr. 4 VwVfG zu beurteilen und schon deshalb als Verwaltungsakt zu qualifizieren, während im zweiten Fall die Wirkungen der nachträglichen Auflage sogar über die der Auflage im Sinne des § 36 Abs. 2 Nr. 4 VwVfG hinausginge. Dieser Umstand kann aber sicher nicht zur Verneinung der Verwaltungsaktsqualität nachträglicher Auflagen führen. Demgemäß ist auch die nachträgliche Auflage ein Verwaltungsakt. Als solcher ist sie, da sie für den Genehmigungsinhaber eine belastende Wirkung entfaltet, nur bei gesetzlicher Normie-

[109] Meyer/Borgs, VwVfG, § 36 Rdn. 1.
[110] Stelkens/Bonk/Sachs, § 35 Rdn. 18.
[111] Stelkens/Bonk/Sachs, § 36 Rdn. 17.
[112] Kopp/Ramsauer, VwVfG, § 36 Rdn. 29;Erichsen, Das Verwaltungshandeln, in: Erichsen (Hrsg.), Allgemeines Verwaltungsrecht, § 14 I 2; Wolf/Bachof/Stober, Verwaltungsrecht I, § 49 I. d..

rung zulässig. Eine entsprechende gesetzliche Regelung ist durch § 17 Abs. 1 S. 3 AtG erfolgt.
Ebenso von Belang ist die Beantwortung der Frage, ob die nachträgliche Auflage in den systematischen Zusammenhang von Teilrücknahme bzw. Teilwiderruf oder in den von Nebenbestimmungen im Sinne des § 36 VwVfG gehört. Nur bei einer Zuordnung zur ersten Alternative könnte der überwiegenden Ansicht gefolgt werden, nach der die nachträgliche Auflage die teilweise Aufhebung des ursprünglichen Verwaltungsakts, verbunden mit dem Erlaß eines neuen, inhaltlich beschränkten Verwaltungsakts darstellt.
Eine entsprechende systematische Einordnung kann nur so erfolgen, als daß die Auswirkungen der nachträglichen Auflagen festzustellen wären. Eine Zuordnung in den Bereich der Nebenbestimmungen gemäß § 36 VwVfG wäre dann möglich, wenn sie, wie diese, die Wirkung hätten, den Inhalt der – atomrechtlichen – Genehmigung zu verändern. Auf diesem Wege würde man aber den Wirkungen der nachträglichen Auflagen nicht gerecht werden. Denn im Unterschied zur anfänglichen Auflage greift sie in den Bestand einer bereits bestandskräftigen Anlagengenehmigung ein. Dies geschieht dadurch, daß dem Anlagenbetreiber entweder ein Verhalten vorgeschrieben wird, das in der Genehmigung nicht vorgesehen ist, oder er zur Unterlassung von Maßnahmen gezwungen wird, die dem Betreiber gemäß der Genehmigung erlaubt sind. Daraus ist ersichtlich, daß die nachträgliche Auflage die teilweise Beseitigung der Rechtswirksamkeit der entsprechenden Genehmigung bewirkt. Eine entsprechende Wirkung entfaltet auch eine Teilaufhebung eines Verwaltungsakts. Damit kann auch die eingangs angeführte Ansicht abgelehnt werden, nach der die nachträgliche Auflage die Genehmigung nicht berühre. Vielmehr berührt sie die Genehmigung in der Weise, daß die nachträgliche Auflage die teilweise Aufhebung des ursprünglichen Verwaltungsakts, verbunden mit dem Erlaß eines neuen, inhaltlich beschränkten Verwaltungsakts bewirkt.

Gemmecke geht zudem noch davon aus, daß der Begriff der Auflage nicht im wörtlichen Sinne zu verstehen sei, sondern auch Inhaltsbeschränkungen nachträglich angeordnet werden könnten.[113] Begründet wird diese gegen den Wortlaut stehende Auslegung damit, daß eine solche Einschränkung in gleicher Weise wie eine nachträgliche Auflage die abschließende Regelung der Genehmigung durchbrechen würde. Weiter sei es so, daß in der Praxis die Grenze zwischen Inhaltsbeschränkungen und Auflagen nicht immer auszumachen sei. Es spräche viel dafür, daß es sich bei den als nachträgliche Auflagen verfügten

[113]Gemmecke, Nachträgliche Anordnungen im Atomrecht, S. 96 ff.; Dieser will zudem auch Inhaltsbestimmungen einbeziehen.

Maßnahmen rechtstechnisch in Wirklichkeit vielfach gar nicht um Auflagen im engeren Sinne handele.
Darüber hinaus bestünde auch eine praktische Notwendigkeit, inhaltliche Beschränkungen als zulässige nachträgliche Auflagen im Sinne von § 17 Abs. 1 S. 3 AtG anzusehen. Gerade im Atomrecht als einem Bereich, in dem eine schnelle Umsetzung neuer Erkenntnisse der Sicherheitsforschung oder neuer technischer Möglichkeiten stets in besonderem Maße gefragt sei, sei es ein elementares Interesse der Behörde, über rechtliche Möglichkeiten zu verfügen, mit denen sie die ursprüngliche Genehmigung nachträglich inhaltlich verändern kann. Es stellt sich dann aber die Frage, warum der Gesetzgeber die Regelungen der §§ 17 Abs. 1 S. 2 und 17 Abs. 1 S. 3 AtG nicht inhaltlich übereinstimmend ausgestaltet hat. Zu begründen ist dies mit Erwägungen der Bindungswirkung der Anlagengenehmigung, des Vertrauensschutzes und des Bestandsschutzes. Der Gesetzgeber hat die Position des Inhabers einer atomrechtlichen Genehmigung mit der Regelung der §§ 17 f. AtG, auch im Vergleich zur Regelung im BImschG, welches in § 17 BImschG eine nachträgliche inhaltliche Beschränkung zuläßt, relativ stark ausgestaltet. Eine Ausdehnung des § 17 Abs. 1 S. 3 AtG auch auf inhaltliche Beschränkungen würde diese gesetzgeberische Entscheidung konterkarieren. Da die Regelung des § 17 AtG bei Eingreifen die im Rechtsstaatsprinzip verwurzelten Prinzipien der Bestandskraft der Genehmigung und des Vertrauensschutzes, sowie den eigentumsrechtlichen Bestandsschutz durchbricht, ist es vor diesem Hintergrund nicht angebracht, die Vorschrift noch weiter auszudehnen. Der Genehmigungsinhaber vertraut auf den Bestand seiner Genehmigung in dem Umfang, in dem das Gesetz ihm eine Rechtsposition einräumt. Mit einer derartigen, auch vom Gesetzgeber nicht vorgesehenen, Gesetzesauslegung muß er nicht rechnen. Die Einbeziehung nachträglicher inhaltlicher Beschränkungen in den Regelungsbereich des § 17 Abs. 1 S. 3 AtG ist damit abzulehnen.[114]

III. Verhältnis von § 17 Abs. 1 S. 3 zu § 7 Abs. 2 Nr. 3 AtG

Klärungsbedürftig ist auch das Verhältnis des § 17 Abs. 1 S. 3 AtG zu § 7 Abs. 2 Nr. 3 AtG. Dieses stellt sich so dar, daß die §§ 17 Abs. 1 S. 3 und 7 Abs. 2 Nr. 3 AtG nicht völlig unabhängig voneinander stehen. Beide Vorschriften konkretisieren vielmehr die Schutzzwecke aus § 1 Nr. 2 und 3 AtG. Dieser systematische Zusammenhang erlaubt es, auch nach ganz herrschender Ansicht, die

[114] Aufgrund der Abgrenzungsschwierigkeiten wird aber vorgeschlagen, den Begriff der nachträglichen Auflage auf dem Wege der Gesetzesänderung durch den Begriff der nachträglichen Anordnung zu ersetzen.; Papier, Reformüberlegungen zum Atomrecht, 1991; S. 191.

Voraussetzungen beider Regelungen zusammen zu bestimmen. Die Voraussetzungen für nachträgliche Auflagen nach § 17 Abs. 1 S. 3 AtG richten sich somit im wesentlichen nach den Vorgaben, die § 7 Abs. 2 Nr. 3 AtG macht [115], wobei jedoch zu berücksichtigen ist, daß nach der Rechtsprechung des Bundesverwaltungsgerichts für die Beurteilung der Rechtmäßigkeit einer atomrechtlichen Anlagenbetreibung die Sachlage im Zeitpunkt der Genehmigungserteilung maßgebend ist und sich jede Dynamisierung des Genehmigungsverfahrens verbietet.[116] Weiter in die Betrachtung einzustellen ist aber der Umstand, daß das Atomgesetz keinen anlagespezifischen Rest- oder Mindestschaden irgendwelcher Art akzeptiert, der im Lichte des Grundrechts des Art. 2 Abs. 2 S. 1 GG oder anderer Grundrechte als Grundrechtsverletzung anzusehen wäre.[117]

Vor diesem Hintergrund wird es, mit Ausdifferenzierungen im Einzelfall, so sein, daß, gerade auch wegen des Gewichts der sich aus Art. 2 Abs. 2 GG ergebenden Schutzpflicht des Staats für Leben und Gesundheit, die Anforderungen, die an die Schadensvorsorge eine Atomanlage zu stellen sind, während der Betriebsphase nicht geringer ausfallen können, als während der Genehmigungsphase. Damit im Zusammenhang stehend ist das vom Bundesverfassungsgericht für das Genehmigungsverfahren entwickelte Prinzip des "dynamischen" Grundrechtsschutzes zu sehen, aus dem eine Pflicht des Staats zur dynamischen Schadensvorsorge entnommen wird.[118]

Nachträgliche Auflagen können somit, mit den genannten Einschränkungen, immer dann ergehen, wenn die nach dem Stand von Wissenschaft und Technik erforderliche Schadensvorsorge nicht mehr gewährleistet ist.[119] Demgemäß

---

[115] Rengeling, DVBl. 1988, 257 (260), Schoch, DVBl. 1990, 549 (550), Lukes, in: 8. Deutsches Atomrechtssymposium 1989, S. 63 (67); Richter, Nachrüstung von Kernkraftwerken, S. 20; Papier, Reformüberlegungen zum Atomrecht, S. 111, 186; Ossenbühl, Bestandsschutz, S. 27 ff..; An dieser Stelle sei noch an die Regelung des § 7 Abs. 2 a AtG erinnert. Nach dieser 1994 eingefügten Regelung sind Kernanlagen nur zulässig, wenn sie auch im Fall einer Kernschmelze beherrschbar sind. Diese Regelung gilt jedoch nur für Neuanlagen und wurde vom BVerfG wegen Unvereinbarkeit mit Art. 85 Abs. 2 S. 1 GG für nichtig erklärt., BGBl. 1999 I, S. 1237.

[116] BVerwGE 72, 300 (311 f.).; Diesbezüglich interessant ist auch BVerwGE 101, 347 (359), wo das BVerwG ausführt, daß „jede atomrechtliche Genehmigung mit feststellender Wirkung über das Vorliegen der Genehmigungsvoraussetzungen (entscheide). Dies (habe) (...) zur Folge, daß Drittbetroffene, die eine Änderungsgenehmigung anfechten, mit Einwendungen ausgeschlossen (seien), die sich thematisch *allein* gegen die bestandskräftige Anlagengenehmigung (richten)."

[117] So das BVerfGE 49, 89 (140 f.).

[118] An dieser Stelle wäre man spätestens am Aspekt der technischen Nachrüstung von Kraftwerken angelangt, welcher, wie ausgeführt wird, an eine Unterscheidung zwischen Gefahrenbereich, Risiko(vorsorge)bereich und Restrisikobereich anknüpft.

[119] Gemmecke, Nachträgliche Anordnungen, S. 106.

wäre im Folgenden darzustellen, was der Regelungsinhalt der nach dem Stand von Wissenschaft und Technik erforderlichen Vorsorge gegen Schäden gemäß § 7 Abs. 2 Nr. 3 AtG eigentlich ist.

IV. Die erforderliche Schadensvorsorge gemäß § 7 Abs. 2 Nr. 3 AtG

Die Auslegung des unbestimmten Rechtsbegriffes der erforderlichen Schadensvorsorge im Sinne des § 7 Abs. 2 Nr. 3 AtG durch die Rechtsprechung und die Literatur hat inzwischen zu einer großen Vielfalt an Begriffen und Ansichten geführt. Diese sollen hier nicht im Einzelnen dargestellt werden. Vielmehr sollen die für den Fortgang der Arbeit wesentlichen Ansätze herausgearbeitet werden.

1. Der Gefahrbegriff des Polizeirechts und Einbeziehung des Gefahrenverdachts

Größtenteils Einigkeit besteht darin, daß der Ansatzpunkt zur Fixierung des Terminus der erforderlichen Schadensvorsorge beim polizeirechtlichen Gefahrenbegriff liegt, wobei natürlich seine Ausformung im technischen Sicherheitsrecht, zu dem auch das Atomrecht zählt, zu berücksichtigen ist. Nun spricht das Gesetz in § 7 Abs. 2 Nr. 3 AtG unmittelbar nur davon, daß „Vorsorge gegen Schäden" zu treffen sei. Von Gefahr ist an dieser Stelle noch kein Wort zu finden. Aus § 1 Nr. 2 AtG und dessen Verknüpfung mit § 7 Abs. 2 Nr. 3 AtG ergeben sich aber die Güter, die vor den Gefahren der Kernenergie zu schützen sind. Gemäß der Regelung des § 1 Nr. 2 AtG sind Leben, Gesundheit und Sachgüter vor den Gefahren der Kernenergie und den schädlichen Wirkungen ionisierender Strahlen zu schützen.
Eine Gefahr bezeichnet, nach der klassischen Definition des Gefahrenbegriffs im Polizeirecht, einen objektiv zu erwartenden Geschehensablauf, der, bei ungehindertem Fortgang, mit hinreichender Wahrscheinlichkeit einen Schaden für die Schutzgüter der öffentlichen Sicherheit bzw. Ordnung herbeiführen würde.[120] Zur „Gefahrenabwehr" werden somit jene Maßnahmen gerechnet, die geeignet und ausreichend sind, entweder im Wege einer präventiven Gefahrenabwehr einer erst künftig drohenden Gefahr oder im Wege einer repressiven Gefahrenabwehr einer gegenwärtigen Gefahr auf die Art zu begegnen, daß die Gefahrenschwelle nicht erreicht oder überschritten wird. Zur Bestimmung des Zeitpunkts, ab wann der Eintritt eines Schadens hinreichend wahrscheinlich ist, besteht die sogenannte „Je-desto-Formel", die die Merkmale des Schadens und

[120] Vgl. PrOVGE 77, 333 (338).

der Eintrittswahrscheinlichkeit des Gefahrbegriffs so miteinander verbindet, daß je höher der zu erwartende Schaden ist, umso geringer der Wahrscheinlichkeitsgrad für dessen Eintritt sein muß, wobei nach Art und Anzahl der bedrohten Rechtsgüter zu differenzieren ist.[121]
Ronellenfitsch vertritt die Ansicht, daß im technischen Sicherheitsrecht der Gefahrenbegriff keine Wahrscheinlichkeitsbeurteilung auf der Grundlage gesicherter Erkenntnisse verlange. Bereits der hinreichend begründete, d.h. auf Tatsachen beruhende Gefahrenverdacht soll als Gefahr zu qualifizieren sein und Gefahrenabwehrmaßnahmen gestatten.[122] Damit wird auch ein eigenständiger Vorsorgegrundsatz abgelehnt. Dieser sei insoweit auch gar nicht erforderlich, da mit dem erweiterten Gefahrenbegriff auch Wahrscheinlichkeitsprognosen auf der Basis hypothetischer Annahmen möglich wären.[123]Begründet wird diese Ausdehnung des Gefahrenbegriffs im Atomrecht mit dem Erfordernis, die aus einer technischen Anlage resultierenden Gefährdungen zu erfassen.[124] Es sei oft nicht möglich, nähere Angaben zur Wahrscheinlichkeit des Schadenseintritts und damit treffende Gefahrprognosen abzugeben, da es gerade in der Wirkungsforschung viele offene Fragen gebe. Die allgemeine Lebenserfahrung reiche dann auch nicht als Grundlage für eine Prognoseentscheidung aus. Vor allem bestehe keine Klarheit darüber, wie sich geringe Strahlendosen auswirkten.[125] Gegen eine derartige Ausdehnung des Gefahrenbegriffs im Atomrecht lassen sich einige Argumente vorbringen. Wäre es so, daß zur Annahme einer Gefahr der Rang des betroffenen Schutzgutes und ein hypothetischer Schadensumfang genügen würde, unabhängig davon, ob die entsprechenden Fakten aufgrund einer hinreichend abgesicherten Beurteilungsgrundlage gewonnen und bewertet wurden, so würde das Merkmal der hinreichenden Wahrscheinlichkeit im Er-gebnis obsolet.[126] Schwerer wiegt aber noch, daß auch mit der Ausdehnung der Gefahrenabwehr auf den Gefahrenverdacht die atomrechtlichen Probleme nicht adäquat lösbar sind.

---

[121] Martens, DVBl. 1981, 1981, 597 (599); Nell, Wahrscheinlichkeitsurteile in juristischen Entscheidungen, S. 164.; Leisner, DÖV 2002, 326 ff. mit einer Kritik der „Je-desto-Formel und dem Vorschlag der Bestimmung der Gefahr nach Schadenshöhe im Normalfall und Schutzgutwertungen der Verfassung.
[122] Ronellenfitsch, Das atomrechtliche Genehmigungsverfahren, S. 232, 235 ff.; Hansen-Dix, Die Gefahr im Polizeirecht, im Ordnungsrecht und im technischen Sicherheitsrecht, S. 181.
[123] Vgl. Gemmecke, Nachträgliche Anordnungen, S. 110.
[124] Ronellenfitsch, Das atomrechtliche Genehmigungsverfahren, S. 246; Winters, Atom- und Strahlenschutzrecht, S. 25; Plischka, Technisches Sicherheitsrecht, S. 105 ff.
[125] Vgl. nur: Barthelmeß in: 4. Deutsches Atomrechtssymposium 1976, S. 309 ff.
[126] Gemmecke, Nachträgliche Anordnungen, S. 110; Marburger, Atomrechtliche Schadensvorsorge, S. 70 Fn. 245; Rid/Hammann, UPR 1990, 281 (284).

Zwar läßt sich so die Wirkung kleinster Strahlendosen zuordnen, nicht aber die beim Störfall- und Unfallrisiko auftretende rechtliche Problematik extrem geringer Eintrittswahrscheinlichkeiten.[127]

2. § 7 Abs. 2 Nr. 3 AtG und die Drei-Stufen-Theorie

Die ursprüngliche Auslegung des § 7 Abs. 2 Nr. 3 AtG erfolgte durch Teile der Rechtsprechung[128] und Literatur – hier vor allem durch Haedrich, Lukes/Backhermes und Ossenbühl – [129] zunächst dreistufig.

Ausgegangen wurde auf der ersten Stufe vom erweiterten Gefahrenbegriff, wobei § 7 Abs. 2 Nr. 3 AtG als reine Gefahrenabwehrnorm eingestuft wurde. Die Erfassung und Subsumtion eines Sachverhalts unter die Vorschrift sollte sich nach sicherheitsrechtlichen Grundsätzen richten, unter Berücksichtigung des Standes von Wissenschaft und Technik als Maßstab. In diesem Rahmen sollte der Schutz von Leben, Gesundheit und Sachgütern absoluten Vorrang vor dem Förderzweck des Atomgesetzes haben. Auf der zweiten Stufe sollte die Behörde dann im Rahmen des gemäß § 7 Abs. 2 AtG eröffneten Versagungsermessens Vorsorgemaßnahmen treffen können. Inhaltlich sollten insoweit Risiken unterhalb des Bereiches der ersten Stufe erfaßt werden, wobei unter Berücksichtigung des Verhältnismäßigkeitsgrundsatzes, trotz statistisch geringerer Eintrittshäufigkeit, Risikopotentiale verringert werden sollten. Die dritte Ebene sollte hingegen gekennzeichnet sein durch das für die jeweilige Anlage hinzunehmende Restrisiko. Dies sollte der Bereich sein, der auf Grund der Grenzen menschlicher Erkenntnis als allgemeines Lebensrisiko von dem Einzelnen und der Gemeinschaft als sozialadäquat zu tragen sei. Maßnahmen zur Restrisikoreduzierung werden hiernach nicht für erforderlich erachtet.[130]

Grundsätzlich kann an dieser Stelle zunächst festgestellt werden, daß die, vor allem auch von den Genehmigungsbehörden, vorgenommene Gleichsetzung des Schadensvorsorgegebots des § 7 Abs. 2 Nr. 3 AtG und des Grundsatzes der Gefahrenabwehr eine klare Abgrenzung der genannten drei Ebenen (Gefahrenabwehr, [Rest-] Risikominimierung, Restrisiko) ermöglicht. Der Mangel dieses Ansatzes besteht aber letztlich darin, daß als Grundlage für unterhalb der Ge-

---

[127] Gemmecke, Nachträgliche Anordnungen, S. 110,111; Marburger, Atomrechtliche Schadensvorsorge, S.64.

[128] OVG Lüneburg, UPR 1983, 166 f.; VG Würzburg, NJW 1977, 1650.

[129] Haedrich, AtG, § 7 Rdn. 106; Lukes/Backhermes, AöR 103 (1978), 334, 335 ff.; Ossenbühl, DÖV 1982, 833, ders., Bestandsschutz, S. 52, 53; Kutscheidt, in: 6. Deutsches Atomrechtssymposium 1979, S. 71,73; Weber, Regelungs- und Kontrolldichte im Atomrecht, S. 94 ff.

[130] Eingehend hierzu: Gemmecke, Nachträgliche Anordnungen, S. 111 f.

fahren liegende Risiken allein ein erweiterter Bereich des Versagungsermessens dienen soll[131], wobei aber nicht völlig klar ist, in welchen Fällen das Versagungsermessen konkret zur Anwendung kommen soll. Ursprünglich war eben angedacht, daß es dann herangezogen werden solle, wenn mittels der Genehmigungsvoraussetzungen die Interessenlage der Beteiligten nicht aufzulösen wäre, wenn also ein Kernkraftwerk die gesetzlichen Genehmigungsvoraussetzungen erfüllt, aber aus anderen, sich vorzugsweise aus den Schutzzwekken des § 1 AtG ergebenden Gründen nicht genehmigt werden könne.
Solche Gründe dürften aber regelmäßig außerhalb des dogmatischen Bereichs zu suchen sein, da wohl davon ausgegangen werden kann, daß der Gesetzgeber in den Voraussetzungen des § 7 Abs. 2 AtG den Schutz vor Gefahren und Risiken der Kernenergie realisiert gesehen hat.[132]

3. Schadensvorsorge als Gefahrenabwehr und Risikovorsorge[133]

Unter Rückgriff auf den Kalkar-Beschluß[134] des Bundesverfassungsgerichts und zeitlich vor dem Wyhl-Urteil des Bundesverwaltungsgerichts gab es bereits Ansichten, die eine tatbestandliche Risikovorsorge vom Gefahrenbegriff abgrenzten und das behördliche Versagungsermessen auf das Restrisiko beschränkten. Eine unmittelbare Aussage des Verfassungsgerichts dahingehend, daß dort die Begriffe der Gefahrenabwehr und der Schadensvorsorge konkretisiert und abgegrenzt werden, ist der Entscheidung zwar nicht zu entnehmen, jedoch wurde festgestellt, daß in der Norm des § 7 Abs. 2 Nr. 3 AtG die Grundsätze der bestmöglichen Gefahrenabwehr und Risikovorsorge verortet sind und demzufolge nicht nur die Abwehr von Gefahren verlangt wird, sondern auch die Risikovorsorge.
Der Vormarsch der Interpretation des § 7 Abs. 2 Nr. 3 AtG im Sinne einer zwei Ebenen umfassenden Schadensvorsorge war aber mit dem Wyhl-Urteil[135] des

---

[131] Gemmecke, Nachträgliche Anordnungen, S. 114.
[132] Gemmecke, Nachträgliche Anordnungen, S. 115, mit Verweis auf Anlage zu BT-Drucks. 3/1412.
[133] Eine weitere Ansicht (Schneider, in: Schneider/Steinberg, Schadensvorsorge im Atomrecht zwischen Genehmigung, Bestandsschutz und staatl. Aufsicht, S. 9, 27 ff.) nimmt einen einheitlichen Begriff der Schadensvorsorge an, der Gefahrenabwehr und Risikovorsorge umfassen soll und dem auch Besorgnispotentiale angehören sollen, also Umstände, bei denen Kenntnisse über Kausalverläufe nicht vorliegen. Eine Einebnung von Gefahrenabwehr und Risikovorsorge ist aber ebenso abzulehnen, wie die Einbeziehung völlig ungewisser Besorgnispotentiale.
[134] BVerfGE 49, 89.
[135] BVerwGE 72, 300.

Bundesverwaltungsgerichts nicht mehr zu stoppen[136], obwohl auch dieses Urteil keine eindeutige Aussage in diesem Sinne enthält. In dem Urteil wird aber festgestellt, daß es, gerade auch hinsichtlich § 1 Nr. 2 AtG, nicht erlaubt sei, bis an die Gefahrengrenze heranzugehen, mithin § 7 Abs. 2 Nr. 3 AtG weit auszulegen sei, wobei auch solche Umstände in die Überlegung einzubeziehen seien, die, wie bereits beschrieben, lediglich einen Gefahrenverdacht oder ein Besorgnispotential darstellen. Maßnahmen, die ein hiervon zu trennendes Restrisiko mindern sollen, seien allenfalls im Rahmen des Versagungsermessens zu berücksichtigen.[137] Dem zweigliedrigen Begriff der Schadensvorsorge dürfte auch aus verschiedenen Gründen zu folgen sein.

Schon der Wortlaut des § 7 Abs. 2 Nr. 3 AtG spricht für einen eigenständiges, von der Gefahrenabwehr verschiedenes Vorsorgegebot. Nun ist in § 1 Nr. 2 AtG zwar vom Schutz vor Gefahren die Rede, jedoch spricht § 7 Abs. 2 Nr. 3 AtG allein von Schäden. Damit werden nicht die für den Gefahrenbegriff gängigen Erfordernisse einer hinreichenden Eintrittswahrscheinlichkeit und die erwiesene Möglichkeit eines Schadenseintritts aufgestellt. Die von der Schadensvorsorge umfaßten Umstände können somit weiter sein, als die von der Gefahrenabwehr erfaßten. Dazu kann dann auch der jenseits der Gefahrenabwehr liegende Bereich geringer Schadenseintrittswahrscheinlichkeit gehören.

Legt man zudem § 7 Abs. 2 Nr. 3 AtG am Sinn und Zweck der Regelung orientiert aus, gelangt man ebenfalls zu einem zweigliedrigen Begriff der Schadensvorsorge. So gebietet es der „vorsichtige Gesamtcharakter des Atomgesetzes“[138] solche Risiken in Betracht zu ziehen, deren Gefahrenpotential aufgrund unzureichender wissenschaftlicher Erkenntnisse nicht eindeutig nachweisbar ist. Auch kann in den Fällen eine Risikovorsorge durchaus noch möglich und sogar sinnvoll und geboten erscheinen, in denen trotz nur geringer Wahrscheinlichkeit eines Schadenseintritts eine weitergehende Risikominimierung durch technisch realisierbare Maßnahmen verhältnismäßig ist. Letztlich wird, orientiert am Schutzzweck des § 1 Nr. 2 AtG, nur eine solche Auslegung der Vorschrift des § 7 Abs. 2 Nr. 3 AtG gerecht, die auch die Risikovorsorge im Tatbestand als Genehmigungsvoraussetzung ansiedelt und nicht in das Ermessen der Genehmigungsbehörde stellt.

---

[136] So auch : OVG Lüneburg, NVwZ 1989, 1180 (1183); VGH Kassel, NVwZ 1989, 1183 (1184 f.); VGH Baden-Würtemberg, NVwZ 1991, 422 (427); in der Literatur: Bender/ Sparwasser/Engel, Umweltrecht, 7.Teil Rdn. 119 ff.; Kloepfer, Umweltrecht, § 8 Rdn. 31 ff.; Papier in: Reformüberlegungen zum Atomrecht, S. 111, 166 ff.; ders., in : 9. Deutsches Atomrechtssymposium 1991, S. 209, 218 ff.; Rengeling, DVBl. 1986, 265 (267); Sellner, in: Festschrift für Sendler, S. 339 (341); Breuer, NVwZ 1990, 211 (214); Steinkemper, in: 9. Deutsches Atomrechtssymposium 1991, S. 255 (256 ff.).

[137] Vgl. auch Gemmecke, Nachträgliche Anordnungen, S. 120 f.

[138] Breuer, DVBl. 1978, 829 (836).

Resümierend kann somit an dieser Stelle festgestellt werden, daß auch dieser Ansatz zur Unterscheidung von drei verschiedenen Bereichen, der Gefahrenabwehr, der Risikovorsorge im engeren Sinne und dem Restrisiko, gelangen. Allerdings mit dem Unterschied, daß sie, im Gegensatz zur zuvor dargestellten Ansicht, die Bereiche der Gefahrenabwehr und der Risikovorsorge der Voraussetzungsseite des § 7 Abs. 2 AtG zuweist.
Die vorstehende Betrachtungsweise ist aber hinsichtlich der Ausgestaltung des Restrisikos zu kritisieren.[139] Und zwar wird überwiegend davon ausgegangen, daß im Bereich des Restrisikos sicherheitsrelevante Maßnahmen, die im Bereich der Risikovorsorge aus Verhältnismäßigkeitsgründen nicht durchsetzbar sind, über das Versagungsermessen realisiert werden können.[140] Definiert man das Restrisiko als eine von allen Bürgern zu tragende sozialadäquate Last, so scheint es nicht eingängig, in diesem Rahmen dennoch Maßnahmen zuzulassen. Auch wird so die vorgenommene ausdifferenzierte Unterscheidung zwischen den einzelnen Bereichen verwischt, wenn an sich unverhältnismäßige Maßnahmen auf diesem Wege dennoch ermöglicht werden sollen. Zudem ist vor der Prüfung der Verhältnismäßigkeit der jeweiligen Maßnahme zu entscheiden, welchem Bereich diese zuzuordnen ist. Eine Zuordnung und anschließende Umgruppierung bei Unverhältnismäßigkeit ist nicht möglich.
Sicherheitstechnische Maßnahmen können damit nur über die Genehmigungsvoraussetzungen des § 7 Abs. 2 Nr. 3 AtG berücksichtigt werden.[141]

V. Die Regelung des § 17 Abs. 1 S. 3 AtG als Inhaltsbestimmung des Eigentums; andere Grundlagen

Zur Einordnung des § 17 Abs. 1 S. 3 AtG als Enteignungsnorm oder als Inhalts- und Schrankenbestimmung des Eigentums ist auf die Kriterien des formalisierten Enteignungsbegriffs des Bundesverfassungsgerichts zurückzugreifen.[142] § 17 Abs. 1 S. 3 AtG wäre dann als Enteignungsnorm einzustufen, wenn eine auf ihrer Grundlage ergangene nachträgliche Auflage einen gezielten und konkret-individuellen Zugriff auf das Eigentum des Anlageninhabers zur Erfüllung öffentlicher Aufgaben darstellen würde, der zu einer teilweisen oder

[139] Ebenso Gemmecke, Nachträgliche Anordnungen, S. 126 f.
[140] OVG Lüneburg, NVwZ 1989, 1180 (1183); HessVGH, NVwZ 1989, 1183 (1185); Degenhart, et 1989, 750 (756); Rengeling, DVBl. 1988, 257 (260).
[141] Gemmecke, Nachträgliche Anordnungen, S. 127.
[142] Auf der Grundlage der Rechtsprechung des Bundesverfassungsgerichtes lassen sich als Grundkategorien im Rahmen des Art. 14 GG die Enteigung, die Inhalts- und Schrankenbestimmung und die im Einzelfall ausgleichspflichtige Inhalts- und Schrankenbestimmung unterscheiden. Zum Enteigungsbegriff: BVerfGE 58, 300 (331); 66, 248 (257); 70, 191 (200); 72, 66 (76); 74, 264 (280); 79, 174 (191); 83, 201 (211).

vollständigen Entziehung konkreter subjektiver Eigentumspositionen führt. Auch kann § 17 Abs. 1 S. 3 AtG allenfalls zu Administrativenteignungen ermächtigen. Eine Legalenteignung ist hier ganz offensichtlich von vornherein ausgeschlossen, da § 17 Abs. 1 S. 3 AtG einen Vollzugsakt der Exekutive erfordert.

Da eine nachträgliche Auflage in einem gewissen Umfang die erlaubte Betriebstätigkeit einschränkt, somit letztlich die Genehmigung in ihrer ursprünglichen Form nicht mehr nutzbar ist und somit entsprechende Eigentümerrechte teilweise entzogen werden, war man sich im Schrifttum nicht einig, ob es sich bei der Regelung des § 17 Abs. l S. 3 AtG um einen Enteignungstatbestand[143] oder einen enteignungsgleichen oder enteignungsähnlichen Tatbestand[144] handelt. Eine entsprechende Einordnung des § 17 Abs. 1 S. 3 AtG wird aber der Dogmatik zu Art. 14 GG spätestens seit dem Naßauskiesungsbeschluß des Bundesverfassungsgerichts nicht mehr gerecht. Nach der bereits dargestellten Enteignungsdefinition fehlt es der im Falle einer nachträglichen Auflage möglicherweise eintretenden Teilaufhebung von Eigentumspositionen an der Zweckgerichtetheit des Entzugs zur Erfüllung bestimmter öffentlicher Aufgaben, letztlich also an der erforderlichen Finalität der Enteignung. Denn Ziel einer entsprechenden nachträglichen Maßnahme ist nicht, das etwaigen hoheitlichen Maßnahmen entgegenstehende, sich aus der atomrechtlichen Genehmigung ergebende Abwehrrecht zu überwinden, sondern vielmehr der Umstand, daß etwaige Genehmigungsvoraussetzungen aus rechtlichen oder tatsächlichen Gründen weggefallen sind und damit der Weiterbetrieb der Anlage aus Sicherheitsgründen nicht mehr möglich ist. Weiterhin kann in der mit der nachträglichen Auflage einhergehenden Teilaufhebung der Genehmigung keinesfalls der verfolgte Hauptzweck gesehen werden, was unter Finalitätsgesichtspunkten aber erforderlich wäre, sondern allenfalls eine unvermeidbare Nebenfolge.

Die Regelung des § 17 Abs. 1 S. 3 AtG stellt somit keine normative Ermächtigung zu einer Administrativenteignung dar. Daran kann auch die Regelung des § 18 AtG über eine Entschädigung bei nachträglichen Auflagen nichts ändern.

Vielmehr handelt es sich bei dieser Regelung um eine Inhaltsbestimmung des Eigentums.[145] Diese ist grundsätzlich auch verfassungsgemäß, da der Gesetzgeber den Erlaß etwaiger nachträglicher Auflagen in das pflichtgemäße Ermes-

---

143 Butze, in: 6. Deutsches Atomrechtssymposium 1979, S. 197 (199 f.).

144 Fischerhof, Deutsches Atomgesetz und Strahlenschutzrecht, Bd. 1 , § 18 Rdn.1.

145 Vgl. auch die Einordnung von Regelungen zur Nutzungseinschränkung von Eigentum im Falle von Umweltbelastungen; Jarass, BImschG, § 6 Rdn. 26; Nüßgens/Boujong, Eigentum, Sozialbindung, Enteignung, Rdn. 229; Bryde, in: v.Münch/Kunig, GG, Bd. 1, Art. 14 Rdn. 66.

sen der zuständigen Behörden gestellt hat, womit die Verwaltung als Rechtmäßigkeitsvoraussetzung den Grundsatz der Verhältnismäßigkeit zu berücksichtigen hat.[146]

Eine nähere Befassung mit der Verfassungsmäßigkeit der Regelung als solcher soll hier aber nicht erfolgen.[147]

Darüberhinaus liegen die Wurzeln des § 17 Abs.1 S. 3 AtG ebenso im Prinzip der Rechtssicherheit und damit des Rechtsstaatsprinzips. Zum einen ermöglicht § 17 Abs. 1 S. 3 AtG im Rahmen seines Regelungsgehalts die Durchbrechung der Bestandskraft der Atomanlagengenehmigung und zum anderen wirkt er sich auf der Genehmigungsebene dadurch aus, daß er eine Teilaufhebung der Genehmigung ermöglicht, was Auswirkungen auf den rechtsstaatlichen Vertrauensschutz hat.

Diese Ebenen stehen natürlich nicht für sich, sondern sind mit der Ebene des Bestandsschutz bewirkenden Art. 14 GG verknüpft, da ja die mit einer nachträglichen Auflage bewirkte Teilaufhebung der Genehmigung unmittelbare Auswirkungen am Atomanlagenbestand zeitigt.[148]

---

[146] Hier ist insbesondere zu beachten, daß der Gesetzgeber bei der Ausgestaltung des Atomrechtes einen relativ weiten Gestaltungsspielraum hat. Er kann einerseits solche eigentumsbeschränkenden Regelungen erlassen, die der Sicherstellung der Energiegewinnung und -versorgung dienen, zum anderen ist er befugt, die sich aus der konkreten Art der Energieerzeugung ergebenden Gefahren und Risiken für die Allgemeinheit abzuwehren. Dies ergibt sich letztlich daraus, daß die hier in Rede stehende Eigentumsposition relativ schwach ausgeprägt ist. Einerseits ist der personale Bezug des Eigentums sehr schwach ausgebildet, da man davon ausgehen kann, daß die Errichtung und der Betrieb eines Kraftwerkes keine notwendige Voraussetzung einer freien verantwortlichen Lebensgestaltung im vermögensrechtlichen Bereich, auch für die hinter der juristischen Person stehenden natürlichen Personen, darstellt (BVerfGE 50, 290 [340]) und andererseits der soziale Bezug des Eigentums hier umso mehr hervortritt, als gerade die Energieversorgung vom BVerfG als Gemeinschaftsinteresse höchsten Ranges (BVerfGE 30, 292 [323, 324]) bezeichnet wurde und mögliche Unfälle und Schäden durch die Kernenergie in ihren Auswirkungen auf Mensch und Natur zu berücksichtigen sind. Was die Verhältnismäßigkeit im Einzelfall betrifft, so ist bei der Überprüfung einer Norm zu fragen, ob der vom Gesetz typischerweise geregelte Fall eine verhältnismäßige Rechtsgüterzuordnung erfahren hat oder nicht. Das dies bei den Regelungen des Atomgesetzes im Grundsatz der Fall ist: Roller, Genehmigungsaufhebung und Entschädigung im Atomrecht, S. 219 ff.

[147] Eingehend hierzu: Roller, Genehmigungsaufhebung und Entschädigung im Atomrecht, S. 210 ff.

[148] Etwas anders sieht es natürlich aus, wenn man die Grundrechtsfähigkeit der Anlagenbetreiber wegen Beteiligungen der öffentlichen Hand an den Betreibergesellschaften verneint. Dann ist Grundlage der Regelung generell nur das allgemeine Willkürverbot.

VI. Auswirkungen des sich aus Art. 14 GG ergebenden Bestandsschutzes, des Vertrauensschutzes und der Bestandskraft der Genehmigung auf § 17 Abs. 1 S. 3 AtG

Um die Folgen der Bestandskraft der Anlagengenehmigung und damit den eigentumsrechtlichen Bestandsschutz und den rechtsstaatlichen Vertrauensschutz zur Wirkung zu bringen, werden unterschiedliche Konzepte vertreten. Diese beziehen sich zwar regelmäßig ausschließlich auf den sich aus Art. 14 GG ergebenden Bestandsschutz, welcher nach der hier verfolgten Lösung nur einen Aspekt darstellt, jedoch können die Ansätze auch auf die anderen Gesichtspunkte übertragen werden, da es hier lediglich darum geht, auf welche Weise diese zu berücksichtigen sind.
Auch sind dieses Ansichten jeweils wiederum, wie zu sehen sein wird, mit den bereits unter den Tatbestandsvoraussetzungen des § 17 Abs. 1 S. 3 AtG zu dem Begriff der Gefahrenabwehr und Schadensvorsorge dargestellten verknüpft, beziehungsweise ergeben sich als konsequente Folgerungen der dort getroffenen Aussagen.

Nach Richter und Rengeling soll der Bestandsschutz bereits die behördlichen Befugnisse auf der Tatbestandsebene der atomgesetzlichen Regelung begrenzen.[149] Damit wären behördliche Eingriffe jeweils nur bis zu einer sich aus dem Bestandsschutz ergebenden Grenze möglich. Zudem soll wegen des Bestandsschutzes eine Gleichsetzung der Regelungsaussage des § 17 Abs. 1 S. 3 AtG „zur Erreichung der in § 1 Nr. 2 und 3 AtG Zwecke" mit der Formulierung des § 7 Abs. 2 Nr. 3 AtG „nach dem Stand von Wissenschaft und Technik erforderliche Vorsorge gegen Schäden" nicht möglich sein.
Nachträgliche Auflagen sollen damit nur zur Abwehr einer Gefahr im Wortsinne zulässig sein. Im Bereich der Risikovorsorge sollen sie lediglich dann möglich sein, wenn die Wiederherstellung oder Erhaltung des ursprünglichen Vorsorgemaßstabs zu besorgen steht. Diese Aussage ist im Zusammenhang mit der bereits dargestellten Drei-Stufen-Lehre zu sehen, die im Rahmen des § 7 Abs. 2 Nr. 3 AtG nur die erforderliche Gefahrenabwehr als Voraussetzung einer Genehmigung ansieht, den Risikovorsorgebereich hingegen in der Ermessensebene verankern will.

[149] Richter, Nachrüstung von Kernkraftwerken, S. 66 ff. (73 f., 77 f.); Rengeling, DVBl. 1988, 257 (260 f.) unter Heranziehung der Ansicht von Richter, jedoch mit Anerkennung weiterer Befugnisse für die Genehmigungsbehörden; aber auch: Backherms, in: 6. Deutsches Atomrechtssymposium 1979, S. 173 (178).

Papier sieht schon das Entschließungsermessen im Sinne des § 17 Abs. 1 S. 3 AtG als nicht eröffnet an, wenn diesem Bestandsschutzgründe entgegenstehen.[150]

Diese vorgenannten Ansätze können aus systematischen Gründen nicht überzeugen. Wie bereits bei der Klärung des Verhältnisses des sich aus Art. 14 GG ergebenden Bestandsschutzes zu den gesetzlichen Bestandsschutzregelungen dargelegt, stellt auch § 17 Abs. 1 S. 3 AtG eine gesetzliche Konkretisierung und Ausformung des Bestandsschutzes dar.[151] Mit der Genehmigungserteilung wird dem Anlagenbetreiber eine Rechtsposition an die Hand gegeben, die nur mittels der gesetzlich vorgesehenen Instrumentarien durchbrochen werden kann. Das bedeutet letztlich nichts anderes, als das die Weite des bestehenden Bestandsschutzes durch die vorhandenen Regelungen, die zu seiner Durchbrechung führen, beeinflußt wird. Daraus ergibt sich aber auch, daß Erwägungen des Bestandsschutzes nicht wiederum zu einer einengenden Auslegung der Regelungen des formalisierten Bestandsschutzes herangezogen werden können.[152] Somit kann der Bestandsschutz als eigenständiger Gesichtspunkt weder auf der Tatbestandsebene zu einer Eingrenzung der behördlichen Befugnisse führen, noch das Ermessen in irgendeiner Weise beschränken. Entsprechendes hat auch für etwaige Erwägungen im Hinblick auf die Bestandskraft der erteilten Genehmigung und damit einhergehende Aspekte der Rechtssicherheit zu gelten, insoweit § 17 Abs. 1 S. 3 AtG auch eine Ausformung und Durchbrechung der Bestandskraft der Anlagengenehmigung bewirkt.

Derartige Aspekte sind vielmehr im Falle des Erlasses nachträglicher Auflagen im Rahmen der Ausübung des Rechtsfolgeermessens einzustellen[153], somit also innerhalb einer Verhältnismäßigkeitsprüfung als Abwägungsgesichtspunkte zu

---

150 Papier, in: Reformüberlegungen zum Atomrecht, S. 111 (188); für den fakultativen Widerruf nach § 17 Abs. 3 AtG: Wagner, DÖV 1987, 524 (527); Hinzuweisen wäre hier noch darauf, daß teilweise das Bestehen eines behördlichen Entschließungsermessens abgelehnt wird. Schneider in: Schneider/Steinberg, Schadensvorsorge im Atomrecht, S. 115 (144); Dem kann aber nicht gefolgt werden. Aus dem Wortlaut des § 17 Abs. 1 S. 3 AtG („ zulässig“) kann geschlossen werden, daß ein allgemeines behördliches Ermessen eingeräumt wird, welches auch das „ob“ des Einschreitens, also das Entschließungsermessen erfaßt.; Haedrich, AtG, § 17 Rdn. 4; Rengeling, DVBl. 1988, 257 (261).

151 Gemmecke, Nachträgliche Anordnungen, S. 190 f.

152 Ebenso folgende Ansichten, aber mit der Konsequenz des Ausschlusses nahezu jedes Bestandsschutzaspekts: Schoch, DVBl. 1990, 549 f.; Schneider in: Schneider/Steinberg, Schadensvorsorge im Atomrecht zwischen Genehmigung, Bestandsschutz und staatlicher Aufsicht, S. 115, 126, 158.

153 Daß der Bestandsschutz keine „feste Größe“ ist, der gleichsam einen unüberwindbaren Schutzwall für die Kernkraftwerke darstellt, ist auch an der Regelung des obligatorischen Widerrufs nach § 17 Abs. 5 AtG zu sehen, so: Schneider in: 9. Deutsches Atomrechtssymposium 1991, S. 239 (253); Gemmecke, Nachträgliche Anordnungen, S. 192.

berücksichtigen. Hier kann dann unter Umständen der Bestandsschutz dazu führen, daß eine nachträgliche Auflage als unverhältnismäßig auszuscheiden hat.[154]
Konsequenz dessen ist aber weiter, daß nachträglichen Auflagen grundsätzlich auch zur Verwirklichung solcher Ziele möglich sind, wie dies im Falle anfänglicher Auflagen der Fall ist. Lediglich über die genannten einzustellende Erwägungen im Hinblick auf Bestands- und Vertrauensschutz sind etwaige Eingrenzungen möglich. Da die nachträgliche Auflage auf eine erteilte Genehmigung und eine errichtete Anlage trifft, kann es dazu kommen, daß eine Maßnahme in ihrer rechtlichen Zulässigkeit nun anders zu beurteilen ist, als dies im Zeitpunkt der Genehmigungserteilung der Fall gewesen wäre.

VII. Art. 14 GG, Rechtssicherheit und die Risikobereiche

Nachträgliche Auflagen müssen in den für ihre Anordnung in Frage kommenden Fällen mit Art. 14 GG und dem Prinzip der Rechtssicherheit und damit dem Rechtsstaatsprinzip als verfassungsrechtlicher Grundlage des Vertrauensschutzes und der Bestandsskraft der Anlagengenehmigung in Einklang stehen. Von besonderer Bedeutung ist in diesem Zusammenhang die Sozialbindung des Eigentums und deren Inhalt, wie er sich aus Art. 14 Abs. 1 S. 2, Abs. 2 GG ergibt. Grundsätzlich ist der Sozialbindungsaspekt bei der Ausgestaltung einer gesetzlichen Regelung durch die Legislative zu berücksichtigen. Der Inhalt der Sozialbindung ist aber gerade im Sicherheitsrecht nicht statisch zu verstehen. Mit neuen wissenschaftlichen Erkenntnissen geht regelmäßig eine Neubewertung bestimmter Tatbestände, zum Beispiel die Bewertung eines Risikos, einher.
Im Hinblick darauf kann sich ein Genehmigungsinhaber gerade nicht, trotz seiner unanfechtbaren Anlagengenehmigung, auf den unveränderten Bestand seiner Genehmigung verlassen. Hierbei hängt nun die Zulässigkeit bestimmter nachträglicher Maßnahmen, die den Anlageneigentümer belasten, auch vom Umfang der sozialen Bindung des konkreten Eigentumsobjekts ab.
Da zwischen § 17 Abs. 1 S. 3 AtG und § 7 Abs. 2 Nr. 3 AtG, wie bereits dargestellt, eine vergleichbare Struktur besteht, soll auch im Folgenden nach dem Restrisiko, der Gefahrenabwehr und der Risikovorsorge unterschieden werden.

---

[154] Zudem ist davon auszugehen, daß aus Gründen des Bestandsschutzes von den zu treffenden behördlichen Maßnahmen immer die den Vorrang zu genießen haben, die den Bestand oder Inhalt der Genehmigung weitestgehend unberührt lassen. Entscheidet sich die Behörde für eine bestimmte Maßnahme, so ist sie auf zweiter Ebene gehalten diejenige Maßnahme zu bestimmen, die am besten geeignet ist, den jetzigen Erfordernissen der Schadensvorsorge im Einzelfall am besten Rechnung zu tragen.

1. Nachträgliche Auflagen im Restrisikobereich

Nachträgliche Auflagen im Bereich des sogenannten Restrisikos werden, zwar mit unterschiedlicher Begründung, aber ganz einhellig für nicht zulässig gehalten. Die Vertreter der erwähnten Vorsorgetheorie wollen etwaige Maßnahmen zur Reduzierung des Restrisikos lediglich im Rahmen der Genehmigungserteilung über das Versagungsermessen nach § 7 Abs. 2 AtG berücksichtigen. Begründet wird diese Beschränkung mit Aspekten des Bestandsschutzes. Entweder wird so argumentiert, daß Maßnahmen in diesem Bereich zur Erreichung der erforderlichen Schadensvorsorge nicht erforderlich seien und damit auch nicht zulässig oder es wird ausgeführt, daß ein Ermessensbereich gar nicht eröffnet sei, da eben jene Bestandsschutzaspekte entgegenstünden.[155]

Dem kann jedoch mit dem bereits festgestellten entgegengehalten werden, daß der Bestandsschutz als solcher, wie auch der rechtsstaatliche Vertrauensschutz und die Bestandskraft als solche nicht geeignet sind, die entsprechende, diese Aspekte ausformende Regelung einzuengen. Das von diesen Ansichten gefundene Ergebnis kann dogmatisch korrekt allenfalls über die Berücksichtigung dieser Gesichtspunkte bei der Auslegung des unbestimmten Rechtsbegriffs der zu treffenden Vorsorge gegen Schäden und im Rahmen der Verhältnismäßigkeit gewonnen werden. Soll der Vorsorgemaßstab nachträglich geändert werden, so sind etwaige Erwägungen bereits innerhalb der Auslegung des unbestimmten Rechtsbegriffs zu berücksichtigen, wird der Maßstab nicht verändert, so sind die entsprechenden Aspekte bei der Ermessensausübung einzustellen. Die erste Gruppe wird hier aber regelmäßig nicht einschlägig sein, da lediglich eine Herabstufung eines Tatbestands aus dem Risikovorsorgebereich in den Restrisikobereich in Frage kommt. Da aber im Rahmen des Risikovorsorgebereichs, wie noch darzustellen sein wird, nachträgliche Auflagen im weiteren Umfange zulässig sind, könnte hier der Bestands- und Vertrauensschutz schon keine Schutzwirkung entfalten. Im Rahmen der Zulässigkeit nachträglicher Auflagen im Restrisikobereich wären diese Aspekte somit nur bei der Ausübung des Ermessens relevant.

Da zudem das Restrisiko als das Risiko definiert wird, welches aus Verhältnismäßigkeitsgründen nicht mehr reduziert werden kann und so von der Allgemeinheit und Dritten zu tragen ist, scheiden nachträgliche Auflagen in diesem Bereich aus.

[155] Papier, in: Reformüberlegungen zum Atomrecht, S. 111 (188); Schmitt, in : 8. Deutsches Atomrechtssymposium 1989, S. 81 (88); Gemmecke, Nachträgliche Anordnungen, S. 195.

2. Nachträgliche Auflagen zur Gefahrenabwehr

In den Fällen nachträglicher Auflagen zur Gefahrenabwehr wird der Anlagenbetreiber als Störer eingestuft.[156] Er hat dann mit dem Betrieb der Atomanlage die durch die auch gefahrenabwehrenden Normen der §§ 7 Abs. 2 Nr. 3, 1 Nr.2 AtG gesetzten Schranken einer der Sozialpflichtigkeit des Eigentums entsprechenden Nutzung überschritten. Mit der jeweiligen Maßnahme wird dem Eigentümer letztlich nur aufgegeben, diese Schranken wieder einzuhalten.
Insoweit stellen sich auch keine Bestandsschutzprobleme. Derartige Eingriffe zur Gefahrenabwehr sind grundsätzlich zulässige Inhaltsbestimmungen des Eigentums im Sinne des Art. 14 Abs. 1 S. 2 GG. Mit der Regelung des § 17 Abs. 1 S. 3 AtG und der enthaltenen Verweisung ist lediglich die dem Eigentum immanente Sozialpflichtigkeit im Sinne des Art. 14 Abs. 2 GG ausgeformt.[157] Der Eigentumseingriff stellt sich insoweit lediglich als notwendige Nebenfolge der Gefahrenabwehr dar.
Teilweise wird gefordert, hier auf die Verhältnismäßigkeit im engeren Sinne zu verzichten. Das Entschließungsermessen sei bei Vorliegen einer echten Gefahr auf ein einzige rechtmäßige Entscheidung, die nachträgliche Maßnahme zu ergreifen, reduziert. Die Behörde habe hier einzig die Geeignetheit und die Erforderlichkeit einzelner Maßnahmen zu beachten[158], da die Nichtanwendbarkeit des Verhältnismäßigkeitsprinzipes sich auf die Nichtberücksichtigung möglicher Risiko- und Kostenaspekte, also wirtschaftlicher Elemente beschränkt.[159] Richtiger erscheint es hier aber, auch den Grundsatz der Verhältnismäßigkeit im engeren Sinne heranzuziehen[160] und damit auch wirtschaftliche Gesichtspunkte zu berücksichtigen. Ein anderes Ergebnis wird hier gleichwohl nicht eintreten, da diese, wegen der überragenden Bedeutung des Grundrechtes auf

---

156 Früher wurde teilweise vertreten, daß eine störende Eigentumsnutzung nicht zum Inhalt des Eigentums gehört. Dies wird heute nicht mehr vertreten.; Kutschera, Bestandsschutz im öffentlichen Recht, S. 188; Lutz, Eigentumsschutz bei „störender Nutzung" gewerblicher Anlagen, S. 100 ff.

157 Allgemein: Papier, in: Maunz/Dürig, GG, Art. 14 Rdn. 511; Nüßgens/Boujong, Eigentum, Sozialbindung, Enteignung, Rdn. 315; Steinberg/Lubberger, Aufopferung, Enteignung und Staatshaftung, S. 171 ff.; Bryde, in : v. Münch/Kunig, GG, Bd.1, Art. 14 Rdn. 66; atomrechtliche Literatur: Papier in: Pelzer (Hrsg.), Kernenergierecht zwischen Ausstiegsforderung und europäischem Binnenmarkt, S. 37, 49.

158 Damit darf etwas tatsächlich oder rechtlich unmögliches vom Anlagenbetreiber nicht verlangt werden. Kommt somit zur Gefahrenabwehr eine nachträgliche Auflage nicht in Betracht, bleibt nur der obligatorische Widerruf nach § 17 Abs. 5 AtG.

159 Gemmecke, Nachträgliche Anordnungen, S. 196.

160 So auch: Ronellenfitsch, Das atomrechtliche Genehmigungsverfahren, S. 259; Hansen-Dix, Die Gefahr im Polizeirecht, im Ordnungsrecht und im technischen Sicherheitsrecht, S. 43 f.

Leben und körperliche Unversehrtheit hinsichtlich der drohenden enormen Schäden bei einer sich verwirklichenden Gefahr im Atomrecht, regelmäßig hinter Art. 2 Abs. 2 S. 1 GG zurücktreten werden.
Eine derartige Betrachtung des § 17 Abs. 1 S. 3 AtG stand schon im Einklang mit dem Atomgesetz in seiner Fassung vor dem Atomausstiegsgesetz, welches in § 1 Nr. 2 AtG einen gegenüber dem Förderzweck vorrangigen Schutzzweck statuierte[161] und steht erst Recht im Einklang mit dem neuen Atomgesetz und dem entfallenen Förderprinzip. Das Vorgehen der Gefahrenabwehr vor den Vermögensinteressen der Anlagenbetreiber entspricht diesem Rangverhältnis.
Auch das Prinzip der Rechtssicherheit als Grundlage der Bestandskraft der Genehmigung und des Vertrauensschutzes können hier zu keinem anderen Ergebnis führen, da der Gefahrenabwehr im Hinblick auf die weitreichenden Schäden im Gefahreneintrittsfalle durch die Kernenergie der absolute Vorrang gebührt.

3. Nachträgliche Auflagen im Risikovorsorgebereich

Auch bei den nachträglichen Auflagen im Bereich der Risikovorsorge ist bestimmender Aspekt die Sozialpflichtigkeit des Eigentums. Wesentlicher Grund der Inanspruchnahme des Eigentümers ist hier nicht die von der Anlage ausgehende Beeinträchtigung, vielmehr erfolgt eine Indienststellung des Eigentums im Interesse Dritter und der Allgemeinheit.[162]
Richter möchte nachträgliche Auflagen am Vorsorgemaßstab der ursprünglichen Genehmigung begrenzen.[163] Der Anlagenbetreiber müsse darauf vertrauen dürfen, daß die einmalige Festlegung der zu treffenden Risikovorsorge abschließend sei und nicht mehr zu seinem Nachteil verändert werden dürfe. Nachträgliche Auflagen sind danach nur zulässig, wenn sie einen Gefahrenzustand beseitigen oder verhindern. Diese Ansicht begründet das mit den hohen Investitionen, die die Anlagenbetreiber zu tätigen haben. Etwaige Rechte Dritter stünden einem derartigen Vertrauenstatbestand nicht gegenüber.
Einer solchen Interpretation stehen jedoch grundsätzliche Bedenken entgegen. Es sind durchaus im Rahmen der nach § 17 Abs. 1 S. 3 AtG vorzunehmenden Ermessensentscheidung und bei der Auslegung des unbestimmten Rechtsbegriffs der erforderlichen Schadensvorsorge jegliche betroffenen Interessen zu berücksichtigen. Denn der Umfang der staatlichen Schutzpflicht[164] wird im

---

[161] BVerwG NJW 1972, 1292; BVerfGE 53, 30 (58).
[162] Vgl. auch im Gegensatz zur Gefahrenabwehr: Papier in: Maunz/Dürig, GG, Art. 14 Rdn. 517.
[163] Richter, Nachrüstung von Kernkraftwerken, 65 ff. (73).
[164] Auch die Risikovorsorge ist Bestandteil der staatlichen Schutzpflicht gegenüber den Grundrechten Dritter; BVerfGE 49, 89 (142 ff.).

Rahmen der Risikovorsorge durch eine Abwägung der Belange der betroffenen Dritten mit denen der Genehmigungsinhaber bestimmt. Es sind dann die technische Realisierbarkeit und die Kosten einer Maßnahme zu berücksichtigen. Daraus kann sich eine verschiedene Beurteilung der zu treffenden Vorsorge im Vergleich zum Zeitpunkt der Genehmigungserteilung ergeben.
In diesem Zusammenhang soll noch die von Ossenbühl vorgenommene Differenzierung dargestellt werden.[165] Ansatzpunkt der Überlegungen Ossenbühls ist, daß mit einer Neubestimmung der zu treffenden Vorsorge eine Verschiebung der Grenze zwischen Risikovorsorgebereich und Restrisiko erfolge. Da sich mit zunehmender Annäherung an den Bereich des Restrisikos die Möglichkeiten normativer Steuerung der Risikobeurteilung verflüchtigen würden, käme man letztlich in den Bereich des der Exekutive zugeteilten Beurteilungsspielraums. Hier sei Raum für Differenzierungen, welche den rechtsstaatlichen Anforderungen und Voraussetzungen an administrative Entscheidungen genügen müssen. Als entscheidendes Kriterium sei auf den Verantwortungsbereich zurückzugreifen. Die Verantwortung als Kategorie weise nicht nur Verbindungen zum Verursacherprinzip auf, sondern auch zur Bestandskraft (Bindungswirkung) von Verwaltungsakten, da die Regelung der Bindungsintensität zugleich eine Risikoverteilung zwischen der Verwaltung und dem Bürger bedeute.
Im hier interessierenden Zusammenhang sei die Verantwortung für das etwaige, sich nach Genehmigungserteilung ergebende Erfordernis einer Nachrüstung relevant. Dem Genehmigungsinhaber dürften unter diesem Aspekt nicht solche Nachrüstungsmaßnahmen aufgegeben werden, die letztlich durch die mittels der Genehmigung getroffene Entscheidung der Verwaltung deren Verantwortungsbereich zuzuschlagen seien.
Diesem Ansatz kann man jedoch nur folgen, wenn man, entgegen der hier angenommenen Betrachtungsweise, auch noch Maßnahmen im Bereich des Restrisikos zulassen will. Im übrigen ist die Tauglichkeit des Kriteriums der Verantwortung fraglich. Für die Zulässigkeit einer Maßnahme kann es vorliegend nur darauf ankommen, ob sie nach einer Abwägung von der staatlichen Schutzpflicht erfaßt ist oder nicht. Aus dem Umstand der Zuordnung zu einem bestimmten Verantwortungsbereich – wie auch immer dies Zuordnung geschehen sollte – auf die Nichtzulässigkeit einer Maßnahme zu schließen, erscheint nicht überzeugend.

---

[165] Ossenbühl, Bestandsschutz; S. 54 ff.

VIII. Nachrüstung durch nachträgliche Auflagen

Im Sinne der vorgehend beschriebenen Differenzierung soll im Folgenden eine Betrachtung der zulässigen Fälle nachträglicher Auflagen gemäß § 17 Abs. 1 S. 3 AtG erfolgen, wobei die im Rahmen der Arbeit interessierenden Aspekte des Bestandsschutzes, des Vertrauensschutzes und der Bestandskraft der Anlagengenehmigung an passender Stelle berücksichtigt werden sollen.
Als gängige Differenzierungsgruppen bieten sich insoweit die Änderung in der Umgebung der Anlage, die Änderung des Standes von Wissenschaft und Technik und die Änderung der Sicherheitsphilosophie an.[166] Ohne Bedeutung für die Aufgabenstellung sind hingegen Fälle der bloßen Abweichung des gegenwärtigen Anlagenzustands gegenüber dem sich aus der Anlagengenehmigung ergebenden und geforderten Sollzustand.

1. Änderungen in der Umgebung der Anlage

Bei der Frage der Umgebungsänderung ist zunächst der unproblematische Fall einer heranrückenden für sich nicht störenden sonstigen Bebauung oder einer Wohnbebauung zu nennen. Eine nachträgliche Auflage kann hier nur gegen den Inhaber einer atomrechtlichen Genehmigung erlassen werden. Dies begründet sich einfach aus dem Umstand, daß die Bewohner oder Eigentümer der entsprechenden Gebäude nicht als Störer im polizeirechtlichen Sinne einstufbar sind. Problembeladener sind hingegen die Fälle, in denen in der Umgebung der Atomanlage eine Industrieanlage genehmigt wurde, die zu einer Erhöhung des von der Atomanlage ausgehenden atomaren Gefahrenpotentiales führt, weil sie selber ein erhebliches Maß an Risiken mit sich bringt. Ist die Umgebungsänderung als planrechtswidrig einzustufen, bisher aber nicht vollzogen worden, hat der Anlagenbetreiber die Möglichkeit, die Änderung der Sicherheitssituation durch eine störungspräventive Nachbarklage abzuwehren. Macht er hiervon keinen Gebrauch, kann er dies später nicht ohne weiteres unter Rückgriff auf Bestandsschutzargumente wieder ausgleichen.[167] Anders ist es hingegen, wenn die Änderung der Umgebung, planrechtswidrig oder planrechtsmäßig, bereits vollzogen ist. Zur Auflösung dieser sicherheitstechnischen Spannungslage bietet sich das Verursacherprinzip und damit die bereits oben angesprochene Kategorie der Verantwortung an. Grundsätzlich kann davon ausgegangen werden, daß von einer Atomanlage, die mit einer wirksamen Genehmigung be-

---

[166] Zur Kategoriebildung siehe: Schattke, atw 1988, 411 (412); Richter, Nachrüstung von Kernkraftwerken, S. 78 f.; Backherms, in: 6. Deutsches Atomrechtssymposium 1979, S. 173, 177.

[167] BVerwG NJW 1977, 1932.

trieben wird, an sich keine Gefahr im Sinne des Atom- und Polizeirechts ausgeht und somit konsequenterweise auch kein Gefahrenpotential vorhanden ist, welches erhöht werden könnte.
Fußend auf dieser ersten Annahme vertritt etwa Hülsebusch, daß eine Verantwortlichkeit des Anlagenbetreibers als Störer auszuscheiden hat.[168] Auch Änderungen in der Umgebung der Anlage sollen keine Störereigenschaft begründen können, da es die Pflicht der jeweiligen Behörden sei, bei der Genehmigungserteilung bereits eine Zukunftsprognose dahingehend vorzunehmen, ob von der Anlage eine Störung ausgehen könne und solche Planungen zu unterlassen, die zu einer nachteiligen Situation für die genehmigte Anlage führen könne. Um in der Kategorie der Verantwortung zu sprechen, sollen derartige Umgebungsänderungen dem Staat anzurechnen seien. Dieser könne eine Industrieanlage in unmittelbarer Umgebung der Atomanlage jederzeit durch Nichterteilung einer entsprechenden Genehmigung verhindern.[169] Damit wird aber übersehen, daß es für die Feststellung der Verantwortlichkeit auf derartige Erwägungen nicht ankommt. Hier ist lediglich relevant, daß nunmehr Gefahren oder Risiken für die Rechtsgüter Dritter oder der Allgemeinheit von der Anlage ausgehen. Es sind dann die Grundsätze über die Inanspruchnahme mehrerer Störer im Polizei- und Ordnungsrecht heranzuziehen.[170]
In diesem Sinne ist neben dem Betreiber der heranrückenden Anlage auch der Eigentümer/Betreiber des Kraftwerks verantwortlich, insoweit dieses ja einen unbestreitbaren Beitrag zur eingetretenen Verstärkung des atomaren Gefahren- und Risikopotentials geleistet hat. Der Erlaß einer nachträglichen Auflage wäre somit durchaus zulässig und dies nicht nur bei Vorliegen einer Gefahr, bei der der Erlaß stets zulässig wäre, sondern im gesamten Schadensvorsorgebereich, also auch im Risikovorsorgebereich, wenn die Grenze zur Gefahr noch nicht überschritten ist.[171] Dies ergibt sich aus dem auch für nachträgliche Auflagen geltenden Prinzip der bestmöglichen Schadensvorsorge, wobei die bereits dargestellten Anforderungen im Hinblick auf die Verhältnismäßigkeit zu berück-

[168] Vgl. Hülsebusch, Nachträgliche Anordnungen gemäß § 17 BImschG unter eigentumsrechtlichen Gesichtspunkten, S. 113 ff.; Lutz, Eigentumsschutz bei „störender" Nutzung gewerblicher Anlagen, S. 204 ff.
[169] So vor allem früher: Kuhnt, in: 1. Deutsches Atomrechtssymposium 1972, S. 157 f.; Fischerhof, Deutsches Atomgesetz und Strahlenschutzrecht, Bd. 1, § 17 Rdn. 9.
[170] Da es auf den gegenwärtigen Zustand ankommt, ist ein Rückgriff auf die Figur des latenten Störers entbehrlich; siehe auch Götz, Allgemeines Polizei- und Ordnungsrecht, Rdn. 234 ff.
[171] Vgl. auch Papier in: Maunz/Dürig, GG, Art. 14 Rdn. 517; Bei Überschreitung der Rechtsordnung sind Eingriffe, egal worauf sie zurückzuführen sind, stets reaktiv und auf die Geltendmachung der Sozialbindung ausgerichtet. Zu beachten wäre noch, daß hier letztlich, durch die Einbeziehung von Risiken, ein erweiterter Störerbegriff gebraucht wird.

sichtigen sind und somit im konkreten Fall die Aspekte des Bestands- und Vertrauensschutzes und der Bindungswirkung der Genehmigung in die Betrachtung einzustellen sind.
Bei der Beurteilung der Situation muß jedoch beachtet werden, daß die Atomanlage und die Genehmigung zeitlich vor der heranrückenden Anlage vorhanden waren. Soweit durch die Atomanlage keine Gefahren verursacht werden, die ein Einschreiten unabdingbar machen, ist dieser Aspekt, damit der Bestands- und Vertrauensschutz, im Rahmen des Ermessens bei der Prüfung der Verhältnismäßigkeit der Maßnahme zu berücksichtigen, wobei aber regelmäßig nichts anderes übrig bleiben wird, als den Betreiber der Atomanlage auf dem Wege einer nachträglichen Auflage in die Pflicht zu nehmen.
Dies ist vor dem Hintergrund des Kompetenzproblemes zu sehen, daß die atomrechtliche Überwachungsbehörde kein Auswahlermessen zwischen dem Inhaber der atomrechtlichen und der immissionsschutzrechtlichen Genehmigung hat. Die nach dem Atomrecht zuständige Behörde kann lediglich verwaltungsintern darauf hinwirken, daß die nach dem Immissionsschutzrecht zuständige Behörde entsprechende Maßnahmen gegen die Anlage anordnet.[172] Neben dem Gesichtspunkt der planungsrechtlichen Priorität ist noch die Mitverursachung durch den Betreiber der heranrückenden Anlage zu beachten. Werden diese Umstände durch die zuständige Behörde nicht berücksichtigt, kann dies dazu führen, daß die mittels der nachträglichen Auflage verfügte Nachrüstungsmaßnahme nicht verhältnismäßig und damit rechtswidrig ist. Daraus ergibt sich, daß die Kategorie der Verantwortung, und damit der Umstand, daß der Anlagenbetreiber die Änderung der Verhältnisse nicht zu vertreten hat, hier im Rahmen der Verhältnismäßigkeit der Maßnahme Berücksichtigung findet.

2. Änderungen des Standes von Wissenschaft und Technik

Eine weitere Fallgruppe, bei der eine Nachrüstung eines Kernkraftwerks notwendig werden kann ist die der Änderung des Standes von Wissenschaft und Technik. Diese Änderungen des Standes von Wissenschaft und Technik können sich darin ausdrücken, daß nicht nur die Schadensfolgen bereits bekannter Schadensursachen genauer ermittelt werden können und gegebenfalls sich als gefährlicher herausstellen, als dies zunächst erwartet wurde, sondern auch darin, daß völlig neue Gefahren und Risiken aufgedeckt werden.[173] Es bestehen insoweit auch gewisse Verbindungen zur nächsten Fallgruppe, der Änderung der behördlichen Sicherheitsphilosophie, da technische Entwicklungen und Er-

[172] Vgl. Gemmecke, Nachträgliche Anordnungen, S. 272.
[173] Franzen, Nachträgliche Änderungen bei genehmigten Kernkraftanlagen, in 1. Deutsches Atomrechtssymposium 1972, S. 125 ff.

kenntnisse regelmäßig auch zu Verschiebungen in der behördlichen Sicherheitsphilosophie, also dem normativen Unterbau des Atomgesetzes, führen werden.

Ansatzpunkt weiterer Überlegungen kann sein, daß die Genehmigungsbehörde bei Genehmigungserteilung nur die zum damaligen Zeitpunkt bekannten Erkenntnisse aus Wissenschaft und Technik ihrer Beurteilung zugrunde legen konnte. Diese Erkenntnisse ziehen auch den Rahmen, in dem die Genehmigung in Bestandskraft erwachsen ist. Daran anschließend stellt sich die Frage, ob und wann diese Bestandskraft mittels einer nachträglichen Auflage durchbrochen werden kann. Wie bereits mehrfach ausgeführt sind die Aspekte, die die Grundlage der Bestandskraft darstellen, damit aber auch die Gesichtspunkte des eigentumsrechtlichen Bestandsschutzes und des rechtsstaatlichen Vertrauensschutzes im Rahmen des Ermessens zu berücksichtigen, wobei das behördliche Ermessen in gewisser Weise durch die Zweckbestimmung des § 1 AtG gebunden ist. Handelt es sich um neue Erkenntnisse, die neue Gefahren zu Tage treten lassen, so kann, anknüpfend an die Ausführungen zur Zulässigkeit nachträglicher Auflagen im Gefahrenbereich, festgestellt werden, daß hier regelmäßig Nachrüstungsmaßnahmen verlangt werden können. Der Umfang möglicher Schäden und die Bedeutung der Schutzgüter Leben und Gesundheit gebieten dies einfach.

Anders kann sich die Situation im Bereich der Risikovorsorge darstellen. Hier werden im wesentlichen zwei gegensätzliche Ansichten vertreten. Nach Scharnhoop soll die Behörde nur dann eine nachträgliche Auflage erlassen dürfen, soweit dadurch eine Gefahr beseitigt wird.[174] Ossenbühl, Lukes und Richter wollen hingegen nachträgliche Auflagen nicht nur zur Abwehr von Gefahrensituationen zulassen, sondern auch im Bereich der Risikovorsorge. Dort sollen sie aber nur dann rechtmäßig ergehen dürfen, wenn sie die Kernanlage auf den ursprünglich festgelegten oder einen vergleichbaren Sicherheitsstandard zurückbringen sollen.[175]

Gegen diese genannten Ansätze bestehen jedoch Bedenken. Grundsätzlich sind, wie bereits dargelegt, nachträgliche Auflagen im Bereich der Risikovorsorge unter Beachtung des Verhältnismäßigkeitsprinzips zulässig. Geht es darum, ob dies auch im Falle neuer sicherheitstechnischer Erkenntnisse so ist, ist wiederum eine Abwägung der entgegenstehenden Belange erforderlich. Insoweit kommt es darauf an, wie stark der Bestands- und Vertrauensschutz für den Anlageninhaber streitet.

---

[174] Scharnhoop, in: 1. Deutsches Atomrechtssymposium 1972, S. 131 (132 f.); Backherms, in: 6. Deutsches Atomrechtssymposium 1979, S. 173, 177, 178.

[175] Ossenbühl, Bestandsschutz, S. 63; Richter, Nachrüstung vom Kernkraftwerken, S. 77 ff.; Lukes, in: 8. Deutsches Atomrechtssymposium 1989, S. 63 (78).

Zunächst kann sicherlich festgestellt werden, daß, um die Kategorie der Verantwortung heranzuziehen, mit der Genehmigungserteilung die Verantwortung nicht abschließend auf die Behörde übergeht und damit nachträgliche Auflagen grundsätzlich möglich sind. Bei der Atomenergieerzeugung handelt es sich um eine riskante Technologie, die es notwendig macht, die mit ihr verbundenen Risiken ihm Rahmen des technisch und wirtschaftlich notwendigen möglichst gering zu halten. Gerade unter dem wesentlichen Aspekt der Schutzpflicht des Staats für Leben und Gesundheit der Bürger, einer dynamischen Schadensvorsorge und unter dem Gesichtspunkt, daß durch eine Anpassung der technischen Sicherheit an neue Erkenntnisse auch die Schadenseintrittswahrscheinlichkeit bei Gefahren herabgesetzt wird, kann ein grundsätzliches Überwiegen der Bestands- und Vertrauensschutzaspekte nicht angenommen werden. Zumal ein verständiger Anlagenbetreiber nicht darauf vertrauen kann, daß er seine Genehmigung unbegrenzt ohne Veränderungen nutzen kann und damit seine Anlage ohne Nachrüstungen unverändert weiterbetreiben kann, auch wenn sie bei rasant voranschreitender Sicherheitstechnik überwiegend nicht mehr den aktuellen Anforderungen entspricht.[176] Eine nachträgliche Auflage muß deshalb auch im Bereich der Risikovorsorge dann zulässig sein, wenn sie dazu dient, die Kernanlage an neue, über den Stand bei Genehmigungserteilung hinausgehende, sicherheitstechnische Anforderungen heranzuführen, wobei, wie dargelegt, natürlich eine umfassende Abwägung im Einzelfall unter Beachtung wirtschaftlicher Aspekte zu erfolgen hat.

3. Änderung der behördlichen Sicherheitsphilosophie

Ob eine Änderung der behördlichen Sicherheitsphilosophie eine nachträgliche Auflage im Sinne des § 17 Abs. 1 S. 3 AtG tragen kann, soll im Folgenden geklärt werden. Zunächst stellt sich die Frage, was überhaupt unter der Sicherheitsphilosophie zu verstehen ist. Darunter wird allgemein die Auffassung der Genehmigungsbehörde über den Umfang des hinzunehmenden Restrisikos verstanden[177], wobei die entsprechenden Sicherheitsanforderungen nicht im Atomgesetz selber, sondern in untergesetzlichen Rechtsverordnungen, Verwal-

[176] So auch: Haedrich, AtG, § 17 Rdn. 7; Gemmecke, Nachträgliche Anordnungen, S. 275; abweichend: Kuckuck, in: 6. Deutsches Atomrechtssymposium 1979, S. 205 (219), der nachträgliche Auflagen auch zur Minimierung des Restrisikos zulassen will; Schneider in: Steinberg/Schneider, Schadensvorsorge im Atomrecht, S. 115, 153, 182, der nachträgliche Auflagen stets dann zulassen will, wenn das aktuelle Niveau der Anlagensicherheit hinter der nach § 1 Nr. 2 AtG „erforderlichen Schadensvorsorge“ zurückbleibt, also jegliche Bestandsschutzaspekte ausklammert.

[177] Haedrich , AtG, Kommentar, 1986; § 17 Rn. 7 d) bb).

tungsvorschriften, Richtlinien, Leitlinien und anderen Regelwerken verortet sind, wobei insbesondere die BMI-Sicherheitskriterien und BMI-Störfall-Leitlinien hervorzuheben sind.
Eine Änderung dieser sogenannten Sicherheitsphilosophie liegt dann vor, wenn die zuständige Behörde ihre Auffassung über das hinzunehmende Restrisiko revidiert, ohne daß neue wissenschaftliche Erkenntnisse vorliegen oder sich die Umstände der Schadensvorsorge geändert hätten. Verbindungen zur bereits dargestellten Fallgruppe der Änderung des Standes von Wissenschaft und Technik bestehen aber nichtsdestotrotz. So können eine Änderung der Sicherheitsphilosophie und damit letztlich verschärfte Anforderungen an eine Anlage auch dadurch hervorgerufen werden, daß auf Grund neuer Wahrscheinlichkeitsbeurteilungen – also aufgrund neuer Erkenntnisse im Bereich der Sicherheitstechnik – bestimmte Störfälle in die Liste der Auslegungsstörfälle aufgenommen werden oder bisher zulässige Baustoffe nicht mehr verwendet werden dürfen.[178]
Aus dem soeben festgestellten läßt sich ersehen, daß die Gründe, die zur Änderung der Sicherheitsphilosophie führen, nur teilweise im technischen Bereich zu finden sind, überwiegend aber dem Bereich politischer Entscheidungen zuzuordnen sind.
Die Zulässigkeit nachträglicher Auflagen in diesem Bereich wird dann auch höchst unterschiedlich behandelt.
Haedrich, Schneider, Papier und Ronellenfitsch halten nachträglich Auflagen grundsätzlich für zulässig. Im Rahmen des § 17 Abs. 1 S. 3 und § 7 Abs. 2 Nr. 3 AtG reiche jeder Umstand für den Erlaß einer nachträglichen Auflage, damit auch letztlich nur auf ein erhöhtes Problembewußtsein rückführbare höhere Sicherheitsanforderungen, wenn diese dazu dienen, den Schutzzweck des Atomgesetzes bestmöglich umzusetzen.[179]
Sellner, Borgmann, Lukes, Langenfeld und Richter lehnen hingegen die Möglichkeit des Erlasses einer nachträglichen Auflage aus Gründen der Änderung der behördlichen Sicherheitsphilosophie ab. Nachträgliche Auflagen seien außer in Fällen der Abwehr einer Gefahr, nur zur Wiederherstellung oder zum Erhalt des mit der ursprünglichen Genehmigung festgelegten Grades an Scha-

[178] Teilweise wird der Begriff der Sicherheitsphilosophie auf die bloße Änderung der Rechtsauffassung der Behörde beschränkt., Richter, S. 80; Bender/Sparwasser/Engel, Umweltrecht, 1995; S. 458 Rdn. 190 bezeichnen diesen Fall als Spezialfall der Änderung der sog. Sicherheitsphilosophie.

[179] Haedrich, AtG, § 17 Rdn. 7; Schneider in: Steinberg/Schneider, Schadensvorsorge im Atomrecht, S. 115, 156 f.; Papier, in: Lukes (Hrsg.), Reformüberlegungen zum Atomrecht, S. 111, 189 f.; Ronellenfitsch, Das atomrechtliche Genehmigungsverfahren, S. 383 f.; etwas abweichend: Backherms, in: 6. Deutsches Atomrechtssymposium 1979, S. 173, 177f., Dieser will nachträgliche Anordnungen hier nur zur Gefahrenabwehr zulassen.

densvorsorge zulässig.[180] Eine Begründung wird darin gesehen, daß die Auslegung der entsprechenden unbestimmten Rechtsbegriffe oftmals politisch motiviert sei und hiervor der Genehmigungsinhaber aus Gründen der Rechtssicherheit geschützt werden müsse.[181] Auch stünden Rechte Dritter dem berechtigten Vertrauen des Genehmigungsinhabers nicht entgegen, insoweit diese zwingend nur die Gefahrenabwehr verlangten.

Ossenbühl will nachträgliche Auflagen im Falle der Änderung der behördlichen Sicherheitsphilosophie nur dann zulassen, wenn diese Änderung der Risikobeurteilung auf neue Erkenntnisse im Bereich der Sicherheitstechnik zurückzuführen ist.[182] Es bestünde dann aber eine erhöhte Begründungs- und Argumentationspflicht im Hinblick auf die gewonnenen neuen Erkenntnisse, da nur auf diesem Wege die Stichhaltigkeit der vorgebrachten Gründe überprüft werden könne.[183]

Zunächst überzeugt schon das von der Ansicht Schneiders und Haedrichs vorgebrachte Argument nicht, daß etwaige Grundrechte Dritter zwingend nur die Gefahrenabwehr verlangten. Vielmehr sind diese, wie es schon im Rahmen der Risikovorsorge angesprochen wurde, regelmäßig zu berücksichtigen.[184]

Zudem ist, wie bereits angesprochen, im Risikovorsorgebereich unter bestimmten Voraussetzungen auch der Erlaß nachträglicher Auflagen im Sinne des § 17 Abs. 1 S. 3 AtG erlaubt. Die zuständige Behörde hat wiederum an den angesprochenen Stellen alle relevanten Gesichtspunkte zu berücksichtigen und zum Ausgleich zu bringen. Eine nachträgliche Auflage ist danach möglich, wenn eine Abwägung etwaiger neu bewerteter Risiken, wirtschaftlicher Aspekte und der Bestands- und Vertrauensschutzgesichtspunkte ein Überwiegen des Risikos ergibt. Konsequenz des Gesagten ist dann auch, daß eine generelle Zulässigkeit nachträglicher Auflagen, wie dies die erstgenannte Ansicht annehmen möchte, nicht gegeben sein kann.

---

[180] Borgmann, Rechtliche Möglichkeiten, S. 157 ff.; Sellner, Nachträgliche Auflagen und Widerruf der Genehmigung bei Kernanlagen – Zu den Eingriffstatbeständen des § 17 AtG –, in: Franßen/Redeker/Schlichter/Wilke, Festschrift für Horst Sendler, S. 339 ff.; Richter, Nachrüstung von Kernkraftwerken, S. 80 f.; Lukes, in: 8. Deutsches Atomrechtssymposium 1989, S. 63 (78); Frings Bestandsschutz atomrechtlicher Anlagen, S. 139.; Langenfeld, DÖV 2000, 929 (931).

[181] Schattke, atw 1988, 411 ff., 415.

[182] Es handelt sich dann letztlich um Fälle, die der Gruppe „Änderung des Standes von Wissenschaft und Technik“ zuzuordnen wären.

[183] Vgl. Ossenbühl, Bestandsschutz, S. 70 f.

[184] So auch Gemmecke, Nachträgliche Anordnungen, S. 287.

Daß hierbei insgesamt nicht willkürlich vorgegangen werden darf, dürfte unbestreitbar sein[185], zumal die Verwaltung dem Grundsatz der Verhältnismäßigkeit unterworfen ist und eine Überprüfungsmöglichkeit der im Rahmen der Ermessensausübung einzustellenden Verhältnismäßigkeitsaspekte auf Ermessensfehler vor den Verwaltungsgerichten besteht. Derartige Argumentationsansätze können somit keinesfalls stichhaltige Gründe gegen die Zulässigkeit nachträglicher Auflagen im Falle der Änderung der behördlichen Sicherheitsphilosophie liefern. Auch ist es, im Hinblick auf das Erfordernis einer umfassenden Abwägung, dogmatisch weder begründbar, daß, wie es eine der Ansichten fordert, nachträgliche Auflagen in diesem Bereich nur zulässig sein sollen, wenn neue Sicherheitserkenntnisse vorliegen, noch, daß irgendwelche verschärften Begründungspflichten und Argumentationslasten eingefordert werden. Darüber hinaus kann der Umstand, daß der Verwaltung in diesem Bereich ein Beurteilungsspielraum bei der Auslegung der unbestimmten Rechtsbegriffe eingeräumt ist[186], zu keinem anderen Ergebnis führen. Zwar hat das Bundesverwaltungsgericht auf Grund der Normstruktur des § 7 Abs. 2 Nr. 3 AtG der atomrechtlichen Genehmigungsbehörde die Verantwortung für die Risikoermittlung und Risikobewertung zugeordnet[187], was aber nicht dazu führt, daß dieser kontrollfreie Beurteilungsspielraum der Verwaltung zur offenen Flanke des Rechtsstaats wird.[188] So ist die Risikoermittlung und Risikobewertung zwar der Verwaltung zugeordnet, kann aber durch die Gerichte auf Willkürfreiheit und Plausibilität überprüft werden. Sind demgemäß die Verwaltungsgerichte der Auffassung, daß einer Verschiebung der Grenze zwischen Restrisiko- und Risikovorsorgebereich auf Grundlage der genannten Kriterien nicht gefolgt werden kann, könnte eine nachträgliche Auflage im Falle einer Anfechtung von ihnen als rechtswidrig aufgehoben werden.

Jedenfalls können Bestands- und Vertrauensschutzaspekte als solche schon unter dem bereits mehrfach angesprochenen Gesichtspunkt des Verhältnisses der gesetzlich ausgeformten Bestandsschutzregelungen zum eigentumsrechtlichen Bestandsschutz und rechtsstaatlichen Vertrauensschutz für sich nicht die nachträgliche Risikoneubewertung durch die Behörde blockieren, sondern können

---

[185] So auch Papier in: Reformüberlegungen zum Atomrecht, S. 111 (189 f.).; anders Ossenbühl, Bestandsschutz, S. 68 f., 71, der wegen der Gefahren von Willkür und der praktischen Aufhebung der Bindungswirkung etwaiger Genehmigungen generell gegen die Zulässigkeit nachträglicher Maßnahmen bei einer Änderung der Sicherheitsphilosophie ist.

[186] Dies ist nicht unumstritten; dafür: BVerwG NVwZ 1989, 1170 (1171); Sellner: FS für Sendler, S. 351 ff.; Mutschler: FS für Lukes, S. 137 f.; dagegen: Lange, NJW 1986, S. 2464; Bender, DÖV 1988, S. 817; Hartung, Atomaufsicht, S. 200 ff. (206- 208).

[187] BVerwGE 72, 300, 316 f.

[188] So hingegen Ossenbühl, Bestandsschutz., S.70.

allenfalls Gesichtspunkte sein, die bei der Festlegung der nachträglichen erforderlichen Vorsorge und in der Verhältnismäßigkeitsprüfung Berücksichtigung finden. Daraus ergibt sich weiter, daß diese Fallgruppe in der Art ihrer Behandlung sich nicht grundlegend von der vorhergehenden, der Änderung des Standes von Wissenschaft und Technik unterscheidet. Insoweit kann dann auch bezüglich des Kriteriums der Verantwortlichkeit auf die bereits gemachten Ausführungen verwiesen werden.
Dieses Ergebnis steht auch mit der Erkenntnis im Einklang, daß beide Gruppen sich in weiten Teilen überschneiden oder zumindest nicht messerscharf voneinander getrennt werden können. Gerade in der Praxis werden häufig Fälle auftreten, in denen eine Vermengung von Aspekten der Änderung des Standes von Wissenschaft und Technik und der Änderung der behördlichen Sicherheitsphilosophie auftreten.

IX. Verzicht auf die Abgrenzung von Risikovorsorge- und Restrisikobereich

Geht man davon aus, daß es für die Zulässigkeit nachträglicher Auflagen regelmäßig auf deren Verhältnismäßigkeit ankommt, so könnte man fragen, ob es nicht angebracht und einfacher wäre, von vornherein auf die Abgrenzung des Risikovorsorge- und Restrisikobereiches zu verzichten und statt dessen, davon unabhängig, die Zulässigkeit einer Nachrüstungsmaßnahme am Maßstab der Verhältnismäßigkeit festzulegen. Damit könnten sich auch die Probleme reduzieren, die damit einhergehen, daß Maßnahmen zur Restrisikominimierung, die eigentlich nicht zulässig sind, im Rahmen der Genehmigungserteilung über das Versagungsermessen von Seiten der Staatspraxis realisiert werden.
Für das Vorgeschlagene spricht im übrigen, daß die Abgrenzung beider Bereiche über die sogenannte „Schwelle praktischer Vernunft“ juristisch wenig faßbar ist und letztlich wohl auch nichts anderes ist, als ein im Rahmen der Verhältnismäßigkeitsprüfung zu berücksichtigender Bestandteil. Zudem ist es vom begrifflichen her eingängiger, Maßnahmen, die sicherheitsgerichtet sind, dem Bereich der Risikovorsorge zuzuordnen und nicht aus diesem Bereich auszugrenzen. Würde man demgemäß den Begriff der Risikovorsorge auch auf den Bereich ausdehnen, der bisher dem Restrisiko vorbehalten ist und die Zulässigkeit einzelner Maßnahmen am Maßstab der Verhältnismäßigkeit beurteilen, so könnte auch wesentlich flexibler vorgegangen werden. Mußten nach dem oben dargestellten nachträgliche Auflagen zur Restrisikominimierung richtigerweise von vornherein völlig ausscheiden, so könnte man auf diesem Wege unter Umständen mittels einer Einzelfallabwägung auch zu einem anderen Ergebnis kommen.

X. Auswirkungen der sich aus der Regelung des § 7 Abs. 1 a AtG ergebenden Begrenzung der Restlaufzeiten auf die an Kernkraftwerke gestellten Sicherheitsanforderungen

Da es für die Feststellung der Wirtschaftlichkeit einer Nachrüstungsmaßnahme auf die Betriebsdauer und damit den Zeitpunkt des Abschaltens der Anlage ankommt, stellt sich unter dem Blickwinkel der sich aus dem § 7 Abs. 1 a AtG ergebenden Betriebszeitverkürzungen die Frage, ob und inwieweit sich dieser Umstand auf die Zulässigkeit möglicher Nachrüstungsmaßnahmen bis zum endgültigen Atomausstieg auswirken kann.

Ausgangspunkt der Betrachtung ist die dargestellte Dogmatik zu den nachträglichen Auflagen. Diese sind nach der geltenden Fassung zulässig, soweit es zur Erreichung der in § 1 Nr. 2 und 3 AtG bezeichneten Zwecke erforderlich ist. Kann durch eine nachträgliche Auflage nicht in angemessener Zeit Abhilfe geschaffen werden, so sind Genehmigungen und allgemeine Zulassungen bei Vorliegen der entsprechenden Voraussetzungen zu widerrufen. Da nach herrschender Dogmatik nachträgliche Auflagen im Gefahrenbereich immer geboten sind und im Bereich des Restrisikos nicht zulässig sind, verbleibt der Bereich der Risikovorsorge. In diesem sollen nachträgliche Auflagen unter Berücksichtigung des Verhältnismäßigkeitsprinzips ergehen können, wobei gerade technische und wirtschaftliche Aspekte Berücksichtigung finden können.

Bei der Heranziehung der auch für nachträgliche Auflagen maßgeblichen Voraussetzungen des § 7 Abs. 2 Nr. 3 AtG ist zu beachten, daß eine Atomanlage und eine bestandskräftige Anlagengenehmigung vorhanden sind und damit ein angestrebtes Sicherheitsniveau niemals mit dem identisch sein kann, was als Maßstab für eine Neuanlage zu gelten hat. Im Rahmen der Berücksichtigung dieser Melange aus wirtschaftlichen Aspekten, technischen Aspekten und Bestandsschutzaspekten besteht ein Abwägungsspielraum[189], der Platz für die Berücksichtigung verkürzter Anlagenlaufzeiten bietet. Sind technische und wirtschaftliche Aspekte heranziehbar, so kann nichts anderes für Restlaufzeiten von Kernanlagen gelten. Vor dem Hintergrund einer verminderten Restlaufzeit einer Atomanlage kann sich dann die wirtschaftliche Unverhältnismäßigkeit einer teuren Nachrüstungsmaßnahme ergeben.[190] Dies kann natürlich nur gel-

[189] Vgl. aus neuerer Zeit: Schmidt-Preuß, NVwZ 1998, 553 (555, m.w.N.)

[190] Bei der gesetzlichen Anerkennung einer Betriebszeit von im Ergebnis über 32 Jahren dürfte dieser Aspekt aber keine allzu große Rolle spielen, da nach der Statistik Betriebszeiten von Kernanlagen im Bereich von 25 bis 35 Jahren üblich sind.; Böhm, in: Koch/Roßnagel (Hrsg.), 10. Deutsches Atomrechtssymposium 1999, S. 259, mit Verweis auf: Traube, KKW-Stillegungen, Diskussionspapier zum 10. Deutschen Atomrechtssymposium, unter Berufung auf Statistiken der Atomwirtschaft.

ten, soweit dadurch die staatliche Schutzpflicht für Leben und Gesundheit nicht beeinträchtigt wird und gegebenenfalls bestehende Grundrechte Dritter dem nicht entgegenstehen. Das Bundesverfassungsgericht hat diesbezüglich mehrfach ausgeführt, daß verfassungsrechtliche Schutzpflichten den Ausschluß von Grundrechtsgefährdungen erforderlich machen, wobei es auf das Ausmaß möglicher Gefahren und den Rang des geschützten Rechtsgutes ankommt und darauf, daß die Wahrscheinlichkeit eines Schadenseintrittes um so geringer sein muß, je schwerwiegender Schadensart und Schadensfolgen sein können.[191] Danach sind alle Gefährdungen abzuwehren, die das nach dem Maßstab praktischer Vernunft zu tolerierende Restrisiko erheblich übersteigen. Aus der Verfassung kann so zwar kein Maßstab entnommen werden, wann exakt einzugreifen wäre, jedoch wäre ein völliger Ausschluß nachträglicher Auflagen, also eine Vereinbarung eines "störungsfreien" Betriebs in diesem Sinne nicht zulässig. Damit bleibt festzuhalten, daß die Länge der Restlaufzeiten von Atomanlagen im Rahmen der Verhältnismäßigkeitsprüfung im Risikovorsorgebereich zu berücksichtigen ist. Nachträgliche Auflagen, die bei längerer Laufzeit noch als verhältnismäßig einzustufen wären, können dann als unverhältnismäßig ausscheiden.

[191] So in der bereits mehrfach zitierten Kalkar-Entscheidung, BVerfGE 49, 89 (141 f.).

I. Rücknahme der Genehmigung nach § 17 Abs. 2 AtG

Gemäß der Regelung des § 17 Abs. 2 AtG können Genehmigungen und allgemeine Zulassungen zurückgenommen werden, wenn eine ihrer Voraussetzungen bei der Erteilung nicht vorgelegen hat. Entsprechend der Begrifflichkeit des allgemeinen Verwaltungsverfahrensrechts wird der Begriff „Rücknahme" für die Aufhebung von rechtswidrigen Verwaltungsakten verwendet. Nun spricht § 17 Abs. 2 AtG zwar nicht ausdrücklich von der Rücknahme einer rechtswidrigen Genehmigung, doch wird man für eine Auslegung des § 17 Abs. 2 AtG aber als maßgeblich davon ausgehen müssen, daß nach dem gesetzgeberischen Willen *rechtswidrige* Genehmigungen gemeint sind. Demgemäß kann eine atomrechtliche Genehmigung nur zurückgenommen werden, wenn sie sich als rechtswidrig erweist.

Uneinheitlich beantwortet wird die Frage, ob § 17 Abs. 2 AtG auch dann anwendbar ist, wenn die atomrechtliche Genehmigungsbehörde bei ihrer Ermessensentscheidung von Umständen ausging, die in Wirklichkeit nicht vorlagen.

Ossenbühl und Roßnagel bejahen dies mit der Begründung, daß auch der Ermessensfehler zur Rechtswidrigkeit der erteilten Genehmigung führen.[192] Wagner vertritt die Auffassung, daß die erste Ansicht durch den Wortlaut des § 17 Abs. 2 AtG nicht gedeckt sei. Ausdrücklich habe der Gesetzgeber dort nur von den Genehmigungsvoraussetzungen gesprochen und damit die Tatbestandsseite des § 17 Abs. 2 AtG erfaßt. Aus diesem Grunde fielen Umstände der Ermessenserwägung oder Voraussetzungen der Ermessensausübung nicht unter § 17 Abs. 2 AtG.[193]

Letztlich wird man wohl der Auffassung Ossenbühls und Roßnagels folgen müssen. Die Ansicht Wagners scheint abschließend doch zu formal. Gerade die Entstehungsgeschichte des § 17 Abs. 2 AtG verdeutlicht, daß eine Angleichung an die Vorschrift des § 48 VwVfG beabsichtigt war. Demgemäß kann die Frage, ob auch ein Ermessensfehler zur Rechtswidrigkeit eines Verwaltungsakts führen kann, nur bejaht werden.

Weiter verbietet sich eine strikte Trennung von Tatbestand und Rechtsfolge in der Ermessensentscheidung auf Grund der Verzahnung von Tatbestand und Rechtsfolge, da im Rahmen der Ermessensentscheidung der Rechtsfolgenwahl eine administrative Tatbestandsbildung und -anwendung vorausgeht, indem die mit Ermessen ausgestattete Verwaltung über den Tatbestand der Gesetzesnorm hinaus eigene Entscheidungsmaßstäbe einführt.[194]

---

[192] Ossenbühl, Bestandsschutz, S. 87; Lange, NJW 1986, 2459 (2462); Roßnagel, Nachträgliche Administrativmaßnahmen, S. 72 f.

[193] Wagner, DÖV 1987, 527.

[194] Vgl. Ossenbühl, Bestandsschutz, S. 88.

Die Rücknahme steht im Ermessen der Behörde. Bei der Ermessensausübung ist der Grundsatz der Verhältnismäßigkeit zu beachten. Demgemäß steht die Rücknahme, entsprechend der Regelung beim fakultativen Widerruf unter einem „Vorbehalt alsbaldiger Abhilfe“.[195] Die Rücknahme ist deshalb unter dem Aspekt der Verhältnismäßigkeit nicht zulässig, wenn der erst später entdeckte Fehler, der zur anfänglichen Rechtswidrigkeit der Genehmigung geführt hat, durch eine nachträgliche Auflage ausgeräumt werden kann.[196]
Im Hinblick auf die verfassungsrechtlichen Grundlagen der Rücknahmeregelung kann grundsätzlich auf die Ausführungen zu den nachträglichen Anordnungen verwiesen werden. Die Regelung stellt sich zunächst als Inhaltsbestimmung des Eigentums dar, wobei bei einer Rücknahme der Genehmigung auf der Anlagenebene das Recht zur genehmigungskonformen Nutzung der Anlage und der eingerichtete und ausgeübte Gewerbebetrieb betroffen sind. An dieser Einordnung ändert auch der Umstand nichts, daß die Genehmigung von Anfang an mit der Möglichkeit einer Rücknahme belastet ist, da zwischen der konkreten Eigentumsposition und der Ausgestaltung der Rechte und Pflichten durch den Gesetzgeber zu unterscheiden ist.
Auf der Genehmigungsebene sind – neben Art. 12 GG – der Vertrauensschutz und die Bestandskraft der Genehmigung mit ihren Verortungen im Rechtsstaatsprinzip angesprochen. Sowohl der Vertrauensschutz, als auch die Bestandskraft der Genehmigung werden durch die Regelung des § 17 Abs. 2 AtG ausgestaltet und können auf der Grundlage dieser Regelung gleichzeitig auch durchbrochen werden.
Der Vertrauensschutz, der auch als Gesichtspunkt bei der Feststellung der Verhältnismäßigkeit der Inhaltsbestimmung einen wesentlichen Gesichtspunkt darstellt, ist, da es sich hier regelmäßig um eine rechtswidrige Genehmigung handelt, schwach ausgeprägt. Objektiv ist eben das Vertrauen in eine rechtswidrige Position nicht schutzwürdig und es besteht auch aufgrund der Schutzpflicht des Staats für Leben und Gesundheit der Bürger ein öffentliches Interesse daran, gerade im Hinblick auf die Gefahren der Kernenergie, einen rechtswidrigen Zustand nicht hinzunehmen. Ergeht basierend auf § 17 Abs. 2 AtG eine Genehmigungsrücknahme, so können auch bei der im Einzelfall im Rahmen der Ermessensausübung vorzunehmenden Abwägung Bestands- und Vertrauensschutzaspekte keinen bedeutenden Einfluß gewinnen.

[195] Schneider in: Steinberg/Schneider: Schadensvorsorge im Atomrecht, S. 179.
[196] Vgl. BVerwG DVBl. 1992, 52 (53).

J. Widerruf atomrechtlicher Anlagengenehmigungen

Auf der Grundlage der Widerrufsvorschriften des § 17 Abs. 3 bis 5 AtG hat die atomrechtlichen Genehmigungsbehörde die Befugnis, auf nach der Genehmigungserteilung eintretende Entwicklungen mit der Aufhebung der rechtmäßig erteilten Genehmigung zu reagieren. Durch § 17 Abs. 3 AtG werden insoweit drei Fallgestaltungen geregelt. Dabei handelt es sich um den sog. fakultativen Widerruf, bei dem der Widerruf in das Ermessen der atomrechtlichen Genehmigungsbehörde gestellt wird.

In § 17 Abs. 4 und 5 AtG hat der sog. obligatorische Widerruf seine Regelung erfahren. Bei Vorliegen der im Gesetz genannten Voraussetzungen besteht hier eine Pflicht der Behörden zum Widerruf der Genehmigung.

Im Folgenden sollen kurz die einzelnen Widerrufstatbestände angesprochen werden, bevor sich eingehender mit den im Rahmen der Fragestellung der Arbeit interessanten Widerrufsmöglichkeiten beschäftigt werden soll.

In § 17 Abs. 4 und Abs. 5 AtG werden zwingende Widerrufsgründe genannt. In Abs. 4 geht es um den Fall, daß der Betreiber die Deckungsvorsorgeverpflichtung nicht ordnungsgemäß erfüllt. Diese umschreibt die finanzielle Vorsorge für die Erfüllung etwaiger gesetzlicher Schadensersatzverpflichtungen (§ 13 Abs. 1 AtG). Sie wird regelmäßig durch Haftpflichtversicherung erbracht, wobei sich, aufgrund der Höhe des zu versichernden Risikos, mehrere Versicherungsunternehmer zur Deutschen Kernreaktorversicherungsgemeinschaft (DKVG) zusammengeschlossen haben.[197] Abs. 5 ist dadurch gekennzeichnet, daß er neben dem Schutz öffentlicher Interessen auch Drittschutzwirkung entfaltet.[198] Die Genehmigung ist in diesem Falle dann zu widerrufen, wenn erhebliche Gefährdungen von Beschäftigten, Dritten oder der Allgemeinheit zu besorgen sind.

In § 17 Abs. 3 AtG sind die Fälle genannt, in denen die Genehmigung fakultativ zu widerrufen ist. Nach § 17 Abs. 3 Nr.1 AtG kann eine Genehmigung widerrufen werden, wenn nicht binnen einer zweijährigen Frist von ihr Gebrauch gemacht worden ist und keine andere Vereinbarung getroffen wurde. Ziel dieser Regelung ist es, zu erreichen, daß eine Anlage beim Baubeginn möglichst den neuesten technischen Standards entspricht.[199] § 17 Abs. 3 Nr. 2 AtG erfaßt den Fall, daß eine der Genehmigungsvoraussetzungen später wegfällt und nicht in angemessener Zeit Abhilfe geschaffen wird. Gemäß § 17 Abs. 3 Nr. 3 AtG kann die Genehmigung dann widerrufen werden, wenn erhebliche und wiederholte Verstöße des Betreibers gegen Normen, Anforderungen, Ver-

[197] Haedrich, AtG, § 13 Rdn. 22.
[198] Schmitt, in: 8. Deutsches Atomrechtssymposium 1989, S.91.
[199] Fischerhof, § 17 AtG, Rdn. 15.

fügungen und nachträgliche Auflagen vorliegen. Die Regelung des neuen § 17 Abs. 3 Nr. 4 AtG ermöglicht den Genehmigungswiderruf, wenn nach Setzung einer angemessenen Nachfrist ein ordnungsgemäßer (Entsorgungsvorsorge-) Nachweis nach § 9 a Abs. 1 a bis 1 e AtG nicht vorgelegt wird oder auch nach Setzung einer angemessenen Nachfrist keine Ergebnisse einer Sicherheitsüberprüfung nach § 19 a Abs. 1 AtG vorgelegt werden.
Da es im Sinne der Aufgabenstellung der Arbeit um Vertrauens- und Bestandsschutzprobleme geht, sind allein die Widerrufsgründe des § 17 Abs. 5 und Abs. 3 Nr. 2 AtG ergiebig und interessant. Diese sollen näher dargestellt werden.

I. Obligatorischer Widerruf gem. § 17 Abs. 5 AtG

1. Voraussetzungen

Eine Pflicht zum Widerruf von Genehmigungen besteht nach § 17 Abs. 5 AtG dann, wenn dies wegen einer erheblichen Gefährdung der Beschäftigten, Dritter oder der Allgemeinheit erforderlich ist und nicht durch nachträgliche Auflagen in angemessener Zeit Abhilfe geschaffen werden kann. Sind diese Voraussetzungen erfüllt, so muß also die Behörde die Genehmigung widerrufen. § 17 Abs. 5 AtG unterscheidet nicht zwischen den einzelnen Rechtsgütern, die einer erheblichen Gefährdung ausgesetzt sind. Daher greift § 17 Abs. 5 AtG, in Anlehnung an den Schutzzweck des § 1 Nr. 2 AtG, nicht nur bei erheblicher Gefährdung von Leben und Gesundheit, sondern auch von Sachgütern ein. [200]
Eine Auslegung des § 17 Abs. 5 AtG dahingehend, daß die Vorschrift nur anwendbar sei, wenn es sich um Sicherheiten handelt, die über den genehmigten Zustand noch hinausgehen, nicht aber die fortdauernde Erhaltung des genehmigten Sicherheitszustands in Frage steht, ist abzulehnen. Denn im Falle von Materialermüdungen und damit verbundener alterungsbedingter Sicherheitseinbußen stünde auch bei erheblicher Gefährdung der Beschäftigten, Dritter oder der Allgemeinheit der Widerruf auf der Grundlage des dann anzuwendenden § 17 Abs. 3 Nr. 2 AtG im Ermessen der zuständigen Behörde und wäre gem. § 18 Abs. 1 AtG nur gegen Entschädigung möglich. [201] Für eine solche Interpretation findet sich aber im Gesetz kein Beleg.
Vielmehr ist dort von einer „erheblichen Gefährdung" die Rede, ohne daß es darauf ankommt, ob der in der Genehmigung vorausgesetzte Sicherheitszustand

[200] Schneider möchte die Fälle ausscheiden, in denen es zu einer Gefährdung von Sachgütern und nicht von Menschen kommt. Schneider in: Steinberg/Schneider, Schadensvorsorge im Atomrecht, S. 173. Bei atomaren Unfällen dürften aber kaum Fälle vorstellbar sein, in denen es ausschließlich zur Gefährdung von Menschen kommt.
[201] Schattke, atw 1988, 413.

wiederhergestellt oder ob zusätzliche Sicherheitsanforderungen erfüllt werden sollen. Demgemäß sind beide Widerrufsvorschriften insoweit voneinander abzugrenzen, als bei erheblicher, nicht anders abwendbarer Gefährdung nach § 17 Abs. 5 AtG widerrufen werden muß, während in den übrigen Fällen des nachträglichen Wegfalls der Genehmigungsvoraussetzungen der Widerruf in das Ermessen der Behörde gestellt ist. Somit ist § 17 Abs. 5 AtG bei Vorliegen seiner Voraussetzungen Spezialvorschrift im Verhältnis zu § 17 Abs. 3 Nr. 2 AtG.

Uneinigkeit besteht auch bei dem Problem, wann von einer "erheblichen Gefährdung" im Sinne des § 17 Abs. 5 AtG gesprochen werden kann. Man wird hier von einem gesteigerten Gefahrbegriff im Vergleich zum im Rahmen des § 7 AtG verwendeten Begriffs der Gefährdung ausgehen können.
Dafür spricht zunächst schon der Wortlaut des § 17 Abs. 5 AtG. In der Tat legt das Wort "erheblich" einen gesteigerten Gefährdungsgrad nahe. Zudem verwendet das Atomgesetz neben dem Begriff der "erheblichen Gefährdung" den Begriff der "Vorsorge gegen Schäden" (§ 7 Abs. 2 Nr. 3 AtG) und den Begriff der "Gefahr", ohne eine erhebliche Gefahr zu verlangen. Diesem Begriffssystem würde man letztlich nicht gerecht werden, würde man einzelnen Begriffen identische Inhalte zuordnen. Ohne im Einzelnen auf alle vertretenen Ansichten eingehen zu wollen[202], wird man letztlich davon auszugehen haben, daß der Begriff der Erheblichkeit einen Zustand ausdrückt, bei dem sich die Gefahr schon verwirklicht hat oder unmittelbar vor ihrer Verwirklichung steht, der Schadenseintritt sofort oder in nächster Zeit zu erwarten ist [203] und bedeutsame Rechtsgüter wie Leben, Leib, Gesundheit oder auch wesentliche Vermögensgüter betroffen sind.[204]
Mit der Begründung, im Atomrecht gebe es letztlich nur solche "erheblichen" Gefahrenlagen, will Gemmecke jegliche Gefahr unter § 17 Abs. 5 AtG fassen. Nicht ganz konsequent soll dann wiederum, um nicht eine tatbestandliche Einebnung zum fakultativen Widerruf und zur nachträglichen Anordnung herbeizuführen, für § 17 Abs. 5 AtG ein höheres Maß an Schadenseintrittswahrscheinlichkeit zu fordern sein.[205]

[202] Hierzu näher: Frings, Bestandsschutz atomrechtlicher Anlagen, S. 141 ff.
[203] Vgl. Drews/Wacke/Vogel/Martens, Gefahrenabwehr, S. 332.
[204] Vgl. Samper/Honacker, Polizeiaufgabengesetz, Art. 2 Anm. 4 b.; Götz, Allgemeines Polizei- und Ordnungsrecht, Rdn. 122.; anders Pfaundler, Der atomrechtliche Gefahrenbegriff, UPR 1999, 336 ff., der die Komponenten der zeitlichen Nähe und der Höhe des Wahrscheinlichkeitsgrades ablehnt mit Verweis auf ESVGH 47, 316 und HessVGH NVwZ-RR 1998, 361.
[205] Gemmecke, Nachträgliche Anordnungen; S. 301; u.a. mit Verweis auf Ossenbühl, Bestandsschutz, S. 90 ff.; Dieser folgt aber offensichtlich der überwiegenden Ansicht; in diesem Sinne wohl auch die anderen Verweise.

Dann ist im Ergebnis kein Unterschied zur vorzugswürdigen Meinung festzustellen. Damit soll es bei der Begriffsbestimmung der "erheblichen Gefährdung" im dargestellten Sinne bleiben. Ist eine solche nicht gegeben, bleiben immer noch der fakultative Widerruf zusammen mit einer vorrangigen nachträglichen Auflage.

2. § 17 Abs. 5 AtG und die die möglichen Widerrufsgründe

Zieht man die im Rahmen der nachträglichen Auflage gemachten Ausführungen zu den einzelnen Fallgruppen der Nachrüstung auch beim obligatorischen Widerruf heran, so kann man zunächst die Aussage machen, daß sich keine gravierenden Unterschiede ergeben können. Zwar greift die Maßnahme des Widerrufs wesentlich stärker in das Eigentumsrecht des Anlagenbetreibers ein, jedoch ist zu berücksichtigen, daß hier „erhebliche" Gefährdungen als Tatbestandsvoraussetzungen gefordert werden.
Theoretisch zu denkende Fallgruppen wären auch hier Änderungen in der Umgebung der Anlage, Änderungen des Standes von Wissenschaft und Technik und Änderungen der Sicherheitsphilosophie.
Für die erste Fallgruppe ist auch hier umstritten, ob § 17 Abs. 5 AtG nur bei Vorliegen solcher Gefahren eingreift, die allein von der betroffenen Anlage oder Tätigkeit ausgehen oder ob auch von außen herangetragene Umstände den Widerruf auslösen können. Man könnte letzteres mit der Begründung ablehnen, daß sich § 17 Abs. 5 und § 18 Abs. 2 Nr. 3 AtG in ihren tatbestandlichen Voraussetzungen decken sollen. In § 18 Abs. 2 Nr. 3 AtG ist aber ausdrücklich von einer "in der genehmigten Anlage oder Tätigkeit begründeten erheblichen Gefährdung" die Rede.[206]
Hieraus wird gefolgert, daß ein Widerruf nach § 17 Abs. 5 AtG dann ausscheiden müsse, wenn zwar eine aus mehreren Quellen herrührende Gesamtbelastung eine erhebliche Gefährdung herbeiführe, der Beitrag der einzelnen Anlage zu dieser Belastung jedoch nicht sonderlich ins Gewicht falle. Ein Widerruf soll nur dann in Betracht kommen, wenn der Beitrag der einzelnen Anlage zur Gesamtbelastung ein "erheblicher" sei.
Klar ist sicherlich, daß zwischen der Gefahrenquelle und der Atomanlage ein Zusammenhang bestehen muß, denn andernfalls wäre der Widerruf nicht geeignet und damit auch nicht "erforderlich" i.S.d. § 17 Abs. 5 AtG, die bestehende Gefahr zu vermindern. Zweifel bestehen aber an der Annahme, daß die Vorschrift des § 17 Abs. 5 AtG mit der des § 18 Abs. 2 Nr. 3 AtG tatbestand-

[206] OVG Lüneburg, UPR 1987, 153 (155).

lich übereinstimmt.[207] Einerseits steht dem der Wortlaut entgegen und zum anderen kann nicht gesehen werden, wie eine vom Schutzzweck des § 1 Nr. 2 AtG geprägte, verfassungsgebotene Widerrufspflicht nach § 17 Abs. 5 AtG durch eine Verknüpfung mit dem Entschädigungsausschluß nach § 18 Abs. 2 Nr. 3 AtG in ihrem Anwendungsbereich reduziert werden könnte. Das bedeutet, daß in dem Falle, in dem die Strahlenbelastung durch eine Atomanlage keine Gesundheits- oder Lebensgefahr darstellt, wohl aber die Gesamtbelastung durch mehrere Anlagen, ein Widerruf möglich sein muß. Vorausgesetzt ist dabei natürlich, darauf sei noch einmal hingewiesen, zumindest eine Mitursächlichkeit der Gefährdung durch die vom Widerruf betroffene Anlage. Weiter kann der oben genannten Ansicht entgegengehalten werden, daß sich die "Erforderlichkeit" eines Widerrufs nicht erst dann ergibt, wenn er die Gefahr beseitigt, sondern auch schon dann, wenn die Gefahr reduziert wird.
Für die Gruppe der Änderung des Standes von Wissenschaft und Technik kann nichts anderes gelten, als für den Fall der Anordnung nachträglicher Auflagen im Gefahrenbereich. Da es hier um erhebliche Gefährdungen geht, und damit die Schutzpflicht des Staats für Leben und Gesundheit einen herausragenden Stellenwert besitzt, können etwaige Bestands- und Vertrauensschutzaspekte hier nicht dazu führen, daß vorher als nicht so gefährlich eingestufte Sachlagen nicht als erhebliche Gefährdungen betrachtet werden könnten.
Entsprechendes hat auch für die Frage zu gelten, ob eine Änderung der Sicherheitsphilosophie einen Genehmigungswiderruf nach § 17 Abs. 5 AtG rechtfertigen kann.
Folgend soll es um Fälle gehen, in denen eine Risikoneubewertung ohne geänderte naturwissenschaftliche Erkenntnisgrundlage vorgenommen wird. Fälle der Änderung der Sicherheitsphilosophie aufgrund geänderter Erkenntnislage sind letztlich so zu behandeln, wie die Fallgruppe der Änderung des Standes von Wissenschaft und Technik.
Im Rahmen der Genehmigungserteilung ist die Berücksichtigung einer geänderten Sicherheitsphilosophie sicherlich möglich, da das Vertrauen darauf, daß die Administrative eine einmal vertretene Ansicht auch in Zukunft stets zur Grundlage ihrer Entscheidungen machen wird, nicht geschützt ist. Für den Bereich des Widerrufs nach § 17 Abs. 5 AtG wird diese Frage aber, anders als in Fällen von Veränderungen im sicherheitsrelevanten Bereich kerntechnischer Anlagen oder neuer wissenschaftlicher Erkenntnisse, ganz überwiegend ablehnend beurteilt. Eine bloße Änderung der Sicherheitsphilosophie soll bei unverändertem Erkenntnisstand einen Widerruf nicht rechtfertigen können.[208]

---

[207] Siehe auch Borgmann, Rechtliche Möglichkeiten, S. 154.
[208] Bender DÖV 1988, 817; Haedrich, § 17 Rdn. 14 b.; Schattke, atw 1988, 415; Kloepfer, Umweltrecht, § 8 Rdn. 58; Sellner, Auflagen und Widerruf, S. 348; Richter, Nachrüstung

Gestützt wird dieses Ergebnis vor allem durch Bestandsschutzerwägungen. Von Seiten der Anlagenbetreiber würden im Vertrauen auf den Fortbestand einmal erteilter Genehmigungen hohe Investitionen getätigt. Ein solches Vertrauen sei zumindest solange schutzwürdig, als keine Erkenntnisse vorliegen, die eine andere nachträgliche Beurteilung rechtfertigen. Die erteilten Genehmigungen und die auf dieser Grundlage errichteten Anlagen seien damit durch den eigentumsrechtlichen Bestandsschutz vor nachträglichen Neubewertungen durch die Verwaltung ohne Änderung der Bewertungsgrundlage geschützt.
Damit wird jedoch verkannt, daß Bestandsschutzerwägungen nicht isoliert gesehen werden dürfen und so auch nicht einer gesetzlichen Regelung diametral entgegengestellt werden dürfen. Der Gesetzgeber hat bei der Ausgestaltung des Eigentums die Grundsätze der Verhältnismäßigkeit zu wahren und auch Entscheidungen der Verwaltung auf der Grundlage entsprechender Regelungen müssen diesen Anforderungen genügen. Nun ist es so, daß es der Verwaltung letztlich unbenommen ist, eine Einstufung bestimmter Umstände unter einen Vorsorgetatbestand abzuändern. Dies wurde bereits ausgeführt. Kommt diese dazu, daß ein bestimmter Tatbestand nunmehr eine Gefährdung darstellt, so ist dies letztlich, zumindest für zukünftige Regelungen, zu akzeptieren. Für bestehende Anlagen tritt dieser Aussage nun der Bestands- und Vertrauensschutz hinzu. Geht man davon aus, daß eine bestimmte Sachlage eine, zumal erhebliche, Gefährdung darstellt, so kommt der staatlichen Schutzpflicht für Leben und Gesundheit aus Art. 2 Abs. 2 GG eine herausragende Bedeutung zu. In Anbetracht der großen Schäden bei Verwirklichung einer Gefahr und der Bedeutung der dann betroffenen Rechtsgüter, müssen Bestands- und Vertrauensschutzaspekte dann bei der Beurteilung der Zulässigkeit eines Widerrufes gemäß § 17 Abs. 5 AtG zurückstehen. Zudem sieht die gesetzliche Regelung hier aus Verhältnismäßigkeitsgründen den Vorrang nachträglicher Auflagen vor, die im Gefahrenbereich regelmäßig zulässig sind.

Dem kann auch nicht die Regelung des § 49 Abs. 2 S. 1 Nr. 3 VwVfG entgegengehalten werden. Dort heißt es, daß ein rechtmäßiger begünstigender Verwaltungsakt nur widerrufen werden darf, „wenn die Behörde auf Grund nachträglich eingetretener Tatsachen berechtigt wäre, den Verwaltungsakt nicht zu erlassen". Die Regelung des § 17 Abs. 5 AtG muß vor dem Hintergrund gesehen werden, daß im Falle der Annahme erheblicher Gefährdungen im Sinne des Tatbestands, wie schon dargestellt, mit einer relativ sehr hohen Schadenseintrittswahrscheinlichkeit an besonders exponierten Rechtsgütern (vor allem

von Kernkraftwerken, S. 80 f. ;Roßnagel, UPR 1993, 135 ; Borgmann, Rechtliche Möglichkeiten, S. 157, 158; Ossenbühl, Bestandsschutz, S.95; HessVGH NVwZ 1989, 1183 (1158).

dem Leben und der Gesundheit) zu rechnen ist, was dazu führt, daß Bestands- und Vertrauensschutzaspekte nicht die Bedeutung erlangen können, die sie außerhalb des Bereichs des technischen Sicherheitsrechts besitzen. Hier ist den Besonderheiten des Atomrechts Rechnung zu tragen. Im Falle der Annahme einer erheblichen Gefährdung der Beschäftigten, Dritter oder der Allgemeinheit muß damit ein Genehmigungswiderruf möglich sein, auch wenn die Gefährdung lediglich auf eine Neubewertung bekannter Umstände zurückzuführen ist.

3. Abgrenzung zur Rücknahme und Nachrrangigkeit des Widerrufs

Ein weiterer Streitpunkt ist der, ob ein Widerruf nach § 17 Abs. 5 AtG voraussetzt, daß die erhebliche Gefährdung nachträglich eingetreten ist. Nach Wagner soll sich dies aus dem Zusammenhang mit der Entschädigungsregelung des § 18 Abs. 2 Nr. 3 AtG ergeben, die ausdrücklich nur von einer nachträglich eingetretenen Gefährdung spreche.[209] Trotz ihres unterschiedlichen Wortlauts würden sich beide Bestimmungen in ihren Tatbestandsvoraussetzungen decken. Lange und Bender wollen sowohl nachträglich eingetretene als auch zur Zeit der Genehmigungserteilung bereits vorhandene Gefährdungen unter § 17 Abs. 5 AtG fassen.[210] Begründet wird dies damit, daß § 18 Abs. 2 Nr. 3 AtG im Unterschied zu § 17 Abs. 5 AtG das Erfordernis des nachträglichen Eintritts der Gefährdung für den Wegfall der Entschädigungspflicht ausdrücklich erwähne. Damit komme es für den Widerruf selbst nicht darauf an, ob die Gefährdung erst nach der Genehmigungserteilung eingetreten ist oder schon vorher gegeben war.

Letzterem kann aber nicht gefolgt werden. Unter Berücksichtigung der gängigen Terminologie im Verwaltungsrecht, gerade auch im Hinblick auf die §§ 48, 49 VwVfG, kommen Widerrufstatbestände dann zur Anwendung, wenn es sich um Veränderungen handelt, die nach Genehmigungserteilung eingetreten sind, mithin einen rechtmäßigen Verwaltungsakt betreffen. Hingegen kommen die Rücknahmevorschriften zur Anwendung, wenn es sich um einen Fall anfänglicher Rechtswidrigkeit eines Verwaltungsakts handelt.

Lag somit ein zur Rechtswidrigkeit des Verwaltungsakts führender Umstand bereits im Zeitpunkt der Erteilung der Genehmigung vor, handelt es sich nicht um einen Fall für einen Widerruf, sondern für eine Genehmigungsrücknahme. Denn eine Genehmigung, die beispielsweise unter Verstoß gegen § 7 Abs. 2 Nr. 3 AtG erteilt wurde, ist wegen der Unvereinbarkeit mit der genannten

---

209 Wagner, DÖV 1987, 529 f..

210 Lange, NJW 1986, 2463 f.; Bender, DÖV 1988, 817; Bender/Sparwasser/Engel, Umweltrecht; Teil 7 Rdn. 193.

Norm von Beginn an rechtswidrig. Ein Widerruf nach § 17 Abs. 5 AtG kann somit nur bei nachträglich eingetretenen erheblichen Gefährdungen erfolgen. Eine weitere Differenzierung danach, ob die Gefahr bekannt oder erkennbar war oder nicht[211], ist auch unter dem Gesichtspunkt des Vertrauensschutzes nicht geboten. Gerade eine Abwägung des an sich schon nicht stark ausgeprägten Vertrauensschutzes mit dem öffentlichen Interesse, vor dem Hintergrund des Art. 2 Abs. 2 GG, einen objektiv rechtswidrigen Zustand nicht zu dulden, gebietet es geradezu, hier eine Rücknahme zuzulassen, egal, ob die Gefahr nun erkennbar oder bekannt war oder dies nicht der Fall war.[212]

Entsprechend der Regelung des § 17 Abs. 5 AtG darf die Genehmigung nicht widerrufen werden, wenn durch nachträgliche Auflagen gem. § 17 Abs. 1 S. 3 AtG in angemessener Zeit Abhilfe geschaffen werden kann.
Damit wird dem Verhältnismäßigkeitsprinzip zur Wirksamkeit verholfen, wonach der Betroffene bei mehreren gleich geeigneten Maßnahmen nur diejenige auferlegt bekommen darf, die für ihn die geringste Belastung darstellt. Wenn also der angestrebte Schutz in einem angemessenen Zeitrahmen ebenso gut durch nachträgliche Auflagen erreicht werden kann, dann kommt ein Widerruf der Genehmigung nach § 17 Abs. 5 AtG als einschneidendere und stärker belastende Maßnahme wegen des Übermaßverbots nicht in Frage.

II. Widerruf nach § 17 Abs. 3 Nr. 2 AtG

Gemäß § 17 Abs. 3 Nr. 2 AtG kann eine atomrechtliche Genehmigung widerrufen werden, wenn eine ihrer Voraussetzungen später weggefallen ist und nicht in angemessener Zeit Abhilfe geschaffen wird. Bei Vorliegen dieser Tatbestandsvoraussetzungen hat die Behörde also grundsätzlich ein Ermessen.
Der Widerruf unterscheidet sich von der Rücknahme, wie bereits dargestellt, dadurch, daß beim Widerruf die erteilte Genehmigung anfänglich rechtmäßig war und der Widerrufsgrund erst nachträglich eingetreten ist. Der fakultative Widerruf nach § 17 Abs. 3 Nr. 2 AtG ist gegenüber dem obligatorischen Widerruf nach § 17 Abs. 5 AtG subsidiär. Zwar sind in Fällen erheblicher Gefährdung im Sinne des § 17 Abs. 5 AtG gleichzeitig auch die Genehmigungsvoraussetzungen nachträglich weggefallen. Jedoch bleibt dann für ein Ermessen der Behörde zum Einschreiten kein Raum, da hier der Schutz von Leben und

---

[211] So Borgmann, Rechtliche Möglichkeiten, S. 155 f.
[212] Gestützt werden kann das Ergebnis zudem darauf, daß die Anlagengenehmigung nur die Gefahrentatbestände erfassen kann, die zum Zeitpunkt der Genehmigungserteilung objektiv bekannt waren und nicht solche, die zwar vorhanden, aber nicht bekannt waren. Insoweit erwächst dann auch die Genehmigung in Bestandskraft.

körperlicher Unversehrtheit nach Art. 2 Abs. 2 S. 1 GG ein Handeln erfordert. Die Behörde hat dann auf der Grundlage des § 17 Abs. 5 AtG einzuschreiten. Ein Anwendungsbereich für § 17 Abs. 3 Nr. 2 AtG bleibt für Fälle, die unterhalb der Grenze der „erheblichen Gefährdungen" liegen.

1. Widerrufsvoraussetzungen und einzelne Widerrufsgründe

Beim Widerruf nach § 17 Abs. 3 Nr. 2 AtG ist, wie auch bei der Rücknahme nach § 17 Abs. 2 AtG, umstritten, ob zum Genehmigungswiderruf nur der Wegfall der tatbestandlichen Genehmigungsvoraussetzungen nach § 7 Abs. 2 AtG berechtigt, oder ob sich auch auf Umstände gestützt werden kann, die die Behörde im Rahmen ihres Ermessens zu beachten hat.
Würde man der erstgenannten Ansicht Benders und Sellners folgen[213], so könnte beispielsweise im Falle von Entsorgungsengpässen kein Widerruf erfolgen, da die Frage der Entsorgung nach überwiegender Meinung im Bereich des Versagungsermessens angesiedelt ist. Dem kann jedoch entgegengehalten werden, daß dies vor dem Hintergrund der staatlichen Schutzpflicht für Leben und Gesundheit aus Art. 2 Abs. 2 S. 1 GG nicht richtig sein kann. Wurden einem Genehmigungsinhaber bei Erteilung der Genehmigung bestimmte Entsorgungspflichten auferlegt und werden diese dann nicht erfüllt, dann muß die Behörde notfalls auch im Wege des Widerrufes einschreiten können.
Gerade auch ein Vergleich mit § 49 Abs. 2 Nr. 3 VwVfG zeigt, daß ein Verwaltungsakt widerrufen werden kann, wenn die Behörde auf Grund nachträglich eingetretener Tatsachen berechtigt wäre, den Verwaltungsakt nicht zu erlassen, wobei es nach ganz herrschender Ansicht nicht darauf ankommt, ob es sich um Tatsachen handelt, die auf der Tatbestandsebene oder der Ermessensebene relevant sind.[214]

Hinsichtlich der Tatbestände, auf die ein fakultativer Widerruf gestützt werden kann, kann im wesentlichen auf die Ausführungen zum obligatorischen Widerruf verwiesen werden. Was dieser nicht erfaßt, weil es sich nicht um eine erhebliche nachträgliche Gefährdung im Sinne der Norm handelt, kann über § 17 Abs. 3 Abs. 2 AtG erfaßt werden. Es hat dann wiederum eine Abwägung im Einzelfall zwischen den Aspekten des Bestands- und Vertrauensschutzes und der Schutzpflicht für Leben und Gesundheit der Bürger zu erfolgen.
Geht es um das Heranrücken einer Industrieansiedlung ist zunächst ebenso ein Vorgehen gegen die Planung geboten. Ist dies nicht mehr möglich oder war

213 Bender, DÖV 1988, 816; Sellner, Auflagen und Widerruf, S. 346.
214 Sachs, in: Stelkens/Bonk/Sachs, VwVfG, § 49 Rdn.66; Lange, NJW 1986, 2463.

dies nicht möglich, weil sich die Unverträglichkeit beider Nutzungen erst im Nachhinein herausstellte, kann der Inhaber der Atomanlage herangezogen werden, wobei zu berücksichtigen ist, daß regelmäßig die neue Nutzung zur Atomanlage erst hinzugetreten ist. Da es sich hier aber nicht um eine Gefahr handeln wird, sonst wäre § 17 Abs. 5 AtG heranzuziehen, sondern der Bereich der Risikovorsorge betroffen ist, kommen den eigentumsrechtliche Bestands- und den rechtsstaatliche Vertrauensschutzaspekten ein stärkeres Gewicht zu.
Auch Änderungen des Standes von Wissenschaft und Technik können bei Neubewertung bestimmter Tatbestände einen Widerruf rechtfertigen, soweit dies im Risikovorsorgebereich unter Beachtung des Bestands- und Vertrauensschutzes möglich ist.
Im Bereich der Änderung der Sicherheitsphilosophie kann ebenfalls nichts anderes gelten. So ist einerseits die Gruppe der Änderung der Sicherheitsphilosophie im Falle eines neuen Sicherheitskonzeptes so zu behandeln, wie die Fälle der Änderung des Standes von Wissenschaft und Technik. Im Falle der Änderung der Rechtsauffassung der Behörde ohne neue Erkenntnisse kann nur noch einmal darauf hingewiesen werden, daß der Vertrauensschutz eine Verschiebung der Grenze vom Restrisiko hin zum Bereich der Risikovorsorge nicht generell unterbinden kann. Auch ein Vergleich mit § 49 Abs. 2 Nr. 3 und 4 VwVfG verbietet sich, da die atomrechtliche Widerrufsregelung gerade keine entsprechende Einschränkung vorsieht. Im Einzelfall kann dann nach der hier vertretenen Konzeption ein Widerruf dann rechtmäßig und durchsetzbar sein, wenn die mit der geänderten Auffassung der Behörde verfolgten Ziele, etwa der Schutz von Leben und körperlicher Unversehrtheit, gegenüber dem Bestandsinteresse des Anlagenbetreibers überwiegen.
An dieser Stelle ist jedoch die Zeitabhängigkeit des Bestandsschutzes zu berücksichtigen. Grundsätzlich stellt sich der Widerruf als eine im Ergebnis vollständige Entwertung der investierten Güter da, die ohne Genehmigung weitgehend nutzlos sind. Es handelt sich demnach um einen schweren Eingriff in das Eigentum. Dies gilt aber nicht generell so, da im Falle der Amortisation der Anlage der Widerruf sich nur auf die weitere Gewinnerzielungsmöglichkeit auswirkt. Damit relativiert sich auch das Gewicht des Bestandsschutzes im Verhältnis zu den anderen abwägungsrelevanten Belangen.

2. Schaffung von Abhilfe in angemessener Zeit; Widerrufsermessen

Ein Widerruf ist dann nicht zulässig, wenn in angemessener Zeit Abhilfe geschaffen und damit die Genehmigungsvoraussetzung erfüllt werden. Es würde einen Verstoß gegen den Grundsatz der Verhältnismäßigkeit darstellen, wenn die Genehmigung trotzdem widerrufen werden könnte. Demgemäß muß die

Behörde zunächst versuchen, die Erfüllung der Genehmigungsvoraussetzungen auf dem Wege einer Verpflichtungserklärung durch den Betreiber, durch aufsichtliche Maßnahmen nach § 19 AtG oder durch nachträgliche Auflagen gemäß § 17 Abs. 1 S. 3 AtG zu erreichen. Ist dies binnen einer im Einzelfall zu bestimmenden angemessenen Zeit nicht möglich oder ist von vornherein klar, daß die Genehmigungsvoraussetzungen nicht mehr erfüllt werden können, ist der Widerruf gem. § 17 Abs. 3 Nr. 2 AtG zulässig.

Des weiteren steht der Widerruf im Ermessen der Genehmigungsbehörde. Das Ermessen ist aber auf Null reduziert, wenn mit Wegfall der Genehmigungsvoraussetzungen Risiken oder Gefahren verbunden sind. Dies ergibt sich aus der Verpflichtung der Behörde zur Schadensvorsorge und der Schutzpflicht für Gesundheit und Leben aus Art. 2 Abs. 2 S. 1 GG .[215]

[215] So auch Schneider, in: Steinberg/Schneider, Schadensvorsorge im Atomrecht, S. 178.

K. Die Entschädigungsregelung des § 18 AtG

Werden nach Genehmigungserteilung Eingriffe in den Bestand der Genehmigung auf der Grundlage des § 17 AtG vorgenommen, stellt sich im Zusammenhang mit den damit entstehenden Kosten die Frage, wer diese zu tragen hat. Hier statuiert § 18 AtG eine grundsätzliche Entschädigungspflicht desjenigen Verwaltungsträgers, dessen Behörde die entsprechende Maßnahme erlassen hat.
Terminologisch wird diese Regelung als eine Norm des wirtschaftlichen Bestandsschutzes bezeichnet. Kritik an dieser Bezeichnung erscheint aber durchaus angebracht. Denn durch die nachträgliche behördliche Maßnahme bleiben weder die Genehmigung noch die auf dieser Grundlage errichtete Anlage in ihrem Bestand unberührt. Vielmehr handelt es sich hier um einen reinen Vermögensschutz. Auch entspricht die so vorgenommene Differenzierung der verwendeten Begrifflichkeit im allgemeinen Verwaltungsrecht, in dem dann, wenn der Verwaltungsakt aufgehoben wird und dann ein Vermögensausgleich zu leisten ist, von Vermögensschutz gesprochen wird.
Im Folgenden sollen einige relevante Probleme des § 18 AtG dargestellt werden, bevor daran anschließend eine verfassungsrechtliche Zuordnung der Norm erfolgen soll.

I. Entschädigungsausschluß nach § 18 Abs. 2 AtG

Von besonderer Bedeutung und von hohem Interesse ist § 18 Abs. 2 AtG, der die Fälle des Ausschlusses der Entschädigungspflicht regelt.
Gemäß § 18 Abs. 2 Nr. 1 AtG muß nicht entschädigt werden, wenn der Inhaber die Genehmigung aufgrund von Angaben erhalten hat, die in wesentlichen Punkten unrichtig oder unvollständig waren. In einem solchen Fall ist die ursprüngliche Genehmigung von Anfang an rechtswidrig und gemäß § 17 Abs. 2 AtG zurücknehmbar. Da der Genehmigungsinhaber hier unzutreffende Angaben gemacht hat, kann er auch keinen Vertrauensschutz in Anspruch nehmen. Dies gilt, entsprechend dem allgemeinen Verwaltungsrecht, unabhängig davon, ob die fehlerhaften Angaben schuldhaft oder schuldlos erfolgten.
Weiterhin entfällt eine Entschädigungspflicht, wenn der Inhaber der Genehmigung oder für ihn tätige Personen durch ihr Verhalten Anlaß zum Widerruf der Genehmigung oder allgemeinen Zulassung gegeben haben. Derjenige, der durch eigenes Verhalten selbst den Anlaß zum Widerruf gegeben hat kann nicht im Gegenzug Entschädigung für die Folgen des Widerrufs verlangen.

II. Ausschluß der Entschädigung gem. § 18 Abs. 2 Nr. 3 AtG

Problematisch gestaltet sich hingegen der Ausschlußtatbestand des § 18 Nr. 2 Nr. 3 AtG, nach dem eine Entschädigungspflicht dann nicht gegeben ist, wenn der Widerruf wegen einer nachträglich eingetretenen, in der genehmigten Anlage oder Tätigkeit begründeten erheblichen Gefährdung der Beschäftigten, Dritter oder der Allgemeinheit ausgesprochen werden mußte. Diese Regelung wird seit jeher stark diskutiert. Regelungstechnisch ist § 18 Abs. 2 Nr. 3 AtG offensichtlich mit § 17 Abs. 5 AtG verbunden, der die Voraussetzungen zur Vornahme eines obligatorischen Widerrufs enthält. Bezüglich des Begriffs der erheblichen Gefährdungen kann auf bereits getätigte Ausführungen verwiesen werden. Wann nun aber die Gefährdung nachträglich eingetreten ist und wann sie in der genehmigten Anlage oder Tätigkeit begründet ist, wird unterschiedlich behandelt.

1. Die nachträglich eingetretene Gefährdung im Sinne des § 18 Abs. 2 Nr. 3 AtG

Ohne Zweifel handelt es sich um eine nachträglich eingetretene Gefährdung, wenn diese auf objektiven Tatsachen beruht, deren Entstehungszeitpunkt nach der Genehmigungserteilung liegt. Umstritten ist vielmehr die Frage, ob zu den Gefährdungen im Sinne des Tatbestands auch solche zählen, die von Anfang an bestanden haben, jedoch erst nachträglich erkannt worden sind.

Mit dem Wortlaut der Norm dürfte dies abzulehnen sein. Nichtsdestotrotz wird dieses Ergebnis vom herrschenden Schrifttum abgelehnt.[216] Begründet wird diese Auffassung mit einem Rückgriff auf die Gesetzesmaterialien. § 18 stelle letztlich eine Risikoverteilungsnorm im ökonomischen Sinne dar, wobei sich aus den Gesetzesmaterialien ergeben solle, daß der Gesetzgeber davon ausgegangen sei, daß ursprünglich vorhandene, jedoch erst später erkannte Gefahren, die aus der Anlage resultierten, dem Risikobereich des Unternehmers zuzurechnen seien.

Die entsprechende Passage lautet: „Wie in den Fällen, in denen sich wegen Fehlens ausreichender Erfahrungen und abgeschlossener wissenschaftlicher Erkenntnisse eine Anlage nachträglich als unzulänglich oder unwirtschaftlich erweist, der Unternehmer das Risiko dafür trägt, so muß auch in jenen Fällen, in denen sich aus einer genehmigten Anlage oder Tätigkeit nicht voraussehbare,

[216] Vgl. nur: Backherms, in: 6. Deutsches Atomrechtssymposium 1979, S. 173 (181 f.); Richter, Nachrüstung von Kernkraftwerken, S. 90; Schmieder, Atomanlagengenehmigung und Bestandsschutz von Atomanlagen beim Nachrücken von Industrieansiedlungen, 1977, S. 134.

erhebliche Gefährdungen der Beschäftigten, Dritter oder der Allgemeinheit nachträglich ergeben, der Berechtigte das Risiko tragen. Denn es ist in erster Linie seine Aufgabe, eine von ihm geplante technische Anlage so einzurichten oder eine von ihm ausgeführte Tätigkeit so zu betreiben, daß durch sie die Beschäftigten, Dritte oder die öffentliche Sicherheit nicht beeinträchtigt werden."[217]
Weiterhin wird darauf verwiesen, daß eine Verantwortungszurechnung der aus der Anlage gezogenen Nutzung folgen müsse und daß eine Nichteinbeziehung nachträglich erkannter Gefahren dazu führen könne, daß wegen der möglichen Entschädigungsforderungen die Anordnung erforderlicher Nachrüstungsmaßnahmen unterbleiben könnte.[218]

Damit kann man durchaus auch nachträglich erkannte Gefahren in den Ausschlußtatbestand des § 18 Abs. 2 Nr. 3 AtG einbeziehen.
Im Anschluß auf das bereits beim obligatorischen Widerruf ausgeführte sei darauf hingewiesen, daß eine objektiv von Beginn an vorhandene Gefährdung, die nachträglich erkannt wird, die Genehmigung von Anfang an rechtswidrig sein läßt. Es liegt insoweit eine der Genehmigungsvoraussetzungen des § 7 Abs. 2 Nr. 3 AtG nicht vor. Dann ist kein Widerruf möglich, sondern nur eine Rücknahme der Genehmigung gemäß § 17 Abs. 2 AtG. Für einen solchen Fall sieht aber das Gesetz keinen Tatbestand vor, der die Entschädigung ausschließen würde. Zu denken wäre in diesen Fällen an eine analoge Anwendung des § 18 Abs. 2 Nr. 3 AtG.[219] Von der Interessenlage wäre die Situation mit der beim Widerruf durchaus vergleichbar, mit dem Unterschied, daß eine Gefährdung hier nicht nachträglich entstanden wäre, sondern von Beginn an bestehen würde. Der Ausschluß der Entschädigung wäre auch von der Intention des Entschädigungsausschlußtatbestands erfaßt, nach dem eine Entschädigung immer dann nicht zu leisten ist, wenn es sich um eine Gefährdung handelt, die in den Bereich der Anlage fällt und damit dem Anlagenbetreiber zuzurechenen ist, wie sich auch aus dem anschließend zu behandelnden Tatbestandsmerkmal der in der genehmigten Anlage begründeten Gefährdung ergibt. Die Rechtsposition des Anlageninhabers ist in diesen Fällen so wenig schutzwürdig, wie in den entsprechenden Fällen, in denen tatsächlich ein Widerruf in Frage kommt. Zudem spricht für das gefundene Ergebnis auch, daß im Falle der

---

[217] BT-Drucks. 3/759, S. 31.
[218] Schoch, DVBl. 1990, 554; Richter, Nachrüstung von Kernkraftwerken, S. 90.; Blanke, Vertrauensschutz, S. 399.
[219] Diesen Ansatz schlägt Ossenbühl, Bestandsschutz, S. 120 f. vor. Die Argumente der vorgenannten Ansicht bezeichnet er als den Rahmen methodisch gesicherter Auslegungsargumente überschreitend und dem Ergebnisdenken verhaftet.

Rücknahme im Gefahrenbereich nur gelten kann, daß hier ein relativ schwach ausgeprägter Bestands- und Vertrauensschutz einer stark in das Gewicht fallenden Schutzpflicht für Leben und körperliche Unversehrtheit gegenübersteht, mit der Folge, daß, wie dies schon bei der nachträglichen Auflage gezeigt wurde, die Maßnahme regelmäßig verhältnismäßig sein wird, unter gegebenen Umständen eine Zweckmäßigkeitsentschädigung aber auszuscheiden hat.

2. Die in der genehmigten Anlage oder Tätigkeit begründete Gefährdung

Als weiteres Tatbestandselement fordert § 18 Abs. 2 Nr. 3 AtG, daß die Gefährdung in der genehmigten Anlage begründet liegt. Damit wird auf den Standort der Gefahrenquelle abgestellt. Als Hintergrund steht die bereits erwähnte, vom Gesetzgeber beabsichtigte Risikoverteilung, nach der der Betrieb der Kernanlage von der Seite der Anlagenbetreiber so zu erfolgen hat, daß hierdurch Beschäftigte, Dritte oder die öffentliche Sicherheit nicht beeinträchtigt werden können. Grund für eine derartige Risikoverteilung ist, daß die Anlage in den Bereich des Inhabers fällt und er aus ihrem Betrieb den wirtschaftlichen Nutzen zieht.
Kommt es somit zu Gefährdungen, deren Ursachen außerhalb der genehmigten Anlage zu suchen sind, schließt § 18 AtG die mögliche Entschädigung nicht aus.
Hier wäre dann wieder nach den bekannten Fallgruppen, Änderung in der Anlagenumgebung, Änderung des Standes von Wissenschaft und Technik und Änderung der Sicherheitsphilosophie zu differenzieren.
Für den Fall, daß eine Änderung in der Umgebung der Anlage, zum Beispiel die Ansiedlung einer Industrieanlage, dazu führt, daß eine nachträgliche Gefährdung entsteht, so wird teilweise davon ausgegangen, daß § 18 Abs. 2 Nr. 3 AtG anwendbar sei, da auf diese Weise die latente Gefahr des Kernkraftwerks zutage trete.[220] Damit wird jedoch das Merkmal der in der Anlage begründeten Gefährdung übersehen, mit dem ein ausgewogener Interessenausgleich erfolgen soll. Zweck der Ausschlußregelung ist es letztlich, daß im Kraftwerk von vornherein ruhende Risikopotential einer nachträglichen ungünstigen Entwicklung dem Anlageninhaber zu überlassen. Dieser soll im Falle einer Inanspruchnahme durch Aktualisierung dieses Risikopotentials nicht noch entschädigt werden. Handelt es sich somit um eine außerhalb liegenden Umstand, auf dessen Entstehung das Kraftwerk keinen Einfluß hatte, kann ein Entschädigungsausschluß nach § 18 Abs. 3 Nr. 2 AtG nicht angenommen werden. Da ein

[220] Winters, Atom- und Strahlenschutzrecht, S. 42; Daß die Figur das latenten Störers hier entbehrlich ist, wurde an einschlägiger Stelle bereits bei der Behandlung der nachträglichen Auflage dargestellt.

Widerruf, wie dargestellt, regelmäßig nur zulässig sein wird, wenn zumindest eine Mitursächlichkeit der Gefahr von Seiten der betroffenen Anlage festzustellen ist, wird der Entschädigungsausschlußtatbestand regelmäßig eingreifen.
Betrachtet man die Fälle der Änderung des Standes von Wissenschaft und Technik, so ergibt sich zunächst, daß es sich regelmäßig um solche Tatbestände handeln wird, die eine nachträglich erkannte Gefährdung im schon ausgeführten Sinne darstellen (und damit nur unter eine analoge Anwendung des Ausschlußtatbestands im Sinne des hier vertretenen Konzepts passen würden). Zudem handelt es sich nun aber, anders als in der vorigen Gruppe, um ein von vornherein der Anlage innewohnendes Risikopotential. Es geht eben um Gefährdungen, die schon immer vorhanden waren, aber nicht erkannt wurden. Damit kommt in dieser Fallgruppe, natürlich unter der Voraussetzung, daß tatsächlich nachträglich eine Gefahr und nicht nur ein Risikopotential erkannt wurde, der Entschädigungsausschlußtatbestand des § 18 Abs. 3 Nr. 2 AtG zur Anwendung.
Ebenso wie die erste Gruppe ist der Fall der Änderung der Sicherheitsphilosophie ohne Änderung des Erkenntnisstandes zu behandeln. Die Ausschlußregelung kann hier schon aus dem Grund nicht einschlägig sein, daß der Grund des Widerrufs in Fällen der Änderung der Sicherheitsphilosophie ohne Erkenntnisgewinn ganz klar außerhalb der genehmigten Anlage liegt, letztlich im politischen Bereich. Da somit dieses Tatbestandsmerkmal des § 18 Abs. 3 Nr. 2 AtG schon nicht erfüllt ist, kann die Entschädigungsausschlußregelung hier nicht eingreifen.
Demgegenüber ist der Fall der Änderung der Sicherheitsphilosophie aufgrund geänderter Bewertungsmaßstäbe letztlich wie die Fallgruppe der Änderung des Standes von Wissenschaft und Technik zu behandeln. Hier kann der Haftungsausschluß eingreifen.

III. Entschädigung bei Anordnung nachträglicher Auflagen gem. § 18 Abs. 3 AtG

Einen weiteren expliziten Problempunkt birgt die Regelung des § 18 Abs. 3 AtG. Danach gelten die Absätze 1 und 2 des § 18 AtG für nachträgliche Auflagen nach § 17 Abs. 1 S. 3 AtG entsprechend.
Nun kann man annehmen, daß eine Entschädigungsverpflichtung im Falle einer nachträglichen Auflage nur dann in Betracht kommen soll, wenn diese hinsichtlich ihrer wirtschaftlichen Auswirkungen einem Widerruf gleichkommt. Die unter anderem von Ossenbühl, Backherms, Butze und Fischerhof vertretene Ansicht nimmt diese Einschränkung nicht vor und will eine Entschädigung un-

abhängig von den wirtschaftlichen Auswirkungen gewähren.[221] Für die letztgenannte Ansicht wird zunächst der Wortlaut des § 18 Abs. 3 AtG angeführt. Weiterhin sei es unter dem Gesichtspunkt des Förderprinzips des Atomgesetzes schlichtweg nicht hinnehmbar, die Regelung des § 18 Abs. 3 AtG derart eng auszulegen. Praktisch sei es dann möglich, daß nachträgliche Auflagen bis an die Grenze des Widerrufs ergingen, ohne daß der Anlageninhaber eine Entschädigung verlangen könne. Zudem bliebe nach der engen Auslegung für den § 18 Abs. 3 AtG letztlich kein Anwendungsbereich, da Auflagen, die in ihrer Wirkung wirtschaftlich einem Widerruf gleichkämen, wegen ihrer tatsächlichen Wirkung auch als Widerruf zu qualifizieren wären, ohne Rücksicht darauf, wie sie durch die Behörde bezeichnet wurden. Diese seien dann jeweils schon nach § 18 Abs. 1 AtG entschädigungspflichtig.

Dieser Ansatz ist aber zu kritisieren. Mit dem Wortlaut „geltend entsprechend" läßt sich weder die eine, noch die andere Ansicht stützen. Wichtig ist in diesem Zusammenhang deshalb die Begründung des Regierungsentwurfs zu § 18 Abs. 3 AtG[222], dem zu entnehmen ist, daß eine entsprechende Anwendung der Entschädigungsvorschriften auf nachträgliche Auflagen nur deshalb gerechtfertigt ist, weil diese an Schwere und Intensität derart einschneidend seien können, daß sie aus der Sicht des Betreibers einer Aufhebung der Genehmigung durch Widerruf gleichkommen. Auch die Regelung des § 18 Abs. 1 S. 4 AtG spricht gegen eine weite Auslegung. Für die Höhe der Entschädigung wird dort als Ausgangspunkt der Umfang der gemachten Aufwendungen und der Zeitwert der Anlage genannt. Plausibel anwendbar sind diese Gesichtspunkte nur, wenn die nachträgliche Auflage im Ergebnis einer Betriebsuntersagung nahekommt.

Bedeutsamer ist jedoch, daß 18 Abs. 3 i. V. m. § 17 Abs. 1 S. 3 AtG – wie noch zu sehen sein wird – eine Regelung ist, die im Einzelfall nachträgliche Auflagen davor bewahren soll, daß, im Hinblick auf Wert und Restnutzungsdauer der Anlage, diese als unverhältnismäßig einzustufen sind und damit auch rechts- beziehungsweise verfassungswidrig sind. Eine nachträgliche Anordnung dürfte in einem solchen Fall an sich nicht ergehen, da die im Rahmen des Auswahl- und Entschließungsermessens einzustellenden Bestands- und Vertrauensschutzaspekte dem entgegenstehen würden. Damit könnte die Behörde

[221] Ossenbühl, Bestandsschutz, S. 124 ff.; Richter, Nachrüstung von Kernkraftwerken, S. 92 ff.; Frings, Bestandsschutz atomrechtlicher Anlagen, S. 163 ff.; Sellner in: Festschrift für Sendler, S. 339 (349); Backherms, in: 6. Deutsches Atomrechtssymposium 1979, S. 173 (179 f.); Butze, in: 6. Deutsches Atomrechtssymposium 1979, S. 197 (201); Fischerhof, Deutsches Atomgesetz und Strahlenschutzrecht, Bd.1 , § 18 Rdn. 2; Schmieder, Atomanlagengenehmigung, S. 68 ff.; Vollmer, in: 1. Deutsches Atomrechtssymposium 1972, S. 39 (49).

[222] BT-Drucks. 3/759, S. 31.

die Genehmigung allenfalls gemäß § 17 Abs. 3 Nr. 2 AtG widerrufen. Nun soll aber, um der insgesamt positiven Aussage des Atomgesetzes zur nunmehr zeitlich begrenzten Nutzung der Kernenergie zur Wirksamkeit zu verhelfen[223], gleichwohl eine an sich unverhältnismäßige nachträgliche Auflage ergehen können, unter der Bedingung der Gewährung einer Entschädigung.
Die gerade beschriebene Tatbestandskonstellation ist dann genau die, in der die nachträgliche Auflage in ihren Auswirkungen dem Widerruf gleichkommt. Sinn und Zweck der Regelung sprechen somit gegen die von der überwiegenden Ansicht vorgenommene Einordnung.
Teilweise wird insoweit der Vorwurf erhoben, mit einer derartigen Auslegung würde ein gesetzlicher Entschädigungstatbestand durch Heranziehung des Art. 14 GG in seinem Anwendungsbereich begrenzt.[224] Dem ist jedoch gerade nicht so. Vielmehr wird hier gerade durch die Heranziehung des Art. 14 GG das gefundene Ergebnis gestützt. Denn die Grundrechtsposition der Anlagenbetreiber wird insoweit ausgebaut, als eine nachträgliche Auflage ermöglicht wird, die an sich wegen ihrer Unverhältnismäßigkeit nicht ergehen dürfte und an deren Stelle ein viel weitergehender Widerruf zu erfolgen hätte. Diese nachträgliche Auflage wird nun in Verbindung mit der Gewährung einer Entschädigung möglich.
Auch die Begründung, daß die enge Auslegung des § 18 Abs. 3 AtG diesem keinen Anwendungsbereich mehr lasse, geht fehl. Denn für die Einordnung einer Maßnahme ist es nicht relevant, welche tatsächlichen Auswirkungen diese hat, sondern welche rechtlichen Auswirkungen sie herbeiführt.
Damit kann festgestellt werden, daß eine Entschädigung für nachträgliche Auflagen nur dann in Betracht zu ziehen ist, wenn die Auflage bei einer Abwägung unter Berücksichtigung wirtschaftlicher Belange, wie Wert und Restnutzungsdauer, unverhältnismäßig wäre und damit bei einer Durchsetzung der Auflage der Weiterbetrieb der Kernanlage unwahrscheinlich wäre. Wird diese Grenze nicht erreicht, bleibt es bei der Unverhältnismäßigkeit und damit Rechtswidrigkeit der Auflage. Dies ist der Fall, wenn eine nachträgliche Auflage im Risikovorsorgebereich nur aus dem Grunde unverhältnismäßig ist, weil sie die Anlagensicherheit nur unbedeutend erhöhen könnte und die erforderlichen Investitionskosten außer Verhältnis zum erreichbaren Sicherheitsgewinn stünden.

---

[223] Insoweit ändert sich durch die Streichung des Förderzwecks des § 1 Nr. 1 AtG und dessen Ersetzung durch einen Beendigungszweck im Gesetz zur geordneten Beendigung der Kernenergienutzung vom 22.04.2002 am argumentativen Ansatz nichts. Das Atomgesetz trifft mit der weiterhin möglichen Nutzung der Kernenergie eine positive Aussage zur Kernenergie für den Zeitraum bis zur Abschaltung des letzten Kraftwerks.
[224] Ossenbühl, Bestandsschutz, S. 126 f.

Dann wirkt sich die Auflage letztlich nicht wie ein Widerruf aus und § 18 Abs. 3 AtG ist nicht anwendbar.
Bezüglich des Entschädigungsausschlußtatbestands des § 18 Abs. 2 Nr. 3 AtG kann auf die bereits getätigten Ausführungen verwiesen werden. An dieser Stelle sei aber bereits darauf hingewiesen, daß der Entschädigungsausschluß, den das Atomgesetz im Falle des tatsächlichen Vorliegens von Gefahren anordnet, auch mit den unter Bestands- und Vertrauensschutzgesichtspunkten erzielten Ergebnissen übereinstimmt. Wie bereits im Rahmen der Darstellung zu den nachträglichen Auflagen im Gefahrenbereich ausgeführt, ergibt hier eine Abwägung aufgrund der Bedeutung der grundrechtlichen Schutzpflicht für Leben und Gesundheit ein regelmäßiges Überwiegen dieser Aspekte vor etwaigen Bestandsschutzgesichtspunkten. Eine nachträgliche Auflage ist hier also stets verhältnismäßig, von § 17 Abs. 3 S. 1 AtG gedeckt und eine Entschädigung dann nicht geboten.

IV. Der verfassungsrechtliche Hintergrund der Regelung des § 18 AtG

Bezüglich des verfassungsrechtlichen Hintergrundes des § 18 AtG wurden in einer viele Jahre geführten Diskussion unterschiedlichste Konzeptionen vertreten. Im wesentlichen wurde § 18 AtG aber als eine durch Art. 14 Abs. 3 GG geforderte Enteignungsentschädigungsnorm[225] beschrieben. Teilweise wurde von einem enteignungsähnlichen Eingriff geschrieben.[226] Ziel dieser letztgenannten Ansichten war ersichtlich, durch Unterstellung des § 18 AtG unter den Schutz des Art. 14 GG, diesen als verfassungsgeforderte Entschädigungsregelung dem Zugriff des Gesetzgebers zu entziehen.
Die genannten Einordnungen wurden jedoch zeitlich vor dem Naßauskiesungsbeschluß des Bundesverfassungsgerichts vorgenommen, so daß, wie bereits angedeutet wurde, eine Neubetrachtung dieser Ansätze erforderlich ist.
Grundsätzlich werden im Rahmen des Art. 14 GG nunmehr rein formal zwei Regelungstypen voneinander abgegrenzt. So stehen auf der einen Seite die Inhaltsbestimmungen, die das Eigentum ausgestalten und demzufolge keine Eingriffe in das Eigentum darstellen und auf der anderen Seite die Enteignungen im Sinne des Art. 14 Abs. 3 GG.
Beide Kategorien sind streng voneinander abzugrenzen und besitzen auch keine Übergangszonen, wobei diese scharfe Unterscheidung durch einen stark formalisierten Enteignungsbegriff erreicht wird. Demnach ist eine Enteignung ein gezielter konkret-individueller Zugriff auf das Eigentum mittels eines

[225] Kuhnt, in: 1. Deutsches Atomrechtssymposium 1972, S. 157 (158).;
[226] Fischerhof, Deutsches Atomgesetz und Strahlenschutzrecht, Bd. 1, § 18 Rdn. 1; ders., DVBl. 1975, 157 (160 mit Fn. 27).

Rechtsakts, der eine teilweise oder vollständige Entziehung konkreter subjektiver Eigentumspositionen zur Folge hat.
Auf der Grundlage dieses Enteignungsbegriffs läßt sich § 18 AtG aber keinesfalls als Enteignungsentschädigungsregelung verstehen. Es fehlt es sowohl dem Widerruf und der Rücknahme, als auch der nachträglichen Auflage als Aufhebung bezeihungsweise Teilaufhebung der Anlagengenehmigung am Erfordernis der Finalität der Enteignung, also an der konkreten Zweckgerichtetheit des Entzugs zur Erfüllung bestimmter öffentlicher Aufgaben. Zudem liegt eine von Beginn an bestehende Ausgestaltung der Rechtsposition des Genehmigungsinhabers vor, wobei eben durch die Gesamtheit der Regelungen die Interessen des Genehmigungsinhabers am Bestand der Anlage und die Grundrechte Dritter und der Allgemeinheit in Ausgleich gebracht werden.
Somit kann die Regelung des § 18 AtG im Kontext der Eigentumssystematik zunächst einmal allenfalls als eine ausgleichspflichtige Inhaltsbestimmung im Sinne des Art. 14 Abs. 1 S. 2 GG verstanden werden.
Eine solche ausgleichspflichtige Inhaltsbestimmung ist eine Regelung, die eben keine Enteignung im formellen Sinne darstellt, jedoch auf Grund einer besonderen Eingriffsintensität die Grundsätze der Verhältnismäßigkeit und des Vertrauensschutzes verletzt, wobei letztlich zur Wahrung der Verfassungsmäßigkeit der Regelung die Gewährung eines Ausgleichs erforderlich ist.

Jedoch erscheint die alleinige Verortung des § 18 AtG im Bereich des Art. 14 GG etwas verkürzt. Zwar wird die Vorstellung der Anlehnung an Art. 14 GG auch durch die Formulierung des Gesetzestextes ausgelöst. So ist die Nähe zur Regelung des Art. 14 Abs. 3 GG unübersehbar, wenn davon geschrieben wird, daß eine Entschädigung unter gerechter Abwägung der Interessen der Allgemeinheit und des Betroffenen sowie der Gründe, die zur Rücknahme oder zum Widerruf führen, zu leisten ist.
Wie aber bereits ausführlich dargelegt wurde, lassen sich die Fragen des Widerrufs und der Rücknahme der Anlagengenehmigung und der nachträglichen Auflagen eben nicht nur im Hinblick auf den in Art. 14 GG verorteten Bestandsschutz lösen, sondern müssen auch im Hinblick auf die Bestandskraft der Anlagengenehmigung und das Vertrauen des Genehmigungsinhabers in seine Genehmigung betrachtet werden.
Diese letztgenannten Betrachtungsansätze lassen sich nun wiederum auf ihren verfassungsrechtlichen Ursprung zurückführen. Verortet sind beide, wie gesehen, im Prinzip der Rechtssicherheit, welches wiederum im Rechtsstaatsprinzip verankert ist. Auch diese Grundlagen sind bei der Einordnung des § 18 AtG zu berücksichtigen. Doch soll dies alles der Reihe nach betrachtet werden.

Es wurde bereits dargestellt, daß die Anlagengenehmigung als solche und die Anlage als solche strikt zu scheiden sind. Der Bereich der Anlagengenehmigung wird durch die erwähnte Bindungswirkung der Genehmigung einerseites und das Vertrauen des Genehmigungsinhabers in die Genehmigung andererseits abgesichert. Die Anlagenebene, die sich auf den konkreten Anlagenbestand bezieht und damit eine Eigentumsposition erfaßt, wird durch den in Art. 14 GG verorteten Bestandsschutz geschützt.[227]
Die genannten Ebenen sind auch gegenseitig verknüpft. So wird die Entschädigung bei Rücknahme beziehungsweise bei Widerruf der Genehmigung nicht nur dafür gezahlt, daß es durch die Beseitigung der Genehmigung als solcher zu Schäden gekommen ist, sondern auch für die Schäden, die bei einem Widerruf oder einer Rücknahme auf der Ebene der Anlage eintreten.
Nun stellen diese unterschiedlichen Ebenen auch unterschiedliche Anforderungen an den Gesetzgeber, wobei der Maßstab der Rechtssicherheit relativ schwer faßbar und konkretisierbar ist. Anders ist es hingegen im Bereich des Art. 14 GG, der hinsichtlich der dem Gesetzgeber eröffneten Beurteilungsspielräume konkretere Maßstäbe aufstellt. So werden die hier in Rede stehenden ausgleichspflichtigen Inhaltsbestimmungen durch die, auch von Seiten des Bundesverfassungsgerichts ausgestalteten, Kriterien der Verhältnismäßigkeit und der Zumutbarkeit begrenzt. Auf dieser Stufe ist dann die Legislative zum Schutze des Eigentums verpflichtet, wobei eben dieser Schutz auch durch Einsatz einer Entschädigungsregelung realisiert werden kann.
Ist, wie bereits beschrieben, eine Entschädigungsregelung im Rahmen des Art. 14 Abs. 1 S. 2 GG im Falle ausgleichspflichtiger Inhaltsbestimmungen zur Wahrung der Verfassungsmäßigkeit einer Regelung erforderlich, so kann dies nicht bedeuten, daß der Gesetzgeber nicht über das geforderte Minimum hinausgehen kann und darf. Als verfassungsrechtlicher Grund für eine Entschädigungsregelung kann auch die Rechtssicherheit genannt werden, im zu betrachtenden Falle die Sicherheit in den Fortbestand der Genehmigung und der Schutz der getätigten Investitionen.
Damit ergibt sich, daß eine nur an Art. 14 GG ausgerichtet Betrachtung des § 18 AtG zu kurz greift.
Dies bestätigt auch die hier gewählte Konzeption einer streng an den Grundlagen orientierten Auslegung des § 17 AtG. So sollen nachträgliche Auflagen im Gefahrenbereich stets zulässig und verhältnismäßig sein. Ein gegebenenfalls zu gewährender Ausgleich, in den dargelegten Fällen des Nichteingreifens des

---

[227] Nimmt man an, daß die Kraftwerkbetreiber, an deren Betreibergesellschaften die öffentliche Hand beteiligt ist, nicht grundrechtsfähig sind, so ist die Entschädigungsregelung eine, allein im Rechtsstaatsprinzip verankerte und der Rechtssicherheit verpflichtete, Billigkeitsentschädigung.

§ 18 Abs. 2 Nr. 3 AtG, wäre dann nicht zur Herstellung der Verhältnismäßigkeit zu leisten, sondern eine Zweckmäßigkeitsentschädigung, die vor dem Hintergrund der Rechtssicherheit zu sehen wäre. Auch etwaige Entschädigungen, die bei einer Maßnahme im Risikovorsorgebereich zu leisten wären, könnten so eingeordnet werden. Und zwar regelmäßig dann, wenn die Maßnahme an sich schon verhältnismäßig ist. Anders wäre es hingegen dann, wenn beispielsweise eine nachträgliche Auflage wegen Nichtumsetzbarkeit nicht ergehen könnte, dann nur ein Widerruf nach § 17 Abs. 3 Nr. 2 AtG bliebe, der für sich aber, da hier der Bestands- und Vertrauensschutz grundsätzlich stärker ausgeprägt ist, unverhältnismäßig wäre.

Zweiter Teil: Rechtsfragen des Atomausstiegs

Im zweiten Teil der Arbeit soll es um Fragen des Ausstiegs aus der Nutzung der Kernenergie gehen, insoweit diese mit Art. 14 GG und dem darin verorteten Bestandsschutz und dem rechtsstaatlichen Vertrauensschutz im Zusammenhang stehen. Des weiteren sollen, um den Fragenkreis des legislativen Ausstiegs aus der friedlichen Nutzung der Kernenergie abzurunden, auch die bestehenden rechtlichen Probleme hinsichtlich des Art. 12 GG und europarechtliche und völkerrechtliche Aspekte behandelt werden.
Im Vordergrund der Betrachtung wird insoweit der vom Gesetzgeber mit dem Gesetz zur geordneten Beendigung der Kernenergienutzung zu gewerblichen Erzeugung von Elektriziät vom 22.04.2002[228] eingeschlagene Weg stehen. Der Inhalt der gesetzlichen Regelung wird dann an der jeweils relevanten Stelle dargestellt.
Darüber hinaus werden aber auch andere Möglichkeiten, wie ein ausstiegsorientierter Gesetzesvollzug oder ein öffentlich-rechtlicher Vertrag, Berücksichtigung finden.
Herauszustreichen ist insoweit, daß die dargestellte Problematik vom Ansatz her nicht allein auf das Atomrecht und auf aktuellere Diskussionen beschränkt ist, sondern grundsätzlich auf andere gefahrgeneigte Technikbereiche übertragen werden kann, zumal auch die Atompolitik selbst wandelbar bleibt.

A. Ausstieg durch Gesetzesvollzug oder öffentlich–rechtlichen Vertrag

Wurde schon unter dem Atomgesetz in der Fassung vor dem Atomausstiegsgesetz diskutiert, inwieweit die vorhandenen gesetzlichen Instrumentarien ausreichen, um einen Atomausstieg herbeizuführen, so kann sich auch unter dem aktuellen Atomgesetz die Frage stellen, inwieweit die dortigen Regelungen zur Beschleunigung eines Ausstiegs aus der friedlichen Nutzung der Kernenergie nutzbar gemacht werden können.
Die aufgeworfene Problematik wurde und wird unter den Stichworten des „ausstiegsorientierten Gesetzesvollzugs" oder des „obstruktiven Gesetzesvollzugs" diskutiert.[229]
Das Atomgesetz bietet, wie im ersten Teil der Bearbeitung gesehen, den Vollzugsbehörden die verschiedensten Handlungsmöglichkeiten, um bei etwaigen Sicherheitsdefiziten an Atomanlagen einschreitend tätig werden zu können.

---

[228] BGBl. 2002 I, v. 22.04.2002, 1351 ff.
[229] Sendler, DÖV 1992, 181; Di Fabio, Der Ausstieg aus der wirtschaftlichen Nutzung der Kernenergie, S. 17 ff.; Borgmann, Rechtliche Möglichkeiten, S. 182 ff.

Ob diese Instrumentarien aber dazu eingesetzt werden dürfen, um politischen Vorgaben, wie den Ausstieg aus der friedlichen Nutzung der Kernenergie zu ver-wirklichen, erscheint jedoch fraglich.
Nach der bestehenden gesetzlichen Regelung werden sowohl § 7 AtG, als auch die § 17 ff. AtG von den Ländern nach Art. 87 c GG, § 24 Abs. 1 S. 1 AtG im Auftrag des Bundes ausgeführt. Gemäß § 24 Abs. 2 AtG sind die durch die Landesregierung bestimmten obersten Landesbehörden zuständig. Denkbar wäre nun, daß die Landesregierung als oberstes Organ im Bereich der vollziehenden Gewalt entsprechende Vollzugshinweise in Richtung eines Ausstiegs aus der Nutzung der Kernenergie gibt. Eine weitere Möglichkeit wäre, daß der Bund ausstiegsorientierte Verwaltungsvorschriften im Sinne des Art. 85 Abs. 2 GG erläßt oder dementsprechende Weisungen nach Art. 85 Abs. 3 GG an die zuständigen obersten Landesbehörden erteilt.
Umsetzen ließe sich ein solches Begehren derart, daß entweder unbestimmte Rechtsbegriffe, wie „die nach dem Stand von Wissenschaft und Technik erforderliche Vorsorge gegen Schäden“ im Sinne des § 7 Abs. 2 Nr. 3 AtG ausstiegsorientiert interpretiert werden oder eine ausstiegsorientierte Ermessensausübung im Rahmen der Anwendung der §§ 7 Abs. 2, 17 Abs. 2 und 3 AtG erfolgt.
Bedenken gegen eine solche Vorgehensweise lassen sich aus der Bindung der vollziehenden Gewalt an Recht und Gesetz gemäß Art. 20 Abs. 3 GG herleiten. Nach dem Grundsatz der Gesetzmäßigkeit der Verwaltung dürfen Verwaltungsmaßnahmen nicht gegen höherrangige Rechtssätze verstoßen. Jedoch ist ein solcher Verstoß nicht ausschließlich dann gegeben, wenn eine Gesetzesanwendung gegen den klaren Wortlaut der Norm verstößt, sondern auch im Falle des Unterlaufens der gesetzlichen Regelung, weil dann das Verhalten der Verwaltung dem Willen des Gesetzgebers widerspricht und aus diesem Grunde mit dem Vorrang des Gesetzes nicht vereinbar ist.[230] Die entsprechende Verwaltungsmaßnahme ist rechtswidrig. Dies würde auch für die genannten Alternativen eines ausstiegsorientierten Gesetzesvollzugs durch den Bund mittels Verwaltungsvorschriften oder Weisungen zutreffen. Die Verwaltungsvorschriften dürfen sich inhaltlich nicht gegen den Sinn der zugrundeliegenden Vorschrift richten. Weisungen dürfen, selbst wenn der Bund von seiner Sachkompetenz im Sinne der Rechtsprechung des Bundesverfassungsgerichts Gebrauch macht[231], kein „schlechterdings nicht verantwortbares“ Tun oder Unterlassen beinhalten oder, mit Teilen der Literatur[232], generell inhaltlich nicht rechts-

[230] BVerfGE 56, 216 (241).
[231] Siehe nur: BVerfG 81, 310 (332 f.)
[232] Die Frage der Reichweite des Weisungsrechts in der Bundesauftragsverwaltung soll nach dieser Ansicht von Art. 30 GG her zu beantworten sein. Das Weisungsrecht gem. Art. 85

widrig sein, was aber bei einer mit dem Gesetz und dessen Grundgedanken im Widerspruch stehenden Weisung eindeutig der Fall wäre.[233]

Entscheidend ist damit die Feststellung von Sinn und Zweck des Atomgesetzes. Geschaffen wurde das Atomgesetz, um die friedliche Nutzung der Kernenergie in der Bundesrepublik zu ermöglichen. In seiner Fassung vor dem Atomausstiegsgesetz ergab sich die Grundentscheidung für die Zulässigkeit der Nutzung der Kernenergie trifft[234] insbesondere aus dem in § 1 Nr. 1 AtG verankerten Förderzweck.

Dessen Wegfall ändert aber nichts an der Aussage des Atomgesetzes, daß die Kernenergie, zwar lediglich noch befristet, aber trotzdem auch in nächster Zukunft genutzt werden darf.

Diese im Ergebnis nach wie vor vorhandene gesetzgeberische Grundsatzentscheidung[235] für die Nutzung der Kernenergie ist von der Verwaltung zu akzeptieren. Eine Vollzugspraxis, die alle Handlungsmöglichkeiten im Sinne einer politischen Zielvorgabe zum Ausstieg aus der Kernenergie ausschöpft, läßt sich hiermit, auch ohne Förderzweck, nicht vereinbaren.[236] Eine Genehmigungsversagung, ein Widerruf oder die Rücknahme einer Genehmigung können nur auf in einer konkreten Anlage basierende Gründe, unter Beachtung der im ersten Teil der Bearbeitung dargestellten Kriterien, gestützt werden.[237]

Allein problematisch würde sich aber der Nachweis gestalten, daß eine handelnde Behörde sich von den beschriebenen Kriterien leiten ließ. Man könnte dies wohl allenfalls in Fällen annehmen, in denen für einen Einzelfall ohne Zweifel eine Bundes- oder Landesstrategie zur Beendigung der Kernenergienutzung den Ausschlag gegeben hat.

Abs. 3 GG dürfe nicht in der Weise als „andere Regelung“ i.S.d. Art. 30 GG mißverstanden werden, daß der Bund hierdurch auch zu rechtswidrigem Handeln anweisen könne.; Pauly, Bundesauftragsverwaltung, S. 80 ff., 169 ff., 222 ff.; ders., DÖV 1989, 883 ff.; Dieners, DÖV 1991, 925.

233 Bezogen auf die Länder läßt sich zudem noch anführen, daß die Länder verfassungsrechtlich verpflichtet sind, die Bundesgesetze ordnungsgemäß auszuführen – Art. 104 a Abs. 5 GG –.

234 So BVerfGE 49, 89 (128).

235 Das Bundesverfassungsgericht hat ausdrücklich betont, daß die Grundsatzentscheidung für oder gegen die Nutzung der Kernenergie allein dem Gesetzgeber obliege.; BVerfGE 49, 89 (127); 53, 30 (56).

236 So im Ergebnis auch: Kube, ZG 2000, 11 (16 f.).; Schmans, in: Posser/Schmans/Müller-Dehn, Atomgesetz-Kommentar; Zur Novelle 2002, § 1 Rdn. 18.

237 Zur Begründung eines Verstoßes muß dann nicht auf den Grundsatz der Bundestreue zurückgegriffen werden.; siehe dazu: Sendler, DÖV 1992, 181 (186 f.); Ein Verstoß gegen den Grundsatz der Bundestreue könnte dann angenommen werden, wenn beispielsweise eine Genehmigungsbehörde in einem Gerichtsverfahren eine Rechtsmeinung zum Atomgesetz vorträgt, von der sie weiß, daß sie dem ausdrücklichen Willen des Bundesministers widerspricht, und der Versuch, sich abzustimmen, nicht einmal unternommen worden ist.

Einen nicht beschrittenen Weg stellt ein Ausstieg aus der friedlichen Nutzung der Kernenergie mittels eines öffentlich-rechtlichen Vertrags dar.
Im Hinblick auf das Gewaltenteilungsprinzip, den Vorrang des Gesetzes und die mögliche Betroffenheit Dritter ergeben sich einige Einschränkungen betreffend die Zulässigkeit und die inhaltliche Ausgestaltung eines derartigen Vorgehens.
Als nicht zulässig sind normsetzende Verträge einzustufen. Bei diesen handelt es sich um Vereinbarungen, die eine Verpflichtung zum Erlaß, zur Änderung, Ergänzung oder Aufhebung einer Norm begründen, beziehungsweise die Beibehaltung oder den Nichterlaß einer Norm zum Inhalt haben.[238] Die Unzulässigkeit einer solchen Vereinbarung läßt sich damit begründen, daß ein Normsetzungsvertrag „das mit zahlreichen Sicherungen ausgestattete Rechtsetzungsverfahren unterlaufen“[239] und damit eine Normgebung verhindern würde, die den Anforderungen, die der Rechtsstaat an eine angemessene Abwägung und einen hinreichend durchschaubaren Verfahrensgang fordert, entspricht. Hinsichtlich einer vertraglichen Regelung, die den Nichterlaß bestimmter Normen vorsieht, wäre auf den Grundsatz der Gewaltenteilung zu verweisen. Dieser verbietet es, daß die Regierung im vertraglichen Wege auf den Erlaß von gesetzlichen Regelungen verzichtet. Eine Entscheidung hierüber ist allein durch den Gesetzgeber zu treffen.
Zulässig wäre es jedoch, wenn in einem öffentlich-rechtlichen Vertrag eine Begrenzung der Laufzeit für Atomkraftwerke vereinbart würde. Sicherheitsinteressen Dritter im würden hierdurch nicht nachteilig berührt. Weitere, Interessen von Dritten nicht beeinträchtigende Regelungen, könnten ebenso vereinbart werden.
Problematisch würde es erst dann, wenn drittbetreffende Vereinbarungen getroffen würden, etwa im Vergleich zur gesetzlichen Regelung abweichende Sicherheitsstandards. Dazu muß klar sein, daß auch vertragliche Regelungen „Normen“ sind, deren Rechtmäßigkeit durch höherrangige Regelungen wie Verordnungen, Satzungen, Gesetze und die Verfassung begrenzt wird. Das Atomrecht ist in wesentlichen Teilen, gerade auch was die Sicherheitsanforderungen angeht, unmittelbar verfassungsgebotenes Recht, mit dem der Gesetz-

[238] Eingehend zur Differenzierung zwischen echten und unechten Normsetzungsverträgen: Scherer, Rechtsprobleme normersetzender „Absprachen“, DÖV 1991, 1 (4 f.); der echte Normsetzungsverträge als unzulässig und unechte Normsetzungsverträge (normersetzende Verträge) als zulässig bezeichnet. Letztere bezögen sich auf die Normsetzungsinitiative und nicht den Norminhalt und seien zudem kündbar.
[239] Vgl. Papier, JuS 1981, 498 (500); Degenhardt, BayVBl. 1979, 289 (293).

geber seinen Schutzpflichten für Leib und Leben der Bevölkerung und der Nachbarschaft von Kernkraftwerken nachgekommen ist.[240]
Nun besteht zwar ein relativ weit geschnittener Bereich, in dem entsprechende private und öffentliche Interessen Berücksichtigung finden können. Es sind aber die Maßnahmen zu treffen, die einen angemessenen und ausreichenden Schutz ermöglichen. Ein gänzlicher Ausschluß nachträglicher Maßnahmen während einer Restlaufzeit wäre von daher sicher nicht zulässig.

[240] Vgl. Böhm, in: Koch/Roßnagel (Hrsg.),10. Deutsches Atomrechtssymposium 1999, 251 ff. (262).; Insoweit kann auch auf die Ausführungen im ersten Teil der Arbeit zum Gefahrbegriff verwiesen werden. Die Erforderlicheit von Maßnahmen hängt nach der Rechtsprechung des BVerfG (vgl. BVerfGE 49, 89 (141 f.)) von der Art, der Nähe und dem Ausmaß möglicher Gefahren, der Art und dem Rang des geschützten Rechtsguts sowie von den vorhandenen Regelungen ab. Es ist darauf abzustellen, daß die Wahrscheinlichkeit eines Schadenseintritts so gering wie möglich ist, und zwar um so geringer je schwerwiegender die Schadensart und die Schadensfolgen sein können, die zu befürchten stehen. Demnach ist letztlich jede Gefährdung abzuwehren, die das nach dem Maßstab praktischer Vernunft zu tolerierende Restrisiko erheblich übersteigt (Böhm, a.a.O., S. 260).

B. Der Atomkonsens als informelle Absprache

Bei der Vereinbarung zwischen der Bundesregierung und den beteiligten Energieversorgungsunternehmen vom 14. Juni 2000 handelt es sich nicht um eine vertragliche Vereinbarung.
Wesentlicher Inhalt der Vereinbarung[241] ist die Festlegung der Modalitäten eines Atomausstiegs, sowie die Entsorgung radioaktiver Abfälle, die im Zuge einer Novellierung des Atomgesetzes umgesetzt werden sollten und nunmehr umgesetzt wurden. Darüber hinaus enthält die Vereinbarung die Zusicherung der Bundesregierung, während der Restlaufzeit für einen „ungestörten Betrieb der Kernkraftwerke" zu sorgen, letztlich also die ihr im Rahmen des Vollzugs des Atomgesetzes zustehenden Verwaltungsbefugnisse nach Art. 85 Abs. 2 bis 4 GG in einer bestimmten Weise zu nutzen.
Daß im Ergebnis aber keine vertragliche Vereinbarung gewollt war, ergibt sich aus den gewählten Formulierungen, insbesondere der Einleitung. Dort ist die Rede von einer „Verständigung" und von Eckpunkten, auf deren Grundlage das Atomgesetz umgestaltet werden soll.
Den Parteien mangelte es insoweit an einem Rechtsbindungswillen. Zuzurechnen ist die Vereinbarung vielmehr dem Bereich des informalen oder informellen Staatshandelns.[242]
In der Verwaltungspraxis – vor allem im Umweltschutzbereich – war bisher regelmäßig der Erlaß oder der Nichterlaß von untergesetzlichen Rechtsnormen, also Rechtsverordnungen und Satzungen, Gegenstand derartiger Vereinbarungen. Die rechtspolitische Bewertung dieses Vorgehens reichte dann auch von strikter Ablehnung bis hin zu uneingeschränkter Befürwortung.[243]
Die vorliegende Vereinbarung hat aber eine neue Qualität, als sie letztlich auf die bestimmte inhaltliche Ausgestaltung eines förmliches Gesetzes abzielt und von daher Inhalt der Absprache eine gewisse politische Bindung des Gesetzesinitiativrechts der Bundesregierung ist.

---

[241] Vereinbarung zwischen der Bundesregierung und den Energieversorgungsunternehmen vom 14. Juni 2000; Punkte I. bis. IV., S. 1ff.; Zur Zuständigkeit des Bundes zum Abschluß der Vereinbarung, BVerfG NVwZ 2002, 585 (587).

[242] Huber, in: Koch/Roßnagel, 11. Deutsches Atomrechtssymposium 2001, 329 (334 ff.).; Langenfeld, DÖV 2000, 929 (936 ff.).; Klöck, NuR 2001, 1 (3); a.A. Degenhart, in: Koch/ Roßnagel, 11. Deutsches Atomrechtssymposium 2001, 369 (377), der meint, aus der Erklärung einen Bindungswillen der Parteien ableiten zu können; Ebenso: Frenz, NVwZ 2002, 561 (562).

[243] Vgl. nur Bauer, Informelles Verwaltungshandeln im öffentlichen Wirtschaftsrecht, VerwArch. 1987, 244 einerseits und Schlarmann, Die Wirtschaft als Partner des Staates, 1972, S. 160, andererseits.

In Ermangelung eines Bindungswillens können zwar keine Erfüllungsansprüche aus der Vereinbarung hergeleitet werden. Gleichwohl sind staatliche Organe auch insoweit an das Recht gebunden.[244] Da eine bestimmte Form für informelle Absprachen nicht vorgegeben ist, können Absprecheverbote sich allein aus dem Inhalt der Absprache ergeben.
Schwieriger gestaltet sich hierbei die Findung eines rechtlichen Maßstabs. Auf jeden Fall unterliegen informelle Absprachen als staatliches, genauer verwaltungsmäßiges Handelns den Vorschriften, die für alle Formen staatlichen Handelns Beachtung verlangen, also der Verfassung (Art. 20 Abs. 3 GG) einschließlich der Grundrechte (Art. 1 Abs. 3 GG) sowie der Gesetzmäßigkeit der Verwaltung (Art. 20 Abs. 3 GG).[245]
Im übrigen kann auch auf die Wertungen der §§ 54 ff. VwVfG zurückgegriffen werden, soweit diese unmittelbare Ausprägung entsprechender verfassungsrechtlicher Grundsätze sind und sie nicht gerade die Verbindlichkeit der Vereinbarung voraussetzen.

Ersichtlich würden diesbezüglich aber nur Grenzen überschritten, wenn durch die Absprache die Sachgerechtigkeit des Verwaltungsverfahrens beeinträchtigt würde und damit die behördliche Entscheidung letztlich selbst rechtswidrig würde.[246] Derartiges kann aber bei der vorliegenden Vereinbarung nicht gesehen werden.
Des weiteren ist zum Abschluß einer „normvermeidenden" beziehungsweise „normvorbereitenden" Absprache auf staatlicher Seite nur die Stelle zuständig, die auch ansonsten zu dem ersetzten Staatshandeln befugt wäre.
In der Vereinbarung ist vorgesehen, daß ein störungsfreier Betrieb während der Restlaufzeit erfolgen könne. Damit ist ein Bereich betroffen, der der Bundesregierung oder dem zuständigen Minister im Rahmen des Vollzugs des Atomgesetzes zugewiesen ist.
Der Bund besitzt im Hinblick auf Art. 85 GG umfassende Befugnisse auf die Ausführung des Atomgesetzes durch die Länder, wobei auch eine Zweckmäßigkeitskontrolle möglich ist. Im übrigen liegt die Fachaufsicht beim Bundesumweltminister, insoweit, als Zuständigkeiten auf das Bundesamt für Strahlenschutz übertragen wurden.
Die Zusage eines störungsfreien Betriebs kann dann als Ausübung fachaufsichtlicher Befugnisse verstanden werden.[247]

---

244 Kunig, DVBl. 1992, 1193 (1197); Langenfeld, DÖV 2000, 929 (937).
245 Langenfeld, a.a.O., 929 (937).
246 Vgl. BVerwGE 45, 309 (315ff.)
247 Langenfeld, a.a.O., 929 (938).

Auch hat sich der Normgeber nicht durch die Vereinbarung unzulässig gebunden. Zwar kann eine politische Bindung des Gesetzesinitiativrechts der Bundesregierung nach Art. 76 Abs. 1 GG erkannt werden, doch konnte hierdurch nicht die Befugnis anderer Organe zur Normsetzung beeinträchtigt werden. Da der Normgeber Parlament und der Bundesrat an der Vereinbarung nicht beteiligt waren, konnten sie auch nicht gebunden werden.
Eine gewisse faktische Bindung wird man aber unterstellen müssen, da angesichts der parteienstaatlichen Überformung des grundgesetzlichen Institutionsgefüges eine Vermutung dafür besteht, daß die von einer parlamentarischen Mehrheit getragene Bundesregierung ihr Gesetzgebungsprogramm auch im Parlament durchsetzen kann.[248]
Inwieweit allerdings eine Zustimmung des Bundesrats zur Wirksamkeit der Vereinbarung erfolgen müssen soll, ist zweifelhaft.
Huber ist diesbezüglich der Ansicht, daß die vom UGB-KomE angestellte Erwägung, daß die Ratio des Zustimmungserfordernisses mit Blick auf den Bundesrat schon deshalb nicht greifen könne, weil unverbindliche Absprachen nicht vollzugsbedürftig seien[249], allenfalls für normersetzende Absprachen gelten könne; für normvorbereitende Absprachen, die in ausführungsbedürftigen Gesetzen mündeten, könne dies keine Geltung beanspruchen.[250] Hier setze, so Huber, die Schaffung einer „Geschäftsgrundlage" für das weitere Verhalten Privater und die Begründung schutzwürdigen Vertrauens in solchen Fällen die Zustimmung voraus. Unter Anwendung des Rechtsgedankens des § 58 Abs. 2 VwVfG führe die fehlende Zustimmung zur „schwebenden Unwirksamkeit" der Vereinbarung.
Dies erscheint jedoch fraglich. Wurde zunächst der fehlende Bindungswille und die rechtliche Unverbindlichkeit der Regelung herausgestrichen, so ist es nicht verständlich, wie eine solche unverbindliche Regelung schwebend unwirksam sein soll. Einem Rückgriff auf den Rechtsgedanken des § 58 Abs. 2 VwVfG dürfte gerade der Umstand entgegenstehen, daß es sich um eine Regelung handelt, die die Verbindlichkeit der Vereinbarung voraussetzt, da Fälle geregelt werden, in denen es um die Gefahr der Vereitelung der Rechte von ansonsten zu beteiligenden Dritten geht. Aufgrund der Unverbindlichkeit der vorliegenden Vereinbarung besteht aber schon nicht die Gefahr der Vereitelung der Rechte des Bundesrats durch die Vereinbarung als solche.

---

[248] Huber, in: Koch/Roßnagel, 11. Deutsches Atomrechssymposium 2001, 329 (338).
[249] BMU (Hrsg.), Umweltgesetzbuch-Kom-E, S.506.
[250] Huber, a.a.O., S. 339.

Im übrigen würde es die Möglichkeit der Bundesregierung, rechtspolitische Vorstellungen mit gesellschaftlichen Gruppen abzugleichen, faktisch ausschalten, wenn jedesmal, wenn den Ländern auf Verwaltungsebene die Kompetenz zur Gesetzesausführung zukäme, für unverbindliche Absprachen die Zustimmung der Länder einzuholen wäre.[251]

[251] Vgl. Roßnagel, Das Beendigungsgesetz als Umsetzung einer Konsensvereinbarung, in: Koch/Roßnagel, 11. Deutsches Atomrechtssymposium 2001, 305 (318).; Im übrigen kann entgegen Langenfeld (DÖV 2000, 929, 939) in der Vereinbarung auch kein Grundrechtsverzicht der Betreiber der Kernanlagen gesehen werden. Dies ergibt sich schon aus dem unverbindlichen Charakter der Vereinbarung. Zudem wäre der Gesetzgeber selbst im Falle eines wirksamen Verzichts nicht davon freigestellt, sich an den Vorgaben etwa von Art. 14 GG auszurichten. Etwa der Gesetzesvorbehalt in Art. 14 Abs.1 S. 2 GG dient der Sicherung des rechtsstaatlich-demokratischen Systems und insoweit der Sicherung des Vorrangs des Gesetzgebers, welcher sich seiner Aufgabe, als politisches Führungsorgan zu wirken, nicht entledigen kann (vgl. Gerhard Robbers, Der Grundrechtsverzicht, JuS 1985, 925 (927 f.)).

C. Der Atomausstieg durch Gesetz

I. Ausstiegsszenarien und Kompetenzen

Bereits in der jüngeren Vergangenheit der Bundesrepublik wurden Versuche im Hinblick auf einen gesetzlichen Ausstieg aus der friedlichen Nutzung der Kernenergie gestartet.
Neben dem „Entwurf eines Gesetzes über die sofortige Stillegung von Atomanlagen in der Bundesrepublik Deutschland"[252] der Grünen aus dem Jahre 1984 und dem Entwurf eines „Gesetzes zur Beendigung der wirtschaftlichen Nutzung der Kernenergie und ihrer sicherheitstechnischen Behandlung in der Übergangszeit"[253] der SPD aus dem Jahre 1987 sind ein nordrhein-westfälisches und ein bayerisches Volksbegehren zu nennen.
Der Gesetzentwurf der Grünen sah die sofortige Stillegung aller Atomkraftwerke vor, hingegen veranschlagte der Entwurf der SPD für dieses Vorhaben eine Frist von 10 Jahren. Weiterhin sollten nach den Vorstellungen der SPD der Förderzweck des Atomgesetzes gestrichen werden, neue Betriebsgenehmigungen für Kraftwerke nicht erteilt werden, eine fortlaufende Sicherheitsüberprüfung auf das Vorliegen der Genehmigungsvoraussetzungen durchgeführt werden. Zu letzterem Punkt sollten der Nachweis für die Entsorgung der Atomanlage und Sicherheitsleistungen für die Kosten der späteren Stillegung und Beseitigung gehören. Neben dem Erlöschen bestehender Betriebsgenehmigungen 10 Jahre nach Inkrafttreten des Gesetzes mit Ausnahme der Entsorgungs- und Beseitigungsanlagen sollte für die Übergangszeit der Vorrang des Grundsatzes der Sicherheit und Sozialverträglichkeit vor der Wirtschaftlichkeit Auslegungsregel sein. Ein Verbot der Wiederaufarbeitung war vorgesehen, die Widerrufsmöglichkeiten sollten erweitert werden, nachträgliche Auflagen in größerem Umfang zulässig sein und die Deckungsvorsorge von 500 Millionen auf 3 Milliarden DM angehoben werden.
Der dem nordrhein-westfälischen Volksbegehren zugrunde gelegte Gesetzentwurf sah eine Überführung bestimmter Kernanlagen in Landeseigentum gemäß Art. 15 GG vor.[254] Es sollte eine entsprechende Entschädigung gezahlt werden und die Anlagen sollten dann stillgelegt werden.
Mit dem bayerischen Entwurf eines „Gesetzes über Standorte von kerntechnischen Anlagen in Bayern" wurde, abzielend auf die zu jener Zeit noch im Bau befindliche Wiederaufarbeitungsanlage Wackersdorf, beabsichtigt, daß im Bereich konkret benannter Landkreise die Errichtung und der Betrieb von An-

[252] BT-Drucks. 10/1913.
[253] BT-Drucks. 11/13.
[254] Siehe VerfGH NW, NWVBl. 1987, 13 ff.

lagen zur Erzeugung, zur Bearbeitung, Verarbeitung oder Spaltung von Kernbrennstoffen nicht gestattet sein sollte. Waldflächen in den genannten Landkreisen, die zwecks der Errichtung einer solchen Anlage bereits gerodet wurden, wollte man innerhalb von drei Jahren nach Inkrafttreten des Gesetzes wieder aufforsten.[255]

Während die Gesetzesinitiativen der SPD und der Grünen im Bundestag scheiterten, entschieden die Landesverfassungsgerichte[256] bezüglich der genannten Initiativen, daß eine Gesetzgebungskompetenz der Länder nicht vorlag, welche Voraussetzung zur Durchführung der entsprechenden Volksbegehren gewesen wäre.

Das Nordrhein-westfälische Verfassungsgerichtshof ordnete den vorgelegten Gesetzentwurf dem Kompetenztitel des Art. 74 Abs. 1 Nr. 11 a GG zu, der zum Bereich der konkurrierenden Gesetzgebung gehört und von dem der Bund durch das Atomgesetz abschließend Gebrauch gemacht habe.[257] Eine Zuordnung zu Art. 74 Abs. 1 Nr. 15 GG sei nicht möglich, da das Gesetz nach seinem Sinn und Zweck die Allgemeinheit durch Stillegung der genannten Atomanlagen vor den Gefahren schützen solle, die von der friedlichen Nutzung der Kernenergie ausgehen könnten. Weiter sei auf § 1 Satz 1 des Gesetzentwurfs zu verweisen, der die Zweckbestimmung des Gesetzes formuliere, die darin liege, daß dem Land der notwendige Handlungsspielraum für eine sofortige Einstellung der Kernenergienutzung eröffnet werden solle, um damit die Menschen vor den Gefahren der Kernenergie zu schützen. Damit sei eindeutig der Anwendungsbereich des Art. 74 Abs. 1 Nr. 11 a GG eröffnet.

Letztere Aussage ließe sich sicherlich anzweifeln, und man könnte argumentieren, daß das Vorgehen der Verfolgung von Gemeinwohlzielen, dem Schutz der Bevölkerung vor den Gefahren der Kernenergie, diene und sich damit im Rahmen von Art. 15 GG und Art. 74 Abs. 1 Nr. 15 GG halte.[258]

Gleichwohl ist dies vordergründig, da es, wie sich auch aus dem angeführten § 1 des Entwurfs ergibt, letztlich und lediglich um die Einstellung der friedlichen Nutzung der Kernenergie zur Verhinderung von Gefahren geht. Damit bleibt es dabei, daß hier als Kompetenz allein Art. 74 Abs. 1 Nr. 11 a GG in Frage kommen kann, welcher sich auf die Gebiete der „Erzeugung und Nutzung der Kernenergie zu friedlichen Zwecken, die Errichtung und den Betrieb von Anlagen,

[255] Siehe BayVerfGHE 40, 94 (96).

[256] Siehe VerfGH NW, NWVBl. 1987, 13 f.; BayVerfGHE 40, 94.

[257] Auch nach ganz herrschender Literaturmeinung stellt das AtG eine abschließende Bundesregelung dar: vgl. nur Stettner in: Dreier (Hrsg.), Grundgesetz Kommentar, Band II, Art. 74 Rdn. 60, 61; Borgmann, Rechtliche Möglichkeiten, S. 250; Sante, Ausstieg, S. 124 Fn.4 ; Haedrich, AtG, Einf. Rdnr. 4 .

[258] Borgmann, Rechtliche Möglichkeiten, S. 272.

die diesen Zwecken dienen, den Schutz gegen Gefahren, die bei Freiwerden von Kernenergie oder durch ionisierende Strahlen entstehen und die Beseitigung radioaktiver Stoffe“ erstreckt. Aber selbst dann, wenn man – entgegen dem hier vertretenen – von einer Gesetzgebungskompetenz des Landes ausgeht, bleiben Bedenken ob der Verfassungsmäßigkeit eines solchen Vorgehens bestehen. Dies wird noch zu betrachten sein.
Der Bayerische Verfassungsgerichtshof verneinte in der genannten Entscheidung die Gesetzgebungskompetenz des Landes auf dem Gebiet der Raumordnung. Standortplanungen könnten durchaus Gegenstand normativer Regelungen des Landes auf dem Gebiet der Raumordnung und Landesplanung sein. Für die Raumordnung habe der Bund gemäß Art. 75 Abs. 1 Nr. 4 GG nur eine Kompetenz zum Erlaß von Rahmenvorschriften. Von dieser Kompetenz habe er durch das Raumordnungsgesetz Gebrauch gemacht. Raumordnung im Sinne des Art. 75 Abs. 1 Nr. 4 GG sei zusammenfassende, übergeordnete Planung und Ordnung des Raums. Sie sei übergeordnet, weil sie überörtliche Planung sei und weil sie vielfältige Fachplanungen zusammenfasse und aufeinander abstimme. Dasselbe gelte für die Landesplanung, die qualitativ nichts anderes darstelle als Raumordnung im Bereich des Landes. Regelungen der Raumordnung könnten nicht soweit gehen, daß Fachentscheidungen mit unmittelbarer Verbindlichkeit für jedermann und unter Ausschluß jedes Verwaltungsverfahrens zum konkreten Vollzug von Gesetzen im Einzelfall in normativer Form getroffen würden. Die Genehmigungsbehörde müsse zwar beim Vollzug eines Fachgesetzes die Ziele der Raumordnung, welche in Abgrenzung zu den generell und abstrakten Grundsätzen der Raumordnung, räumlich-konkret seien, beachten (§ 3 Abs. 1 und 5, § 5 Abs. 4 ROG). Gleichwohl müsse ihr im Rahmen der Fachgesetze noch ein Bewertungs- und Entscheidungsspielraum verbleiben. Aus den Zielen der Raumordnung dürfe kein Bündel von Einzelfallentscheidungen werden, die an die Stelle des Vollzuges des jeweiligen Fachgesetzes treten. Der Gesetzesvollzug gehöre zum Kernbereich der Exekutive.[259] Wenn auch die Legislative im Rahmen der Raumordnung fachübergrei-

[259] Das Bestehen und die Reichweite eines Kernbereiches der Exekutive ist nicht ganz unumstritten. Man sollte aber unter Gewaltenteilungsaspekten davon ausgehen, daß kein unbegrenztes parlamentarisches Zugriffsrecht besteht. Der vom Gesetzgeber zu respektierende Freiraum ist dann berührt, wenn die Legislative den Bereich rechtsetzender Tätigkeit verläßt und rechtsanwendende Funktionen übernimmt. Ausnahmen müssen durch die Verfassung ausdrücklich vorgesehen sein, so wie dies für die Legalenteignung nach Art. 14 Abs. 3 S. 2 GG und die Sozialisierung nach Art. 15 GG der Fall ist. Nicht nachvollziehbar ist es, wenn behauptet wird, der Widerruf von Anlagengenehmigungen per Gesetz zur Durchführung eines Atomausstieges sei nicht zulässig, da dann der Kernbereich der Exekutive verletzt sei (Borgmann, Rechtliche Möglichkeiten, S. 238). Da mit dem Widerruf einzelner Anlagengenehmigungen per nachträglichem Gesetz auch das Recht zur Nutzung der Atomanlagen

fend planen könne, dürfe sie doch nicht den Vollzug der Fachgesetze im Einzelfall an sich ziehen oder verhindern. Die vorgelegte Regelung ginge aber weit über das hinaus, was ein Land kraft seiner Kompetenz für die Raumordnung mit Auswirkung auf den Vollzug des § 7 AtG normativ regeln dürfe. Dem wird im Ergebnis zuzustimmen sein.

Darüber hinaus fällt es schwer, den Gesetzentwurf inhaltlich der Raumordnung- und Landesplanung zuzuordnen. Zwar können auch negative Standortentscheidungen raumordnerischen Charakter haben. Diese müssen sich jedoch auf fachübergreifende Erwägungen stützen und nicht nur den Schutz des Waldes bezwecken wollen, wie dies aus dem Gesetzentwurf hervorgeht. Einzubeziehen wären solche Gesichtspunkte wie die Sicherstellung der Energieversorgung, Aspekte der Strukturverbesserung in strukturschwachen Wirtschaftsräumen einschließlich des Strebens nach wirtschaftlicher Leistungsfähigkeit mit ausreichenden und qualifizierten Ausbildungs- und Erwerbsmöglichkeiten auch außerhalb der Land- und Forstwirtschaft (vgl. nur § 2 Abs. 1 Nr. 2 und 6 ROG), die Lage des Standorts zum Verbundnetz und die Entfernung zu den Schwerpunkten des Energieverbrauchs. Deren Harmonisierung müßte zwar nicht notwendig mit dem angedachten Ausschluß bestimmter Standorte in Konflikt geraten, könnte aber nicht über eine Berücksichtigung des Schutzes des Waldes als alleinigem Aspekt realisiert werden. Man könnte allerdings überlegen, ob das Gesetz nicht in den Bereich „Naturschutz" eingeordnet werden könnte, für den der Bund eine Rahmenkompetenz besitzt, deren Ausfüllung den Ländern obliegt.[260]

Allerdings wäre ein solches Vorgehen für den vorliegenden Entwurf nicht möglich, da nicht allgemein Waldflächen vor einer Inanspruchnahme geschützt werden sollen, sondern der Wald vor der Errichtung kerntechnischer Anlagen. Da es somit um die Errichtung und den Betrieb von Anlagen die der Erzeugung und Nutzung von Kernenergie zu friedlichen Zwecken dienen, geht, ist als Gesetzgebungskompetenz allein der Art. 74 Abs. 1 Nr. 11 a GG einschlägig. Allenfalls vorstellbar wäre es, wenn die Auswirkungen eines Gesetzes, welches Rodungen von Waldflächen für Bauvorhaben generell verbietet oder von bestimmten Umständen abhängig macht, dahin gingen, daß als Folge auch keine Kraftwerke in diesen Gebieten errichtet werden könnten.[261]

---

entfällt, würde dies eine Enteignung in der Form der Legalenteignung darstellen und von der Form her zumindest zulässig sein. Für diese Gestaltungsvariante können die noch erfolgenden Ausführungen zur Zulässigkeit einer nachträglichen Befristung der Atomanlagengenehmigungen Geltung beanspruchen.

[260] Borgmann, Rechtliche Möglichkeiten, S. 274.

[261] Borgmann, a.a.O., S.274.

Es bestünden in einem solchen Fall ebenfalls grundsätzliche Bedenken im Hinblick auf die Zulässigkeit eines solchen Vorgehens.
Gemäß Art. 31 GG wird Landesrecht durch Bundesrecht gebrochen. Art. 31 GG setzt eine Normenkollision in der Weise voraus, daß zwei für sich, auch unter sonstigen verfassungsrechtlichen Gesichtspunkten, gültige Vorschriften des Landes und des Bundes zusammentreffen und sich auf Grund einer entgegengesetzten inhaltlichen Aussage nicht miteinander vereinbaren lassen.[262]
Im hier interessierenden Fall ist zwar der Förderungszweck des § 1 Nr. 1 a.F. AtG entfallen und durch einen Beendigungszweck ersetzt worden. Dennoch geht das neue Atomgesetz in seiner Gesamtheit von einer, wenn auch nunmehr befristeten, Zulässigkeit der Nutzung der Kernenergie aus.
Diese Entscheidung darf durch die Länder, wie schon bei der Frage der Zulässigkeit eines ausstiegsorientierten Gesetzesvollzugs gesehen, nicht ausgehöhlt werden. Daraus ergibt sich, daß Gesetze auf Landesebene, die eine Nutzung der Kernenergie zu friedlichen Zwecken völlig ausschließen wollen, nach Art. 31 GG durch das AtG in der aktuell bestehenden Fassung als höherrangigem Bundesrecht verdrängt werden. Die Sozialisierung von Atomanlagen mit dem Ziel ihrer Stillegung wäre kein gangbarer Weg für einen Atomausstieg. Möglich bliebe eine Regelung, die lediglich die Einschränkung oder Erschwerung der Kernenergienutzung zur Folge hätte, wie ein allgemeines Gesetz zum Schutze bestimmter Waldflächen.
Betrachtet man weitere Gesetzesalternativen, die nicht wegen einer Kollision mit dem AtG nach Art. 31 GG verdrängt werden, weil sie die Nutzung der Kernenergie nicht generell untersagen, so steht diesen der Grundsatz der Bundestreue als Kompetenzausübungsschranke nicht entgegen.[263] Dieser Grundsatz kann sich auf die Gesetzgebungsbefugnis eines Landes dahingehend auswirken, daß, im Falle der Auswirkung einer gesetzlichen Regelung über den Raum des Landes hinaus, der Gesetzgeber des Landes Rücksicht auf Interessen des Bundes und der anderen Länder zu nehmen hat.[264] Zu beachten ist, daß in einem Bundesstaat abweichende Vorschriften zu respektieren sind und die Bundestreue nicht als eine Pflicht zu strengem Gehorsam interpretiert werden kann.[265]
Letzteres ergibt sich bereits aus der Verortung der Bundestreue im Bundesstaatsprinzip. Im Rahmen politischer Auseinandersetzungen versagt die Bundestreue als Kompetenzausübungsschranke. Den Ländern ist es durchaus unbe-

[262] Vgl. Degenhart, Staatsrecht I, Rdn. 119.
[263] Der Grundsatz der Bundestreue verpflichtet den Bund und die Länder bei der Wahrnehmung ihrer Kompetenzen zu gegenseitiger Rücksichtnahme.; vgl. nur BVerfGE 1, 299 (315).
[264] BVerfGE 4, 115 (140); Hantke, Energierecht, S.130.
[265] Degenhart, Staatsrecht I, Rdn. 181.

nommen, eine von der Bundespolitik abweichende Politiklinie zu verfolgen. Eine etwaige abweichende Schwerpunktbildung in der Energiepolitik der Länder wäre, ausgehend vom bestehenden Atomgesetz, unter dem Aspekt der Bundestreue nicht zu beanstanden, solange nicht die Kernenergienutzung völlig verboten würde.[266]
Damit bleibt für einen effektiven legislativen Atomausstieg, abgesehen von unverbindlichen und nicht einklagbaren Vereinbarungen und vertraglichen Regelungen in einem eingeschränkten Rahmen, einzig eine Änderung des Atomgesetzes in ein „Atomausstiegsgesetz" entweder über eine nachträgliche Befristung der Betriebsgenehmigungen oder die Einfügung eines entsprechenden Widerrufstatbestands, so wie dies schon der Plan der Gesetzentwürfe von SPD und Grünen aus den Jahren 1984 und 1987 war. Die Gesetzgebungskompetenz des Bundes ergibt sich dann aus Art. 74 Abs. 1 Nr. 11 a GG. Dieser gibt dem Bundesgesetzgeber die konkurrierende Gesetzgebungskompetenz zum Erlaß atomrechtlicher Normen, wozu auch als negativer Aspekt der Ausstieg aus der Kernenergie gehört.[267]

Hinsichtlich der Ausgestaltung des Gesetzgebungsverfahrens stellt sich die Frage nach der Beteiligung der Länder über den Bundesrat.
Im Gegensatz zu Ipsen[268] geht das Bundesverfassungsgericht nicht von einer generellen Zustimmungsbedürftigkeit von Gesetzen, die ursprünglich zustimmungsbedürftige Gesetze ändern (Art. 87 c GG), aus.[269] Dennoch besteht zumindest Einigkeit darüber, daß Änderungsgesetze dann zustimmungsbedürftig sind, wenn diese Vorschriften ändern, die die Zustimmungsbedürftigkeit ursprünglich begründet haben oder in ihnen neue Vorschriften enthalten sind, die schon für sich die Zustimmungsbedürftigkeit auslösen.[270] Somit kommt es ganz wesentlich darauf an, wie der Gesetzgeber die Ausstiegsregelungen ausgestaltet. Verzichtet er auf die Änderung ursprünglich die Zustimmungspflichtigkeit auslösender Vorschriften und sieht er keine Vorschriften vor, die die Zustimmungsbedürftigkeit für sich auslösen, dann besteht kein Grund, um von einer Zustimmungspflichtigkeit des Gesetzes auszugehen.

---

[266] Eingehend: Borgmann, Rechtliche Möglichkeiten, S. 281 ff.
[267] Egal, ob man den Kompetenzvorschriften einen materiellen Gehalt zuweist oder nicht, kann man diesen keine Aussage dergestalt entnehmen, daß die friedliche Nutzung der Kernenergie verfassungsrechtlich zugelassen sei und demzufolge auch nur wieder durch eine entsprechende verfassungsrechtliche Regelung wieder abgeschafft werden könnte. Die Kompetenzregeln lassen den Raum, sich für oder gegen eine friedliche Nutzung der Kernenergie zu entscheiden.
[268] Ipsen, Staatsrecht I, 1999, § 6 Rdn. 303.
[269] BVerfGE 37, 363 (380 f.).
[270] BVerfGE 37, 363 (382).

Insoweit wäre auch die Organisationshoheit der Länder nicht berührt. Allerdings hält das Bundesverfassungsgericht ein Gesetz auch dann für zustimmungspflichtig, wenn es, ohne selbst zustimmungsbedürftige Vorschriften zu ändern oder zu enthalten, eine „Systemverschiebung" eines ursprünglich zustimmungsbedürftigen Gesetzes bewirkt.[271]

Das Bundesverfassungsgericht führte in der hierzu einschlägigen Entscheidung aus, daß das Erfordernis der Zustimmung des Bundesrats (nach Art. 87 b Abs. 2 S. 1 GG) seine Rechtfertigung darin finde, daß der Gesetzesvollzug einer Verwaltungsmaterie ganz oder teilweise – abweichend von der Regelung des Art. 83 GG – einer Zuständigkeit zugeführt werde, welche die Mitwirkung der Länder entweder ganz ausschließe oder die Verwaltung der Länder doch weitgehenden Aufsichts- und Weisungsrechten des Bundes (vgl. Art. 85 Abs. 3 und 4, Art. 87 b Abs. 2 S. 2 GG) unterwerfe. Ein derart prinzipieller und weitreichender Eingriff in den Grundsatz der Länderexekutive sei in dem von Art. 30, 70, 83 GG bestimmten förderativen Gefüge des Grundgesetzes ohne die Zustimmung der Länder schlechthin unzulässig. Das Erfordernis der Zustimmungspflichtigkeit greife jedoch nicht nur dann ein, wenn ein Bundesgesetz den Gesetzesvollzug einer Verwaltungsmaterie erstmals den Ländern voll entziehe und in die Bundeseigenverwaltung überführe oder bestimme, daß das Gesetz im Auftrage des Bundes ausgeführt werde, sondern auch dann, wenn ein Änderungsgesetz die früher mit Zustimmung des Bundesrates in Bundeseigenverwaltung oder Bundesauftragsverwaltung überführte Verwaltungsaufgabe so umgestalte oder erweitere, daß dieser Vorgang angesichts des Grundsatzes des Art. 83 GG einer neuen Übertragung von Ausführungszuständigkeiten auf den Bund gleichkomme. In Fortentwicklung einer früheren Entscheidung[272] sei ein solcher Fall dann anzunehmen, wenn die Änderung materiell-rechtlicher Normen eine grundlegende Umgestaltung der Rechtsqualität der dem Bund durch früheres Gesetz übertragenen Aufgabe bewirke *und* dadurch der Bestimmung über die Verwaltungszuständigkeit des Bundes eine wesentlich andere Bedeutung und Tragweite verleihe, die von der früher erteilten Zustimmung ersichtlich nicht mehr umfaßt werde.[273]

---

[271] BVerfGE 48, 127 (178 f.); ablehnend: Ipsen, Staatsrecht I, 1999, § 6 Rdn. 306; Die Kategorie der „Systemverschiebung" passe nicht in die Systematik des Grundgesetzes. Es wäre überlegenswert, ob man dem Gedanken der legislatorischen Mitverantwortung des Bundesrats nicht breiteren Raum geben und jedes Änderungsgesetz zu einem zustimmungsbedürftigen Gesetz per se für zustimmungspflichtig halten sollte.

[272] BVerfGE 37, 363.

[273] BVerfGE 48, 127 (179 f.).; abweichend Ipsen, Staatsrecht I, § 6 Rdn. 306; Dieser sieht einen Fall der Systemverschiebung im Sinne der Rechtsprechung des BVerfG dann, wenn „der Gesetzgeber einem ursprünglich zustimmungsbedürftigen Gesetz einen im Vergleich zu seiner Entstehung entgegengesetzten Sinn gibt". Allein die Änderung materiell-rechtlicher

Mit der Umgestaltung des Atomgesetzes in ein „Atomausstiegsgesetz" wird diesem eine völlig neue Rechtsqualität verliehen. Daraus kann jedoch nicht automatisch darauf geschlossen werden, daß sich dies entsprechend auf die dem Bund durch früheres Gesetz übertragene Aufgabe auswirkt und damit den Bestimmungen über die Verwaltungszuständigkeit des Bundes eine andere Bedeutung und Tragweite zugeordnet wird.
Unter diesem Aspekt ist entscheidend, wie der Gesetzgeber die entsprechenden Regelungen ausgestaltet.
Soweit im Gesetz zur geordneten Beendigung der Kernenergienutzung vom 22.04.2002 eine Erteilung von Genehmigungen zur Errichtung von Kernkraftwerken ausgeschlossen wird (§ 7 Abs. 1 S. 2 AtG), das Erlöschen der Betriebsgenehmigungen nach einer bestimmten Strommenge angeordnet wird (§ 7 Abs. 1 a AtG) und die Wiederaufarbeitung verboten wird (§ 9 a Abs. 1 S. 2 AtG), dann ist in keinem dieser Fälle die Verwaltungszuständigkeit des Bundes in Umfang und Tragweite berührt.
In dem herangezogenen Fall des Bundesverfassungsgerichts kam es durch eine Änderung des Wehrpflichtgesetzes dazu, daß der Zivildienst zu einer eigenständig neben den Wehrdienst tretenden Form des Gemeindienstes wurde. Der Umfang des Zivildienstes wurde damit erheblich über den bis dahin bestehenden Stand erweitert. Folge dessen war, daß die in die bundeseigene Verwaltung übertragene Aufgabe der Durchführung des Zivildienstgesetzes sich in Inhalt und Umfang grundlegend veränderte. Gleichzeitig wurde auch der im Zivildienstgesetz vorgesehenen Bundesauftragsverwaltung ein neuer Inhalt und eine wesentlich andere Bedeutung und Tragweite gegeben.
Im Falle des vorliegenden Atomausstiegsgesetzes ist es aber so, daß Verwaltungszuständigkeiten einfach entfallen beziehungsweise Verwaltungszuständigkeiten gar nicht berührt werden. Die Befristung bisher unbefristeter Betriebsgenehmigungen erfordert im Falle einer gesetzlichen Anordnung keinerlei Verwaltungstätigkeit und war auch bis dahin noch nie Gegenstand einer Verwaltungszuständigkeit. Die Organisationshoheit der Länder ist dann nicht berührt. Das Verbot der Neuerteilung von Betriebsgenehmigungen und der mit dem Wiederaufarbeitungsverbot verbundene Wegfall von Ein- und Ausfuhrgenehmigungen und Beförderungsgenehmigungen[274] führen zum Entfallen von

Normen mit der Folge eines entgegengesetzten Sinnes kann aber nicht reichen, da es um Eingriffe in die Verwaltungshoheit der Länder geht. Aus diesem Grund fordert auch das BVerfG zusätzlich zu der von Ipsen angeführten Voraussetzung, daß *durch* eben jene Änderung der materiellen Rechtsnormen der Bestimmung über die Verwaltungszuständigkeit des Bundes eine wesentlich andere Bedeutung und Tragweite verliehen werde.

[274] Zuständig sind das Bundesausfuhramt (§ 22 AtG) und das Bundesamt für Strahlenschutz (§ 23 Abs. 1 Nr. 3 AtG).

Verwaltungszuständigkeiten. Das Entfallen von Zuständigkeiten kann aber keinesfalls mit deren Neuübertragung verglichen werden. Ursprünglich hatten die Länder der Übertragung bestimmter Verwaltungszuständigkeiten zugestimmt. Entfallen diese restlos und können in Zukunft auf Grund bestehender Verbote, zum Beispiel dem Neuerrichtungsverbot für Kernanlagen, die im Rahmen der Bundesauftragsverwaltung bestehenden Befugnisse rein tatsächlich nicht mehr ausgeübt werden, dann ist auch die Organisationshoheit der Länder nicht betroffen. Der Gegenstand der Verwaltungszuständigkeit ist in diesen Bereichen ersatzlos weggefallen. Eine Zustimmungspflicht zu einem derartigen Änderungsgesetz zum Atomgesetz würde, auch unter dem Aspekt der Systemverschiebung, nicht bestehen.

II. Auswirkungen der informellen Absprache im Hinblick auf das Atomausstiegsgesetz

Gegen die Vereinbarung vom 14. Juni 2000 wird im Hinblick auf das Ausstiegsgesetz vorgebracht, daß eine unzulässige Beschränkung der Entscheidungsfreiheit des Gesetzgebers gegeben sei.
Der entsprechende Vorwurf lautet, daß es Idealbild des parlamentarischen Gesetzgebungsprozesses sei, daß die einem Gesetzentwurf vorangehende Willensbildung im Parlament stattzufinden habe. Dem Parlament stehe insoweit die Möglichkeit freier Abstimmung und ein weiter Spielraum gesetzgeberischen Ermessens zu. Demgegenüber stelle die Konsensvereinbarung aber den Versuch dar, die Gesetzgebungsorgane inhaltlich zu binden.[275] Statt freier Entscheidung könne der Bundestag wie bei völkerrechtlichen Verträgen dem Gesetz nur im Ganzen zustimmen. Die Bundesregierung habe durch die Vereinbarung gegen die Verfassungsorgantreue verstoßen, die fordere, den Funktionsbereich, den ein anderes Verfassungsorgan in eigener Verantwortung wahrnehme, zu respektieren.[276]
Insoweit erscheint es jedoch angebracht, zwischen einer verfassungspolitischen und einer verfassungsrechtlichen Bewertung zu trennen.
Die Regelungen der Art. 76 bis 78 GG fordern lediglich, daß ein Gesetzentwurf entsprechend der darin enthaltenen Vorgaben eingebracht, behandelt und beschlossen wird. Inwieweit dann tatsächlich über den Entwurf ernsthaft diskutiert wird, ist für die verfassungsrechtliche Betrachtung grundsätzlich irrelevant. Damit korrespondiert auch die Tatsache, daß in der parlamentarischen Wirklichkeit überwiegend die von der Bundesregierung eingebrachten Gesetz-

[275] Schorkopf, NVwZ 2000, 1112.
[276] Schorkopf, NVwZ 2000, 1113; vgl. auch Roßnagel, in: Koch/Roßnagel, 11. Deutsches Atomrechtssymposium 2001, 305 (314 f.).

entwürfe mit allenfalls geringen Änderungen beschlossen werden. So wurden in der 13. Legislaturperiode vom Bundestag 62 Gesetze und in der 14. Legislaturperiode bis Mitte 2001 41 Gesetze unverändert in der Form beschlossen, wie sie die Bundesregierung eingebracht hat.[277]

Ob der damit festgestellte Bedeutungsverlust des Parlaments verfassungspolitisch wünschenswert ist, ist dann eine andere Frage, die an dieser Stelle keine breite Erörterung erfahren soll. Doch sei darauf hingewiesen, daß einer Konsensdemokratie und ihren Folgen, nämlich einem gewissen Bedeutungs-verlust des Bundestagsplenums und der Bundestagsausschüsse, eine Erhöhung der politischen Handlungsfähigkeit der Bundesregierung gegenübersteht.[278] Diese wird in die Lage versetzt, Reformvorhaben schneller und reibungsloser durchzusetzen. So sind bei komplexen Gesetzesvorhaben stets eine Vielzahl unterschiedlicher Interessen zu berücksichtigen, die in einem komplexen Regelwerk angemessen beachtet und ausgeglichen werden müssen. Ein, wenn auch nur teilweises, Unterliegen vor Gericht kann zur Zerstörung des Ausgleichs führen und eine Reform auf Jahre blockieren. Mit einem entsprechenden Kompromiß läßt sich diese Gefahr zumindest reduzieren.[279]

Darüber hinaus ist der Atomkonsens nicht der erste Fall, in welchem eine Abstimmung mit den Adressaten eines Gesetzes stattfand. Auch im Fall diverser Gesundheitsreformen wurden entsprechende Abstimmungen vorgenommen.[280]

Weitere Auswirkungen der Konsensvereinbarung auf das Atomausstiegsgesetz lassen sich nicht erkennen. Die zusätzlichen, in diesen Zusammenhang erhobenen Vorwürfe – etwa die Zustimmungsbedürftigkeit von Vereinbarung und Gesetz; die Auswirkungen auf das Gesetzesinitiativrecht – wurden bereits unter Punkt B. dargestellt. Hier entsprechende Auswirkungen anzunehmen oder zu rügen, verkennt, daß die vorliegende Vereinbarung keinerlei Bindungswirkung entfaltet.

---

[277] Thierse, Eine Runde der Abnicker ? Zum angeblichen und tatsächlichen Bedeutungsverlust des Parlaments, FR-Dokumentation vom 25.06.2001, S.6.

[278] Roßnagel, in: Koch/ Roßnagel, 11. Deutsches Atomrechtssymposium 2001, S.315.

[279] Roßnagel, a.a.O., S. 315.

[280] Roßnagel, a.a.O., S. 315; vgl. auch Sendler, in: Ossenbühl (Hrsg.), Deutscher Atomrechtstag 2000, 187 mit dem Verweis auf die Steuerreform.

III. Grundrechtsinhaberschaft der Betreiber von Atomanlagen

Folgend soll es um die materiellen Anforderungen der Verfassung an das Atomausstiegsgesetz gehen.
Zur Festlegung des korrekten Maßstabs ist es jedoch nötig, zuvor die Grundrechtssubjektivität der Atomanlagenbetreibergesellschaften zu ermitteln. Im Hinblick auf Regelungen mit Vergangenheitsbezug ist dies insoweit von Bedeutung, als im Falle der Bejahung Art. 14 und 12 GG Maßstab der Betrachtung sein könnten[281], während bei Verneinung der Frage allein das Willkürverbot herangezogen werden könnte, welches auch zukunftsgerichtete Tatbestände erfassen würde.
Abweichungen würden sich daraus ergeben, daß der Gesetzgeber bei Anwendbarkeit von Grundrechten, insbesondere Art. 14 GG, an viel konkretere Vorgaben gebunden wäre. Eine praktische Bedeutung der Klärung dieses Problemkreises kann zudem im Bereich des Rechtsschutzes gefunden werden, genauer in der Möglichkeit der Erhebung einer Verfassungsbeschwerde.
Beachtet man die Perspektive des Gesetzgebers, dann hat dieser bei Schutzbereichseinschlägigkeit den Art. 14 GG zu beachten, wenn ein oder mehrere betroffene Gesellschaften Träger von Grundrechten sein können.

1. Die Grundrechtsfähigkeit juristischer Personen des öffentlichen Rechts beziehungsweise gemischtwirtschaftlicher juristischer Personen des Privatrechts

Nach der Regelung des Art. 19 Abs. 3 GG gelten die Grundrechte auch für inländische juristische Personen, soweit sie ihrem Wesen nach auf diese anwendbar sind. Nach der ständigen Rechtsprechung des Bundesverfassungsgerichts sind die Grundrechte in erster Linie individuelle Rechte, die den Schutz konkreter, besonders gefährdeter Bereiche menschlicher Freiheit zum Gegenstand haben.[282] Gemäß diesem Ausgangspunkt können juristische Personen nur als Grundrechtsinhaber angesehen werden, „wenn deren Bildung und Betätigung Ausdruck der freien Entfaltung der privaten natürlichen Personen ist, insbesondere, wenn der „Durchgriff" auf die hinter ihnen stehenden Menschen es als sinnvoll und erforderlich erscheinen läßt (...)".[283]

---

[281] Abgesehen davon kann sich nach der hier verfolgten Einordnung Art. 14 GG nur auf die Atomanlagensubstanz und die durch die Genehmigung vermittelte Nutzungsbefugnis beziehen, während Maßstab für die Genehmigung als solche im Geltungsbereich des Eigentumsgrundrechtes nur der rechtsstaatliche Vertrauensschutz sein kann.

[282] BVerfGE 61, 82 (100 f.).

[283] BVerfGE 68, 193 (206).; Ob dieser „Durchgriffstheorie" zu folgen ist, soll hier nicht thematisiert werden. Zu Recht wird sicherlich angeführt, daß Art. 19 Abs. 3 GG nicht die

Das Vorliegen dieser Voraussetzungen wird, auch nach Auffassung des Bundesverfassungsgerichts, bei juristischen Personen des Privatrechts häufig zu bejahen sein. Es ist jedoch im Einzelfall immer zu prüfen, ob das entsprechende Grundrecht seinem Wesen nach im Sinne des Art. 19 Abs. 3 GG auf juristische Personen anwendbar ist.[284] Entscheidend kommt es hierfür darauf an, daß die juristische Person ein „personales Substrat“ erkennen läßt, daß den Durchgriff auf die hinter ihr stehenden Menschen rechtfertigt.
Hinsichtlich juristischer Personen des öffentlichen Rechts wird vom Bundesverfassungsgericht eine restriktive Linie verfolgt. Diese sollen nicht nur dann nicht grundrechtsfähig sein, wenn sie öffentliche Aufgaben im Sinne der Wahrnehmung staatlicher Kompetenz ausüben, sondern auch dann, wenn sie rein fiskalisch tätig sind und damit nicht unmittelbar öffentliche Aufgaben erfüllen. Begründet wird dies, neben dem Hinweis auf das Fehlen eines „personalen Substrats“, mit einem Konfusionsargument. Die Grundrechte schützen vor Eingriffen der staatlichen Gewalt. Wenn der Staat aber Grundrechtsverpflichteter ist, dann kann er nicht gleichzeitig Grundrechtsberechtigter sein.[285] Eine Ausnahme soll – neben der allgemeinen Geltung der sogenannten prozessualen Grundrechte aus Gründen der rechtsstaatlichen Waffengleichheit – dann zulässig sein, wenn die juristische Person unmittelbar dem durch das betreffende Grundrecht geschützten Lebensbereich zuzuordnen ist und insofern das einschlägige Grundrecht gerade auch die Autonomie bestimmter öffentlich-rechtlicher Einrichtungen gegenüber dem Staat als typische Ausdrucksform der geschützten Tätigkeit zu sichern sucht. Relevanz entfaltet dies besonders im Hinblick auf Universitäten und die Wissenschafts- und die Forschungsfreiheit des Art. 5 Abs. 3 GG. Soweit Forschungsreaktoren von juristischen Personen des öffentlichen Rechts besessen werden und deren Betrieb untersagt oder be-

---

kollektive Grundrechtsausübung schützt und die juristischen Personen nicht nur als Treuhänderin von Minderheitenrechten anerkennt, sondern vielmehr die Grundrechtsfähigkeit der juristischen Person selbst anerkennt., vgl. Roellecke, Zur Geltung von Grundrechten für juristische Personen des öffentlichen Rechts, in Wolter/Riedel/Taupitz (Hrsg.), Einwirkungen der Grundrechte auf das Zivilrecht, Öffentliche Recht, Strafrecht, 1999, 137 (145).

[284] Im Grundsatz sind die hier zur Betrachtung stehenden Grundrechte der Art. 14 und 12 Abs. 1 GG nach der Rechtsprechung des Bundesverfassungsgerichtes wesensmäßig auf juristische Personen anwendbar.; Art. 14 GG: BVerfGE 35, 348 (360); 53, 336 (345); 66, 116 (130); Art. 12 Abs.1 GG: BVerfGE 50, 290 (363); 53, 1 (13); 65, 196 (209 f.).

[285] BVerfGE 21, 362 (369 ff.); 23, 353 (372); 25, 198 (205); 39, 302 (312 f.); 61, 82 (100 f.); 68, 193 (206); 75, 192 (195 ff.); Nicht unumstritten ist die Grundrechtsunfähigkeit hingegen bei fiskalischer Tätigkeit der juristischen Person des öffentlichen Rechts. Ein Meinungsstrang in der Literatur will hier die Grundrechtsfähigkeit bejahen, weil sich die juristische Person des öffentlichen Rechts dann in einer grundrechtstypischen Gefährdungslage befinde, die der typischen Schutzsituation des Grundrechts entspreche.; vgl. Krebs, in: v. Münch/Kunig, GG, Band 1, Rdn. 39 m.w.N.

grenzt werden soll, wäre gegebenenfalls auch Art. 5 Abs. 3 GG als Prüfungsmaßstab heranzuziehen. Ansonsten ist für die Frage des Atomausstieges das Problem der Grundrechtsfähigkeit juristischer Personen des öffentlichen Rechts nicht von Bedeutung, da die Kernanlagen in der Form privatrechtlicher Kapitalgesellschaften (KG oder GmbH) organisiert sind, deren Gesellschafter beziehungsweise Kapitaleigner fast ausschließlich Energieversorgungsunternehmen, soweit es sich um Aktiengesellschaften handelt, ausschließlich Verbundunternehmen sind.[286]

Dieses für juristische Personen des öffentlichen Rechts gefundene Ergebnis ist auch auf juristische Personen des Privatrechts zu übertragen. Konsequenterweise ist deren Grundrechtsfähigkeit zu verneinen, wenn hinter ihnen keine natürlichen Personen stehen, sondern der Staat. Dies ergibt sich aus dem dann fehlenden „personalen Substrat" und den aus dem hinter dem Konfusionsargument stehenden Gedanken. Zudem würde die rechtsstaatlich-demokratische Legitimation der juristischen Person verwischt, wenn man eine Anwendung von Grundrechten auf diese zuließe. Schafft positivrechtliche Anordnung die juristische Person und ermöglicht dieser die Kommunikation, dann kann sich diese nicht auf Grundrechte berufen, weil ihre Existenz und Chancen dann durch ihre Einordnung in den politischen Apparat im weiteren Sinne gesichert werden.[287] Die Teilnahme des Staats an der politischen Kommunikation ist durch die demokratische Willensbildung (Art. 20 Abs. 2 GG) und die Gesetzgebung (Art. 70 ff. GG) und an der wirtschaftlichen Kommunikation durch die Enteignungsmöglichkeit (Art. 14 GG) und das Steuererhebungsrecht (Art. 105 GG) besonders geregelt. Der demokratische Rechtsstaat braucht und darf sich nicht auf Grundrechte berufen, weil durch das Grundgesetz seine Existenz und seine Kommunikationsmöglichkeiten auf die angesprochene Weise gesichert sind.

Ein weiteres entscheidendes Kriterium zur Feststellung der Eigenschaft als Grundrechtsträger wird seitens des Bundesverfassungsgerichts in der Funktion, in der das Unternehmen tätig wird, gesehen. Die Grundrechtsfähigkeit soll dann zu verneinen sein, wenn die Funktion in der Wahrnehmung öffentlicher Aufgaben besteht, die juristische Person insoweit als Teil der öffentlichen Ver-

---

[286] Vgl. Commerzbank AG, Wer gehört zu wem ? Beteiligungsverhältnisse in Deutschland, 2000.

[287] Roellecke, Zur Geltung von Grundrechten für juristische Personen des öffentlichen Rechtes, in: Wolter/Riedel/Taupitz (Hrsg.), Einwirkungen der Grundrechte auf das Zivilrecht, Öffentliche Recht und Strafrecht, 1999, 137 (149); vergleichbar: BVerfGE 68, 193 (206).

waltung im materiellen Sinne anzusehen ist. Der Organisationsform soll allenfalls „indizielle" Bedeutung zukommen.[288]
In seinem HEW-Beschluß[289] hat das Bundesverfassungsgericht erstmals die angeführten Grundsätze auf gemischtwirtschaftliche Energieversorgungsunternehmen[290] übertragen. Die Grundrechtsrechtsunfähigkeit der Hamburger Electricitätswerke (HEW) wird dabei folgendermaßen begründet: Zunächst gehe es bei der Energieversorgung um Daseinsvorsorge[291] und damit um eine typische öffentliche Aufgabe kommunaler Gebietskörperschaften. Weiterhin befinde sich die HEW zu etwa 72 % in der öffentlichen Hand der Freien und Hansestadt Hamburg, was hinreiche, um auf die Geschäftsführung einen maßgeblichen Einfluß zu nehmen. Schließlich und endlich unterliege die HEW als kommunaler Versorgungsträger über das EnWG und hierauf fußende Verordnungen so starken Bindungen bezüglich der Ausgestaltung der Geschäftsbedingungen mit den Endverbrauchern, daß „in dem hier interessierenden Zusammenhang von einer privatrechtlichen Selbständigkeit nahezu nichts übrig" bleibe.

---

[288] BVerfGE 68, 193 (212); Mit der Anwendung des Merkmals der Erfüllung einer öffentlichen Aufgabe auf juristische Personen des Privatrechts wird letztlich doch nach der Organisationsform entschieden, da bei juristischen Personen des öffentlichen Rechts zumindest nach vorhergehenden Entscheidungen eine derartige Differenzierung nicht vorgenommen wurde und auch bei fiskalischen Tätigkeiten die Grundrechtsfähigkeit verneint wurde. Anders liest sich die angeführte Entscheidung (BVerfG 68, 193 [207 f.]). Dort heißt es an einer Stelle: „Grund der Nicht-Anwendbarkeit der Grundrechte auf juristische Personen des öffentlichen Rechts ist nicht die Rechtsform als solche. (...) Es kommt namentlich auf die Funktion an, in der eine juristische Person des öffentlichen Rechts von dem beanstandeten Akt der öffentlichen Gewalt betroffen wird. Besteht diese Funktion in der Wahrnehmung gesetzlich zugewiesener und geregelter öffentlicher Aufgaben, so ist die juristische Person zumindest insoweit nicht grundrechtsfähig.

[289] BVerfG JZ 1990, 335; Besprechung: Sachs, JuS 1990, 755 f.

[290] Zwar werden nur wenige Reaktoren von den EVU`s unmittelbar betrieben (KKW Würgassen von der Preußen Elektra AG). Es ist aber für die Beurteilung der Grundrechtsfähigkeit unbeachtlich, daß die Kernanlagenbetreiber aus den Energieversorgungsunternehmen ausgegliederte, eigenständige Kapitalgesellschaften sind, insoweit diese Gesellschaften ihrerseits von den Energieversorgungsunternehmen getragen werden. Die Rechtsprechung zur Grundrechtsfähigkeit der Energieversorgungsunternehmen kann somit vom Ansatz her, ohne auf Ergebnisse zu schließen, auf die Kernanlagenbetreibergesellschaften übertragen werden.

[291] Bereits in BVerfGE 66, 248 (257 ff.) hat das Bundesverfassungsgericht darauf hingewiesen, daß es sich bei der Energieversorgung um eine gesetzlich zugewiesene und geregelte öffentliche Aufgabe der Daseinsvorsorge handelt.; vgl auch: BVerfGE 30, 292 (311 ff., 323 f.); 38, 258 (270 f.). Eine nähere Darstellung von Umfang und Hintergrund der Daseinsvorsorge erfolgt an anderer Stelle.

An der Rechtsprechung des Bundesverfassungsgerichts wurde später erhebliche, doch nur teilweise berechtigte Kritik geäußert. [292]
Einerseits kann die Entscheidung selber kritisiert werde und andererseits angezweifelt werden, ob die Energieversorgung als Daseinsvorsorgeaufgabe[293] auch den Vorgang der Stromerzeugung in Kernkraftwerken noch erfassen kann.
Wenn das Gericht nicht allein auf den Beteiligungsgrad und damit auf das Vorhandensein oder Nichtvorhandensein eines personalen Substrats abstellt, dann ist dies wohl damit zu begründen, daß man die Interessen der privaten Anteilseigner nicht völlig außen vor lassen wollte. Genauso, wie sich die öffentliche Hand nicht der Grundrechtsbindung durch eine Flucht ins Privatrecht entziehen kann, darf sie nicht die Grundrechtsfähigkeit juristischer Personen dadurch unterwandern, indem sie sich mehr oder weniger durch Anteilsbeschaffung an diesen beteiligt.[294] Dies wollte das Verfassungsgericht berücksichtigt wissen, als es das zusätzliche Erfordernis der Wahrnehmung öffentlicher Aufgaben als Funktion des Unternehmens aufstellte und damit das Vorhandensein oder Nichtvorhandensein eines „personalen Substrates“ als alleiniges Merkmal nicht ausreichen ließ.
Der Rechtsprechung wird zudem vorgeworfen, daß, wenn man auf die Erfüllung öffentlicher Aufgaben abstelle und den Betrieb von Kernanlagen hierzu zähle, eine nicht nachzuvollziehende Benachteiligung von Kernanlagenbetreibergesellschaften, die zu 100% in privater Hand sind, gegenüber den privaten Aktionären einer Bank oder eines Chemieunternehmens eintreten würden.[295]
Auch sei die Versagung des Grundrechtsschutzes privater Mehrheitsaktionäre auf Grund der Tatsache der Wahrnehmung öffentlicher Aufgaben nicht zu rechtfertigen. Diese blieben eben Private und seien nicht etwa Beliehene oder Teil der öffentlichen Verwaltung. Nur in den Fällen, in denen der Private hoheitliche Aufgaben wahrnehme und selbst Grundrechtsadressat sei, könne er ausnahmsweise nicht Grundrechtsträger sein. Allein problematisch an dieser Argumentationskette ist aber bereits deren Ansatz. Das Verfassungsgericht stellt eben nicht allein auf die Funktion ab, sondern auch auf eine Beherrschung des Unternehmens durch die öffentliche Hand. Einer juristischen Person des

[292] Zur Kritik siehe nur: Borgmann, Rechtliche Möglichkeiten, S. 326 ff.; Hartung, Atomaufsicht, S. 54 ff.; Koppensteiner, NJW 1990, 3105 ff.; Kühne, JZ 1990, 335 f.; Schmidt-Aßmann, Beilage Nr. 34 zu BB Heft 27/1990, 1 ff.; Wagner, NVwZ 1991, 836.; zustimmend: Heitsch, Kerntechnische Anlagen, S. 23; Ossenbühl, Bundesauftragsverwaltung, S. 97; Papier, Kernenergienutzung, S. 46.
[293] Siehe hierzu S. 129 ff.
[294] Di Fabio, Der Ausstieg aus der wirtschaftlichen Nutzung der Kernenergie, S. 88.
[295] Roller, Genehmigungsaufhebung und Entschädigung, S. 154.

Privatrechts in privater Hand würde daher niemand die Grundrechtsfähigkeit absprechen. Dies gilt ebenso in Fällen, in denen die privaten Anteilseigner eindeutig in der Überzahl sind. Das angeführte Benachteiligungsszenario besteht somit nicht und kann daher keine Grundlage für einen Angriff sein.
Als einen berechtigten Einwand kann man hingegen gelten lassen, daß die Grundrechtsunfähigkeit eines Unternehmens nicht mit den „starken Bindungen nach dem Energiewirtschaftsgesetz" begründet werden kann. Aus Gründen der Normenhierarchie können aus einfachen Gesetzen keine Rückschlüsse auf die Grundrechtssubjektivität gezogen werden.[296]
Ebenso nicht ganz von der Hand zu weisen sein könnte der Vorwurf, daß die HEW-Entscheidung die Rechte der privaten Anteilseigner nicht hinreichend berücksichtigte. Käme man jedoch zu dem Ergebnis, daß die öffentliche Hand, bedingt durch Regelungen des Gesellschaftsrechts, nicht völlig frei agieren kann, wäre dieser Vorwurf nicht aufrecht zu erhalten, zumindest insoweit, als die privaten Anteilseigner dann nicht wesentlich in ihren Interessen gegenüber rein privat betriebenen Unternehmen benachteiligt würden.[297]

Die Frage der Grundrechtsfähigkeit gemischtwirtschaftlicher Unternehmen wird in der Literatur zum Teil abweichend behandelt.
Pieroth und Schmidt-Aßmann nehmen die Grundrechtsfähigkeit sogar für den Fall an, daß das Unternehmen zu 100 % durch die öffentliche Hand getragen wird.[298] Die Grundrechtsfähigkeit wäre hiernach, da die Kernanlagenbetreiber allein in privater Rechtsform auftreten, generell zu bejahen.
Arzt und Ladeur begreifen den Grundrechtsschutz als ein Mittel der Institutionalisierung von begrenzten Interessengegensätzen innerhalb der öffentlichen Verwaltung. Zwischen den Aufsichtsbehören und den öffentlich beherrschten Energieversorgungsunternehmen seien Interessengegensätze denkbar, die auch auf verwaltungsrechtlichem Wege und mit der Verfassungsbeschwerde gelöst werden müßten.[299]
Schließlich wird nach dem Vorliegen einer grundrechtstypischen Gefährdungslage gefragt. Diese sei im Falle des Betriebs von Atomanlagen zu bejahen, da sowohl öffentliche als auch private Betreiber von Kernanlagen der

[296] Siehe hierzu unter 3., S. 128 ff..
[297] Siehe hierzu unter Punkt 2., S. 124 ff..
[298] Pieroth, NWVBl. 1992, 88.; abweichend Schmidt-Aßmann, FS für Niederländer, S.393, Dieser will zumindest im Falle einer Beteiligung von 100% eine Ausnahme annehmen.
[299] Arzt, S. 130 unter Rückgriff auf: Ladeur, in: AK-GG, Art. 19 Abs.3 Rdn. 45 ff.

staatlichen Atomaufsicht gleichermaßen als Gewaltunterworfene gegenüberstünden.[300]

Neben diesen, die Grundrechtsträgerschaft generell bejahenden Ansichten, stellt Wesener darauf ab, welche Anteilseigner vorhanden sind und welchen Einfluß die öffentliche Hand auf das Unternehmen hat.[301]

Ein beherrschender Einfluß auf ein Unternehmen könne nicht nur durch die Beteiligungsverhältnisse ausgeübt werden, sondern auch durch Mehrstimmrechtsaktien oder, bei Konzernen, durch Beherrschungsverträge oder Stimmbindungsverträge zwischen mehreren Großaktionären eines Unternehmens. Einen Anhaltspunkt zur Feststellung, ab welchem Zeitpunkt ein beherrschender Einfluß der öffentlichen Hand zu verzeichnen ist, kann Art. 2 der EG-Richtlinie über die Transparenz der finanziellen Beziehungen zwischen den Mitgliedsstaaten und den öffentlichen Unternehmen darstellen.[302] Danach wird vermutet, daß ein beherrschender Einfluß ausgeübt wird, wenn die öffentliche Hand unmittelbar oder mittelbar die Mehrheit des gezeichneten Kapitals des Unternehmens besitzt oder über die Mehrheit der mit den Anteilen des Unternehmens verbundenen Stimmrechte verfügt oder mehr als die Hälfte der Mitglieder des Verwaltungs-, Leitungs- oder Aufsichtsorgans des Unternehmens bestellen kann. Kann ein solcher beherrschender Einfluß nicht festgestellt werden oder liegt das Unternehmen völlig in der Hand privater Anteilseigner, dann wäre die Grundrechtsfähigkeit zu bejahen.

Hofmann verneint die Grundrechtsfähigkeit von Kernenergieunternehmen. Begründet wird dies damit, daß eine privatautonome Tätigkeit der Unternehmen auf Grund der zahlreichen Bindungen des Energiewirtschaftsgesetzes sowie der besonderen Struktur der Atomwirtschaft praktisch nicht vorhanden sei. Zudem würden diese Unternehmen Aufgaben der Daseinsvorsorge wahrnehmen und zudem staatlich beherrscht werden.[303]

Den die Grundrechtsfähigkeit bejahenden Ansichten kann sicherlich zugegeben werden, daß sie eine einheitliche Lösung der Frage der Grundrechtsfähigkeit ermöglichen und demzufolge auch keine Differenzierungsschwierigkeiten aufwerfen. Dennoch sind die angesprochene formale Lösung und der institutio-

---

[300] Hartung, Die Atomaufsicht, S. 65.; differenzierend: Roller, Genehmigungsaufhebung und Entschädigung, S. 155 f. Dieser unterscheidet danach, ob ein Unternehmen privat oder öffentlich beherrscht wird. Soweit es an einem möglichen Durchgriff fehle, sei eine grundrechtstypische Gefährdungslage nicht gegeben.

[301] Wesener, S. 155 ff.

[302] Vom 25.6.1980, 80/723/EWG, Amtsblatt der EG v. 29.7.1980, Nr. L 195/35 ff.; vgl. Borgmann, Rechtliche Möglichkeiten, S. 332; insbes. Fn.93. zur nicht unmittelbaren Anwendbarkeit der Richtlinie.

[303] Hofmann, Privatwirtschaft, S. 31 f.; Letztlich handelt es sich hier nur um eine pauschale Anwendung der Rechtsprechung des Bundesverfassungsgerichts.

nelle Ansatz mit der Funktion der Grundrechte als Abwehrrechte gegen den Staat nicht mehr zu rechtfertigen. Der formale Ansatz würde dazu führen, daß die Funktion der Grundrechte auf einen Schutz staatlicher Einheiten gegeneinander erweitert würde. Auch geht es bei der aufgeworfenen Fragestellung nicht um Leistungs- oder Teilhaberechte.

Aber selbst wenn man die Grundrechte als Ausdruck einer objektiven Wertordnung versteht, geht die den Grundrechten durch den institutionellen Ansatz zugeschriebene gewaltenteilende und systemdifferenzierende Funktion über deren Gehalt hinaus. Den Grundrechten wird eine rein objektiv-rechtliche Ordnungsfunktion zugeordnet, während der subjektiv-rechtliche Gehalt vollständig zurücktritt. Zudem ist nicht klar, wieso für Konfliktsituationen innerhalb der Staatsorganisation auch die Verfassungsbeschwerde zur Verfügung stehen müßte.

Der die Grundrechtsfähigkeit generell verneinenden Ansicht kann hinsichtlich der vorgebrachten Begründung, der Bindungen durch das Energiewirtschaftsgesetz und der Struktur des Atomrechts, nicht gefolgt werden. Da das Bundesverfassungsgericht diesen Ansatz als ein Kriterium zur Bestimmung der Grundrechtsfähigkeit gewählt hat, kann auf die dort getätigten Ausführungen verwiesen werden.

Ebenso kann einem Abstellen auf die grundrechtstypische Gefährdungslage, die an sich, aber nicht ausschließlich, vom Bundesverfassungsgericht herangezogen wird, um juristischen Personen des öffentlichen Rechts ausnahmsweise die Grundrechtssubjektivität zuzuerkennen, jedenfalls insoweit nicht gefolgt werden, als diese mit den Bindungen der Atomwirtschaft durch die Atomaufsicht begründet werden. Zum einen würde dann durch einfaches Gesetz über das Bestehen einer grundrechtstypischen Gefährdungslage entschieden und zum anderen ist gerade Merkmal des Bestehens einer grundrechtstypischen Gefährdungslage, daß die juristische Person mit ihrem Verhalten dem Staat als rechtlich selbständiges Subjekt gegenübertritt und nicht über Weisungsabhängigkeit in die Staatsorganisation eingebunden ist.[304]

Bejaht wird die grundrechtstypische Gefährdungslage unstreitig für die durch die Wissenschaftsfreiheit mitgeschützten Universitäten und Fakultäten[305], für die öffentlich-rechtliche Rundfunkanstalten[306] im Hinblick auf die Rundfunkfreiheit und für die Kirchen- und Religionsgesellschaften hinsichtlich Art. 4 Abs. 1, 2 GG und den Gleichheitssatz.[307] Eine Übernahme auf Betreiber von

---

304 Pieroth/Schlink, Grundrechte – Staatsrecht II, § 5 Rdn. 162.

305 BVerfGE 21, 362 (373 f.); 31, 314 (322).

306 BVerfGE 31, 314 (322); 59, 231 (254); 74, 297 (317 f.)

307 BVerfGE 30, 112 (119 f.); 42, 312 (321 f.); 53, 366 (387); 70, 138 (160 f.); zur historischen Begründung dieser Ansatzes: Roellecke, Geschichte des deutschen Hochschulwe-

Kernanlagen in öffentlicher Hand im Hinblick auf die Grundrechte aus Art. 14 und 12 scheidet aus, da eine besondere Zuordnung zu dem von diesen Grundrechten geregelten Lebensbereich nicht zu erkennen ist. Allein der Umstand der relativen Verselbständigung juristischer Personen im Außenverhältnis kann deren Staats- und Politikabhängigkeit nicht negieren.[308]
Weiterhin würde mit dem alleinigen Abstellen auf die grundrechtstypische Gefährdungslage bei gemischtwirtschaftlichen Unternehmen ein möglicherweise bestehendes personales Substrat völlig vernachlässigt, dessen Berücksichtigung zum Schutze privater Anleger aber unabwendbar ist.[309] Diese würden, gerade wenn wie hier die grundrechtstypische Gefährdungslage zu verneinen wäre, völlig ohne Grundrechtsschutz stehen. Das Merkmal der grundrechtstypischen Gefährdungslage ist auf gemischtwirtschaftliche Unternehmen nicht anwendbar.

2. Der „maßgebliche Einfluß auf die Geschäftsführung" als Kriterium der Rechtsprechung

Zieht man die Rechtsprechung des Verfassungsgerichts heran, stellt sich zunächst die Frage, wann überhaupt ein solcher „maßgeblicher Einfluß auf die Geschäftsführung" vorliegt. Daß ein alleiniges Abstellen auf die prozentuale Beteiligung die Problematik nicht adäquat lösen kann, soll im Folgenden beschrieben werden.
Die Anlagenbetreibergesellschaften werden als Aktiengesellschaften (AG) und Gesellschaften mit beschränkter Haftung (GmbH) geführt. Auf die Beherrschungsvermutung der entsprechenden EG-Richtlinie wurde bereits verwiesen. Nach der Regelung des § 17 Abs. 1 AktG sind abhängige Unternehmen „rechtlich selbständige Unternehmen, auf die ein anderes Unternehmen unmittelbar oder mittelbar einen beherrschenden Einfluß ausüben kann". In § 17 Abs. 2 AktG wird dann von einem in Mehrheitsbesitz befindlichen Unternehmen vermutet, daß es von dem an ihm mit Mehrheit beteiligten Unternehmen abhängig ist und gemäß der Regelung des § 311 Abs. 1 S. 2 HGB, der die Ausweisungspflicht der Beteiligung an sog. assoziierten Unternehmen regelt, wird ein „maßgeblicher Einfluß" dann vermutet, „wenn ein Unternehmen bei einem anderen

sens, in: Flämig u.a. (Hrsg.), Handbuch des Wissenschaftsrechts, 2. Auflage 1996, Band 1, S. 3 (24 f.)

308 Vgl. Pieroth/Schlink, Grundrechte – Staatsrecht II, 1998, § 5 Rdn. 161.

309 Daher zieht wohl Roller, Genehmigungsaufhebung und Entschädigung, S. 155 als zusätzliches, zur grundrechtstypischen Gefährdungslage aber nicht kompatibles Merkmal, das personale Substrat heran.

Unternehmen mindestens den fünften Teil der Stimmrechte der Gesellschaft innehat".

Aus dem Umfang der Beteiligung eines Aktionärs an einem Unternehmen kann nicht allein und automatisch auf den beherrschenden Einfluß geschlossen werden. Da § 17 Abs. 2 AktG eine Vermutung des beherrschenden Einflusses eines Großaktionärs enthält, besteht zumindest die Möglichkeit, daß ein Aktionär, der weniger als die Hälfte der Anteile eines Unternehmens auf sich vereint, einen beherrschenden Einfluß im Sinne des § 17 Abs. 1 AktG auf das Unternehmen ausüben kann.

Nach der Rechtsprechung des Bundesgerichtshofs, nach dem die öffentliche Hand selbst „Unternehmen" im Sinne dieser Norm sein kann, kann auch ein unter 50 % liegender Aktienbesitz in Verbindung mit weiteren Umständen tatsächlicher oder rechtlicher Art (Unternehmensverträge, wirtschaftliche Abhängigkeiten, personelle Verflechtungen) einen beherrschenden Einfluß begründen.[310] Die Anwendung konzernrechtlicher Vorschriften sei insoweit zum Schutz der Minderheitsaktionäre und auch der Gläubiger vor der Gefahr der Beherrschung von außen erforderlich, wenn zu befürchten sei, daß ein Großaktionär neben dem Wohl der Gesellschaft auch andere Interessen verfolge, was insbesondere bei öffentlich-rechtlichen Körperschaften mit Aktienbesitz der Fall sein könne, da die spezifische Aufgabenstellung einer solchen juristischen Person durchaus mit wirtschaftlichen Interessen der Privataktionäre am Gedeihen der Gesellschaft kollidieren könne.[311]

Trotz aller Möglichkeiten erheblicher Einflußnahme, auch unterhalb der Grenze von 50 % Aktienbesitz, werden dieser Einflußnahme durch das Aktiengesetz Grenzen gesetzt werden.

Zwar haben die auf Veranlassung des Staats gewählten und entsandten Aufsichtsratsmitglieder auch die besonderen Interessen des Staats zu berücksichtigen (§ 65 Abs. 6 BHO bzw. die Regelungen der Landeshaushaltsordnungen, z.B. § 65 Abs. 6 ThürLHO), jedoch sind der Vorstand bei der Geschäftsführung (§ 76 Abs. 1 AktG) und der Aufsichtsrat bei deren Überwachung (§ 111 Abs. 1 AktG) in erster Linie den geschäftlichen Interessen des Unternehmens verpflichtet (§§ 93, 116 AktG).

Die Vorstandsmitglieder müssen im Verhältnis zur Gesellschaft die Beschränkungen einhalten, die innerhalb des Rahmens der aktienrechtlichen Vorschriften die Satzung, der Aufsichtsrat, die Hauptversammlungen und die Geschäftsordnungen des Vorstands und des Aufsichtsrats für die Geschäftsführungsbefugnis getroffen haben (§ 82 Abs. 2 AktG). Zudem besteht die Möglichkeit,

[310] BGHZ 69, 334 (347).

[311] BGHZ 69, 334 (336 ff.).

daß der Vorstand verlangen kann, daß die Hauptversammlung eine Entscheidung über die Fragen der Geschäftsführung trifft (§ 119 Abs. 2 AktG). In grundlegenden Entscheidungen, bei denen der Vorstand nicht annehmen darf, daß er sie ohne Beteiligung der Hauptversammlung ausschließlich in eigener Verantwortung treffen darf, nimmt die Rechtsprechung sogar eine Verpflichtung des Vorstands an, von der Regelung des § 119 Abs. 2 AktG Gebrauch zu machen.

Letztlich ist die Durchsetzung und Wahrung der öffentlichen Interessen nur dann gesichert, wenn diese in der Satzung des Unternehmens zum Gesellschaftszweck bestimmt werden, wenn dem Aufsichtsrat gemäß § 111 Abs. 4 AktG durch die Satzung die Zustimmung für bestimmte Arten von Geschäften vorbehalten wird oder wenn sich die öffentlichen Anteilseigner durch Konzessions- oder Beherrschungsverträge (§ 291 ff. AktG) eine entsprechende Sicherung verschaffen.[312] Auch kann gemäß § 101 Abs. 2 AktG die Satzung für bestimmte Aktionäre ein Entsendungsrecht eigener Aufsichtsratsmitglieder enthalten. Geschieht dies, so kann sich die öffentliche Hand einen von der Änderung der Mehrheitsverhältnisse unabhängigen Einfluß auf die Zusammensetzung des Aufsichtsrats sichern.

Größere Einflußnahmemöglichkeiten hat die öffentliche Hand, wenn die Betreibergesellschaften in der Form der GmbH organisiert sind. So können nach ganz überwiegender Ansicht[313] die Befugnisse der Geschäftsführer verkürzt werden, indem der Umfang der Geschäftsführungsbefugnis durch den Gesellschaftsvertrag oder durch Einzelbeschluß der Gesellschafter beschränkt wird (§ 37 Abs. 1 GmbHG). Möglich wäre damit, durch die öffentliche Hand als Anteilseignerin die Geschäftsführer zu bestellen oder abzuberufen (§ 46 Nr. 5 GmbHG) oder der Gesellschafterversammlung Weisungsrechte gegenüber der Geschäftsführung zuzugestehen (§ 45 Abs. 1 GmbHG).

---

[312] Vgl. Borgmann, Rechtliche Möglichkeiten, S. 337; Durchaus denkbar wäre es zudem, in der Satzung einer Aktiengesellschaft den Verzicht auf die Stromerzeugung aus Atomkraft zu vereinbaren. Gegenteilige Ansichten, die einen Verstoß gegen das Prinzip der eigenverantwortlichen Leitungsmacht des Vorstands annehmen (Veit, Energieversorgungsunternehmen, S. 43-57), sind nicht haltbar. Nicht nur der Unternehmensgegenstand als solcher, sondern auch die für dessen Verfolgung einzusetzenden Mittel und Ziele sind durch die Satzung zu regeln. Ist die Aufgabe des Vorstands als Exekutivorgan zur Umsetzung des Willens der Aktionäre zu beschreiben, so können nur gesetzliche Vorschriften und der in der Satzung zum Ausdruck kommende Wille der Aktionäre relevant sein. In diesem Rahmen kann sich dann die Eigenverantwortlichkeit des Vorstands entfalten. Nicht umgekehrt kann jedoch die Satzungsautonomie durch die Eigenverantwortlichkeit des Vorstands begrenzt werden. Eine entsprechende Satzungsänderung bedürfte aber der Annahme in der Hauptversammlung durch eine qualifizierte Mehrheit gemäß § 179 Abs. 2 AktG.

[313] Mertens, in: Hachenburg, GmbHG, Band 2 §§ 35-52, 1997, § 37, Rdn. 19 ff. m.w.N.

Eine erhebliche Einflußnahme ist, gerade wenn die Satzung entsprechend ausgestaltet ist, möglich. Inwieweit die Interessen der Aktionäre davon betroffen sind und das Merkmal als solches tauglich ist zur Beurteilung der Grundrechtsfähigkeit, ist damit noch nicht gesagt.
Abgelehnt werden muß jedoch die Vorstellung, daß die Beurteilung der Grundrechtsfähigkeit eines Unternehmens aus den genannten, im wesentlichen dem Schutz von Minderheitsaktionären dienenden, grenzziehenden gesellschaftsrechtlichen Vorschriften möglich wäre.[314] Vielmehr betreffen diese Regelungen das Verhältnis der Aktionäre zur Gesellschaft selber, nicht aber das Verhältnis vom Unternehmen zum Staat.
Auch werden durch eine auf die Einflußnahmemöglichkeit und den Beteiligungsgrad abstellende Betrachtungsweise keine Grundrechte privater Anteilseigner der Unternehmen vernachlässigt.[315] Die privaten Aktionäre sind selbstverständlich hinsichtlich ihrer Anteile am Unternehmen über den Eigentumsschutz bezweckenden Art. 14 GG geschützt. Das Anteilseigentum kann aber nicht generell gegen staatliche Maßnahmen schützen, die sich auf das Unternehmen auswirken und möglicherweise den Aktienkurs sinken lassen. Zum einen ist dann allenfalls das Vermögen und nicht der Bestand des Rechts (am Anteil selber ändert sich nichts, nur dessen Wert ist beeinträchtigt) betroffen und zum anderen besteht insoweit kein Unterschied zwischen rein privaten und gemischtwirtschaftlichen Unternehmen. Das Anteilseigentum genießt verfassungsrechtlichen Schutz nur hinsichtlich seiner individuellen Funktion als gesellschaftsrechtlich vermitteltes Eigentum.[316] Zudem betont das Bundesverfassungsgericht, daß sich der gegenüber dem Sacheigentum geringere personale Bezug des Anteilseigentums im Auseinanderfallen von Gebrauch des Eigentums und Verantwortung für diesen Gebrauch zeige. Denn anders als der Unternehmer-Eigentümer könne der Anteilseigner nur mittelbar mit seinem Eigentum wirken. Die vermögensrechtliche Haftung für die Folgen von Fehlentscheidungen ergreife nicht ihn als Person, sondern beziehe sich auf einen eingegrenzten Teil seiner Vermögensphäre. Zudem bedeute für die Vielzahl der Aktionäre das Anteilseigentum typischerweise mehr Kapitalanlage als Grundlage unternehmerischer Betätigung, die sie mit ihrer Person verbinden würden.[317] Da zudem der Minderheitenschutz im Aktienrecht stark ausgeprägt

---

[314] Koppensteiner, NJW 1990, 3105 (3109 ff).
[315] So aber: Kühne, Urteilsanmerkung, JZ 1990, 335 (336); Frings, Bestandsschutz, S. 21; Di Fabio, Der Ausstieg aus der wirtschaftlichen Nutzung der Kernenergie, S. 88.
[316] BVerfGE 50, 290 (345).
[317] BVerfGE 50, 290 (348).

ist[318], können die Interessen der Minderheit geschützt und ausgeglichen werden, wenn dem Unternehmen als solchem der Grundrechtsschutz versagt wird. Auch kommt in Fällen, in denen die öffentliche Hand auf Grund ihrer Eigenschaft als Mehrheitsaktionär oder beherrschendes Unternehmen bei der Durchsetzung ihrer Interessen, die möglicherweise konträr zu den Interessen der privaten Anteilseigner sind, eine Haftung für entsprechende Schäden in Betracht.[319]

Alles in allem können die Beteiligungsverhältnisse und der Grad der Einflußnahme auf ein Unternehmen ohne Bedenken als Kriterien herangezogen werden. Da die Aktionäre bei einem auf die Beeinflussung abstellenden Ansatz nicht benachteiligt sind, handelt es sich durchaus um ein taugliches Kriterium.

Im Falle der Atomanlagenbetreibergesellschaften müßte zur Feststellung der Grundrechtsfähigkeit jeweils untersucht werden, inwieweit die öffentliche Hand an der jeweiligen Gesellschaft beteiligt ist und inwieweit ein maßgeblicher Einfluß auf die Gesellschaft ausgeübt werden kann.

3. Die „Erfüllung öffentlicher Aufgaben" als weiteres Kriterium des Bundesverfassungsgerichts

Als weiteres Kriterium zur Überprüfung der Grundrechtsfähigkeit einer juristischen Person des Privatrechts mit Beteiligung der öffentlichen Hand zieht das Bundesverfassungsgericht, zum Schutze privater Anteilseigner, das Merkmal der Erfüllung einer öffentlichen Aufgabe heran. Bei diesem Funktionsaspekt handelt es sich um ein typisches Merkmal der sogenannten Organisationsprivatisierung, welche von der bloßen Beteiligung des Staats an erwerbswirtschaftlichen Unternehmen zu unterscheiden ist. Das Bundesverfassungsgericht stellt im hier angeführten HEW-Beschluß die Energieversorgung als Aufgabe der Daseinsvorsorge dar und erklärt, daß es sich dabei um eine typische öffentliche Aufgabe handele. Nicht näher betrachtet wird, inwie-

---

[318] Interessen der Minderheitsaktionäre wird beim Abschluß von Beherrschungs- und Gewinnabführungsverträgen, bei der Eingliederung, bei der Verschmelzung und bei der Umwandlung durch Ansprüche auf Kompensation damit verbundener Vermögenseinbußen Rechnung getragen. Davor steht jedoch noch der Minderheitenschutz, der sich im Erfordernis einer qualifizierten Mehrheit von drei Vierteln des bei der Abstimmung vertretenen Großkapitals äußert, wenn Satzungsänderungen oder Grundlagenbeschlüsse erfolgen. Umstritten ist, ob die Änderung des formalen Unternehmensziels, beispielsweise die Aufgabe einer gewinnorientierten zugunsten einer gemeinnützigen Wirtschaftsweise nur einstimmig erfolgen kann. (Reuter, in: Münchner Kommentar, § 33 Rdn. 9); eingehend zum Minderheitenschutz: Koppensteiner, Zur Grundrechtsfähigkeit gemischtwirtschaftlicher Unternehmen, NJW 1990, 3105 (3110).

[319] Zum Beispiel: §§ 117, 309 Abs. 2 und 4, 311 Abs. 1 a.E., 317 Abs. 1, 320 Abs. 5 AktG.

weit der Begriff der öffentlichen Aufgabe durch den Begriff der Daseinsvorsorge ausreichend erfaßt wird. Die begriffliche Verknüpfung soll hier nachgezeichnet werden.

In Rechtsprechung und Literatur wird der Begriff der öffentlichen Aufgabe nicht einheitlich gebraucht.[320] Unklar ist insoweit auch, ob und wie eine Unterscheidung zwischen öffentlichen Aufgaben und staatlichen Aufgaben zu treffen ist.[321]

Der Staat kann sich zur Erfüllung öffentlicher Aufgaben auch Privater bedienen. Es gibt aber Aufgaben, deren Erfüllung durch Private aus verfassungsrechtlichen Gründen untersagt ist (Gesetzgebung; Art. 70 GG). Diese Aufgaben könnte man als staatliche Aufgaben im engeren Sinne qualifizieren. Eine weitergehende Differenzierung ist nicht sinnvoll.[322]

Als öffentliche Aufgaben können solche Aufgaben bezeichnet werden, die dem Staat entweder durch das Grundgesetz zur Erfüllung übertragen sind oder die der Staat, auf einfachgesetzlicher Grundlage, in Übereinstimmung mit dem Grundgesetz, ausführt.

Damit ist die Brücke zu den Aufgaben der Daseinsvorsorge hergestellt. Es besteht zumindest im Grundsatz Einigkeit, daß es in der modernen Gesellschaft nicht mehr hinreichend ist, den Individuen Schutz durch die Gewährung von Freiheitsrechten als reinen Abwehrrechten zu bieten. Vielmehr bestehen elementare Bedürfnisse, zu deren Erfüllung der Einzelne auf ein gewisses Maß an staatlicher Unterstützung angewiesen ist. Das Bundesverfassungsgericht hat darauf hingewiesen, daß der Staat daher verpflichtet sei, die tatsächlichen Voraussetzungen zum Erwerb materieller und immaterieller Güter anzugleichen und damit die faktischen Vorbedingungen zu schaffen, die zur Nutzung der Freiheitsrechte notwendig sind.[323] Daraus ergibt sich ein Erfordernis staatlicher Intervention, Lenkung und Leistung in Bereichen, die zuvor der Selbstregulierung überlassen waren. Zu diesen Bereichen zählt auch die sogenannte Daseinsvorsorge. Daseinsvorsorge bedeutet die Bereitstellung verschiedener Güter und Leistungen, die zur Führung eines menschenwürdigen Lebens für unverzichtbar gehalten werden, ohne daß es auf die Rentabilität der Leistung

---

[320] Bull, Staatsaufgaben, S. 48 ff.; Peters, Öffentliche und staatliche Aufgaben, S. 877 ff.

[321] Die Rechtsprechung des Bundesverfassungsgerichts hierzu ist nicht einheitlich: BVerfGE 15, 235 (240 ff.), 17, 371 (376 f.) und BVerfGE 12, 205 (Ls. 7a, 243).

[322] Im Grundgesetz erscheint einzig in Art. 30 der Begriff „staatliche Aufgabe". An anderer Stelle ist nur von „Aufgabe" die Rede (Art. 33 Abs. 4; 91 a Abs.1; 104 a Abs.1). Der Begriff der staatlichen Aufgabe in Art. 30 GG wird zudem weit ausgelegt und soll alle Tätigkeitsbereiche des Staats erfassen, zu deren Wahrnehmung dieser verpflichtet oder berechtigt ist. (BVerfGE 22, 180 [217]; 39, 96 [109]).

[323] BVerfGE 33, 303 (331).

ankommen würde.[324] Trotz aller Kritik und der sicherlich vorhandenen Unschärfe des Begriffs kann die Energieversorgung mit der Rechtsprechung des Bundesverfassungsgerichtes zur Daseinsvorsorge gezählt werden, weil sie in der heutigen Zeit zu den Grundbedürfnissen eines menschenwürdigen Lebens gehört und es dem Einzelnen nicht möglich ist, sich selber zu versorgen (ein weiteres Beispiel: Versorgung mit Trinkwasser). Der Staat ist auf Grund des Sozialstaatsprinzips (Art. 20 Abs. 1, 28 Abs. 1 GG), aber auch auf Grund der Pflicht zur Herstellung des gesamtwirtschaftlichen Gleichgewichts (Art. 109 Abs. 2 GG) und der Grundrechte (Art. 2 Abs.1 , Abs. 2 S. 1, 12 Abs. 1, 14 Abs. 1 GG) in die Verantwortung genommen.[325]

Ist die Energieversorgung als eine Aufgabe der Daseinsvorsorge und demgemäß als eine öffentliche Aufgabe dargestellt worden, so ist daraus noch nichts zur Klärung der Frage gewonnen, ob der Betrieb eines Kernkraftwerks und damit die Energieerzeugung ohne weiteres unter den Begriff der Energieversorgung subsumiert werden kann.

Entweder geht man davon aus, daß die Energieversorgung als Einheit zu betrachten ist und somit die Energieerzeugung darunter zu zählen ist[326], oder man nimmt an, daß zwischen der Versorgung der Verbraucher mit Energie und deren Erzeugung eine Trennung vorzunehmen ist und zur Daseinsvorsorge nur der Bereich der Energieversorgung (im engeren Sinne) gehört.[327]

Während die erstgenannte Sichtweise die Identität der Energieversorgungsbereiche stillschweigend unterstellt, wird die letztgenannte Ansicht damit begründet, daß die Daseinsvorsorge im Sinne des Wortes nur die unmittelbare Versorgung der Verbraucher, nicht aber die Energieerzeugung meinen könne.

---

[324] Forsthoff, Die Verwaltung als Leistungsträger, 1938, S. 6; ders., Der Staat der Industriegesellschaft, 1971, S. 75 ff.; Maurer, Allgemeines Verwaltungsrecht, § 2 Rdn. 6.; Der Begriff als solcher ist hinsichtlich seines Inhaltes und seiner rechtlichen Relevanz seit jeher umstritten, vgl. Ossenbühl, DÖV 1971, 513 ff. m.w.N..

[325] Degenhart, Kernenergierecht, S. 173; Sante, Ausstieg, S. 74 f.; Hartung, DÖV 1992, 398 f.; ders., Atomaufsicht, S. 63 ff.

[326] Borgmann, Rechtliche Möglichkeiten, S. 346 ff.; Roller, Genehmigungsaufhebung und Entschädigung, S. 147, der davon ausgeht, daß aus dem Umstand, daß die Kernanlagenbetreibergesellschaften von Energieversorgungsunternehmen getragen werden, auf die grundsätzliche Übernahme der Rechtsprechung zur Grundrechtsfähigkeit der Energieversorgungsunternehmen geschlossen werden kann. Klar dürfte aber sein, daß von einer grundsätzlichen Heranziehbarkeit der Rechtsprechung zu gemischtwirtschaftlichen Unternehmen keine Rückschlüsse auf das Ergebnis einer solchen Anwendung gezogen werden können. Auf S. 155 plädiert Roller dann für eine Beurteilung der Grundrechtsfähigkeit nach dem Kriterium der grundrechtstypischen Gefährdungslage mit dem Ergebnis einer doch im Einzelfall annehmbaren Grundrechtsfähigkeit.

[327] Di Fabio, Der Ausstieg aus der wirtschaftlichen Nutzung der Kernenergie, S. 87 ff.; Hartung, DÖV 1992, 393 (394); ders., Die Atomaufsicht, S. 47.

Für ein differenziertes Vorgehen läßt sich gegebenenfalls das neue Energiewirtschaftsgesetz heranziehen. Durch die §§ 10 und 11 EnWG n.F.[328] werden die Versorgungspflicht sowie Allgemeine Tarife und Versorgungsbedingungen geregelt. Eine Anschluß- und Versorgungspflicht besteht für die Energieversorgungsunternehmen, die die allgemeine Versorgung von Endverbrauchern in Gemeindegebieten durchführen. Umfaßt werden die Veröffentlichung allgemeiner Versorgungsbedingungen und allgemeiner Tarife sowie die Verpflichtung zu Anschluß und Versorgung zu diesen Bedingungen und Tarifen. Unter „Gemeindegebieten“ sind Teilgebiete von gemeindlichen Gebietskörperschaften zu verstehen, so daß es hinreichend ist, wenn die öffentliche Versorgung von nur wenigen Häuserzeilen wahrgenommen wird.[329] Dies führt aber in Gebieten, in denen mehrere „Gebietsversorger“ auftreten können, etwa in Randlagen, nicht dazu, daß für Tarifkunden Alternativen bestehen, solange die Versorgungsleitungen im Bereich des konkreten Hausanschlusses einem bestimmten Energieversorgungsunternehmen gehören. In einem solchen Fall ist dieses Gemeindegebiet eindeutig zugeordnet, und nur gegenüber dem betreffenden *Netz*eigentümer besteht ein Versorgungsanspruch (§ 10 Abs. 1 EnWG). Besteht ein Versorgungsanspruch gegen den Netzeigentümer, so kann dies zu der Schlußfolgerung führen, daß eben doch, hinsichtlich des Vorliegens des Merkmals der Erfüllung von Daseinsvorsorgeaufgaben, zwischen Energieversorgern und Energieerzeugern differenziert werden kann, zumal das Bundesverfassungsgericht eine partielle Grundrechtsfähigkeit einzelner Bereiche eines Energieversorgungsunternehmens wohl für möglich hält[330] und somit auch der Fall im Sinne dieses Lösungsvorschlags erfaßbar wäre, daß ein Energieversorger (in diesem engeren Sinne) auch, was regelmäßig so ist, an Energieerzeugungsunternehmen beteiligt ist. Tragfähig wäre diese Argumentationskette aber nur, wenn Daseinsvorsorge mit Kontrahierungszwang gleichgesetzt würde. Konsequenz einer solchen Sichtweise wäre beispielsweise, daß die Versorgung von Industriekunden, für die keine Versorgungspflicht besteht, nicht unter den Begriff der Daseinsvorsorge fallen würde.

Jedoch wurde bereits festgestellt, daß die Beurteilung der Grundrechtsfähigkeit nicht über den Grad der gesetzlichen Einbindung und Ausgestaltung eines Gebiets erfolgen darf. Dies würde geschehen, wenn aus dem Umstand des Vorliegens eines Kontrahierungszwangs geschlossen würde, daß eine Aufgabe

[328] Das Gesetz zur Neuregelung des Energiewirtschaftsrechts ist am 29.04.1998 in Kraft getreten.; Gesetz zur Neuregelung des Energiewirtschaftsrechts vom 24.04. 1998, BGBl. I (1998), 730. Abgelöst wurde das Energiewirtschaftsgesetz von 1935 (i.d.F. von Art.3 des Gesetzes v. 19.12.1977 [BGBl. I, 2750]) einschließlich seiner Durchführungsverordnungen.
[329] Salje, NVwZ 1998, 916 (918).
[330] Kühne, JZ 1990, 335 (336).

der Daseinsvorsorge gegeben ist und damit die Grundrechtsfähigkeit zu bejahen oder zu verneinen wäre. Der Kontrahierungszwang und die inhaltliche Gebundenheit in einem Rechtsgebiet entscheiden nicht über das Vorliegen oder Nichtvorliegen einer Daseinsvorsorgeaufgabe. Vielmehr sind die inhaltliche Gebundenheit und der Kontrahierungszwang als eine besonders ausgeprägte Stufe der inhaltlichen Gebundenheit, Folge dessen, daß ein bestimmter Tatbestand als Daseinsvorsorgetatbestand einzustufen ist und der Gesetzgeber aus verfassungsrechtlichen Prinzipien und Grundrechten zu einer entsprechenden Ausgestaltung eines Rechtsgebietes verpflichtet ist.[331] Aus der im Energiewirtschaftsgesetz enthaltenen Trennung zwischen Energieversorgern (im engeren Sinne; Netztbetreibern) und Energieerzeugern kann nicht darauf geschlossen werden, welcher Vorgang von der Energieerzeugung bis zur endgültigen Verbraucherversorgung als Daseinsvorsorgeaufgabe zu werten wäre und damit letztendlich zur Grundrechtsfähigkeit oder -unfähigkeit bestimmter Unternehmensbereiche führen würde.

Richtig ist vielmehr, die Energieversorgung insgesamt – das Bundesverfassungsgericht spricht von der *Sicherstellung der Energieversorgung* – als Daseinsvorsorgeaufgabe zu betrachten. Eine Energieversorgung (im engeren Sinne) kann ohne Energieerzeugung nicht sinnvoll sichergestellt werden.

---

[331] Di Fabio (Der Ausstieg aus der wirtschaftlichen Nutzung der Kernenergie., S. 94 f.) will für die Frage der Zuordnung zur Daseinsvorsorge auf den im Kommunalrecht vorgegebenen Begriff der „öffentlichen Einrichtung" abstellen. Als solche bezeichne man eine Leistungseinrichtung, die eine entsprechende durch Dritte benutzbare Leistungen anbiete und die ihren öffentlichen Status durch eine sogenannte Widmung erhalte, welche als Rechtsakt die Nutzung der Einrichtung durch die Öffentlichkeit determiniere und gerade im Verhältnis zwischen Bürger und kommunaler Körperschaft einen öffentlich-rechtlichen Zugangsanspruch begründe. Da lediglich eine Widmung regionaler Energieversorger erkennbar sei, keinesfalls aber eine Widmung von Kernanlagen, würden diese schon keine öffentlichen Aufgaben erfüllen. Die Grundrechtsfähigkeit der Kernanlagenbetreibergesellschaften als gemischtwirtschaftlicher Unternehmen sei daher zu bejahen. Mag auch der Bürger einen Anspruch auf Belieferung haben, so sei dies doch kein Anspruch auf Lieferung aus einem definierten Kraftwerk.

Wie gesehen wurde, ist Daseinsvorsorge nicht mit einem Anspruch gleichzusetzen. Vielmehr ergibt sich deren Umfang, insoweit man diesem Begriff überhaupt folgen will, aus bestimmten Verfassungsprinzipien und Grundrechten. Eine Eingrenzung über das kommunalrechtliche Institut der „öffentlichen Einrichtung" und einer Widmung als konstitutiver Akt erfaßt den Umfang der Problematik nicht gänzlich. Leitet man die Daseinsvorsorge aus verfassungsrechtlichen Regelungen ab, so kann eine abschließende Grenzziehung nicht durch einfaches Recht erfolgen. Vielmehr trägt dieses dem Umstand des Bestehens einer Daseinsvorsorgeaufgabe erst Rechnung. Auch ergibt sich der Lieferanspruch nicht erst aus einer Widmung kommunaler Energieversorger zu öffentlichen Einrichtungen. Vielmehr besteht dieser originär nach dem Energiewirtschaftsgesetz. Der Umfang der Daseinsvorsorgeaufgabe kann vielmehr nur nach ihrem Sinn und Zweck ermittelt werden. Es ist an dem gefundenen Ergebnis festzuhalten.

Daß das neue Energiewirtschaftsgesetz in bestimmten Konstellationen einen Anspruch gegen den Netzinhaber beinhaltet, steht dem nicht entgegen. Da entweder Energieversorgungsunternehmen die Netze selber betreiben (beziehungsweise an den die Netze betreibenden Gesellschaften beteiligt sind) und ein Netzbetrieb ohne Stromlieferung schon tatsächlich nicht vorstellbar ist, genügt dieses Gesetz in seiner Ausgestaltung, da für jeden ein Anspruch auf Stromlieferung besteht, den Vorgaben, die sich daraus ergeben, daß die Energieversorgung eine Daseinsvorsorgeaufgabe darstellt.
Konsequenz der Einstufung der Energieerzeugung als Daseinsvorsorgeaufgabe ist, daß die entsprechenden Kernanlagenbetreibergesellschaften, wenn darüber hinaus das Merkmal der maßgeblichen Einflußnahme auf die Geschäftsführung seitens der öffentlichen Hand erfüllt ist, sich nicht auf Grundrechte, hier Art. 12 und 14 GG, berufen können.[332] Gleichwohl stehen sie nicht schutzlos da, weil für Tatbestände mit Vergangenheitsbezug der rechtsstaatliche Vertrauensschutz eingreift und für rein vorwärtsgerichtete Tatbestände der Grundsatz der Verhältnismäßigkeit Berücksichtigung zu finden hat. Demgegenüber sind die Betreibergesellschaften Träger von Grundrechten, die vollständig in der Hand privater Anteilsinhaber sind.[333]
Im Hinblick auf das angeführte Merkmal der Einflußnahme sei darauf hingewiesen, daß ein genaue Prozentzahl, ab welchem Beteiligungsgrad von einer maßgeblichen Einflußnahme geredet werden kann, nicht nennbar ist, da auch andere Einflußnahmekriterien zu berücksichtigen sind. Eine Überprüfung müßte im Einzelfall erfolgen.
Zu kritisieren ist an der dargestellten Dogmatik zur Grundrechtssubjektivität gemischtwirtschaftlicher Unternehmen sicherlich, daß sich die öffentliche Hand in Fällen von Minderbeteiligungen ohne maßgebliche Einflußnahmemöglichkeit die Grundrechtsträgerschaft sichern könnte, obwohl dies an sich generell abzulehnen ist. Die Verhinderung dieses Problems ist aber auf einer anderen Ebene zu suchen. Letztlich ist hier der Gesetzgeber gefordert, die Bestimmungen über die Beteiligungen der öffentlichen Hand an Unternehmen in Rechtsformen des privaten Rechts zu verschärfen. Bisher ist in § 65 Abs. 1 Nr. 3 BHO (und in den Landeshaushaltsordnungen der Länder; vgl. § 65 Abs. 1 Nr.

---

[332] Nicht überzeugend ist das Argument, daß, da das Bundesverfassungsgericht in der Kalkar-Entscheidung und im Mühlheim-Kärlich-Beschluß die Grundrechte der Betreiber geprüft hat, auf deren Grundrechtsfähigkeit zu schließen ist.; so aber: Di Fabio, Der Ausstieg aus der wirtschaftlichen Nutzung der Kernenergie, S. 98; Vielmehr ist überhaupt keine Prüfung der Grundrechtsfähigkeit der Anlagenbetreiber ersichtlich. Ein entsprechender Rückschluß kann somit auch nicht gezogen werden.

[333] Die Anlagen Würgassen und Unterweser in der Hand der E.ON Energie AG, welche aus einem Zusammenschluß der VIAG und VEBA (einschließlich deren einhundertprozentiger Tochter Preußen-Elektra, die Betreiberin der beiden Anlagen ist) hervorgegangen ist.

3 ThürLHO) geregelt, daß sich der Bund (das Land) an der Gründung eines Unternehmens in der Rechtsform des privaten Rechts oder an einem bestehenden Unternehmen in dieser Rechtsform nur beteiligen *soll,* wenn ... der Bund (das Land) einen angemessenen Einfluß, insbesondere im Aufsichtsrat oder in einem entsprechenden Überwachungsorgan erhält. Da es sich bei diesen Regelungen aber um Soll-Vorschriften handelt, ist es der öffentlichen Hand grundsätzlich unbenommen, sich in besonderen Fällen[334] ohne entsprechende Einflußnahmemöglichkeit zu beteiligen. Auch auf der kommunaler Ebene werden den Gemeinden und Landkreisen für den Fall von Beteiligungen an juristischen Personen des Privatrechts bestimmte Obliegenheiten hinsichtlich der Sicherung von Einflußnahmemöglichkeiten auferlegt (z. Bsp.: §§ 75 Abs. 4, 5; 114 ThürKO i.V.m. §§ 53, 54 HGrG).

IV. Art. 14 GG als verfassungsrechtliche Grenze des Atomausstiegsgesetzes

1. Ziele des Ausstiegsgesetzes

Maßstab der Prüfung der Verhältnismäßigkeit einer gesetzlichen Regelung sind regelmäßig die vom Gesetzgeber verfolgten Ziele. Für einen gesetzlichen Ausstieg aus der Kernenergienutzung steht dem Gesetzgeber ein großes Bündel an Zielen zur Verfügung, auf die er zurückgreifen kann. Das Gesetz zur geordneten Beendigung der Kernenergienutzung vom 22.04.2002 hat der Gesetzgeber folgendermaßen begründet [335]:
Der Schutz des Lebens und der körperlichen Unversehrtheit, eingeschlossen die Gesundheit der Bevölkerung, und der Schutz der natürlichen Lebensgrundlagen auch für künftige Generationen seien verfassungsrechtlich geboten. Die Bewahrung dieser Verfassungsgüter rechtfertige grundsätzlich Eingriffe in Rechte der Betreiber von kerntechnischen Anlagen. Das Gesetz verfolge mit der zukünftigen Vermeidung beziehungsweise Minderung der mit der Kernenergienutzung verbundenen Risiken überragend wichtige Belange des Gemeinwohls.
Im Hinblick auf das bei einem Unfall mögliche Schadensausmaß halte die Bundesregierung das bisher vom Gesetzgeber als sozialadäquat hingenommene Restrisiko der gewerblichen Nutzung der Kernenergie nur noch für einen begrenzten Zeitraum tolerabel. Auch die Risiken der Entsorgung und Wieder-

[334] Im Falle von Soll-Vorschriften verknüpft das Gesetz eine Rechtsfolge mit einem Tatbestand zwar für alle typischen Fälle, gestattet aber in atypischen Fällen, also bei besonderen, überwiegenden Gründen, von der Verwirklichung der gesetzlichen Rechtsfolge abzusehen (sog. Dispensermessen).; vgl. Wolf/Bachof/Stober, Verwaltungsrecht I, 1994 , § 31 Rdn. 34.

[335] BT-Drucks. 14/6890, 14 f.

aufarbeitung bestrahlter Brennelemente sowie des Missbrauchs von Kernbrennstoffen erforderten eine baldige und endgültige Beendigung der Kernenergienutzung zur gewerblichen Energieerzeugung.
Weiterhin wird ausgeführt: Zwar bestehe in Deutschland ein hohes Schutzniveau, doch lasse sich die Möglichkeit von Unfällen mit großen Freisetzungen nicht völlig ausschließen.
Zudem habe die Erfahrung gezeigt, daß sich bei einem Unfall freigesetzte radioaktive Stoffe in Abhängigkeit von den Ausbreitungsbedingungen nicht nur auf eine bestimmte Fläche in der Umgebung verteilten, sondern großräumig zu einer Kontamination von Umweltmedien und einer Strahlenexposition der Bevölkerung führen könnten. Zum Schutz der menschlichen Gesundheit und anderer wichtiger Gemeinschaftsgüter würden mit dem Gesetz deshalb die Weichen für eine geordnete, sichere Beendigung der Stromerzeugung aus Kernenergie gestellt.
In der verbleibenden Zeit sollten die Kernkraftwerke unter Beibehaltung eines hohen Sicherheitsniveaus, das seit Beginn der Nutzung der Kernenergie erhebliche Fortschritte durch die Fortentwicklung der Sicherheitstechnik für Kernkraftwerke erfahren habe, betrieben werden.
Der Schutz von Leben, körperlicher Unversehrtheit, Gesundheit der Bevölkerung und natürlicher Lebensgrundlagen auch für künftige Generationen gebiete es, radioaktive Abfälle für „immer“ sicher von der Biosphäre getrennt aufzubewahren. Dabei stehe die Langzeitsicherung der erforderlichen Endlagerung im Vordergrund. Das Problem der atomaren Entsorgung hochradioaktiver Abfälle sei weltweit praktisch zur Zeit nicht gelöst. Die radioaktiven Abfälle könnten die Nachwelt belasten und das Gesetz begrenze daher das Entstehen weiteren radioaktiven Abfalls.
Die Aufarbeitung von Kernbrennstoffen führe zu radioaktiven Immissionen und zu einem zusätzlichen Anfall von Plutomium. Das Gesetz enthalte daher ein Verbot der Abgabe bestrahlter Brennelemente.
Auf der Basis dieser Regelung sorge der vorgesehene Wiederverwertungsnachweis für das zurückzunehmende Plutonium dafür, daß kein freies Plutonium aus der gewerblichen Kernenergienutzung zur Stromerzeugung übrig bleibe.
Des weiteren, so die Begründung des Gesetzes, sei dieses Gesetz Teil der Umsetzung eines energiepolitischen Programms der Bundesregierung, die eine nachhaltige und möglichst risikofreie Energieversorgung anstrebe. Eine solche neue nachhaltige Energiepolitik schaffe die Bedingungen für einen rationellen und sparsamen Energieeinsatz und die Nutzung erneuerbarer Energiequellen.
Mit der schrittweisen Stillegung von Stromerzeugungskapaziäten wachse der Anreiz zur Umstrukturierung der Energieversorgung. Dabei sei wichtig, den

Investoren und Akteuren einen klaren und langfristig verlässlichen Rahmen zu setzen. Dazu gehörten neben der Entscheidung für eine geordnete Beendigung der Kernenergie Maßnahmen, die auf Einsparung beim Energieverbrauch, eine effizientere Nutzung fossiler Energien durch Ertüchtigung von vorhandenen Kraftwerken und Neubauten von hocheffizienten Kraftwerken (Wirkungsgradsteigerung, Kraft-Wärme-Kopplung) sowie einen höheren Versorgungsbeitrag erneuerbarer Energien hinwirkten.
Mit zahlreichen Maßnahmen, dem Erneuerbare-Energien-Gesetz, der Schaffung der Deutschen Energie-Agentur und mit den im neuen Nationalen Klimaschutzprogramm beschlossenen Maßnahmen habe die Bundesregierung bereits wichtige Weichen für die Umstrukturierung der Energieversorgung gestellt.
Die damit verbundene Neuorientierung der Energiepolitik entspreche dem Leitbild der nachhaltigen Entwicklung. Sie vermindere die mit der Energieerzeugung verbundenen Umweltbelastungen, sichere die Beschäftigung in der Energiewirtschaft und trage vor allem durch eine Steigerung der Energieeffizienz zur Wettbewerbsfähigkeit der deutschen Wirtschaft bei.
Die sich nunmehr anschließenden Ausführungen zur Verhältnismäßigkeit der Regelungen werden an den jeweils einschlägigen Stellen besprochen.

2. Die nachträgliche Befristung der Betriebsgenehmigungen für Kernkraftwerke im Wege einer Strommengenbegrenzung gemäß § 7 Abs. 1 a AtG als Enteignung oder als Inhaltsbestimmung des Eigentums

Für die verfassungsmäßige Beurteilung der nachträglichen Befristung von Errichtungs- und Betriebsgenehmigungen für Atomanlagen und der hier verfassungsrelevanten Beschränkung von deren Nutzungsbefugnis kommt als ein Maßstab der Eigentumsschutz bezweckende Art. 14 GG in Betracht, jedenfalls für die Betreibergesellschaften, deren Grundrechtssubjektivität zu bejahen ist.
Bezüglich des durch Art. 14 GG gewährleisteten Eigentums- und somit Bestandsschutzes und die vorliegend geschützten Eigentumspositionen soll auf die Ausführungen im ersten Teil der Arbeit – S. 29 ff. – verwiesen werden.
Es ist für die Verfassungsmäßigkeit einer Regelung, die eine nachträgliche Befristung der Betriebsgenehmigungen und damit eine zeitliche Begrenzung der Nutzungsbefugnis anordnet, entscheidend, ob diese als Enteignung oder als Inhaltsbestimmung des Eigentums zu qualifizieren ist. Denn nach der Einordnung entscheidet es sich, an welchen Schranken sich eine entsprechende Regelung zu messen hätte.

Zur Lösung dieses Abgrenzungsproblemes werden die unterschiedlichsten Vorschläge angeboten. Im Folgenden sollen die wesentlichen Ansichten in der Literatur dargestellt werden und die in der Rechtsprechung entwickelten Ansätze betrachtet werden.

a. Der formalisierte Enteignungsbegriff des Bundesverfassungsgerichts

Der Bundesgerichtshof und das Bundesverwaltungsgericht bevorzugten zunächst in ihrer früheren Rechtsprechung eine materielle Abgrenzung von Inhaltsbestimmung und Enteignung. Beide Institute wurden als Abstufungen eines Eigentumseingriffs angesehen, wobei ab Überschreiten einer gewissen Zumutbarkeitsgrenze, die nach dem Bundesgerichtshof an einem sogenannten "Sonderopfer"[336] und nach dem Bundesverwaltungsgericht an der Schwere und Zumutbarkeit des Eingriffes[337] festgemacht wurde, eine Inhaltsbestimmung in eine Enteignung umschlagen konnte. Kritisiert wurde dies, weil eine systematisch saubere Trennung von Enteignung und Inhaltsbestimmung, wie sie Art. 14 Abs. 1 und Art. 14 Abs. 3 GG vorsehen, nicht möglich ist.
Wie bereits im ersten Teil dargestellt wurde, wandte sich das Bundesverfassungsgericht schon in der Kleingartenpachtentscheidung, endgültig aber in der Naßauskiesungsentscheidung hin zu einer formalsierten Definition der Enteignung.[338] Grundsätzlich sind danach im Gegensatz zur bisherigen Abgrenzung keine fließenden Übergänge zwischen Sozialbindung und Enteignung auszumachen. Vielmehr sollen die Institute der Inhaltsbestimmung und der Enteignung klar voneinander zu trennen sein und zwar mittels formaler Kriterien. Daraus ergibt sich dann, daß die Intensität der Belastung eine Inhaltsbestimmung nicht in eine Enteignung umschlagen lassen kann. Kommt es bei der Normierung einer Inhaltsbestimmung zur Überschreitung verfassungsrechtlicher Grenzen, so ist die Inhaltsbestimmung verfassungswidrig, kann dadurch aber nicht gleichzeitig eine Enteignung darstellen.
Vor diesem Hintergrund soll zwischen drei möglichen Formen der Beeinträchtigung des Eigentums zu unterscheiden sein.
Zunächst hat des Grundgesetz in Art. 14 Abs. 1 S. 2 dem Gesetzgeber die Aufgabe übertragen, Inhalt und Schranken des Eigentums zu bestimmen. Auf diesem Wege können generell und abstrakt Rechte und Pflichten des jeweiligen Eigentümers festgelegt werden.

[336] Siehe nur: BGHZ 6, 270 (280).
[337] BVerwGE 5, 143 (145 f.); 7, 297 (299); 11, 68 (75).
[338] BVerfGE 24, 367 (394); 38, 175 (180); 58, 300 (331); 70, 191 (199 f.); 74, 264 (280); 79, 174 (191)

Eine weitere Möglichkeit für den Gesetzgeber liegt darin, gemäß Art. 14 Abs. 3 S. 2 GG durch Gesetz einem bestimmten oder bestimmbaren Personenkreis Eigentumsrechte zu entziehen, die dieser rechtmäßig aufgrund eines Gesetzes im Sinne des Art. 14 Abs. 1 S. 2 GG erworben hat.
Abschließend kann der Gesetzgeber, wiederum auf der Grundlage des Art. 14 Abs. 3 S. 2 GG, die Exekutive ermächtigen, das Eigentum einzelner zu entziehen. Hierbei liegt dann, in Abgrenzung zur Legalenteignung, ein Vollzugsakt vor, der mit Rechtsmitteln angefochten werden kann.
Für die Frage des Ausstiegs aus der friedlichen Nutzung der Kernenergie kommt im Hinblick darauf, daß hier mittels Gesetz die anfänglich unbefristeten Betriebsgenehmigungen nachträglich über Strommengenkontingente befristet werden sollen, ohne das ein Vollzugsakt zwischengeschaltet wäre, nur eine Legalenteignung in Frage.
Es wären Legalenteignung und Inhaltsbestimmung voneinander abzugrenzen. Wurde schon darauf hingewiesen, daß eine Inhaltsbestimmung die abstrakt-generelle Regelung von Rechten und Pflichten der Eigentümer darstellt, so ist im Folgenden zu klären, was der konkrete Inhalt des formellen Enteignungsbegriffs ist.
Nach der Rechtsprechung des Bundesverfassungsgerichts ist Enteignung im Sinne des Art. 14 Abs. 3 GG ein gezielter konkret-individueller Zugriff auf das Eigentum mittels eines Rechtsakts, der zu einer vollständigen oder teilweisen Entziehung konkreter subjektiver Eigentumspositionen führt.[339] Hierbei ist das Merkmal des Güterbeschaffungsvorgangs ausdrücklich nicht mehr Bestandteil der Definition des Enteignungsbegriffs. Das Bundesverfassungsgericht hatte insoweit ausgeführt, daß das Vorliegen einer Enteignung nicht davon abhänge, daß es sich um einen Güterbeschaffungsvorgang handele, sondern vielmehr entscheidendes Merkmal der Entzug des Eigentums und der dadurch bewirkte Rechts- und Vermögensverlust sei.[340] Damit ist auch auf die Komponente des Enteignungszwecks verwiesen. Nach einer gängigen Begriffsbestimmung dient die Enteignung der Lösung des Interessenwiderstreits, der dann entsteht, wenn der Verwirklichung einer konkreten staatlichen Aufgabe eine konkrete, durch die Verfassung geschützte Rechtsposition eines Bürgers im Wege steht. Dabei ist der Enteignungszweck der Erfüllung einer staatlichen Aufgabe nicht nur dann gegeben, wenn der Staat die Eigentumsgegenstände als solche braucht, sondern auch dann, wenn er Rechte entzieht, die als Abwehrrechte der Verwirklichung hoheitlichen Handelns oder der Erfüllung staatlicher Aufgaben entgegenstehen.[341]

---
[339] Vgl. BVerfGE 72, 66 (76); 74, 264 (280); 79, 174 (191).
[340] BVerfGE 83, 201 (211).
[341] Ossenbühl, AöR 124 (1999), 1 ff. (16).

Um ein nach der Rechtsprechung des Bundesverfassungsgerichts wesentliches Merkmal des Enteignungsbegriffs handelt es sich bei der Aufhebung des sachenrechtlichen Zuordnungsverhältnisses. Es muß insoweit das individuelle Zuordnungsverhältnis zwischen dem Rechtsträger und der Sache nicht lediglich dem Inhalt nach geändert werden, sondern schlichtweg beseitigt werden.
Nun könnte man an dieser Stelle schon der Ansicht sein, eine Enteignung scheide damit aus, da das sachenrechtliche Zuordnungsverhältnis zwischen dem Atomanlagenbetreiber und der Atomanlage nicht aufgehoben wird.[342] Mit der Reduzierung auf diese Sichtweise werden aber bedeutende Aspekte, wie die Frage der Totalentleerung eines Rechts, die noch zu behandeln sein werden, ausgeblendet. Unabhängig davon ist diese Betrachtung an sich schon mehr als fragwürdig. Denn eine Befristung der Betriebsgenehmigung hat, im Hinblick darauf, daß Schutzobjekt die Kernanlage als solche und die Nutzungsbefugnis ist, wohl Auswirkungen auf das sachenrechtliche Zuordnungsverhältnis, da eine Stillegung regelmäßig auch eine Beseitigung der Anlage umfaßt.[343] Selbst bei einem eingeschränkten Begriff der Stillegung ist eine Beseitigung der Anlage nach der im Ausstiegskonzept eingebundenen Stillegungsanordnung doch zumindest praktische Folge.[344]
Unbenommen der Frage der Auflösung der sachenrechtlichen Zuordnung kann man sich dem Problem des Atomausstiegs und der Frage nach der Enteignung auch von ganz anderen dogmatischen Ansatzpunkten nähern. So ist einerseits unklar, wann nach der Begriffsdefinition des Bundesverfassungsgerichts eine „teilweise Entziehung" einer Eigentumsposition vorliegt und andererseits nicht ganz klar, wie die Fälle zu behandeln sind, in denen, ohne Auflösung des sachenrechtlichen Zuordnungsverhältnisses, die Nutzungsrechte gegen Null reduziert werden und so das Eigentum für den Eigentümer keinerlei wirtschaftlichen Wert mehr hat. Ebenso von Interesse, und hier mit der Frage der Totalentleerung eines Rechts im Zusammenhang stehend, sind die Fragen die sich im Kontext der Fälle von sogenannten Reformgesetzen stellen.
Die erste Fallgruppe dürfte hier schon nicht einschlägig sein. Selbst wenn man davon ausgeht, daß ein solches selbständiges Teilrecht dann vorliege, wenn eine entsprechende Nutzung vom Gesetzgeber besonders ausgeformt und hervorgehoben wurde und man dies für das Atomrecht bejaht, so kann man von einem *Teil*entzug im Sinne des Worts nur reden, wenn man die atomrechtliche Nutzungsbefugnis als Bestandteil des Eigentums betrachtet. Dies ist aber, wie

[342] So Roller, Eigentums- und entschädigungsrechtliche Fragen einer Beendigung der Kernenergienutzung, 1998, S. 91.
[343] Zur geltenden Rechtslage: § 7 Abs. 3 AtG; Bender/Sparwasser/Engel, Umweltrecht, Teil 7 Rdn. 198 ff.; ferner : UGB-KomE, 1998, S. 293, 1247 f.
[344] Ossenbühl, AöR 124 (1999), 1ff. (17).

im ersten Teil der Arbeit dargestellt wurde, nicht der Fall. Vielmehr wird sie mittels der atomrechtlichen Genehmigung verliehen und ist nicht schon originärer Bestandteil des Eigentums.
Damit ist man bei der sich folgend stellenden Frage, der Behandlung von Fällen angelangt, in denen Nutzungs- und Verfügungsrechte am Eigentum derart reduziert werden, daß keinerlei wirtschaftlicher Wert mehr an der Sache besteht. Eine mit dieser Frage im Kontext stehender Fall wurde vom Bundesverfassungsgericht entschieden.[345] Im Fall ging es um einen Vorlagebeschluß des OVG Koblenz, in dem die Klägerin gemäß § 13 Abs. 1 S. 2 Denkmalschutzgesetz Rheinland-Pfalz eine Abbruchgenehmigung für eine unter Denkmalschutz stehende Villa begehrte, da sie diese wegen der hohen Unterhaltungskosten nicht mehr erhalten konnte. Die zuständige Behörde lehnte die Abbruchgenehmigung ab. Das Oberverwaltungsgericht hielt den der Entscheidung zugrundegelegten § 13 Abs. 1 S. 2 RhPfDSchPflG für insoweit für verfassungswidrig, als darin bestimmt wird, daß im Falle des § 13 Abs. 1 S. 1 Nr. 1 RhPfDSchPflG die Abbruchgenehmigung nur erteilt werden darf, wenn andere Erfordernisse des Gemeinwohls die Belange des Denkmalschutzes und der Denkmalpflege überwiegen.
Das Bundesverfassungsgericht hält, entsprechend der Vorlage, die Regelung des § 13 Abs. 1 S. 2 für verfassungswidrig. Das Gericht geht davon aus, daß es sich hier um eine Inhalts- und Schrankenbestimmung des Eigentums handelt, da weder die zur Überprüfung gestellte Norm, noch die Versagung der Genehmigung selbst konkrete Eigentumspositionen zur Erfüllung bestimmter Aufgaben entziehen, sondern generell und abstrakt die Nutzungsmöglichkeit eines mit einem Denkmal bebauten Grundstückes beschränken, wobei der Versagungsakt diese Beschränkungen aktualisiert. Die Verfassungswidrigkeit der Regelung soll darin liegen, daß unverhältnismäßige Belastungen des Eigentümers, wenn etwa wie hier, keinerlei sinnvolle Nutzungsmöglichkeiten verbleiben, nicht ausgeschlossen werden und auch keinerlei Vorkehrungen zur Vermeidung derartiger Eigentumsbeschränkungen vorgesehen sind. Auch eine im Gesetz enthaltene Entschädigungsregelung (§ 31 Abs. 1 S. 2) konnte an der Beurteilung nichts ändern, da diese nicht den vom Bundesverfassungsgericht gestellten Anforderungen an Ausgleichsregelungen im Anwendungsbereich des Art. 14 Abs. 1 S. 2 GG genügte.
Der entscheidende Unterschied dieser Fallgestaltung zum Atomausstieg liegt aber gerade darin, daß im genannten Fall die enteignende Wirkung der gesetzlichen Regelung nicht Ziel der gesetzgeberischen Tätigkeit war, sondern vielmehr eine Auswirkung im Einzelfall, die er zu berücksichtigen gehabt hätte.

[345] BVerfG NJW 1999, 2877 ff.

Anders ist es im Falle des § 7 Abs. 1 a AtG, bei dem der Entzug der Nutzungsrechte gerade gewollt ist. Das der Gesetzgeber hier nicht völlig frei disponieren kann und eine Enteignung unter dem Etikett der Inhaltsbestimmung vornehmen kann, ist klar und soll im Folgenden untermauert werden.
Grundsätzlich hat die Differenzierung, ob eine Enteignung oder eine Inhaltsbestimmung vorliegt über die Tatbestandsmäßigkeit der grundrechtlichen Gewährleistung und nicht über die Rechtmäßigkeit des Eingriffs zu erfolgen. Der Gesetzgeber hat aus der Perspektive ex ante zu überlegen, ob eine geplante Maßnahme und ein damit zusammenhängender möglicher Interessenkonflikt nur auf dem Wege der Enteignung auflösbar ist. Ist also nach Ansicht des Gesetzgebers der verfolgte Gemeinwohlzweck trotz Aufhebung der Privatnützigkeit zu verfolgen, so kann dies gemäß der Rechtsprechung des Bundesverfassungsgerichts nur auf dem Wege der Enteignung geschehen.[346] Dies betrifft die Ebene des Gesetzgebers. Davon zu scheiden ist die gerichtliche Ebene. Hier gilt bei der Prüfung der Verfassungsmäßigkeit einer Regelung aus der Perspektive ex post das Verbot des Umschlagens einer verfassungswidrigen Inhaltsbestimmung in eine verfassungsmäßige Enteignung.
So behält die gerichtliche Einordnung einer zur Prüfung gestellten gesetzlichen Regelung als Inhaltsbestimmung auch dann ihre Gültigkeit, wenn der Eingriff in seinen Auswirkungen für den Betroffenen einer Enteignung nahe- oder gleichkommt. Denn die Qualifikation einer Norm als Inhaltsbestimmung oder Enteignung ist von der Intensität der den Rechtsinhaber treffenden Belastung unabhängig.[347] Daraus ergibt sich, daß eine Inhaltsbestimmung nicht verfassungswidrig ist, weil sie eigentlich als Enteignung auszugestalten gewesen wäre, sondern, weil der Gesetzgeber etwa gegen die Bestandsgarantie oder Institutsgarantie des Art. 14 GG verstoßen hat. Kommt das Bundesverfassungsgericht zu dem Ergebnis, daß eine gesetzliche Regelung verfassungswidrig ist, so kann es vom Nichtigkeitsausspruch absehen, wenn der Gesetzgeber die Möglichkeit hat, das Gesetz nachzubessern. Dies ist dann aber auf die Form der Inhaltsbestimmung beschränkt. Eine Umänderung in die Form der Enteignung ist hingegen nicht möglich. Demgemäß müßte das Gericht dann die Nichtigkeit der Regelung aussprechen und der Gesetzgeber hätte dann den Sachverhalt neu unter der Gestaltungsform der Enteignung auszuregeln.
Wie gesehen, betrachtet das Bundesverfassungsgericht somit die von Art. 14 Abs. 1 S. 2 GG und Art. 14 Abs. 3 GG geschützten Bereiche tatbestandlich streng getrennt und prüft die Rechtswidrigkeit konkret am jeweiligen eigenständigen Maßstab. Daraus ergibt sich, daß mit zunehmender Eingriffstiefe, die

[346] BVerfG NJW 1999, 2877, 2877 f.
[347] BVerfG NJW 1999, 2877, 2878 m.w.N.

im vorliegenden Denkmalfall als enteignungsgleich bezeichnet wird, sich steigende Anforderungen an eine Ausgleichsregelung ergeben.[348]
Für den Gesetzgeber besteht kein Wahlrecht zwischen den beiden Instituten der Enteignung und der Inhaltsbestimmung des Eigentums. Es ist, und damit ist man dogmatisch am entscheidenden Punkt angelangt, schlicht ein Erfordernis der Junktimklausel und ihrer Warnfunktion, daß ein Enteignungsentschädigungsgesetz für alle die Eigentumsentziehungen erforderlich ist, die Gegenstand eines gezielten hoheitlichen Eingriffes sind. Dies ist bei dem § 7 Abs. 1 a AtG der Fall, da hier gezielt hoheitlich Eigentumspositionen entzogen werden sollen. Auch ist, um beim Enteignungsbegriff des Bundesverfassungsgerichts zu bleiben, ein konkret-individueller Zugriff gegeben. Denn der Gesetzgeber hat hier, hinsichtlich der genannten Entzugsabsichten, gar keine andere Wahl, als die Regelung als Enteignungsgesetz auszugestalten. Eine Ausgestaltung in der Form einer Inhaltsbestimmung wäre ein "Etikettenschwindel" und als verfassunswidriges Gesetz nichtig. Wenn hier teilweise behauptet wird, schon aufgrund der Vielzahl der Betreiber scheide eine Enteignung aus[349], so wird die Perspektive verkehrt.[350] Nicht die Anzahl der möglichen Betroffenen entscheidet über die Wahl des einschlägigen Instituts, sondern das vom Gesetzgeber mit der Regelung verfolgte Ziel.
In diesen Kontext paßt sich auch eine Entscheidung des Bundesgerichtshofs ein.[351] Sicherlich kann man dem Bundesgerichtshof den Vorwurf machen, in seinen Ausführungen auf die auf der Ebene des Gerichts unanwendbare Umschlagtheorie zurückzugreifen. Gemünzt auf die Perspektive des Gesetzgebers ergibt sich aber ein mit den gemachten Ausführungen stimmiges Bild, wenn der Bundesgerichtshof darlegt, daß "die Stillegung der Tierkörperbeseitigungsanlagen den Rahmen einer noch zulässigen Inhaltsbestimmung des Eigentums auch dann überschreitet, wenn dem Kl. insoweit ein Ausgleich zuerkannt werden könnte". "Diese Kompensationsmöglichkeit gestattet es nicht, auch besonders schwerwiegende, in die Substanz des Eigentums eingreifende Belastungen noch als verfassungsrechtlich unbedenkliche Inhaltsbestimmungen

[348] BVerfGE 83, 201 (211 f.).
[349] So Roller, Die Vereinbarkeit der nachträglichen gesetzlichen Befristung atomrechtlicher Genehmigungen mit Art. 14 GG; ZUR 1999, 244, 248.
[350] Ebenso Denninger, in: Koch/Roßnagel (Hrsg.), 10. Deutsches Atomrechtssymposium 1999, S. 167 ff. (180). Dieser argumentiert aus gerichtlicher Ebene und führt, unter Bezugnahme auf Rozek, Art. 14 GG, S. 155, aus, daß abstrakt-generelle Regelungen, die das Eigentum in seiner Gestalt und in seinem Bestand neu konzipieren und bestimmen, niemals Legalenteignungen sind, auch dann nicht, wenn sie sich für den Alteigentümer infolge des für diese Gruppe entstehenden Rechtsverlustes wie eine Enteignung auswirken.
[351] BGHZ 133, 265 ff. – Stillegung von Tierkörperbeseitigungsanlagen –.

i.S. des Art. 14 Abs. 1 S. 2 GG anzusehen."[352] Konsequenz dieser Aussage kann im hier angenommenen Zusammenhang sein, daß der Gesetzgeber dann zum Rechtsmittel der Enteignung zu greifen hätte.
Weiter sei in diesem Zusammenhang noch auf die Figur der sogenannten "de facto Enteignung" hingewiesen, die im Zusammenhang mit dem Eigentumsschutz gemäß Art. 1 des Ersten Zusatzprotokolles zur Europäischen Menschenrechtskonvention genannt wird, wenn es um die Totalentleerung von Rechten geht. Diese soll hier aber keine Rolle spielen, da sie sich dogmatisch nicht in das deutsche Eigentumsmodell, so wie es hier verfolgt wird, einfügt. Denn es wäre dann letztlich ausschließlich von der gerichtlichen Ebene aus einer ex post-Perspektive unter Ausblendung des Kriteriums der Finalität des Zugriffs zu argumentieren. Diese Annahme wird zudem dadurch gestützt, das im Zusammenhang mit der Figur der "de facto Enteignung" auch von Zufallsenteignung[353] gesprochen wird. Vom Blickwinkel des verfassungsgerichtlichen Enteignungsbegriffs kann es aber eine Enteignung durch Zufall nicht geben.
Nun wird von den Vertretern, die eine nachträgliche Befristung der Nutzungsbefugnis von Atomanlagen als Inhaltsbestimmung des Eigentums ansehen[354], regelmäßig auf die Rechtsprechung des Bundesverfassungsgerichts zu sogenannten Reformgesetzen verwiesen. Es handelt sich dabei um Fälle, in denen der Gesetzgeber eine Neuregelung eines Rechtsgebiets vornimmt und dabei nach altem Recht rechtmäßig erworbene Rechte ohne Ersatz zum Erlöschen bringt. Auf den ersten Blick scheint auch der legislative Ausstieg aus der friedlichen Nutzung der Kernenergie ein solcher Fall eines Reformgesetzes zu sein.
Zunächst einmal sollen im Folgenden die Hauptlinien der Rechtsprechung des Bundesverfassungsgerichts zu den Reformgesetzen nachgezeichnet werden. Anschließend soll untersucht werden, ob diese, bei oberflächlicher Betrachtung

---

352 BGH DVBl. 1997, 123 mit Verweis auf BGHZ 121, 328 (337 f.)
353 Ossenbühl, in: FS für Walter Leisner, S. 689, 701.
354 So insbesondere: Koch/Roßnagel, NVwZ 2000, 1 (5 f.); Roßnagel, Zur verfassungsrechtlichen Zulässigkeit eines Gesetzes zur Beendigung der Kernenergienutzung, 1998, S. 34; Roller, Eigentums- und entschädigungsrechtliche Fragen einer Beendigung der Kernenergienutzung, 1998, S. 89; ders. ZUR 1999, 244, 247 f.; Böhm, NuR 1999, S. 661, 662; Borgmann, Rechtliche Möglichkeiten und Grenzen des Ausstiegs aus der Kernenergie, 1994, S. 394, 395.; Sante, Verfassungsrechtliche Aspekte eines vom Gesetzgeber angeordneten Ausstiegs aus der friedlichen Nutzung der Kernenergie, 1990, S. 107 f.; Kube, ZG 2000, 7 (32 ff.), der von einer Inhaltsbestimmung ausgeht, weil die Bestandsüberwindung lediglich *Begleitzweck* neben dem Zweck einer allgemeinen Eigentumsausgestaltung für die Zukunft sei.; Denninger, a.a.O., S. 174 ff.; Langenfeld, DÖV 2000, 929 (932 f.); v. Komorowski, Jura 2001, 17 (19); Klöck, NuR 2001, 1 (7).

passenden Gesichtspunkte tatsächlich bei eingehender Überprüfung noch den Fall des Atomausstiegsgesetzes erfassen können.

Ursprünglich ging das Bundesverfassungsgericht davon aus, daß es nicht ausgeschlossen sei, daß eine neue, für die Zukunft geltende objektiv-rechtliche Regelung im Sinne des Art. 14 Abs. 1 S. 2 GG zugleich eine Legalenteignung bewirkt, weil und soweit sie subjektive Rechte entzieht, die der einzelne aufgrund des alten Rechtes ausgeübt hat.[355]

Diese Dogmatik blieb nicht ohne Kritik von Seiten der Literatur.[356] Insbesondere wurde dieser Rechtsprechung vorgeworfen, daß so letztlich wieder die überkommenen materiellen Kriterien Eingang in Art. 14 GG finden würden. Wieso das so sein soll ist allerdings nicht verständlich. Letztlich geht es hier nicht um eine Abgrenzung nach der Betroffenheit unter Schwerekriterien, sondern darum, daß eine Regelung, die für einen Betroffenen, der bisher kein Rechtsinhaber war und somit für diesen ausschließlich in die Zukunft gerichtet ist, inhaltsbeschränkend wirkt, während sie für einen anderen Betroffenen, der ein Altrechtsinhaber ist, sich als gezielte Entziehung von Eigentumspositionen darstellen kann.

In der weiteren Entwicklung wurden dann durch das Bundesverfassungsgericht Reformgesetze, obwohl zum Teil starke Einschränkungen von Altrechten eintraten, ausschließlich als Inhaltsbestimmungen des Eigentums angesehen und nicht auch als Legalenteignungen. Hervorzuheben sind hier vor allem die Beschlüsse zur Neuregelung des Fischereirechts in Nordrhein-Westfalen[357] und betreffend das bergrechtliche Vorkaufsrecht[358].

Beide Entscheidungen sind aufgrund ihrer inhaltlichen Aussage dadurch gekennzeichnet, daß sie die Befugnisse des Gesetzgebers erweitern und für die bisherigen Rechtsinhaber Übergangsregelungen vorsehen.

In dem Beschluß zur Neuregelung des nordrhein-westfälischen Fischereigesetzes hatte des Bundesverfassungsgericht darauf hingewiesen, daß bei der Neuordnung eines Rechtsgebiets eine gesetzliche Regelung eine Inhaltsbestimmung des Eigentum sei, wenn sie darauf abziele, durch die Neugestaltung eigentumsrechtlicher Positionen generell-abstrakt gesetzgeberische Ziele zu verwirklichen. Vergleichend wurde auf Verfügungsbeschränkungen im sozialen Mietrecht und im landwirtschaftlichen Güterverkehr hingewiesen. Das Bundesverfassungsgericht wollte die Grenze zur Legalenteignung dann als überschritten ansehen, wenn der Gesetzgeber mit seiner Regelung darauf abzielt, „zur Realisierung bestimmter öffentlicher Aufgaben entgegenstehende

---

[355] BVerfGE 52, 1 (28); 58, 300 (331 f.).
[356] Vgl. Schoch, Jura 1989, 113 (121).
[357] BVerfGE 70, 191.
[358] BVerfGE 83, 201.

Rechtspositionen zu überwinden".[359] Ähnliches klingt in der Entscheidung zur Neuregelung des Fischereirechts in Niedersachsen an, wenn es dort heißt, daß im Falle eine Inhaltsbestimmung des Eigentums vorliege, da gerade keine gesetzliche Regelung vorliege, die darauf abziele, „zur Erfüllung bestimmter öffentlicher Aufgaben konkrete subjektive Eigentumspositionen im Sinne des Art. 14 Abs. 1 S. 1 GG ganz oder teilweise zu entziehen".[360]

Daraus ergibt sich, daß nach der Rechtsprechung des Bundesverfassungsgerichts bis zu diesem Zeitpunkt eine Inhaltsbestimmung des Eigentums vorliegt, wenn der Gesetzgeber im Zuge einer Neuregelung eines Rechtsgebiets Altrechte abschafft, ohne daß es ihm irgendwie darauf ankommt, daß diese Rechte entzogen werden. Dies wird der Fall sein, wenn der Gesetzgeber im Sinne der Rechtsgleichheit das betroffene Rechtsgebiet vereinheitlichen und zur Verfolgung anderer Zwecke effektuieren will. Regelmäßig wird eine Rolle spielen, inwieweit der Eigentümer Investitionen und Aufwand getätigt hatte, aber auch das Verhalten des Staats, ob er die subjektivrechtliche Verfestigung aufgrund eigener Leistung anerkennen oder nur widerrufliche Rechte verteilen wollte. Auf dem Wege dieser normativen Wertungen findet somit der Vertrauensschutz schon auf der Stufe der Entscheidung, ob eine Inhaltsbestimmung oder eine Enteignung zu erfolgen hat, Berücksichtigung.[361]

Auf den Fall des § 7 Abs. 1 a AtG übertragen, würde das zuvor gesagte bedeuten, daß der mit einer Befristung von Betriebsgenehmigungen verbundene Entzug von Eigentumsrechten eine Legalenteignung darstellt, da es gerade vorrangiges Ziel des Gesetzgebers ist, diese Positionen zu entziehen, die zuvor vom Staat anerkannt und ausgestaltet waren. Daß der Staat hier auch andere Fernziele verfolgt, wie bei der Gesetzesbegründung gesehen, kann, wie noch dargestellt wird, keinen Unterschied machen.

In der weiteren Abfolge der Rechtsprechung kam es zum Beschluß des Bundesverfassungsgerichts über das bergrechtliche Vorkaufsrecht.[362] Das Gericht führte hier bei der Abgrenzung der Inhaltsbestimmung von der Enteignung aus, daß es sich bei der gesetzlichen Beseitigung eines nach Art. 14 GG geschützten Rechts nicht in jeden Fall um eine Enteignung handele. Ein entscheidendes Merkmal der Enteignung sei insoweit nicht die Übertragung des Eigentums, sondern dessen Entzug und der dadurch bewirkte Rechts- und Vermögensverlust.

---

[359] BVerfGE 70, 191 (200).
[360] BVerfGE 71, 137 (143).
[361] Di Fabio, Der Ausstieg aus der wirtschaftlichen Nutzung der Kernenergie, 1999, S. 132.
[362] BVerfGE 83, 201.

Art. 14 Abs. 3 GG sei dann nicht unmittelbar anwendbar, wenn der Gesetzgeber im Zuge der generellen Neugestaltung eines Rechtsgebietes bestehende Rechte abschaffe, für die es im neuen Recht keine Entsprechung gäbe.

Schon in einer früheren Entscheidung hatte das Bundesverfassungsgericht ausgeführt, daß selbst die völlige Beseitigung bisher bestehender, durch die Eigentumsgarantie geschützter Rechtspositionen unter bestimmten Voraussetzungen zulässig sein könne.[363]

Der Hinweis auf die nicht unmittelbare Anwendbarkeit des Art. 14 Abs. 3 GG wird als Grundaussage dafür gewertet, daß ein Atomausstiegsgesetz und damit auch das Gesetz zur geordneten Beendigung der Kernenergienutzung mit dem nunmehr geltenden § 7 Abs. 1 a AtG als Reformgesetz eine Inhaltsbestimmung des Eigentums darstellen würde.[364]

Die Entscheidung zum bergrechtlichen Vorkaufsrecht wurde in der Literatur teilweise begrüßt, da nun klargestellt worden sei, daß eine Inhaltsbestimmung des Eigentums nicht zugleich eine Legalenteignung sein könne. Die bis dato existierende „offene Flanke" bei den eigentumsrelevanten Tatbeständen sei nun endgültig geschlossen.

Aus dieser Entscheidung aber zu schließen, daß es sich im Falle des Entzugs einer eigentumsrechtlich geschützten Position mittels eines Reformgesetzes generell um eine Inhaltsbestimmung des Eigentums handelt[365], kann nicht überzeugen.

Im wesentlichen ist auf das bereits bei der Frage der Totalentleerung einer Eigentumsposition Gesagte zu verweisen. Ausgehend von der Ebene des Gesetzgebers ist die Zweckrichtung des geplanten Vorgehens zu erfragen. Es ist herauszuarbeiten, ob der Entzug der Altrechte tatsächlich Nebenzweck des Gesetzgebers im Rahmen der Neuregelung eines Rechtsgebiets ist oder ob mit einer Regelung gewisse, möglicherweise auch nicht eigentumsspezifische (Fern-) Ziele verfolgt werden und zwar die Eigentumsentziehung als Nebenfolge bezeichnet wird, sich tatsächlich aber zeitunmittelbar als Hauptzweck darstellt. Zwar ist der Gesetzgeber in seiner Zwecksetzung frei, die Grenze ist aber im Bereich des Eigentums bei der Junktimklausel erreicht. Deren Warnfunktion soll unterbinden, daß Eigentumsentziehungen als bloße Nebenfolgen verharmlost werden. Insoweit die Enteignung nicht mehr und nicht weniger verlangt, als das ein finaler Zugriff auf das Eigentum erfolgt, der Zugriff auf den Entzug des Eigentums gerichtet ist, damit Hauptzweck und nicht Nebenzweck des Gesetzes ist, kann die Rechtsprechung des Verfassungsgerichts zu

[363] BVerfGE 78, 58, 75.

[364] Roller, Eigentums- und entschädigungsrechtliche Fragen, S. 89.

[365] Roßnagel, Zur verfassungsrechtlichen Zulässigkeit eines Gesetzes zur Beendigung der Kernenergienutzung, S. 30.

den Reformgesetzen nur die erstgenannten Fälle erfassen, in denen der Entzug der Eigentumspositionen tatsächlich Nebenzweck einer Regelung oder objektiv nicht vorhersehbar ist. Ist hingegen der Zugriff auf Eigentumsentzug gerichtet und damit tatsächlich Hauptzweck des Gesetzgebers, so kann vor dem Hintergrund der Junktimklausel nicht mehr davon ausgegangen werden, daß eine Regelung mittels einer Inhaltsbestimmung des Eigentums zulässig ist. Hier hat dann der Gesetzgeber lediglich die Möglichkeit den Weg der Enteignung zu beschreiten.[366]

Bezieht man das soeben festgestellte auf den Fall der im Atomausstiegsgesetz enthaltenen nachträgliche Befristung der Nutzungsbefugnis von Atomanlagen mittels einer Strommengenbegrenzung gemäß § 7 Abs. 1 a AtG, kommt man allein darauf, daß dies ein Enteignungsgesetz sein muß. Es ist darauf angelegt konkret-individuelle Rechtspositionen final zu entziehen. Die Grundsätze zu den Reformgesetzen sind bei einem solchen, auf Abwicklung[367] angelegten Gesetz nicht anwendbar.

Natürlich muß bei der Gesamtregelung insoweit unterschieden werden, als ein Ausschluß zukünftiger Genehmigungserteilungen eine Inhaltsbestimmung des Eigentums darstellt, da dann keine Eigentumsposition entzogen wird. Hingegen handelt es sich bei der nachträglichen Befristung der Betriebsgenehmigungen um eine Legalenteignung, da hier gezielt die genannten Eigentumspositionen entzogen werden. Da beide Bereiche klar voneinander zu trennen sind, können auch Überschneidungen ausgeschlossen werden.

Als Zwischenergebnis läßt sich damit feststellen, daß der geplante Ausstieg aus der friedlichen Nutzung der Kernenergie hinsichtlich der Befristung bestehender Genehmigungen allein mittels eines Enteignungsgesetzes zu verwirklichen ist, welches am Maßstab des Art. 14 Abs. 3 GG zu messen ist.

Nichts anderes ergibt sich auch daraus, daß der Genehmigungswiderruf nach § 17 Abs. 3 bis 5 AtG und damit der Entzug der Nutzungsbefugnis, wie im ersten Teil gesehen, keine Enteignung, sondern eine Inhaltsbestimmung des Eigentums darstellt. Zwar sind die nachträgliche Befristung der Genehmigung und

---

[366] Ebenso: Di Fabio, Der Ausstieg aus der wirtschaftlichen Nutzung der Kernenergie, S. 137; Dieser spricht davon, daß von einer Legalenteignung auszugehen sei, wenn der Wegfall der eigentumsrechtlich geschützten Position nicht lediglich *Annex* einer Gesamtregelung ist, sondern der Gesetzgeber gezielt diese Position entzieht; Schmidt-Preuß, et 1998, 750ff. (754); Wagner, NVwZ 2001, 1089 (1095); Posser, in: Posser/Schmanz/Müller-Dehn, Atomgesetz-Kommentar, Zur Novelle 2002, § 7 Abs. 1 a-d Rdn. 164; Roller, Eigentums- und entschädigungsrechtliche Fragen., S.89, differenziert ebenso, lehnt aber einen gezielten Zugriff ab, da der Gesetzgeber eine Neuorientierung der Energiepolitik anstrebe. Wie bereits gesehen, können aber etwaige Fernziele nicht dazu führen, daß letztlich unter deren Mantel zeitunmittelbar ein finaler Rechtsentzug unter Mißachtung der Junktimklausel stattfindet.

[367] Di Fabio,a.a.O., S. 137.

der Genehmigungswiderruf in ihren Auswirkungen vergleichbar, doch darf eben nicht übersehen werden, daß die Regelung des § 17 AtG als Ausgestaltung des Bestands- und Vertrauensschutzes die jeweilige Anlagengenehmigung und die potentielle Nutzungsdauer der Anlage von Anfang an begrenzt. Wird die Genehmigung widerrufen, wird diese Beschränkung lediglich aktuell. Hingegen begrenzt die nachträgliche Befristung die Genehmigung und die Nutzungsbefugnis nicht von Anfang an. Vielmehr wurde diese ohne den Vorbehalt eines Genehmigungsentzugs aus Gründen der Aufgabe der wirtschaftlichen Nutzung der Kernenergie erteilt. Beide Situationen sind somit grundverschieden. Auch unter Einbeziehung des § 18 AtG kann sich dann nichts anderes ergeben. Wegen der Nichtvergleichbarkeit kann auch der Umstand, daß dieser keinen Enteignungsentschädigungstatbestand darstellt, keine andere Beurteilung rechtfertigen.

Auch die Grundsätze der Rechtsprechung, nach denen der Entzug eines Rechts aufgrund einer Maßnahme der Gefahrenabwehr keine Enteignung darstellt, können hier keine Anwendung finden.[368] In einem solchen Fall ist der Betroffene, basierend auf einer gesetzlichen Vorschrift, als Störer anzusehen. Eine Enteignung wird hier aus dem Grunde abgelehnt, daß, da es um die Abwehr eines gefährlichen Zustands gehe, eine sonst im Falle der Enteignung vorliegende Trennung zwischen Interessen des Betroffenen und Allgemeininteressen nicht klar vorzunehmen sei. Gemeinhein wird durch das Bundesverfassungsgericht die vorliegende Situation so umschrieben, daß der Staat letztlich nur das tue, was der gewissenhafte Eigentümer selbst tun müsse, sobald er erkenne, daß von seinem Eigentum Gefahren für die Öffentlichkeit ausgingen.[369]

Dies kann nicht unbesehen auf den Fall der nachträglichen Befristung der Nutzungsbefugnis einer Atomanlage in § 7 Abs. 1 a AtG übertragen werden. Ebenso wie die Möglichkeit des Widerrufs, lastet die Möglichkeit der Inanspruchnahme oder Duldung von Maßnahmen zur Gefahrenabwehr von Anfang auf dem Eigentum. Die Inanspruchnahme selber stellt dann lediglich die Aktualisierung dieser bestehenden Grenzen dar.

Es ist damit bei dem gefundenen Ergebnis zu bleiben, daß bei Befolgung des Enteignungsbegriffs des Bundesverfassungsgerichts die nachträgliche Befristung der Nutzungsbefugnis von Kernkraftwerken eine Enteignung ist und von daher allein mittels eines Enteignungsgesetzes umgesetzt werden kann.

---

[368] BVerfGE 20, 351 (356 f.).

[369] BVerfGE 20, 351 (359); Das BVerfG stellt, mit Bezug auf das dargestellte Argumentationsmuster, auf das Element des fehlenden Güterbeschaffungsvorgangs ab, welcher normalerweise im Fall der Administrativenteignung den Gegensatz der widerstreitenden Interessen ausmache.

b. Die Ansichten in der Literatur

In kritischer Abgrenzung zur Rechtsprechung gab und gibt es seit jeher abweichende Ansichten zur Thematik in der Literatur. Gerade die Einführung der formalen Abgrenzung gab Anlaß zu entsprechenden Stellungnahmen und Lösungsvorschlägen.[370]
Vom Ansatz her ist diesen Ansichten gemein, daß die formale Abgrenzung des Bundesverfassungsgericht als nicht ausreichend kritisiert wird. Vorgeschlagen wird dann eine Ergänzung durch verschiedene Gesichtspunkte, die sich letztlich auf die bereits bekannten materiellen Kriterien reduzieren lassen.[371] Diese Meinungen sollen im Folgenden, ebenso wie das Ergebnis für die anstehende Fragestellung und eine Bewertung knapp dargestellt werden.
Zu beginnen wäre mit der Ansicht Schwabes, die direkt am überkommenen Kriterium der Schwere des Eingriffs festhält.[372] Dabei soll es sich nicht um eine generelle Ablehnung des formellen Enteignungsbegriffs des Bundesverfassungsgerichts handeln, vielmehr soll dieses Intensitätsmerkmal diesem ergänzend hinzugefügt werden. Ob eine solche Kombination überhaupt kompatibel ist, mag erheblichen Bedenken ausgesetzt sein. Die in den materiellen Theorien enthaltene Prämisse des Umschlagens der Inhaltsbestimmung in eine Enteignung führt ein formales Abgrenzungsmodell ad absurdum. Eine Enteignung kann nur entweder die qualitative Steigerung einer Inhaltsbestimmung sein oder ein aliud.[373]
Nach der Ansicht Papiers, die sich letztlich ebenfalls auf das Schwerekriterium bezieht, soll es als wesentliche Merkmale auf die Eingriffsintensität und die Privatnützigkeit des Eigentums ankommen.[374] Zwar wird von dieser Ansicht ausdrücklich anerkannt, daß, wie es auch das Bundesverfassungsgericht sieht, Inhaltsbestimmung und Enteignung eigenständige Rechtsinstitute sind, jedoch wird bezweifelt, daß der Ausschluß des Umschlagens einer Inhaltsbestimmung in eine Enteignung eine zutreffende und endgültige Analyse der Rechtsprechung des Bundesverfassungsgerichts darstellt. Papier möchte das verfassungsgerichtliche Enteignungsmodell dahingehend modifizieren, daß eine Dif-

---

[370] Insbesondere: Schwabe, DVBl. 1993, 842; ders. JZ 1991, 778 f.; Nüßgens/Boujong, Eigentum, Sozialbindung; Enteignung, 1987, Rdn. 345; Schmidt-Aßmann, JuS 1986, 836 f.; Schwerdtfeger, JuS 1983, 108; Papier in: Maunz/Dürig, GG, Art. 14 Rdn. 317; Schulze-Osterloh, NJW 1981, 2539; Leisner in: HdbStR, Bd. VI, 1989, § 149 Rdn. 148 ff.
[371] Eingehend: Rozek; Die Unterscheidung von Eigentumsbindung und Enteignung, 1998, S. 161 ff.
[372] Schwabe, DVBl. 1993, 842; JZ 1991, 778 f.
[373] Diesbezügliche Bedenken: Rozek, Die Unterscheidung von Eigentumsbindung und Enteignung, 1998, S. 171 f.
[374] Papier, in: Maunz/Dürig, GG, Art. 14 Rdn. 323, 378.

ferenzierung zwischen dem Art. 14 Abs. 1 S. 2 GG immanenten Regelungsschranken und der Regelungsschranke des Art. 14 Abs. 3 GG zu erfolgen habe. Nun könne der Gesetzgeber einmal die Regelungsschranken des Art. 14 Abs. 1 S. 2 GG überschreiten, was zur Folge habe, daß stets eine verfassungswidrige Inhalts- und Schrankenbestimmung, keinesfalls aber eine Enteignung vorliege. Er könne den Regelungsrahmen aber auch dadurch überschreiten, daß er „der Sache nach" eine Enteignung vornehme. Eine solche „Inhaltsbestimmung" sei verfassungswidrig, weil sie sich letztlich als Enteignungsregelung beziehungsweise als Enteignungsermächtigung darstelle. Mithin habe der Gesetzgeber nicht nur die Anforderungen zu erfüllen, die durch die Verfassung an Inhaltsbestimmungen gestellt werden, sondern er müsse zudem die „Enteignungsschwelle nach Art. 14 Abs. 3 GG" wahren. Diese Schwelle sei dann überschritten, wenn in Anlehnung an den Bundesgerichtshof, eine auf Dauer angelegte Beschränkung die Privatnützigkeit des Eigentums aufhebe, indem sie dem Eigentümer keine rechtlich zulässige private Verwendungsart mehr belasse. Hinsichtlich schwerster Eigentumsbeschränkungen, die vom Eigentum gegebenenfalls nur eine formale Hülle, ein „nudum ius", zurückließen, könne auf das Merkmal der Eingriffstiefe nicht verzichtet werden, um entschädigungspflichtige von entschädigungsfreien Eingriffen sachgerecht abzugrenzen. Dabei soll auch hier das Intensitätskriterium ergänzend zu der formalen Abgrenzung hinzutreten, was wiederum die Frage nach der Vereinbarkeit beider Modelle stellt.

Lubberger will Art. 14 GG im Sinne eines Stufenmodells, angelehnt an Art. 12 GG, interpretieren.[375] Danach sind 3 Stufen eigentumsrelevanter Maßnahmen zu unterscheiden, die Inhaltsbestimmung, die Schrankenbestimmung und die Enteignung. Nun sollen sich diese drei Stufen durch ein jeweils unterschiedliches Verhältnis von Eigentumsschutz und „Sozialbindung" unterscheiden.[376] Auf der ersten Stufe, der Inhaltsbestimmung, eröffne die Funktion der Ausgestaltung der Rechtsordnung erhebliche Gestaltungsspielräume. Auf der nächsten Stufe, der Schrankenbestimmung, seien diese Gestaltungsspielräume infolge der Forderung nach einem angemessenen Ausgleich zwischen den bestehenden bestandsgeschützten Eigentumsrechten des Einzelnen und den Gemeinwohlbelangen erheblich eingeschränkt. Auf der dritten Stufe, der Enteignung, würden die Eigentumsrechte nur im Einzelfall aufgrund überwiegender und anders nicht zu realisierender Gemeinwohlbelange zurückgedrängt. Schrankenbestimmungen und Enteignungen sind nach dieser Ansicht wesensgleich, da es sich hierbei um Eigentumseingriffe handele, während In-

---

375 Lubberger, Eigentumsdogmatik, 1995.

376 Lubberger, Eigentumsdogmatik, S. 31, 279 ff.

haltsbestimmungen darauf gerichtet seien, die Institutsgarantie des Eigentums auszugestalten, und deshalb die Rechte schaffe, deren die Eigentumsgarantie bedürfe, um im Rechtsleben praktikabel zu sein.
Die Abgrenzung zwischen Schrankenbestimmung und Enteignung soll durch eine Zumutbarkeitstheorie erfolgen.[377] Diese beruht auf der Vorstellung eines Stufenverhältnisses zwischen zumutbaren und unzumutbaren Eigentümerbelastungen. Letztlich stellt diese Ansicht auch wieder auf materielle Kriterien ab, wobei als Gegenpol zur Enteignung nicht die Sozialbindung fungiert, sondern die Schrankenbestimmung.
Für den hier interessierenden Fall des legislativen Ausstiegs aus der friedlichen Nutzung der Kernenergie mittels Strommengenbegrenzung nach § 7 Abs. 1 a AtG kommt man mit diesen Ansichten einheitlich zur Annahme einer Enteignung. Da die betroffenen Atomanlagen nach dem Auslaufen der nachträglich befristeten Betriebsgenehmigungen nicht mehr betrieben werden können, eine genehmigungsadäquate Nutzung mangels Genehmigung nicht mehr möglich ist, die Anlagen sogar beseitigt werden müssen und somit rein gar nichts von der Eigentumsposition verbleibt, ist sowohl das Merkmal der schweren Betroffenheit, als auch das Kriterium des völligen Entzugs der Privatnützigkeit erfüllt. Ebenso liegt der *völlige* Entzug der Eigentumsposition außerhalb dessen, was einem Eigentümer in der konkreten Situation zugemutet werden kann.
Diese Ansichten, die sich gegen die Formalität des Enteignungsbegriffs des Bundesverfassungsgerichts wenden, sind aber ihrerseits kritikwürdig. Hier sticht vor allem die im Hinblick auf den Gesetzgeber fehlende Praxistauglichkeit ins Auge, die einhergeht mit zum Teil nicht vorhandenen Vorteilen gegenüber der Sichtweise des Bundesverfassungsgerichts.
Die Ansicht, die die Eingriffsintensität und die Privatnützigkeit als Kriterien in die Betrachtung einbezieht, sieht sich den Vorwürfen ausgesetzt, die auch schon gegen die erstgenannte Ansicht, die die Schwere des Eingriffs als Abgrenzungsmerkmal begreift, bestehen. Ebenso besteht die von dieser Ansicht vorgebrachte Austauschbarkeit zwischen Inhaltsbestimmung und Enteignung nach der Ansicht der Rechtsprechung nur, wenn man, wie diese Ansicht, auf die Wirkung des Eingriffs beim Eigentümer, auf die Intensität der Beeinträchtigung abstellt. Denn wenn man formal zwischen beiden Instituten unterscheidet, sind diese keinesfalls mehr austauschbar und damit ist dann eine wertende Abgrenzung wann das eine oder wann das andere zu wählen ist, entbehrlich. Es darf eben die Frage danach, ob in einem bestimmten Fall eine Enteignung oder eine Inhaltsbestimmung vorliegt, nicht mit der Frage vermengt

[377] Lubberger, Eigentumsdogmatik, S. 268 ff.

werden, ob der Staat in der Form der Enteignung oder der Inhaltsbestimmung handeln muß oder darf. Während die erste Frage sich auf den Tatbestand bezieht, klärt letztere, ob der Hoheitsträger die verfassungsrechtlichen Rechtfertigungsvoraussetzungen für den jeweiligen Eigentumseingriff erfüllt oder erfüllen kann.[378]
Was das dargestellte Stufenmodell betrifft, so stellt die als praktisches Abgrenzungskriterium geltende Zumutbarkeitstheorie letztlich einen unmittelbaren Rückgriff auf die Vorstellung einer Enteignungsschwelle dar. Im Ergebnis trifft diese Ansicht aber ebenfalls der Vorwurf der Vermischung von Tatbestands- und Rechtmäßigkeitsvoraussetzungen. Denn im Ergebnis ist die Zumutbarkeitstheorie nichts anderes, als eine eigentumsrechtliche Ausprägung des Verhältnismäßigkeitsgrundsatzes. Damit betrifft sie die Rechtfertigung eines Eingriffs in das Eigentum, kann aber nichts dazu aussagen, daß das Grundgesetz derartige materielle Erwägungen schon auf der Ebene des Enteignungsbegriffs verlangt.[379] Somit ist der Eigentumsdogmatik des Bundesverfassungsgerichts der Vorzug zu geben. Sie soll im Folgenden auch Grundlage der weiteren Betrachtung sein.

3. Die Schranke des Art. 14 Abs. 3 GG; die Verhältnismäßigkeit der Legalenteignung

Da die nachträgliche Befristung der Nutzungsbefugnis einer Atomanlage eine Legalenteignung darstellt, muß diese Regelung (§ 7 Abs. 1 a AtG), um vor dem Grundgesetz zu bestehen, gemäß Art. 14 Abs. 3 S. 1 GG dem Wohl der Allgemeinheit dienen und auch den Anforderungen des Verhältnismäßigkeitsprinzips genügen.

a. Das Wohl der Allgemeinheit im Sinne des Art. 14 Abs. 3 S. 1 GG

Gemäß Art. 14 Abs. 3 Satz l GG sind Enteignungen nur zum Wohle der Allgemeinheit zulässig. Auf diesem Wege wird die klassische Verhältnismäßigkeitsprüfung verschärft. Zur Rechtfertigung eines Grundrechtseingriffs genügt hier nicht nur, neben der Geeignetheit und Erforderlichkeit, jedes beliebige öffentliche Interesse, sondern es ist ein schwerwiegendes und dringendes öffentliches Interesse erforderlich.[380]

---

[378] Rozek, Die Unterscheidung von Eigentumsbindung und Enteignung, S. 180 f.
[379] Rozek, Die Unterscheidung von Eigentumsbindung und Enteignung, S. 190.
[380] BVerfGE 74, 264 (289).

Zur Bejahung der Verhältnismäßigkeit im engeren Sinne müssen die mit der Enteignung verfolgten Zwecke abgewogen werden gegen das Interesse des Betroffenen an der ungekürzten Erhaltung seines Eigentums.[381]
Die in eine – hier notwendig abstrakte – Verhältnismäßigkeitsprüfung einzustellenden Merkmale sollen im folgenden dargestellt werden.

b. Verhältnismäßigkeit i. w. S.

Die Verfassungsmäßigkeit des legislativen Ausstiegs aus der friedlichen Nutzung der Kernenergie durch Befristung der Betriebsgenehmigungen gemäß § 7 Abs. 1 a AtG und damit der Nutzungsbefugnis kann dann angenommen werden, wenn die vom Gesetzgeber beabsichtigte Regelung unter Beachtung der verfolgten Ziele und eingesetzten Mittel, in diesem Fall die nachträgliche Befristung der Betriebsgenehmigungen, geeignet, erforderlich und verhältnismäßig i.e.S. ist und hierbei ein dringendes öffentliches Interesse verfolgt wird. Hinsichtlich der Zielsetzung des Gesetzgebers und der Gemeinwohlgründe kann grundsätzlich auf die zur Gesetzesbegründung gemachten Ausführungen verwiesen werden, wobei an dieser Stelle noch einmal eine Vertiefung und Problematisierung diesbezüglich erfolgen soll.
Die Gefahrenabwehr stellt nach einhelliger Meinung keinen hinreichenden Ansatzpunkt dar. Begründbar ist dies mit der Tatsache, daß er die dem Betroffenen zustehenden Rechtsschutzmöglichkeiten verkürzt und daher, ebenso wie die Legalenteignung im Verhältnis zur Administrativenteignung, die Ausnahme bleiben muß. Die von einem einzelnen Kraftwerk ausgehenden Gefahren sind deshalb kein hinreichender Grund für einen legislativen Ausstieg aus der Kernenergie, insoweit diesen Gefahren eben auch im Wege des Genehmigungswiderrufs begegnet werden könnte.
Anders stellt es sich hingegen dar, wenn man sich von dem einzelnen Kraftwerk entfernt und sich auf die von der Kernenergie insgesamt ausgehenden Risiken konzentriert. Als mögliche Interessen können hier die Pflicht zum Schutz des menschlichen Lebens und andere staatliche Schutzpflichten, wie der Umweltschutz im Sinne des Art. 20 a GG oder gegebenfalls die Pflicht, auf die Erfordernisse des gesamtwirtschaftlichen Gleichgewichts Rücksicht zu nehmen (Art. 109 Abs. 2 GG), in die Betrachtung einbezogen werden.
Mittels der sich aus Art. 2 Abs. 2 i.V.m. Art. 1 GG ergebenden Schutzpflicht der staatlichen Organe für das Leben und die körperliche Unversehrtheit der Menschen wird dem Staat ein Handlungsziel gewiesen. [382] Die Ausgestaltung

[381] Papier, in: Maunz/Dürig, GG, Art. 14 Rdn. 592.
[382] Vgl. nur: BVerfGE 93, 362 (369).

selber ist dem Gesetzgeber übertragen, der begrenzt wird durch Untermaßverbot und Übermaßverbot. Das Untermaßverbot beschreibt den zu gewährenden Schutz. Dieser muß unter Berücksichtigung der Besonderheiten des jeweiligen Gebietes, um Wirksamkeit zu vermitteln, auf genügenden Tatsachenermittlungen und Einschätzungen beruhen, welche wiederum hinsichtlich der heranziehbaren Beurteilungsmöglichkeiten und der in Rede stehenden Rechtsgüter vertretbar erscheinen müssen.[383] Für die Betrachtung im Rahmen dieser Arbeit kann das Untermaßgebot nicht viel leisten.

Geht man davon aus, daß die Schutzpflicht umfassend ist, nicht nur durch unmittelbare Eingriffe des Staats oder rechtswidrige Maßnahmen Dritter ausgelöst wird, sondern überall dort besteht, wo Gefahren für das Leben und die Gesundheit der Menschen entstehen können, dann wären auch die Folgen in die Betrachtung einzubeziehen, die dadurch enstehen könnten, daß bei einem Ausstieg aus der Nutzung der Kernenergie die nunmehr fehlende Energie, zumindest zeitweise, mittels fossiler Brennstoffe substituiert werden müßte, mit der Folge eines steigenden Kohlendioxidausstoßes und entsprechender Auswirkungen auf die Umwelt. Somit bestünde ein schlecht auflösbarer Konflikt. Zum einen vermeidet die Kernenergie die genannten schädigenden Auswirkungen auf die Umwelt, zum anderen aber trägt sie ihrerseits erhebliche Risiken mit sich, die ebenfalls die Schutzpflicht tangieren.

Ein möglicher Ausweg bietet sich durch die Heranziehung des Übermaßverbots an. Dieses zeigt dem Gesetzgeber die Grenzen seines Handelns auf. Man könnte es nun nicht nur als dem Schutz individueller Rechte am Maßstab der Verhältnismäßigkeit dienend ansehen, sondern auch für den vorliegenden, besonderen Fall so interpretieren, daß es hinsichtlich der unterschiedlichen Herausforderungen an eine Schutzpflicht Maßnahmen zur Optimierung der Erfüllung eben jener genannten Schutzpflicht verlangt.[384]

---

[383] BVerfGE 88, 203 (254, 262 f.).

[384] Vgl. Kruis, DVBl. 2000, 441 (443); Das BVerfG geht in BVerfGE 49, 89 (132); 53, 30 (57) davon aus, daß die Schutzpflicht nicht nur durch unmittelbare Eingriffe des Staates ausgelöst wird, sondern sich überall dort konkretisiert, wo sich Gefahren für das Leben und die Gesundheit der Menschen abzeichnen, und dies, in Abhängigkeit von Art und Schwere der Gefährdungen, bei geringerer oder größerer Wahrscheinlichkeit des Gefahreneintritts. Keinesfalls sind jedoch Maßnahmen gefordert, die Schäden an den Schutzgütern mit absoluter Sicherheit ausschließen. Der Schutz des Lebens ist nicht in dem Sinne absolut, daß das Leben gegenüber jedem anderen Schutzgut den absoluten Vorrang genießt. (BVerfG EuGRZ 1993, 229 (243)) Relevanz erlangen für die Beurteilung der Rechtfertigung einer Verletzung von Schutzgütern des Art. 2 Abs. 2 S. 1 GG das jeweils betroffene Kollisionsgut und welche Möglichkeiten der Abwehr dem Betroffenen gegenüber der Gefahrenquelle zur Verfügung stehen.

Konsequenz eines solchen Ansatzes wäre, daß eine segmentielle Betrachtung des Schutzes von Leben und körperlicher Unversehrtheit nicht möglich wäre. Ein effektiver Schutz müßte umfassend alle Energiequellen erfassen und entsprechend bewerten. Im Rahmen einer Gesamtbetrachtung dürfte sich durch den Ausstieg aus der friedlichen Nutzung der Kernenergie kein Nachteil ergeben, daß heißt der Gesetzgeber müßte, mit erheblichen Auswirkungen auf die Prüfung der Verhältnismäßigkeit im weiteren Sinne und damit auch auf den Handlungs- und Ausgestaltungsspielraum des Gesetzgebers, die möglichen Gefährdungen für Leben und körperliche Unversehrtheit entgegenstellen, die sich aus einer Verschlechterung der Umweltbedingungen als Folge eines Treibhauseffekts ergeben könnten, wenn die Kernenergie als Energiequelle durch fossile Brennstoffe ersetzt würde.
Dennoch sollte der Gesamtbetrachtungsansatz nicht so verstanden werden, daß stets Gesamtlösungen "aus einem Guß" vom Gesetzgeber zu erwarten wären, da sonst die Gefahr einer übermäßigen Beschneidung gesetzgeberischer Handlungsmöglichkeiten bestehen würde. Vielmehr wird man aber von einer vorausschauenden Legislative verlangen können, daß diese bei der Regelung eines Teilbereichs Auswirkungen auf andere Bereiche berücksichtigt und hierbei flankierende Maßnahmen trifft. Ob der Gesetzgeber bei dem Atomausstiegsgesetz diesen Anforderungen Rechnung getragen hat, soll an entsprechender Stelle dargestellt werden.

Weiter wären staatliche Schutzpflichten zu berücksichtigen und in die Abwägung einzustellen. Diese können sowohl eine Grenze für die Pflicht zum Schutz des Lebens und der körperlichen Unversehrheit sein, als auch einschränkend auf den Umfang des Bestandsschutzes wirken.
Hierbei käme zunächst das in Art. 20 a GG festgelegte Staatsziel des Schutzes der natürlichen Lebensgrundlagen in Verantwortung für zukünftige Generationen in Betracht. Dieses impliziert eine vorausschauende Vorgehensweise des Gesetzgebers. Ebenso kann sich die aus dem Sozialstaatsprinzip (Art. 20 Abs. 1, 28 Abs. 1 GG) ergebende Verpflichtung des Staates, die privaten Haushalte mit Strom in einem dem hinreichenden Lebensunterhalt genügenden Maße und zu akzeptablen Preisen zu versorgen[385], auswirken, insoweit dies Maßnahmen Grenzen setzt, die darauf gerichtet sind, bestimmte Energiequellen zu verbieten und enstehende Energieverknappungen mittels Stromabschaltungen oder Sparzwängen zu begegnen.[386] Dies wäre bedeutsam für den Vorschlag, den Import von Atomstrom zu reduzieren. Eine solche Maßnahme

[385] Papier, in: Pelzer (Hrsg.), Kernenergierecht zwischen Ausstiegsforderung und europäischem Binnenmarkt, 1991, S. 37 (42 f.).
[386] Kruis, DVBl. 2000, 441 (444).

würde nicht nur an europarechtliche Grenzen stoßen, sondern auch an den hier genannten verfassungsrechtlichen Grundlagen, wenn es damit einhergend zu Stromverknappungen und Stromverteuerungen käme, scheitern müssen.[387]

Das Staatsziel Umweltschutz, welches sich an alle Staatsorgane wendet, überläßt es letztlich dem Gesetzgeber, Inhalt und Umfang des zu gewährenden Schutzes festzulegen und den zuständigen Organen ausreichende Handlungsmöglichkeiten einzuräumen. Nach unten begrenzt wird der Gesetzgeber durch das Untermaßverbot, welches einen angemessenen Schutz fordert. Aus der Eigenart der einzelnen Umweltgüter kann sich eine, hinsichtlich Art und Weise des Schutzes, unterschiedliche Schutzbedürftigkeit ergeben. Da teilweise sogar Ausgleichsmaßnahmen als Schutzregularien genügen (siehe die Naturschutzgesetze von Bund und Ländern), kann der Umweltschutz, ebenso wie die Schutzpflicht für das Leben, als ein Optimierung forderndes Gebot angesehen werden.[388] Nach dem soeben festgestellten kommt dem Umweltschutz eine stärkere Bedeutung und Gewichtung zu, je größer die Möglichkeit einer Verletzung herausragender Umweltgüter und damit eine Bedrohung der Lebensvoraussetzungen des Menschen ist. Der Umweltschutz ergänzt damit die bereits beschriebene Schutzpflicht des Staats für das Leben und die körperliche Unversehrtheit seiner Bürger. Es ergeben sich die beschriebenen Konflikte im Hinblick auf die Ausrichtung des Staatsziels, wenn man nicht nur die Gefahren und Risiken der Kernenergie einbezieht, sondern sich darauf einläßt, auch mögliche in der Ferne liegende Umweltrisiken durch den Treibhauseffekt einzubeziehen, insoweit diese qualifizierbar sind. Dann wäre der Umweltschutz nicht nur vor dem Hintergrund der Gefahren der Kernenergie zur praktischen Konkordanz zu bringen, sondern seinerseits zunächst in gewisser Weise als Optimierungsgebot zu verstehen. Aus diesem Optimierungsvorgang würde sich dann der Inhalt und das Gewicht des in die Abwägung einzustellenden Umweltschutzes ergeben.

Mit der Einbeziehung zukünftiger Entwicklungen würde sich eine ganz andere Bewertungsperspektive ergeben. Langfristige Wirkungen wären – im Rahmen des Vorhersehbaren – zu berücksichtigen, sowohl was schädigende Auswirkungen betrifft, als auch, was das nur begrenzte Vorhandensein fossiler Energiequellen angeht.

---

[387] Weiter wird noch die Bund und Ländern auferlegte Pflicht auf die Erhaltung des gesamtwirtschaftlichen Gleichgewichtes Rücksicht zu nehmen (Art. 109 Abs. 2 GG) genannt; Papier, a.a.O., S. 42. möglich wäre die Einschlägigkeit dieses Aspektes, wenn der Wirtschaft Strom nicht mehr in ausreichendem Maße und zu angemessenen Preisen zur Verfügung stünde.

[388] Murswiek, in: Sachs, GG-Kommentar, 1999, Art. 20a Rdn. 53; Kruis, DVBl. 2000, 441 (445).

Nennt der Gesetzgeber als wesentliche Motive für sein Ausstiegsbegehren die Neubewertung der von der Kernenergie ausgehenden Gefahren und Risiken, die ungelöste Entsorgungsfrage und die gewollte Einleitung einer umfassenden Modernisierung der Kapazitäten der Energieerzeugung, dann hat er sich der dargestellten Vorgaben zu versichern. Dem Gesetzgeber verbleibt insoweit jedoch ein Spielraum, innerhalb dem er die genannten Vorgaben erfüllen kann und der allein auf Willkürfreiheit überprüft werden kann.[389] Dieser Spielraum ist auch nötig, um die Handlungsfähigkeit des Gesetzgebers abzusichern, gerade vor dem Hintergrund der schwer zu prognostizierenden Entwicklung des Strommarkts nach einem Atomausstieg und im Hinblick auf die Entwicklung des Weltstrommarkts. Hier vom Gesetzgeber mehr zu verlangen, hieße, worauf bereits zu Beginn dieses Abschnitts hingewiesen wurde, Gesetzgebung in diesem Bereich unmöglich zu machen.[390]

aa. Geeignetheit

Bei der Prüfung der Verhältnismäßigkeit eines Grundrechtseingriffs ist es zunächst erforderlich festzustellen, daß das zur Anwendung kommende staatliche Mittel zur Erreichung des angestrebten Ziels geeignet ist. Im konkreten Falle müßte die legislative nachträgliche Befristung bestehender unbefristeter Nutzungsbefugnisse für Kernkraftwerke nach § 7 Abs. 1 a AtG geeignet sein, die dargestellten Zwecksetzungen zu erreichen.

Auch wenn hinsichtlich der Geeignetheit dem Gesetzgeber eine Einschätzungsprärogative, in diesem Fall unter Beachtung der gemachten Vorgaben, eingeräumt wird, so wird dennoch als objektives und gerichtlich überprüfbares Kriterium gefordert, daß die Maßnahme zumindest in der Lage sein muß, das anvisierte Ziel zu fördern.[391] Ein objektiv untaugliches Mittel wird insoweit als verfassungswidrig eingestuft.[392] Die gerichtliche Prüfungsdichte orientiert sich hierbei am Maß der Eingriffstiefe.

Da es dem Gesetzgeber, wie gesehen, darauf ankommt, jegliche, mit der Nutzung der Kernenergie verbundenen Risiken zu vermeiden, könnte man auf den

[389] Dies sieht auch Wagner, NVwZ 2001, 1089 (1096 f.) so, der dann aber gleichwohl zu dem Ergebnis kommt, daß keine eine Enteignung rechtfertigenden Gemeinwohlgründe vorliegen.

[390] Weitergehend: Kruis, a.a.O., S. 444 ff., der eine umfassende Absicherung durch den Gesetzgeber verlangt. Eine solche ist, gerade auch im Hinblick auf die Komplexität der Thematik und folgend abweichender Gutachten nicht leistbar. Vielmehr muß es genügen, wenn der Gesetzgeber auf der Basis einer vertretbaren Grundlage seine Entscheidungen trifft.

[391] v. Münch, Grundbegriffe des Staatsrechts, Band I, 1986, Rdn. 255.

[392] BVerfGE 67, 157 (173).

ersten Blick ohne weitere Problematisierung von der Geeignetheit der geplanten Regelung ausgehen. Nach einem Ausstieg aus der Kernenergie existieren eben auch keine damit verbundenen Risiken mehr.
Teilweise wird darauf hingewiesen, daß eine Eignung der entsprechenden Regelung weniger am Maßstab Deutschlands zu erfolgen habe, sondern vielmehr und zumindest die Europäische Union die entscheidende Bezugsgröße sein müsse.[393] Dies sei auch gerade im Hinblick auf die Auswirkungen eines „Super-GAUs", also eines in seinen Schädigungsfolgen nicht innerhalb der Anlage beherrschbaren Großunfalles , zu beachten, die vor Ländergrenzen nicht halt machten.[394] Weiter werde die vom Schutzgedanken getragene Vorgehensweise des deutschen Gesetzgebers durch weitere Aspekte konterkariert. So würden die als unhaltbar angesehenen Risiken der Kernkraft durch die Möglichkeit des Elektrizitätsimports nicht ausgeräumt, sondern verlagert, wobei die Bundesrepublik damit gleichzeitig eine Elektrizitätsproduktion fördere, deren Sicherheit sie nicht ausreichend kontrollieren könne. Der Ausstieg aus der Kernenergie bedeute dann nichts anderes eine bloße Verschiebung der Verantwortung ohne eigene Überwachungs- und Eingriffsmöglichkeiten, wobei dies unter Schutzzweckgesichtspunkten und grundrechtlichen Schutzpflichten eher abträglich sei. Auch die Kompensierung ausgefallener Stromproduktionskapazitäten durch regenerative oder fossile Energien sei insoweit nicht hilfreich, da importierter Atomstrom längerfristig der preisgünstigere bleibe und damit vom Verbraucher bevorzugt bezogen werden würde. Damit würde ein sicherheitsbegründeter Ausstieg in objektiver Hinsicht nur Sinn ergeben, wenn gleichzeitig ein gesetzliches Verbot oder eine gesetzliche Kontingentierung des Atomstromimports erfolge. Eine solche Marktabschottung wäre aber hinsichtlich der bereits verabschiedeten Stromrichtlinie zur Schaffung eines Elektrizitätsbinnenmarktes und darüber hinaus auch im Hinblick auf die Grundfreiheiten des EGV, insbesondere des Art. 28 (Amsterdamer Fassung), nicht nur gemeinschaftswidrig[395], sondern auch politisch kaum durchsetzbar. Fazit

[393] Di Fabio, Der Ausstieg aus der wirtschaftlichen Nutzung der Kernenergie, S. 111.

[394] Verwiesen wird hierbei insbesondere auf die nahe der deutschen Grenze liegende französische Anlage Cattenom, bei der bei entsprechenden Winden größere Schäden in Deutschland als in Frankreich zu erwarten seien.

[395] Nicht erfaßt wären aber Stromeinfuhren aus Drittstaaten. Regelungen einzelner Mitgliedsstaaten, die sich speziell gegen Einfuhren aus Drittstaaten richten, können dagegen nicht durch das Vorbild der Binnenmarkt-RiLi gestützt werden. Grundsätzlich unterfällt die Regelung des Stromhandels mit Drittstaaten als Teil der EG-Handelspolitik der ausschließlichen Zuständigkeit der Gemeinschaft. Eigene Entscheidungszuständigkeiten behalten die Mitgliedsstaaten insoweit, als sie sich für Regelungen auf Vorbehalte des Primärrechts berufen können (etwa Art. 86 Abs. 2 EGV) oder als sie diese Zuständigkeiten durch Sekundärrecht „zurückerhalten" haben (z.T. durch auf Art. 133 EGV gestützte Rechtsakte

dessen müsse sein, daß, solange die Möglichkeit offen bleibe, daß die durch den isolierten nationalen Ausstieg entstehende Lücke in der Energieversorgung durch preiswert angebotenen Atomstrom kompensiert werde und auch durch deutsche hoheitliche Maßnahmen nicht ohne Verstoß gegen Gemeinschaftsrecht verhindert werden könne, der nationale Ausstieg aus der friedlichen Nutzung der Kernenergie kaum geeignet sein könne, zur Förderung des Ziels der Umwelt- und Gesundheitssicherung beizutragen.

Im Ergebnis wird man dieser, weniger rechtlichen denn politischen Argumentation nicht zustimmen können. Unzweifelhaft wird die Sicherheit der Vielzahl der Bürger in der Bundesrepublik erhöht, die nach einem Ausstieg nicht mehr in der Nähe eines Kraftwerks wohnen oder mit etwaigen Atomtransporten konfrontiert sind. Grundsätzlich trägt dann auch die Reduzierung etwaiger Risikoquellen global zur Minimierung des Gesamtrisikos der Atomenergie bei. Für die hier vorzunehmende Prüfung ist es dann aber unerheblich und im Bereich des spekulativen, ob sich das Gesamtrisiko nicht dann wieder erhöhen würde, wenn aufgrund der Nachfrage nach Atomstrom in Deutschland im Ausland zusätzliche Atomanlagen errichtet würden. Relevant kann nur sein, daß im Durchschnitt in der Bundesrepublik eine Risikominimierung eintreten würde, was auch zur Erfüllung des Merkmals der Geeignetheit im Sinne einer Förderung der anvisierten Zwecke ausreichend ist. Im Hinblick auf die dargestellte Beachtung grenzüberschreitender Wirkungen bei Art. 20 a GG kann sich ebenfalls nichts anderes ergeben. Durch ein Abschalten bestehender deutscher Kraftwerke würden „grenzüberschreitende" Gefahren für das Ausland reduziert. Unterstrichen wird dies noch durch das Wegfallen entsprechender Atomtransporte nach Frankreich und England.

Daß es durch den Atomausstieg zu einer Verstärkung des Treibhauseffekts aufgrund des zunehmenden Rückgriffs auf fossile Brennstoffe kommen kann, wie dies teilweise angeführt wird[396], vermag an der Geeignetheit der gesetzlichen Regelung nichts ändern. Vielmehr muß es an dieser Stelle genügen, wenn der Gesetzgeber davon ausgeht, daß dies nicht der Fall sein wird, etwa weil es durch flankierende Maßnahmen, wie Förderung alternativer Energieerzeu-

oder im Rahmen der Binnenmarkt-Richtlinien). Man wird davon ausgehen können, daß, auch wenn die Binnenmarkt-Richtliniene das Verhältnis zu Drittstaaten nicht ausdrüchlich regeln, die Mitgliedsstaaten die Beschränkungen, die innerhalb der Gemeinschaft zugelassen sind, auch im Verhältnis zu Drittstaaten anwenden können. Im Falle des Nichteingreifens dieser Vorbehalte – etwa bei Regelungen, die sich speziell gegen die Stromeinfuhr aus Drittstaaten richten –, sind Regulierungen der Stromeinfuhr seitens der Mitgliedsstaaten aus Drittstaaten mit dem Kompetenzgefüge des Gemeinschaftsrechts nicht vereinbar.; vgl. Gundel, RdE 2000, 85 ff.

[396] Vgl. nur: Wagner, NVwZ 2001, 1089 (1096 f.).

gungsformen oder durch die Effizienzsteigerung gewöhnlicher Kraftwerke nicht zu einer Erhöhung des Kohlendioxidausstoßes kommen wird.
Der Ansatzpunkt, bei der Befristung der Anlagengenehmigungen auf die Betriebszeit der Kernanlagen zurückzugreifen, wird sicherheitstechnisch begründet. Hier wird davon ausgegangen, daß bereits ab einer Betriebszeit von 25 Jahren verstärkt Sicherheitsprobleme auftreten, die mit Abnutzung, Ermüdung, Korrosion und Neutronenversprödung in Zusammenhang gebracht werden. Greift man als Bewertungsmaßstab auf die Betriebszeit zurück, so knüpft man an sicherheitstechnische Aspekte an, die im Hinblick auf die Zielsetzung relevant sind. Der Maßstab Betriebszeit ist hinsichtlich der Zielstellung ein taugliches Kriterium und geeignet.[397]
Darüber hinaus kann mittels eines weichen Ausgleitens aus der Atomenergie den Erfordernissen einer gesicherten Energieversorgung und der Sicherung von Arbeitsplätzen, als nicht nur rechtlichen, sondern akzeptanzsteigernden politischen Kriterien, Rechnung getragen werden.

bb. Erforderlichkeit

Weiterhin muß eine die Eigentumsfreiheit einschränkende Maßnahme erforderlich sein. Erforderlich ist ein eingesetztes Mittel dann, wenn es kein anderes Mittel gibt, welches unter geringeren Belastungen des Grundrechtsträgers zur Zielerreichung ebenso geeignet ist. Es ist die den Grundrechtsinhaber am geringsten belastende Maßnahme zu wählen.[398] Denn dem Gesetzgeber kommt hier ebenso eine Einschätzungsprärogative, unter Berücksichtigung der dargestellten Vorgaben, zu.[399] Für den zu behandelnden Fall bedeutet dies, daß der Ausstieg aus der Kernenergie mittels Befristung der Betriebsgenehmigungen erforderlich sein muß, um die Zielsetzung der Regelung, die Reduzierung von Risiken für Umwelt und Bürger durch die Nutzung der Kernenergie, zu erreichen.

---

[397] Auch unter dem Gesichtspunkt der Typisierung ist dieses Kriterium nicht zu beanstanden. Hinsichtlich der Betriebszeit werden alle Kraftwerke gleich behandelt.
[398] BVerfGE 25, 1 (17 f.).
[399] Da das zur Abwehr des Risikos eingesetzte Mittel dem Risiko angepaßt sein muß, dem es begegnet, müßte der Gesetzgeber die Risiken der Kernenergie darstellen, wobei aber zu beachten ist, daß die Nutzung der Kernenergie eine Grundsatzentscheidung des Gesetzgebers ist (BVerfGE 49, 89 [127]) und diesem damit allein die Befugnis zur Beantwortung der Frage obliegt, ob eine Nutzung in Zukunft ausscheiden soll. Damit wird der Beurteilungsspielraum des Gesetzgebers unter diesem Aspekt hinsichtlich der Geeignetheit und Erforderlichkeit einer gesetzlichen Regelung unterstrichen. Gleichwohl sind die dargestellten Beschränkungen zu berücksichtigen.

Hier wird ausgeführt, daß ein Sofortausstieg aus praktischen und rechtlichen Gründen kaum möglich sei und sich eine Abwicklungsphase über mehrere Jahrzehnte erstrecken werde, in der allmählich veraltende Anlagen am Netz bleiben würden, solange diese die Sicherheitsstandards erfüllten.[400] Ein Widerspruch würde sich nun offenbaren, wenn einerseits gesagt würde, daß als mildere Maßnahme eine staatlich auferlegte Nachrüstung und Modernisierung nicht in Betracht komme, weil sich der Stand von Wissenschaft und Technik immer weiter vom Design dieser Anlage entferne, andererseits aber neue, konzeptionell bessere Anlagen nicht mehr gewollt seien.[401] Unter der Prämisse, daß Nachrüstungen an bestehenden Reaktoren wegen einer veralteten Anlagentechnik nicht mehr sinnvoll seien, müßte es vielmehr so sein, daß die nächste Anlagengeneration, die auf die Beherrschung praktisch ausgeschlossener Ereignisse[402] ausgelegt sei, beschleunigt zugelassen werden müßten, damit die Altanlagen schneller substituiert werden könnten. Damit wird aber verkannt, daß im Hinblick auf die Zielsetzung des Gesetzgebers eine gleiche Geeignetheit von etwaigen mehreren Maßnahmen vorliegen muß. Will der Gesetzgeber die Risiken für Umwelt und Bürger durch die Kernenergieerzeugung vermeiden, dann ist es sicherlich kein gleich geeignetes Mittel, neue, wenn auch unter Umständen sicherere, Anlagen zuzulassen, denn auch von diesen können Risiken ausgehen.
Wenn es sich aus bestimmten Gründen erforderlich machen sollte, für den Ausstieg einen längeren Zeitraum zu veranschlagen, kann kein anderes, gleich geeignetes Mittel gesehen werden als die zeitliche Befristung bestehender Genehmigungen, mit dem die anvisierten Zielstellungen erreicht werden könnten.

cc. Verhältnismäßigkeit i.e.S.

Die nachträgliche Befristung der ursprünglich unbefristeten Betriebsgenehmigungen damit die Verkürzung der Gesamtlaufzeit der Atomkraftwerke nach § 7 Abs. 1 a AtG muß weiterhin verhältnismäßig im engeren Sinne sein, wobei der Begriff der Zumutbarkeit von besonderer Bedeutung ist. Die Regelung muß somit bei einer Gesamtabwägung zwischen der Schwere des Eingriffs und der Bedeutung und dem Gewicht der ihn rechtfertigenden Gründe, hier unter Berücksichtigung des betätigten Vertrauens in die bisherige Gesetzeslage, verhältnismäßig, respektive zumutbar, sein.[403] Hierbei ist das herausgearbeitete be-

[400] Di Fabio, Der Ausstieg aus der wirtschaftlichen Nutzung der Kernenergie, S. 114
[401] Roßnagel, Zur verfassungsrechtlichen Zulässigkeit eines Gesetzes zur Beendigung der Kernenergienutzung, S. 47 f.
[402] Hierzu: Bender/Sparwasser/Engel, Umweltrecht, Teil 7 Rdn. 147.
[403] BVerfGE 85, 248 (259); 95, 173 (183).

sondere öffentliche Interesse, der Schutz der Bürger vor den Gefahren und Risiken der Kernenergie einzubeziehen.

Grundsätzlich berücksichtigbare Aspekte wären einerseits das Vertrauen des Anlageninhabers in den Bestand seiner Genehmigung und die Nutzbarkeit der Kernanlage, andererseits die Risiken der Kernenergie und die insoweit bestehende Schutzpflicht des Staats für Leben und Gesundheit seiner Bürger (im unter b. dargestellten Sinne), die auch dann ihre Wirksamkeit entfaltet, wenn von dem Eigentum Gefahren für Dritte ausgehen.[404]

Im Hinblick auf die in Rede stehende Eigentumsgarantie des Art. 14 GG ist zunächst zu beachten, daß den Anlagenbetreibern unbefristete Genehmigungen erteilt wurden und diese auf dieser Grundlage ihre Kalkulationen treffen konnten.

Gleichwohl relativiert sich die Stärke dieser Rechtsposition bereits von Beginn an, ob der Tatsache, daß die Nutzung eines Grundstückes zum Betrieb eines Kraftwerks einen nur schwachen personalen Bezug, dafür aber eine starke soziale Ausprägung besitzt. Der Betrieb eines Kraftwerks, auch wenn man auf die hinter der juristischen Person stehenden natürlichen Personen abstellt, keine notwendige Voraussetzung einer freien selbstverantworlichen Lebensgestaltung im vermögensrechtlichen Bereich dar, so wie dies das Bundesverfassungsgericht für einen personalen Bezug fordert.[405] Vielmehr steht der soziale Bezug des Eigentums im Vordergrund, insoweit gerade durch das Bundesverfassungsgericht die Energieversorgung als öffentliche Aufgabe[406] und als Gemeinschaftsinteresse höchsten Rangs[407] bezeichnet wurde und die staatliche Schutzpflicht für Leben und Gesundheit der Bürger einzubeziehen ist.

Mit der nachträglichen Befristung der Anlagengenehmigung wird, da eine zuvor erteilte Genehmigung vorliegt, an einen Tatbestand angeknüpft, der im Zeitlauf vor Verkündung und Inkrafttreten der in Rede stehenden Norm lag. Konsequenz dessen ist, daß bis dahin bestehende und erworbene Rechte entwertet werden. Es liegt ein Fall einer sogenannten unechten Rückwirkung (oder tatbestandliche Rückanknüpfung) vor. Im Gegensatz zur echten Rückwirkung geht das Bundesverfassungsgericht in einem solchen Fall nicht grundsätzlich von der Verfassungswidrigkeit der Regelung aus, sondern führt eine Abwägung zwischen dem nunmehr enttäuschten Vertrauen des Rechteinhabers und dem öffentlichen Interesse an der Änderung der bisherigen Rechtslage durch. Die

---

404 Zur Schutzpflicht: Ossenbühl, DÖV 1981, 4 f.; BVerfGE 53, 30 (57); 56, 54 (73); 77, 170 (214).

405 BVerfGE 50, 290 (340).

406 BVerfGE 30, 292 (323 f.); BVerfG JZ 1990, 335.

407 BVerfGE 30, 292 (323, 324).

Rückwirkungsproblematik stellt sich im übrigen auch außerhalb des grundrechtlichen Bereichs unter dem Blickwinkel des Rechtsstaatsprinzips.
Bezüglich des Vertrauenstatbestands wird angeführt, daß angesichts der Widerrufsregelung in § 17 AtG schon nach geltendem Recht eine Genehmigung nicht unbedingt von Dauer sein muß und damit die Nutzungsmöglichkeit der Atomanlage bereits vorzeitig enden kann. Wie jedoch bereits dargestellt wurde, ist die Genehmigung von Beginn an mit der Möglichkeit des Widerrufs belastet, so daß insoweit auch kein entgegenstehender Vertrauenstatbestand bestehen kann. Vertrauen besteht hier nur insoweit, als die Atomanlage solange betrieben werden kann, wie die sicherheitstechnischen Anforderungen erfüllt werden.
Da die Anlagengenehmigung ursprünglich unbefristet erteilt wurde und durch die Ausgestaltung des Atomgesetzes sogar die Förderung der Kernenergie vorgesehen wird, besteht hier ein durchaus berechtigtes Vertrauen des Anlageninhabers darin, seine Genehmigung unbefristet in Anspruch nehmen zu können und demgemäß auch die Kernanlage, soweit dies sicherheitstechnisch machbar ist, vollumfänglich bis zum Ablauf der technisch möglichen Betriebszeit nutzen zu können. Dieser Umstand ändert sich nicht dadurch, wenn behauptet wird, daß Vertrauen wäre durch die langandauernde politische Kontroverse längst zerstört, wobei als vertrauenszerstörende Tatbestände neben der tagespolitischen Diskussion[408] vor allem die bereits erwähnten Gesetzentwürfe der Grünen aus dem Jahre 1984 und der SPD aus dem Jahre 1987 in Frage kommen. Es kann aber nicht angenommen werden, diese Vorschläge die Zerstörung von Vertrauen bewirken konnten. Es handelte sich hier im Vorschläge der seinerzeitigen Oppositionsparteien, die keinerlei Chancen auf Umsetzungen hatten. Vertrauen begründet und nimmt der Staat durch seine Organe mittels Gesetzen und Beschlüssen des Parlaments und/oder durch Entscheidungen und Maßnahmen sowie Planungen der Exekutive.[409] Würde man gegenteiliges annehmen, würde eine vor dem Hintergrund des Rechtsstaatsprinzips nicht tolerierbare Rechtsunsicherheit heraufbeschworen, da ansonsten durch jede Gesetzesinitiative Vertrauen zerstört werden könnte. Gerade im Atomrecht ist zu beachten, daß regelmäßig im gegenseitigen Einvernehmen von staatlicher Seite und der Seite der Anlagenbetreiber die Genehmigungsvoraussetzungen ausgearbeitet wurden. Es kann somit ein ungebrochener Vertrauenstatbestand auf Seiten der Anlagenbetreiber konstatiert werden.

---

[408] So Roßnagel, Zur verfassungsrechtlichen Zulässigkeit eines Gesetzes zur Beendigung der friedlichen Nutzung der Kernenergie, S. 55 ff. mit Verweis auf die anschließend angerissenen Fallkonstellationen.
[409] Maurer, Kontinuitätsgewähr und Vertrauensschutz, in: Isensee/Kirchhof (Hrsg.), Handbuch des Staatsrechts, Band III, § 60 Rdn. 7.

Wenn versucht wird, eine geschwächte Vertrauensposition durch Heranziehung vergleichbarer Fälle zu beweisen[410], dann kann dem ebenfalls keine Zustimmung geschenkt werden, da diese Fälle mit dem hier behandelten schlicht nicht vergleichbar sind. Die Vertrauenspositionen waren in jenen Fällen von vornherein eingeschränkt und damit nicht so stark ausgeprägt. So hatte das Bundesverfassungsgericht im Fischereipachtrecht eine uneingeschränkte Vertrauensposition verneint, weil dieses unter dem Vorbehalt der Gründung einer Schutz- und Wirtschaftsgenossenschaft und der Bildung von Fischereibezirken stand, die dann durch eine Gesetzesänderung, die sich in der Entwicklung abzeichnete, verwirklicht worden ist.[411]
Auch im sozialen Mietrecht soll sich nach Ansicht des Bundesverfassungsgerichts niemand auf den unveränderten Fortbestand der Rechtslage einstellen können, da dieses Gebiet seit jeher sozialpolitisch umstritten sei.[412] Die Einführung von Kappungsgrenzen für Mieterhöhungen ist insoweit nichts völlig unerwartetes, da in der Systematik der Mietpreisbindung angelegt und nichts anderes, als eine hypothetische zusätzlich eingeführte Sicherheitspflicht für den Betreiber der Kernanlage.
Hiernach bleibt den Anlagenbetreibern ebenso ein uneingeschränkter Vertrauenstatbestand zugestanden.
Wird zur weiteren Stützung des Vertrauenstatbestands darauf hingewiesen, daß nach altem Energiewirtschaftsrecht eine „mittelbare Investitionspflicht“ bestanden habe, da die Energieversorgungsunternehmen bei Verletzung der Versorgungsaufgaben mit Sanktionen und gar Schadensersatzpflichten zu rechnen gehabt hätten[413], so kann dem in diesem Zusammenhang keine Bedeutung beigemessen werden, da die Energieversorgungsunternehmen ihren Verpflichtungen zur Versorgung mit Energie nicht zwingend durch den Betrieb von Kernkraftwerken nachkommen mußten.
Diesem Vertrauenstatbestand steht das besondere öffentliche Interesse entgegen. Diesbezüglich wird ausgeführt, daß dieses Interesse aus mehreren Gründen nicht überwiegen könne. Es handele sich um eine rein rechtspolitische Entscheidung einer Risikominimierung in den Restrisikobereich hinein, die jedenfalls von Verfassungs wegen weder aus grundrechtlichen Schutzpflichten, noch im Hinblick auf Art. 20 a GG gefordert sei. Gerade angesichts der Genehmigungsvoraussetzungen des § 7 Abs. 2 AtG und der Instrumentarien des § 17 AtG sei sichergestellt, daß bei genehmigten Anlagen ausreichende Risikovor-

410 Roßnagel, Zur verfassungsrechtlichen Zulässigkeit eines Gesetzes zur Beendigung der Kernenergienutzung, S. 57 f. mit Verweis auf BVerfGE 71, 137 (145); 71, 230 (252).
411 BVerfGE 71, 137 (145).
412 BVerfGE 71, 230 (252).
413 Ossenbühl, AöR 124 (1999), 1 (42 f.).

sorge getroffen wurde und Restrisiken zum Bereich des „praktisch ausgeschlossenen“ zu rechnen seien, womit der bloße politische Wille zur Neubewertung von Sicherheitsaspekten in der Abwägung sich der Interessen der Betreiber der Atomanlagen und Inhaber von Genehmigungen zu beugen habe und die vertrauensgeschützte Rechtsposition nicht im Wege einer tatbestandlichen Rückanknüpfung entwertet werden dürfe.[414]

Dem ist sicherlich insoweit zuzustimmen, als es sich bei der ins Auge gefaßten Regelung um eine grundsätzlich rechtspolitische Entscheidung handelt. Jedoch geht es dem Gesetzgeber, wie dies bereits dargestellt wurde, nicht nur, so wie es hier heißt, um eine Risikominimierung in den Restrisikobereich hinein. Dieser will vielmehr die mit der Atomkraft verbundenen Gesamtrisiken bekämpfen. Daß es dabei nicht ausschließlich um bisher tolerierte Restrisiken geht, liegt insoweit auf der Hand. Damit sind dann aber auch grundrechtliche Schutzpflichten als abwägungsrelevante Aspekte angesprochen. Auch kann der Gesetzgeber frei zur Neueinschätzung eines bestimmten Tatbestands kommen. Ob sich diese Einschätzung dann gegen die geschützten vorhandenen Positionen durchsetzen kann, ist hingegen eine andere Frage. Im Falle des Ausstiegs aus der friedlichen Nutzung der Kernenergie und der nachträglichen Befristung der Nutzungsbefugnisse für Atomkraftwerke mittels einer Strommengenbegrenzung handelt es sich jedoch nicht ausschließlich um einen Fall politischer Neubewertung bereits bekannter Risiken und Gefahren, so wie dies zum Teil behauptet wird.[415] Vielmehr ist es so, daß nach der Deutschen Risikostudie B eine ungleich höhere Gefahr des Eintritts eines Kernschmelzfalls mit massiver radioaktiver Freisetzung besteht, als dies noch in der Risikostudie A angenommen wurde und damit ein anderes Risikoprofil zu gelten hat, als zu der Zeit, in welcher die bestehenden Kraftwerke genehmigt wurden. Zudem können durch diese Studien relevante Unfallursachen, wie menschliches Versagen, Störungen durch Dritte oder Krieg nicht oder nur unzureichend berücksichtigt werden.[416]

Die Stärke der grundrechtlichen Schutzpflicht als Abwägungsposition relativiert sich aber aus dem Grunde, daß die bestehenden gesetzlichen Instrumentarien Risiken, auch unter Berücksichtigung neuester Erkenntnisse im Rahmen des technisch machbaren, nahezu ausschließen.

---

414 So wiederum Ossenbühl AöR 124 (1999), 1 (S. 38 ff.) zur Rückwirkungsproblematik im Rahmen des Rechtstaatsprinzips; Di Fabio, Der Ausstieg aus der wirtschaftlichen Nutzung der Kernenergie, S. 118.

415 Di Fabio, Der Ausstieg aus der friedlichen Nutzung der Kernenergie, S. 142; Ossenbühl, AöR 124 (1999), 1 (30 f.).

416 Siehe: Gesellschaft für Reaktorsicherheit, Deutsche Risikostudie Kernkraftwerke, Phase A (1979) und Phase B (1989); ausführlich: Koch/Roßnagel, Neue Energiepolitik und Ausstieg aus der Kernenergie, DVBl. 2000, 1 (3).

Bei der Betrachtung der sich gegenüberstehenden Positionen ist der zeitliche Aspekt der Ausstiegskonzeption bei der Gewichtung der Vertrauensposition der Anlagenbetreiber zu berücksichtigen. So kann es nicht ohne Auswirkung auf diese Rechtsstellung sein, wenn man den Kernanlagen eine Betriebszeit von im Ergebnis durchschnittlich 32 Jahren zubilligt.
So gilt für Industrieanlagen, daß der Vertrauensschutz mit zunehmender Betriebszeit abnimmt. Es kommt hier die These zur Anwendung, daß je länger eine Anlage in Betrieb ist, sich um so eher das Vertrauen in die Genehmigung und der Aufwand amortisiert haben. Niemand kann darauf vertrauen, eine Genehmigung für alle Zeiten unverändert ausnutzen zu können. Wenn hiergegen vorgebracht wird, daß es nicht angehen könne, daß Produktionsmittel als Eigen tumspositionen gerade dann wertlos würden, wenn sie sich amortisiert hätten[417], so kann diese Aussage nicht völlig überzeugen. Die Eigentumsposition wird nicht wertlos, sondern einem Aspekt, der ihrem Schutz dient ist unter Umständen nicht mehr das Gewicht zuzuerkennen, den dieser zu einem früheren Zeitpunkt gehabt hätte. Die Zeitabhängigkeit des Vertrauensschutzes bei Industrieanlagen liegt zudem in deren natürlicherweise begrenzten Lebensdauer begründet, was zu einer Relativierung des Schutzbedürfnisses führt. Die angesprochene Frage des Werts ist vielmehr ein Aspekt, der im Rahmen der Ermittlung des zu zahlenden Ausgleichs von Belang ist. Geht man davon aus, daß Kernanlagen eine Betriebszeit von nicht mehr als 42 Jahren (= 35 Vollastjahre) zukommt, in der Praxis die durchschnittliche Betriebszeit tatsächlich aber noch erheblich unter diesen 42 Jahren liegt[418], dann kann bei Einräumung einer Betriebszeit von 32 Jahren durch den Gesetzgeber dem Vertrauensschutz keine tragende Bedeutung mehr zugemessen werden.
Geht man daher im Ergebnis davon aus, daß der Gesetzgeber mit der Regelung des § 7 Abs. 1 a AtG die Bevölkerung vor den Gefahren der Kernenergie schützen will und gestaltet er dieses Vorhaben mit flankierenden Maßnahmen zum Schutze der Umwelt, wie der Förderung von Energiesparmodellen und alternativen Energieerzeugungsarten, dann kann im Hinblick auf das relative ge-

[417] Di Fabio, Der Ausstieg aus der wirtschaftlichen Nutzung der Kernenergie, S. 119.
[418] Dies ist entspricht der Maximalforderung der Atomanlagenbetreiber. Diesbezüglich wurde ausgeführt, daß ein Unternehmer bei älteren KKW von einer Nutzungsdauer von 25 Jahren und bei neueren KKW von 35 Jahren ausgehen könne.; Pfaffenberger, Stellungnahme anläßlich der Sachverständigenanhörung des Ausschußes für Umwelt, Naturschutz und Reaktorsicherheit zum Kernenergieabwicklungsgesetz der SPD, in: Stenographische Protokolle Nr. 27 des Ausschusses für Umwelt, Naturschutz und Reaktorsicherheit, 11. Wahlperiode, 488.

ringe Gewicht des Vertrauensschutzes nicht von der Unverhältnismäßigkeit der Regelung ausgegangen werden.[419]

4. Die Junktimklausel des Art. 14 Abs. 3 S. 2 GG

Gemäß Art. 14 Abs. 3 Satz 2 GG darf eine Enteignung nur erfolgen, wenn Art und Ausmaß der Entschädigung normiert sind. Damit handelt es sich bei der Entschädigungsregelung um eine verfassungsrechtliche Rechtmäßigkeitsvoraussetzung einer jeden Enteignung, deren Fehlen oder deren Nichterfüllen der Mindestvoraussetzungen des Art. 14 Abs. 3 S. 3 GG zur Nichtigkeit des jeweiligen Enteignungsgesetzes führt. Durch diese, seitens des Gesetzgebers unabdingbare Zulässigkeitsgrenze einer Enteignung, wird sichergestellt, daß die Pflicht des Eigentümers, die Enteignung zu dulden, nur in dem von der Verfassung gesteckten Rahmen besteht und der zur Enteignung anstehende Gegenstand nur gegen eine Entschädigung entzogen wird. In diesem Fall wandelt sich die Bestandsgarantie des Eigentums in eine Eigentumswertgarantie um.
Da die nachträgliche Befristung der Betriebsgenehmigungen und damit der Nutzungsbefugnis für Kernkraftwerke gemäß § 7 Abs. 1 a AtG eine Legalenteignung darstellt, muß das entsprechende Enteignungsgesetz zwingend gemäß Art. 14 Abs. 3 S. 2 GG eine Regelung enthalten, die "Art und Ausmaß" der Entschädigung bestimmt und die den Anforderungen des Art. 14 Abs. 3 S. 3 GG genügt. Insoweit eine solche Regelung im Gesetz zur geordneten Beendigung der Kernenergienutzung vom 22.04.2002 nicht enthalten ist, ergibt sich schon daraus und insoweit die Verfassungswidrigkeit und Nichtigkeit des Gesetzes.

[419] A.A.: Wagner, NVwZ 2001, 1089 (1096 ff.) Dieser behauptet, daß die vom Gesetzgeber vorgetragenen Gründe dünn, unzutreffend und zum Teil sachlich widersprüchlich seien. Dies kann jedoch nicht gesehen werden. Der Gesetzgeber hat – aufbauend auf Begutachtungen – eine tragfähige Begründung abgeliefert, die auch nicht widersprüchlich ist. Daß es abweichende Ansichten zur Entwicklung beispielsweise des Kohlendioxidausstosses gibt, macht die vorliegende Begründung nicht unzutreffend. Vielmehr liefert der Gesetzgeber eine in sich schlüssige Darstellung der Problematik ausgehend von seinem Standpunkt.
Auch wenn der Gesetzgeber von einer Inhaltsbestimmung des Eigentums ausgeht, genügt die Wertigkeit der zu schützenden Rechtsgüter, wie dies in der Begründung dargestellt ist, auch dem Erfordernis des Gemeinwohls im Sinne des Art. 14 Abs. 3 GG.

5. Die Voraussetzungen des Art. 14 Abs. 3 S. 3 GG

Da der Gesetzgeber im Atomausstiegsgesetz im Hinblick auf die Regelung des § 7 Abs. 1 a AtG keine Entschädigungsregelung vorgesehen hat, kann vorliegend nur dargestellt werden, was zu berücksichtigen gewesen wäre beziehungsweise, was in Zukunft in ähnlichen Fällen zu berücksichtigen ist.
Durch Art. 14 Abs. 3 S. 3 GG wird festgelegt, daß die Entschädigung unter gerechter Abwägung der Interessen der Allgemeinheit und der Beteiligten zu bestimmen ist. Das Abwägungsgebot seinerseits wendet sich an den Gesetzgeber, weil dieser nach Art. 14 Abs. 3 S. 2 GG Art und Ausmaß der Entschädigung zu regeln hat. Zudem bezieht es sich, was sich wiederum aus dem Zusammenhang von Satz 2 und 3 des Art. 14 GG ergibt, nicht nur auf die Art der Entschädigung, sondern vor allem auch auf die Höhe der Entschädigung.
Vom Abwägungsgebot abgesehen stellt das Grundgesetz keine weiteren ausdrücklichen Anforderungen an den Gesetzgeber bezüglich der Enteignungsentschädigungsregelung. Daraus ergibt sich, daß das Grundgesetz den Gesetzgeber, der in einem Enteignungsgesetz eine Entschädigungsregelung vorzusehen hat, nicht auf das volle Äquivalent für das Genommene verpflichtet, ihm aber auch nicht gestattet, auf eine bloß nominelle Entschädigung auszuweichen.[420] Letzteres ist Konsequenz der Tatsache, daß das Entschädigungsgebot das dem Betroffenen aufgebürdete Sonderopfer in Form des Verlusts der Eigentumsbestandsgarantie kompensieren soll.
Dieses an den Gesetzgeber gerichtete Abwägungsgebot unterliegt verfassungsrechtlichen Bindungen, deren Überprüfung das Bundesverfassungsgericht für sich in Anspruch nimmt. Das Gericht hat insoweit den ordentlichen Gerichten die Befugnis abgesprochen, die in einem Enteignungsentschädigungsgesetz enthaltene Entschädigungsregelung so zu korrigieren, daß regelmäßig eine Entschädigung in Höhe des Verkehrswerts zu zahlen wäre. Eine dahingehende Feststellung, daß eine Entschädigungsnorm nicht den Anforderungen der Verfassung genügt, obliegt dem Bundesverfassungsgericht, dem die einfachen Gerichte nach Art. 100 GG vorlegen können.[421]
Der Gesetzgeber hat in seiner Abwägungsentscheidung die widerstreitenden Interessen auszugleichen. Als solche stellen sich das Interesse des zu entschädigenden auf Vollausgleich und das Allgemeininteresse auf einen verhältnismäßig geringeren Ausgleich dar. Folge dieses Abwägungsprozesses kann sein, daß eine Entschädigung, die den verfassungsrechtlichen Anforderungen genügt auch unterhalb des Verkehrswerts liegen kann. Dies muß sich dann aber, um

---

420 Kimminich, in: BK, Art. 14 Rdn. 434.
421 Siehe hierzu: BVerfGE 46, 268 (284 f.).

die dem Prinzip der Lastengleichheit folgende Entschädigungsregelung nicht in eine Billigkeitsentschädigung umzuwandeln, aus situationsbedingten Besonderheiten des Falles und den Zeitumständen rechtfertigen lassen. Ein solcher Fall liegt bei Atomkraftwerken, zumindest wenn deren Wert der eigenen Leistung der Betreiber entspringt, nicht vor. Anders mag es hingegen aussehen, wenn der Bau mit staatlichen Mitteln subventioniert wurde.[422] Dann ist das in die Abwägung einzustellende Interesse des von der Maßnahme Betroffenen nicht absolut vorrangig, seine Rechtsposition ist nicht Äquivalent eigener Leistung, was einen gewissen Abschlag rechtfertigt.[423]
Ein Überschreiten des gesetzgeberischen Spielraums wird für die Fälle angenommen, in denen eine Entschädigung unterhalb des tatsächlichen Werts vorgesehen wird und dies mit Haushaltseinsparungen begründet wird. Fiskalische Interessen des Staats sind deshalb nicht berücksichtigbar, da sie mit der Garantiefunktion des Art. 14 GG nicht in Einklang stehen. Diese Garantiefunktion besteht in der Abwehr staatlicher Vermögensentziehungen und -umschichtungen[424] und stellt ein Bereicherungsverbot gegen den Staat und ein Achtungsgebot gegenüber privaten Vermögensbeständen und -verteilungen dar. Durch den Enteignungseingriff soll im Ergebnis keine Vermögensbereicherung des Staats oder Dritter bewirkt werden, was aber der Fall wäre, würde man rein fiskalische Interessen der öffentlichen Hand in den Abwägungsvorgang mit einbeziehen dürfen.[425] Es wäre dann jede Reduzierung einer Entschädigung verfassungsgemäß, weil sie in ihrem jeweiligen Umfang die öffentliche Hand finanziell entlastet.
Einen weiteren relevanten Gesichtspunkt stellen etwaige Wertminderungen durch die Vorwirkungen eines Atomausstiegsgesetzes dar. Hier gilt der Grundsatz, daß eine verfassungsgemäße Wertbestimmung ohne Berücksichtigung der Wertminderungen, die gerade infolge der anstehenden Enteignung eintreten, also enteignungsbedingt sind, zu erfolgen hat.[426] Dahingehende Gesetzesplanungen, daß in einem ersten Schritt nur der Förderzweck gestrichen und durch

[422] Genannt wird beispielsweise das KKW Obrigheim.; Verwiesen sei hier auch auf die Regelung des § 18 Abs. 1 S. 4 KernEAbwG-E aus dem Jahre 1987, nach der im Rahmen einer Entschädigungsregelung etwaige gezahlte öffentliche Zuschüsse von der zu gewährenden Entschädigung abgezogen werden sollten.
[423] Ähnlich: Opfermann, Die Enteignungsentschädigung, S. 102 ff.; Leisner, NJW 1992, 1409 (1415).
[424] Papier, in: Maunz/Dürig, GG, Art. 14 Rdn. 614.
[425] Opfermann, Die Enteignungsentschädigung, S. 101.
[426] Relevant ist an sich der Wert zum Zeitpunkt des Enteignungsaktes (BGHZ 87, 66). Etwas anderes muß aber dann gelten, wenn bestimmte Gegenstände von außen von einer weiteren konjunkturellen Entwicklung ausgeschlossen werden. Entscheidungen wurden hier größtenteils für Bauland getroffen: BGH WM 1982, 878; BGHZ 89, 338.

einen Abwicklungszweck ersetzt würde und in die Zukunft gerichtet Betriebsgenehmigungen nicht erteilt werden sollen, eine Enteignung damit noch nicht vorgenommen wird, würden die Frage nach der Berücksichtigung der infolge des ersten Gesetzesschrittes eintretenden Wertminderungen stellen. Da dieser erste Regelungsschritt letztlich den endgültigen Ausstieg vorbereiten soll, wären damit zusammenhängende Wertminderungen als enteignungsbedingt, also als gerade infolge der anstehenden Enteignung eingetreten, einzustufen. Sie dürften nicht berücksichtigt werden.

Die Verfassung fordert eine Entschädigung, womit der Gesetzgeber nicht auf die Gewährung von Schadensersatz festgelegt ist.[427] Dieser ist vielmehr von der Entschädigung abzugrenzen.

Schadensersatz knüpft regelmäßig an einen Unrechtstatbestand an und ist darauf gerichtet, den rechtswidrigen Eingriff ungeschehen zu machen.[428] Hingegen knüpft die durch Art. 14 Abs. 3 GG gewährte Entschädigung an rechtmäßige Eingriffe an und ist damit auch nicht darauf gerichtet, den Eingriff ungeschehen zu machen.

Eine Entschädigung soll die durch die Enteignung bewirkte Vermögensverschiebung ausgleichen, hat sich also am Wert des dem Betroffenen entzogenen Rechtsguts zu orientieren. Bei der Naturalrestitution wäre hingegen der Betroffene so zu stellen, wie dieser unter Heranziehung einer hypothetischen Vermögenslage stünde, wenn er die Atomanlage weiter betreiben könnte. Einen derartigen Schadensersatz fordert das Grundgesetz aber nicht. Damit scheiden auch Denkansätze aus, die als Wertersatz den Betrag ansehen wollen, der den Anlagenbetreiber in die Lage versetzen würde, anstelle des dann nicht mehr gestatteten Atomstroms andere Stromerzeugungsquellen mit einer entsprechenden Gewinnspanne zu erschließen oder im europäischen Ausland eine Atomanlage mit entsprechender Gewinnspanne aufzubauen.[429]

Zur Naturalrestitution hinzuzurechnen ist weiterhin der entgangene Gewinn, dessen Ersatz schon aus dem Grunde nicht von Art. 14 Abs. 3 GG gefordert wird, weil als Eigentumspositionen nur vorhandene Rechtspositionen angesehen werden, nicht aber bloße Gewinnchancen.[430]

---

[427] Kimminich, in: BK, Art. 14 Rdn. 429 ff.; Kreft, Öffentlich-rechtliche Ersatzleistungen, Rdn. 85 ff.

[428] Papier, in: Maunz/Dürig, GG, Art. 14 Rdn. 601.

[429] Entsprechende Überlegungen mit letztlich ebenfalls negativem Ergebnis bei: Di Fabio, Der Ausstieg aus der wirtschaftlichen Nutzung der Kernenergie, S. 147.

[430] Demgegenüber möchte Schmidt-Preuß, NJW 1995, 989, im Hinblick auf die nachträgliche Befristung den entgangenen Gewinn berücksichtigen und kommt auf diesem Wege zu einer Gesamtbetriebsdauer von 40 Jahren. Dies sei von Verfassungs wegen geboten als Prämie eigener Leistung und Risikoübernahme. Dem steht aber entgegen, daß reine Erwartungen durch eine Enteignungsentschädigungsregelung nicht ersetzt werden.

Nichtsdestotrotz können etwaige künftige Entwicklungen einen gewissen Einfluß auf den Markt- oder Verkehrswert eines Gegenstands haben. Denn der Wert eines auf Gewinnerzielung ausgerichteten Betriebs ermittelt sich nicht nur aus der Substanz der Betriebsanlagen und der Grundstücke, sondern auch und gerade nach der unter objektiven Kriterien zu beurteilenden Gewinnträchtigkeit des Unternehmens. Es scheiden somit zwar mögliche *zukünftige* Werterhöhungen, Gewinnerwartungen und prognostische Marktentwicklungen, etwa aufgrund gesteigerter Kosten anderer Stromerzeugungsarten, aus, da es sich dabei um entgangenen Gewinn im dargestellten Sinne handeln würde. Dies gilt jedoch nicht, wenn sich eine günstige Betriebsprognose im *gegenwärtigen* Betriebswert niederschlägt und ein potentieller Erwerber gerade aus diesem Grund einen höheren Preis bezahlen würde.[431] Die Gewinnträchtigkeit eines Unternehmens ist damit ein Wertermittlungsposten, wenn ansonsten kein ermittelbarer Marktwert besteht.

Als ein Aspekt, der zu einer Entschädigungsreduzierung führen kann, ist der Grundsatz des Sozialbindungsabzugs zu nennen.[432] Mit der Anerkennung dieses Prinzips wird verhindert, daß es zu dazu kommt, daß entweder nur die volle Verkehrswertentschädigung gewährt werden kann, oder aber im Falle „bloßer" Sozialbindung die Werteinbußen am Eigentum in voller Höhe entschädigungslos zu tragen sind. Es ist dann im Rahmen der Abwägung möglich, etwaige Wertreduzierungen durch entschädigungsfreie Sozialbindungen in Anrechnung zu bringen. Eine Bindung des Entschädigungsgesetzgebers dahingehend, daß er beim höchstmöglichen Entschädigungsbetrag anzusetzen hat, besteht von Seiten der Verfassung nicht, womit mögliche Vorwegbindungen im entschädigungsfreien Vorfeld der Enteignung wert- und ausgleichsmindernd berücksichtigbar sind.[433]

Auch für den Fall einer Entschädigungsregelung für den Atomausstieg wäre, aufgrund der bereits beschriebenen starken Sozialbindung des Eigentums, ein solcher Sozialbindungsabzug denkbar. Gleichwohl wird dies teilweise abgelehnt und vielmehr die Sozialnützlichkeit der Atomenergie unterstrichen.[434] Insbesondere wird darauf verwiesen, daß Kernkraftwerke mit preiswerter Elektrizität und ohne nennenswerte Kohlenmonoxidbelastung der Atmosphäre und

---

[431] Bei Grundstücken stellt der BGH auf künftig zu erwartende Nutzungsmöglichkeiten ab, die schon die gegenwärtige Grundstücksqualität verbessern.; BGHZ 39, 198 (203 ff.); eine Einbeziehung dieser Positionen in den Verkehrswert steht auch nicht der grundsätzlichen Aussage entgegen, daß bei Eingriffen in den eingerichteten Gewerbebetrieb der Verkehrswert maßgeblich sei, nicht hingegen Erträge, die ohne dauerhaften Zugriff hätten erzielt werden können; Papier, in: Maunz/Dürig, GG, Art. 14 Rdn. 635.

[432] Papier, in: Maunz/Dürig, GG, Art. 14 Rdn. 620.

[433] Vgl. Leisner, NJW 1992, 1409 (1415).

[434] Di Fabio, Der Ausstieg aus der wirtschaftlichen Nutzung der Kernenergie, S. 146.

ihrem Arbeitsplatzangebot in einem fortschrittlichen Technologiezweig einen hohen positiven Beitrag für das Gemeinwohl leisten würden. Der Verweis auf den Schutz von Mensch und Umwelt müsse, schon wegen der naheliegenden Möglichkeit von Atomstromimporten, stark relativiert werden. Die von einem Ausstieg aus Atomenergie betroffenen Eigentümer dürften nicht mit denen gleichgestellt werden, die einer sozialschädlichen Tätigkeit nachgingen. Der die Entschädigung festsetzende Gesetzgeber dürfe und müsse werten, er dürfe aber nicht vorrechtliche Gegebenheiten und Selbstbindungen der Hohen Hand ignorieren und eine Sozialschädlichkeit gleichsam normativ konstruieren.
Mit dieser Argumentation wird übersehen, daß die mögliche Vornahme eines Sozialbindungsabzugs nichts mit der Qualifizierung einer Position oder Tätigkeit als sozialschädlich zu tun hat. Es wird letztlich nur auf der Entschädigungsebene der bestehenden relativen Schwäche der Eigentumsposition entsprochen, die determiniert ist durch ebene jene Sozialbindung. Das im Falle der Kernenergie ein hohes Maß an Sozialbindung, nicht nur bezüglich des Energieversorgungsauftrags, sondern vor allem wegen der staatlichen Schutzpflicht für Leben und Gesundheit, vorhanden ist, wurde bereits dargelegt. Der Grundsatz des Sozialbindungsabzugs kann daher als verfassungslegitimes Kriterium zur Entschädigungsreduktion herangezogen werden.

Nunmehr wurden, mit teilweisem Bezug zum gerade Ausgeführten, von Seiten der Judikatur Grundsätze der Enteignungsentschädigung entwickelt, die dann herangezogen werden können, wenn das Gesetz entweder nur von Enteignungsentschädigung spricht oder eine Entschädigung nach dem Verkehrswert, wie in § 95 Abs. 1 BauGB, bestimmt, ohne von den Möglichkeiten im Sinne des Art. 14 Abs. 3 S. 3 GG zur Entschädigungsreduktion Gebrauch zu machen. Diese Grundsätze sind auch hier insoweit von Bedeutung, da sich die Bestimmung des Werts eines Kernkraftwerks, als schwierig erweist. Es muß somit ein tauglicher Anknüpfungspunkt gefunden werden und es müssen mögliche An- und Abrechnungsposten bestimmt werden.
Ausgegangen werden soll vom Verkehrswert der Atomanlage. Dieser ist der Preis, der im maßgeblichen Zeitpunkt im gewöhnlichen Geschäftsverkehr nach den Eigenschaften, der sonstigen Beschaffenheit und Lage des betroffenen Objekts ohne Rücksicht auf außergewöhnliche oder persönliche Verhältnisse zu erzielen wäre. Entschädigt wird damit die Wertschätzung, die ein Eigentumsrecht im Rechtsverkehr genießt.
Sieht eine Entschädigungsregelung nur Wertersatz unter Bezugnahme auf den Verkehrswert vor, dann nimmt die Rechtsprechung hier einen Anwendungsfall von § 287 ZPO an und entscheidet auf der Basis einer Schätzung unter Würdi-

gung aller Umstände nach freier Überzeugung.[435] Konsequenz dessen ist, daß der Richter, der auf der Grundlage einer derartigen Entschädigungsregelung den Wert einer Eigentumsposition zu bestimmen hat, ein Ermessen hinsichtlich des Umfangs der Beweisaufnahme und bezüglich der Auswahl etwaiger Berechnungsmethoden hat, wobei aber eine Ermessengrenze darin besteht und die Entscheidung insoweit überprüfbar ist, als die Regelung des § 287 ZPO die „Würdigung aller Umstände" einfordert. Damit müssen etwa die Wirkungen des Art. 14 GG berücksichtigt werden und möglichst konkrete Berechnungsgrundlagen herangezogen werden.
Im Grundsatz hat aber zu gelten, daß der nach Art. 14 Abs. 3 S. 3 GG festzulegende Wertersatz, ob dies nun ausdrücklich durch den Gesetzgeber vorgesehen wird oder der Spielraum des § 287 ZPO eröffnet ist, alle wertbildenden Faktoren zu berücksichtigen hat.[436]
Würde der Gesetzgeber für die Entschädigungsregelung im Rahmen des legislativen Ausstiegs aus der friedlichen Nutzung der Kernenergie keine genaueren Berechnungsmethoden festlegen, dann könnte, im Anschluß an das festgestellte, Ausgangspunkt der Berechnung der Verkehrs- oder Marktwert sein. Orientiert wird sich diesbezüglich durch die Rechtsprechung des Bundesgerichtshofs an der sogenannten Wiederbeschaffungsformel, wonach die Entschädigung die Wiederbeschaffung eines gleichwertigen Gegenstandes ermöglichen soll. Gleichwohl hat der Bundesgerichtshof auf die „Bildhaftigkeit" der Formel verwiesen und ausgeführt, daß die Enteignungsentschädigung das Genommene wertmäßig „aufwiegen" müsse.[437]
Problematisch erweist sich indes der Umstand, daß es für Atomanlagen keinen Markt gibt, an dessen Maßstab eine Wertermittlung möglich wäre. Gleichwohl ist eine Wertbestimmung nicht unmöglich. In einem solchen Fall ist entscheidend, ob die Verkehrsauffassung der Sache einen Geldwert zuordnet, wobei auch Sachen erfaßt werden, die nicht ohne weiteres veräußert werden können, die aber, wollte man sie erwerben, Geld kosten würden.[438] Damit ist man bei einer Wertbestimmung am Zeitwert, dem wirtschaftlichen Wert unter Ausblendung des Marktes, angelangt. Auch ein solcher Zeitwert müßte er-

---

[435] BGH NJW 1962, 2051 (2052).
[436] Demgegenüber ist nicht ersichtlich, daß der Gesetzgeber infolge des Abwägungsgebotes unter dem Verkehrswert bleiben müßte. Der Gesetzgeber hat unter Berücksichtigung privater und öffentlicher Belange eine Abwägung vorzunehmen und ein Abwägungsergebnis zu präsentieren, kann sich aber gleichwohl am Verkehrswert orientieren. anders: Opfermann, Die Enteignungsentschädigung, S. 262 ff.
[437] BGHZ 59, 250 (258 f.).
[438] Di Fabio, Der Ausstieg aus der wirtschaftlichen Nutzung der Kernenergie, S. 153 mit Verweis auf BGHZ 92, 85 (91): Wertermittlung nach § 251 BGB bei einem zerstörten Unikat.

mittelt werden. Einigkeit besteht insoweit, als maßgeblich zur Bestimmung des Zeitwerts industrieller Anlagen nicht der Abschreibungswert ist, sondern der tatsächliche wirtschaftliche Wert der Anlage.[439]

In diesem Zusammenhang werden nun auch eine Entscheidung des Bundesgerichtshofs und einiger Untergerichte angeführt[440], die Berechnungsmodelle für den Substanzwert technischer Anlagen anbieten. Diese können wiederum als Grundlage für die Berechnung des Zeitwerts einer Atomanlage geeignet sein.

In dem genannten Fall des Bundesgerichtshofs ging dieser, für Maschinen, die bei Neuanschaffung, nicht aber bei Ingebrauchnahme einen Marktwert haben, bezüglich der Wertberechnung vom Wiederbeschaffungswert der Anlage aus, und nahm hierbei einen Abzug „neu für alt" vor, der wiederum unter Beachtung der fiktiven Restnutzungsdauer des entzogenen Objekts zu ermitteln ist. Dieser Abzug soll dann nach Abschreibungsgrundsätzen, nicht im steuerrechtlichen Sinne, sondern abgeschätzt nach der Überlegung, daß eine Anlage mit zunehmender Betriebsdauer wegen des heranrückenden technischen Anlagenendes an Wert abnimmt, erfolgen.[441] In der Entscheidung des OLG Hamm[442] führte dieses aus, daß sich der Verkehrswert des betroffenen Gegenstands im eigentlichen Sinne nicht ermitteln ließe. Daher griff man auf die Herstellungskosten zurück und zog dann von diesen den linearen wirtschaftlichen Wertverlust für die bisherige Betriebszeit bei einer geschätzten Gesamtnutzungszeit von 32 Jahren ab.

Im weiteren soll nun auf den Berechnungsansatz des OLG Hamm zurückgegriffen werden, da die Heranziehung der tatsächlichen Herstellungskosten eine im Einzelfall doch genauere Basis für eine Berechnung liefert, als ein etwaiger Wiederbeschaffungswert, der, wie der Bundesgerichtshof selber ausführt, nur „bildhaft" zu verstehen sei.[443] Zudem ist bei Atomanlagen ein wesentlicher Aspekt zu beachten, dessen Berücksichtigung mit dem Modell des Wiederbeschaffungswerts nur schwer in Einklang zu bringen wäre. Ein überaus bedeutsamer Kostenpunkt bei Atomanlagen sind die im Laufe der Zeit vorgenommenen Änderungs- und Nachrüstungsmaßnahmen. Diese Ausgaben würden bei

---

[439] Roller, Eigentums- und entschädigungsrechtliche Fragen, S. 112.

[440] BGH NJW-RR 1995, 415 (416), angeführt bei: Di Fabio, Der Ausstieg aus der wirtschaftlichen Nutzung der Kernenergie , S. 154; OLG Hamm, NVwZ 1990, 695; LG Detmold, NVwZ 1989, 292, angeführt bei: Roller, Eigentums- und entschädigungsrechtliche Fraugen, S. 112.

[441] Da es um Schätzungen geht, soll entsprechend der jeweiligen Restlebensdauer die Abwertung linear – ermittelt über den Quotienten aus Neuerichtungskosten und mutmaßlicher Gesamtnutzungsdauer –, arithmetisch oder geometrisch degressiv errechnet werden.

[442] Die Entscheidungen des OLG Hamm und des LG Detmold ergingen in derselben Sache.

[443] Auf diese Einschränkung weist Di Fabio nicht hin. Vielmehr geht er von der Formel Wiederbeschaffungswert = Zeitwert + Händlerzuschlag aus.; Di Fabio, a.a.O., S. 152.

dem Wiederbeschaffungsmodell zumindest größtenteils außen vor bleiben müssen. Würde man hingegen nur auf den ursprünglichen Herstellungswert abstellen, so würde man dem tatsächlichen Zeitwert einer Atomanlage nicht gerecht werden. Grundlage einer Zeitwertberechnung haben damit die Gesamtinvestitionskosten zu sein. Von diesen ist dann der Wertverlust unter Berücksichtigung der geschätzten Gesamtnutzungsdauer der Anlage in Abzug zu bringen.

Daraus ergibt sich, daß bei einer Enteignungsentschädigungsberechnung die Herstellungskosten und vorgenommene Nachrüstungen und deren Kosten unter Berücksichtigung der Restnutzungsdauer der Atomanlage einstellbar sind. Wie noch zu sehen sein wird, sind ersparte Aufwendungen für Nachrüstungsmaßnahmen insoweit in Abzug zu bringen, als diese für die Zukunft nach Abschaltung der Kraftwerke nicht mehr zu erbringen sind.

Wertminderungen an der Anlage, die sich daraus ergeben, daß durch einen stufenweisen Ausstieg aus der Kernenergie der letzte Schritt, die Enteignung, vorbereitet wird, sind nicht zu berücksichtigen. Zulässig wäre hingegen die Vornahme eines gewissen Sozialbindungsabzugs.

Kein geeignetes Kriterium zur Reduzierung des Umfangs der Entschädigung oder gar als Maßstab zur Wertbestimmung einer enteigneten Sache ist die Amortisierung. Unter Amortisierung wird verstanden, daß die für ein Wirtschaftsgut getätigten Aufwendungen durch Erträge aus diesem Wirtschaftsgut wenigstens kompensiert wurden. Ob dieser Umstand aber zu einer Entschädigungsreduzierung im Falle der von der Verfassung geforderten Enteignungsentschädigung führen kann, erscheint mehr als zweifelhaft. Im Rahmen der Darstellung der Verhältnismäßigkeit i.e.S. wurde bereits die Zeitabhängigkeit des Vertrauensschutzes dargestellt. Damit zusammenhängend wird dann davon ausgegangen, daß die Amortisation ein Anknüpfungspunkt sein kann, der bei Vorliegen einer ausgleichspflichtigen Inhaltsbestimmung des Eigentums im Einzelfall deren Ausgleichspflichtigkeit entfallen lassen kann.[444] Gleichwohl kann dies für den Fall einer Enteignungsentschädigung nicht gelten. Es geht dort nicht um einen Ausgleich, der sich an der Stärke der vorhandenen Vertrauensposition orientiert, sondern um eine Entschädigung, die im Sinne der dargelegten Grundsätze den Wert des entzogenen Guts kompensieren soll. Eine weitere Reduzierung der zu leistenden Entschädigung über den Wertverlust der Sache und den Sozialbindungsabzug hinaus, auf Grund des Umstands, daß sich ein Kernkraftwerk amortisiert hat, kommt somit nicht in Frage.

[444] Roller, Genehmigungsaufhebung und Entschädigung, S. 229f. .

V. Vereinbarkeit der nachträglichen Befristung der Anlagengenehmigungen nach § 7 Abs. 1 a AtG mit Art. 12 GG

1. Die Berufsfreiheit als Maßstab der Regelung des § 7 Abs. 1 a AtG

Art. 12 Abs. 1 S. 1 GG gewährleistet jedem das Recht Beruf, Arbeitsplatz und Ausbildung frei zu wählen. Art. 12 Abs. 1 S. 2 GG sichert die Freiheit der Berufsausübung und unterstellt diese der Regelungsbefugnis des Gesetzgebers. Da sich Wahl und Ausübung des Berufs nicht hinreichend scharf trennen lassen, der in der laufenden Berufsausübung sich ausdrückende Wille zur Beibehaltung der Berufsausübung zugleich eine kontinuierliche Betätigung der Berufswahl ist, wird angenommen, daß Art. 12 Abs. 1 GG ein einheitliches Grundrecht der Berufswahl darstellt.[445]

Als Beruf wird vom Bundesverfassungsgericht jede auf Dauer angelegte Tätigkeit zur Schaffung und Erhaltung einer Lebensgrundlage verstanden, die erlaubt ist.[446] Zwar stellt das Bundesverfassungsgericht auf erlaubte Tätigkeiten ab. Mit dem Verbot der Erzeugung von Kernenergie ist durch diesen Eingriff in den Schutzbereich des Art. 12 GG nicht zugleich dessen Einschlägigkeit beseitigt worden. Würde man dieser Prämisse folgen, könnte der Gesetzgeber mittels des Verbots bestimmter Tätigkeiten über den Schutzbereich des Art. 12 GG disponieren. Das Merkmal „erlaubt" kann nur im Sinne eines vorrechtlichen und sozial übereinstimmend anerkannten Unwerturteils verstanden werden.[447] Ob der Betrieb einer Kernanlage zum Kreis der erlaubten Tätigkeiten gehört, entscheidet der Gesetzgeber in Anbindung an Art. 12 GG, während er in Fällen einer nicht erlaubten Tätigkeit im vorgenannten Sinne, etwa Rauschgifthandel, sich auf einen vorrechtlichen Tatbestand stützen kann, der die Anwendung des Art. 12 GG ausschließt.

Im Bezug auf private juristische Personen, die im Wirtschaftsverkehr tätig sind, hat das Bundesverfassungsgericht Art. 12 GG im Sinne einer Unternehmerfreiheit ausgelegt und den Schutzbereich auf Gründung und Führung des Unternehmens konkretisiert. Art. 12 Abs. 1 GG ist damit im Sinne des Art. 19 Abs. 3 GG seinem Wesen nach auf juristische Personen anwendbar und schützt die Tätigkeit in Form des Betriebs von Kernanlagen.

---

[445] Ständige Rechtsprechung seit BVerfGE 7, 377 (401).

[446] BVerfGE 7, 397.; Andere stellen auf die Gemeinschädlichkeit der Tätigkeit ab.; Gubelt in: v. Münch/Kunig, GG, Art. 12 Rdn. 9.; Ein besonderer sozialer Wert der Tätigkeit ist nicht erforderlich, BVerwG DVBl. 1995, 47.

[447] Vgl. Langer, JuS 1993, 203 (205).

Um Eingriffe in die Berufsfreiheit handelt es sich nicht nur, wenn durch Maßnahmen der Verwaltung oder des Gesetzgebers bereits die Aufnahme einer Tätigkeit vereitelt wird oder wenn durch nachträgliche Akte die aufgenommene Tätigkeit erschwert oder unterbunden wird.
Eingriffe in den Schutzbereich des Art. 12 GG liegen vielmehr auch dann vor, wenn Gesetze oder Eingriffsakte imperativ die berufliche Tätigkeit Einzelner beschränken oder verkürzen. Schutzbereichsverkürzende staatliche Maßnahmen, die primär andere Zielrichtungen verfolgen, aber tatsächlich Auswirkungen auf die Freiheit der Berufsauswirkungen haben können ebenso hinzugezählt werden.
Um in einem solchen Fall festzustellen, ob die Beeinträchtigung noch dem Staat zurechenbar ist und damit die Qualität eines Eingriffes besitzt, wird überwiegend danach beurteilt, ob der Akt eine „objektiv berufsregelnde Tendenz" besitzt, sowie danach, ob die Regelung entsprechend ihrer Ausgestaltung in einem engen Zusammenhang mit der Ausübung der Berufsfreiheitsrechte steht.[448]
Hier erfolgt eine nachträgliche Befristung der Atomanlagengenehmigungen mittels einer gesetzlichen Regelung. Nach Ablauf dieses Zeitraums ist dem Anlagenbetreiber die Erzeugung von Kernenergie nicht mehr gestattet. Damit hat die Regelung, auch soweit die Energieerzeugung in Deutschland in völlig neue Bahnen gelenkt werden soll, eine objektiv berufsregelnde Tendenz.

2. Rechtfertigung eines Eingriffs

a. Bestimmung der Eingriffstiefe mittels der Drei-Stufen-Lehre

Eingriffe in die Berufsfreiheit bedürfen nach Art. 12 Abs. 1 S. 2 GG einer gesetzlichen Grundlage.[449] Diese muß wiederum den Anforderungen der Verfassung an ein grundrechtsbeschränkendes Gesetz genügen.
Zur Vornahme einer solchen Überprüfung muß geklärt sein, mit welcher Eingriffsintensität eine bestimmte Regelung verbunden ist, da eine die Berufsfreiheit betreffende Regelung mit wachsender Eingriffstiefe, also von einer bloßen Berufsausübungsregelung hin zu einer Berufswahlregelung, zunehmenden Rechtfertigungsanforderungen unterworfen ist.

---

448 BVerfGE 82, 209 (233 f.); BVerwGE 71, 183 (193); abw.: Pieroth/Schlink, Grundrechte – Staatsrecht II, Rdn. 889.

449 Insoweit wird davon ausgegangen, daß die Schranke des Art. 12 Abs. 1 S. 2 GG auf das Grundrecht der Berufsfreiheit einheitlich anzuwenden ist, also sowohl die Berufsausübungs- als auch die Berufswahlfreiheit beschränkt.; BVerfG NJW 1993, 1575; Pieroth/Schlink, Grundrechte – Staatsrecht II, Rdn. 874.

Das Bundesverfassungsgericht hat vor diesem Hintergrund als eine anwendungsvereinfachende und im Vorfeld des Verhältnismäßigkeitsgrundsatzes liegende Schematisierung die sogenannte Drei-Stufen-Lehre entwickelt. Auf diese Weise wird berücksichtigt, daß die Schranken, die der gesetzgeberischen Regelungsfreiheit gesetzt sind, um so weiter gezogen werden können, um so mehr es sich um eine Berufsausübungsregelung handelt und um so enger zu ziehen sind, je mehr die Auswahl des Berufs betroffen ist.

Eine Beschränkung der Freiheit der Berufsausübung kann danach erfolgen, soweit dies vernünftige Erwägungen des Gemeinwohls zweckmäßig erscheinen lassen. Im Hinblick auf die Berufswahl wird noch einmal zwischen objektiven und subjektiven Zulassungsschranken unterschieden. Handelt es sich um subjektive Zulassungsschranken, dann ist diese Beschränkung rechtmäßig, wenn der Schutz besonders wichtiger Gemeinschaftsgüter es zwingend erfordert. Werden hingegen objektive Zulassungsvoraussetzungen aufgestellt, dann erfordert der Nachweis deren Zulässigkeit, daß sie zur Abwehr nachweisbarer und höchstwahrscheinlicher schwerer Gefahren für ein überragend wichtiges Gemeinschaftsgut dienen.

Da es sich bei der Drei-Stufen-Lehre aber um eine Schematisierung handelt, können, wie noch zu sehen sein wird, die Übergänge zwischen den einzelnen Stufen fließend sein.

b. Atomausstieg durch nachträgliche Befristung der Betriebsgenehmigungen als Berufsausübungs- oder Berufswahlregelung

Nach dem vorgehend festgestellten hängen die Anforderungen, die Art. 12 GG mittels des Verhältnismäßigkeitsgrundsatzes an ein Atomausstiegsgesetz stellt, davon ab, ob eine solche gesetzliche Regelung als Berufsausübungsregelung oder Berufswahlregelung einzuordnen ist.

Würde man den Begriff des Berufs in diesem Zusammenhang eng fassen und darunter allein den Betrieb von Atomanlagen fassen, griffe die gesetzliche Regelung in die Freiheit der Berufswahl im Hinblick auf die Berufsaufnahme und die Berufsbeendigung ein.[450]

Ginge man hingegen davon aus, daß die erfaßte Tätigkeitsgruppe die des Stromerzeugers ist, handelte es sich bei der Befristung bestehender Genehmigungen und dem Ausschluß von Neugenehmigungen um Regelungen der Berufsausübung.[451]

[450] Di Fabio, Der Ausstieg aus der wirtschaftlichen Nutzung der Kernenergie, S.102 f.; offen lassend: Kube, ZG 2000, 11 (20 f.).

[451] Roßnagel, Zur verfassungsrechtlichen Zulässigkeit eines Gesetzes zur Beendigung der Kernenergienutzung, 1998, S. 29.

Zum Teil wird angenommen, daß bei gesetzlichen Verboten eines Konzernzweigs, dessen Betrieb sich als eigenständiger Unternehmensgegenstand darstellt, wertungsmäßig und unter Berücksichtigung der Verkehrsauffassung, weil dieser Konzernzweig auch als selbständige Unternehmung geführt werden könnte, ein eigenes Berufsbild betroffen ist. Dies müsse um so mehr gelten, als Betreibergesellschaften typischerweise Gemeinschaftsunternehmen darstellten und gerade nicht im Regelfall mit ganz bestimmten Energieversorgungsunternehmen wirtschaftlich identisch seien, sondern nur zu einem Bruchteil.
Da Kernkraftwerke zudem nicht auf andere Energieträger umgerüstet werden könnten, bestünde nach der Verkehrsauffassung auch kein übergeordnetes Bild des Elektrizitätserzeugers, demgegenüber die Kernenergieerzeugung bloße unselbständige Modalität wäre. Vielmehr würden gerade die eingehenden und speziellen Regelungen des AtG mit ihren sonderordnungsrechtlichen Spezialtatbeständen zeigen, daß der Betrieb von Kernkraftwerken gegenüber sonstigen Formen der Energieerzeugung durch Kohle-, Gas-, Sonnen-, Wasser- oder Windkraftanlagen eine spezielle gesetzliche Ausformung als eigenständiges Berufsbild erfahren habe.
Wenn des weiteren auf das Energiewirtschaftsgesetz in seiner neuen Fassung und die dort enthaltene Trennung von Netzbetreibern und Elektrizitätserzeugern abgestellt wird, kann dies nicht überzeugen, da der Elektrizitätserzeuger und nicht der Kernelektrizitätserzeuger genannt ist. Zudem wird auf das Stromeinspeisungsgesetz und auf den dort genannten Erzeuger regenerativer Energien verwiesen. Aus einer bloßen Nennung kann aber noch nicht gefolgert werden, daß es sich automatisch um einen Fall der Begründung eines entsprechenden Berufsbildes handelt.
Auch die folgenden Argumentationsansätze zur Begründung des Berufs des Kernenergieerzeugers begegnen erhebliche Bedenken. So kann es nicht darauf ankommen, daß einzelne Konzernzweige eigenständig betrieben werden könnten. Relevant für die Ausbildung einer Verkehrsauffassung, die sich an den tatsächlichen Gegebenheiten orientiert, ist allein, daß die Anlagenbetreibergesellschaften faktisch mit den Energieversorgungsunternehmen identisch sind.[452] Die Investitionen für die Kernkraftwerke wurden allein von den EVU getragen. Ebenso übernehmen diese laufende Gewinne und Verluste der Betreibergesellschaften.[453] Vom wirtschaftlichen Blickwinkel her betrachtet ist

[452] Commerzbank AG, Wer gehört zu wem ?, 2000.; Die Selbständigkeit der Betreibergesellschaften hat allein betriebswirtschaftliche und steuerrechtliche Gründe.
[453] Vgl. BVerfGE 16, 147 (164), In dem angeführten Fall wird zur Feststellung der Verkehrsauffassung im Rahmen der Abgrenzung von Berufswahlregelung und Berufsausübungsregelung nicht darauf abgestellt, ob der Unternehmer den Werkfernverkehr durch eigene Fahrzeuge erfüllt, sondern danach, ob *Kosten und Gefahren* des Transports Sache des

die Tätigkeit der Betreibergesellschaften nur ein Bereich der weit gefächerten Tätigkeit der Energieversorgungsunternehmen.
Die Nichtumrüstbarkeit der Kernkraftwerke und die spezialgesetzliche Ausgestaltung des Betriebs von Atomkraftwerken im AtG können nicht für die Begründung des Berufs des Kernenergieerzeugers streiten. Würde man die spezialgesetzliche Regelung bestimmter Bereiche für die Begründung eines speziellen Berufsbildes ausreichen lassen, dann könnte der Gesetzgeber beliebig an sich konsistente Berufe in mehrere Sonderberufe zerlegen.[454]
Für die Bestimmung eines Berufs kann es letztlich nur auf die Verkehrsauffassung unter Berücksichtigung eines tradierten oder autonomen Berufsbildes ankommen.[455] Da die die Betreibergesellschaften beherrschenden Unternehmen klassische Stromerzeuger sind und es sich bei dem Beruf des Strom- oder Energieerzeugers um einen klassischen und überkommenen Berufszweig handelt, soll davon ausgegangen, daß es sich bei dem in Rede stehenden Beruf um den eines Stromerzeugers handelt.[456] Etwas anderes könnte sich nur dann ergeben, wenn die Kernenergie, was zur Zeit nicht der Fall ist, eine derart überragende Stellung innerhalb der Geschäftsbereiche der Stromerzeuger erlangen würde, daß alle anderen Bereiche und Stromerzeugungsarten klar hinter zurücktreten müßten.
Damit würde sich die Regelung des § 7 Abs. 1 a AtG als eine Berufsausübungsregelung darstellen, die als Eingriff in Art. 12 GG gerechtfertigt wäre, wenn vernünftige Erwägungen des Gemeinwohls dies zweckmäßig erscheinen lassen würden.

c. Berufsausübungsregelung mit der faktischen Wirkung einer objektiven Zulassungsvoraussetzung

Da es sich bei der Drei-Stufen-Lehre um eine Schematisierung handelt, ist es durchaus möglich, daß eine Maßnahme trotz deren Einordnung in den Bereich der Berufsausübungsregelungen am Maßstab der zweiten oder dritten Stufe zu messen ist. Insoweit ist auch innerhalb des relativ weiten Spektrums der Berufsausübungsregelungen eine Spezifizierung der Eingriffstiefe erforderlich.

Unternehmers bleiben. Daraus läßt sich eine Parallele zu den Kernanlagenbetreibern und den Energieversorgern ableiten.
[454] Scholz, in: Maunz/Dürig, GG- Kommentar, Art. 12 Rdn. 264 (S.139).
[455] Scholz, a.a.O.; Art. 12 Rdn. 267 ff.
[456] Roßnagel, Zur verfassungsrechtlichen Zulässigkeit eines Gesetzes zur Beendigung der Kernenergienutzung, S. 31 ; anders: Di Fabio, Der Ausstieg aus der wirtschaftlichen Nutzung der Kernenergie, S. 102 ff.

Demgemäß wäre dann auch die im Eingangssatz erwähnte Konstellation denkbar. Eine Berufsausübungsregelung kann Rückwirkungen auf die Berufswahl haben.

Nun wird darauf abgestellt, daß, im Hinblick auf einzelne Unternehmen, die ihre Produktion und Beschaffung vorrangig auf Kernenergie stützen, die Situation einer Berufsausübungsregelung mit der faktischen Wirkung einer objektiven Zulassungsschranke vorliege.[457] Wenn auf Produktion und *Beschaffung* verwiesen wird, wäre dies zumindest dann nicht vollumfänglich zutreffend, wenn die in Rede stehende Regelung, die die nachträgliche Befristung der Atomanlagengenehmigungen beinhaltet, sich lediglich auf vorhandene Produktions-, nicht aber Beschaffungskapazitäten beziehen würde. Betrachtet man ein Energieversorgungsunternehmen, so ist für die Auswirkungen der gesetzlichen Regelung auf die Berufsfreiheit allein relevant, wie groß der Anteil des Atomstroms an der Eigenproduktion des Unternehmens ist und gegebenenfalls wieviel Atomstrom im Inland von anderen Betreibern bezogen wird. Die Beschaffung aus dem Ausland ist hingegen außen vor zu lassen, da es den Unternehmen dann auch in Zukunft unbenommen wäre, vor dem Hintergrund eines gemeinsamen Strommarkts, von dort Atomstrom zu beziehen.

Da im angesprochenen Fall das Energieversorgungsunternehmen zudem etwa die Hälfte seiner Stromproduktion nicht aus Kernenergie gewann (Produktion *und Beschaffung* von Kernenergie nur die andere Hälfte ausmachte, abzüglich ausländischer Beschaffungskapazitäten) kann man schon aus diesem Grunde die faktische Wirkung der Maßnahme verneinen.[458]

Darüber hinaus kann in einem solchen Fall eine Rückwirkung auf die freie Berufswahl nur beachtlich sein, wenn die gesetzliche Regelung in ihrer objektiven Gestaltung den von ihr Betroffenen *in aller Regel* den gewählten Beruf wirtschaftlich unmöglich macht.[459] Bei der hier beschriebenen Konstellation handelt es sich aber um den absoluten Ausnahmefall. Auf einen gewissen Grad an Typisierung, der sich bei natürlicher Betrachtung an der allgemeinen Verkehrsauffassung orientiert, kann nicht verzichtet werden.

---

[457] Genannt sind die Bayernwerk AG, deren Energiebeschaffung im Jahre 1997 zu 55, 1 % aus Kernenergie erfolgte; so Di Fabio, Der Ausstieg aus der wirtschaftlichen Nutzung der Kernenergie, S. 106.

[458] Problematisch wäre an dieser Einordnung zudem, daß der Schutz der Berufswahlfreiheit nur schwer auf juristische Personen übertragbar ist. Dies wäre nur möglich, wenn sie ein entsprechendes personelles Substrat in sich vereinigen würden. Dies gelänge nur, wenn man auf die Arbeitnehmer der Kernanlagen abstellen würde, die als hochqualifizierte Spezialisten nur die Chance haben, einen solchen Beruf zu ergreifen.

[459] BVerfGE 16, 147 (165).

d. Verhältnismäßigkeit der gesetzlichen Ausstiegsregelung

Bewegt man sich mit der gesetzlichen Regelung auf der Stufe der Berufsausübungsregelungen, dann läßt sich eine Rechtfertigung nur dadurch herbeiführen, daß vernünftige Erwägungen des Gemeinwohls die Maßnahme zweckmäßig erscheinen lassen.
Besonderheiten ergeben sich bei der vorzunehmenden Abwägung daraus, daß es für die Gewichtung der Berufsfreiheit im Rahmen der Güterabwägung nach dem Mitbestimmungsurteil des Bundesverfassungsgerichts[460]entscheidend auf die Struktur des oder der Unternehmen ankommt.
Bei den hier in Rede stehenden Großunternehmen ist der personale Grundzug der Berufsausübungsfreiheit erheblich reduziert.[461] Dies hat Folgen für den Umfang der Regelungsbefugnis des Gesetzgebers.[462] Zudem müssen die über das jeweilige Unternehmen hinausreichenden Auswirkungen der Berufsfreiheit berücksichtigt werden. Es wäre festzustellen, inwieweit die Freiheit in einer sozialen Funktion und unter sozialem Bezug steht.[463]
Grundsätzlich kann der Schutz von Leben und Gesundheit der Bevölkerung vor den Gefahren und Risiken der Kernenergie als vernünftige Erwägung des Gemeinwohls bezeichnet werden. Unter Anwendung des im ersten Teil beschriebenen Prinzips gegenläufiger Proportionalität von möglichem Schadensausmaß und Anforderungen an die Eintrittswahrscheinlichkeit können nachweisbare Gefahren, so wie sie auch die Drei-Stufen-Lehre fordert, im Falle der Kernenergie bereits dann bejaht werden, wenn eine sehr geringe Eintrittswahrscheinlichkeit gegeben ist. Von der Verhältnismäßigkeit der Regelung des § 7 Abs. 1 a AtG soll daher auch insoweit ausgegangen werden.

VI. Art. 5 Abs. 3 GG als Prüfungsmaßstab für den Betrieb von Forschungsreaktoren

Durch das Gesetz zu geordneten Beendigung der Kernenergienutzung vom 22.04.2002 werden Genehmigungen für Forschungsreaktoren ausdrücklich vom Genehmigungsausschluß ausgenommen (§ 7 Abs. 1 S. 3 AtG).
Die folgende Darstellung kann sich daher nur auf den hypothetischen Ausschluß auch von Genehmigungen für Forschungsreaktoren beziehen.

---

[460] BVerfGE 50, 290 ff.
[461] Der relativ schwache personale Bezug wurde im Rahmen der Ausführungen zu Art. 14 GG auch für das Eigentumsgrundrecht dargestellt.
[462] BVerfGE 50, 290 (363 f.).
[463] BVerfGE 50, 290 (365); hier kann grundsätzlich auf die im Rahmen des Art. 14 GG getätigten Ausführungen verwiesen werden.

Würde eine gesetzlich Regelung den Betrieb von Forschungsreaktoren untersagen oder nachträglich zeitlich begrenzen, so wäre die Forschungsfreiheit des Art. 5 Abs. 3 GG als verfassungsrechtliche Grenze einer entsprechenden Regelung zu berücksichtigen.
Die zur Zeit arbeitenden Forschungsreaktoren werden durch Gesellschaften in Form juristischer Personen des Privatrechts (jeweils als GmbH) betrieben, die sich entweder ausschließlich in öffentlicher Hand[464] befinden oder an denen die öffentliche Hand mit Mehrheit beteiligt ist[465]. Insoweit die öffentliche Hand mit Mehrheit beteiligt ist, es sich also um ein gemischtwirtschaftliches Unternehmen handelt, stellen sich bezüglich der Grundrechtsträgerschaft die Probleme, die bereits eingangs unter C.III. zur Grundrechtsfähigkeit gemischtwirtschaftlicher Unternehmen dargestellt wurden. Ist in einem solchen Fall die öffentliche Hand mit einer Mehrheit beteiligt, die eine maßgebliche Einflußnahme im Sinne der dargestellllten Kriterien erlaubt, dann stellte sich immer noch die Frage nach der Erfüllung einer öffentlichen Aufgabe. Zieht man hier ebenfalls die angeführten Kriterien heran, so kann in der Forschung auf dem Gebiet der Kernenergie keine öffentliche Aufgabe erblickt werden. Denn diese ist dem Staat weder durch das Grundgesetz übertragen, noch hat der Staat diese Aufgabe auf der Grundlage eines einfachen Gesetzes, welches im Einklang mit dem Grundgesetz steht, zu erfüllen. Die Grundrechtsfähigkeit wäre damit in dieser Konstellation zu bejahen. Kritisiert man, daß so der Staat in den Genuß der Grundrechte kommt, so kann nur noch einmal darauf hingewiesen werden, daß eine Lösung dieses Problemes nur über eine strengere Regelung der Beteiligungsmöglichkeiten des Staats möglich ist, wobei aber anzumerken ist, daß im Gegensatz zur Beteiligung des Staats in anderen Bereichen, die Beteiligung und Förderung der Forschung durch den Staat über privatrechtlich organisierte Forschungseinrichtungen insgesamt als positiv einzuschätzen ist und eine Einschränkung für diese Fälle kontraproduktiv wäre.
Nicht anders eingeschätzt werden können die Konstellationen, in denen die öffentliche Hand alleiniger Gesellschafter einer Forschungsreaktorbetreiberge-

---

[464] Forschungsreaktor Jülich 2 (FRJ-2) betrieben von der Forschungszentrum Jülich GmbH, die sich zu 90% in der Hand des Bundes und zu 10% in der Hand des Landes Nordrhein-Westfalen befindet; Forschungsreaktor Berlin 2 (BER-2) betrieben von der Hahn-Meitner-Institut GmbH, die zu 90% in der Hand des Bundes ist und zu 10% in der Hand von Berlin ist.

[465] Forschungsreaktor Geesthacht (FRG-1) betrieben von der GKSS Forschungszentrum Geesthacht GmbH, die zu 46, 3% in der Hand des Bundes ist, zu jeweils 1,25% in der Hand der Städte Bremen und Hamburg, sowie der Länder Niedersachsen und Schleswig- Holstein, 15% gehören dem Verein der Freunde und Förderer des GKSS Forschungszentrum e.V. und weitere 33, 7 % werden gehalten von privaten Anteilseignern (Siemens, Preußen Elektra, Commerzbank AG, Deutsche Bank AG, Dresdner Bank AG usw.)

sellschaft ist, egal ob diese in der Form einer juristischen Person des Privatrechts oder des öffentlichen Rechts betrieben wird. Handelt es sich um eine juristische Person des Privatrechts, muß zwar das Bestehen eines personalen Substrats[466] im Sinne der Rechtsprechung des Bundesverfassungsgerichts verneint werden. Die öffentliche Hand erfüllt hier jedoch kein öffentliche Aufgabe. Wird mittels einer juristischen Person des öffentlichen Rechts[467] gehandelt, dann würde der Ausnahmefall einer sogenannten grundrechtstypischen Gefährdungslage vorliegen, der die Anwendung des Art. 5 Abs. 3 GG rechtfertigen würde. Die Ausnahme von der grundsätzlich bestehenden Grundrechtsunfähigkeit juristischer Personen des öffentlichen Rechts wird, wie bereits erwähnt, dann angenommen, wenn ein Rechtsträger einem grundrechtlich geschützten Lebensbereich zugeordnet und infolgedessen als eine staatsunabhängige oder doch staatsdistanzierte Einrichtung anzusehen ist. Das sich damit Universitäten und damit auch von diesen betriebene Einrichtungen auf die Wissenschaftsfreiheit berufen können, wurde ebenfalls dargestellt.

Geht es um den Betrieb von Forschungsreaktoren, dann interessiert die Wissenschaftsfreiheit[468] in der Form der Forschungsfreiheit.[469] Die Wissenschafts- und somit auch die Forschungsfreiheit sind als subjektives Abwehrrecht und als institutionelle Garantie ausgestaltet und enthalten, in Verbindung mit der institutionellen Garantie stehend, auch eine objektive Wertentscheidung der Verfassung dahingehend, daß der Staat zum Schutz von Wissenschaft, Forschung und

---

466 Teilweise wird in der Literatur dieses Merkmal abgelehnt mit der Begründung, daß Art. 19 Abs. 3 GG für juristische Personen eine eigenständige Grundrechtsberechtigung begründe. Damit würde gerade über den Grundrechtsschutz natürlicher Personen hinausgegangen. Dieser dürfe nicht auf einen Grundrechtsschutz der hinter der juristischen Person stehenden natürlichen Person zurückgenommen werden. Entscheidend sei nicht das personale Substrat der juristischen Person, sondern die grundrechtstypische Gefährdungslage, d.h. ob die Lage der juristischen Person der Lage einer natürlichen Person, die gegen den freiheitsgefährdenden Staat den Schutz der Grundrechte genießt, vergleichbar sei.; vgl. v. Mutius, BK, Art. 19 Abs. 3, Rdn. 114.

467 Der von der TU München betriebene und am 28.07.2000 endgültig stillgelegte Forschungsreaktor München (FRM); der Forschungsreaktor München 2 (FRM-2) befindet sich im Bau.

468 Die Begriffe „Forschung und Lehre" stellen keine Erweiterungen des Schutzbereiches des Art. 5 Abs. 3 GG dar. Vielmehr umfaßt der Begriff „Wissenschaft" als Oberbegriff die Vorgänge der Gewinnung gesicherter Erkenntnis (= Forschung) und ihrer Verkündung (= Lehre). ; vgl. Scholz, in: Maunz/Dürig, GG, Art. 5 Abs. 3 Rdn. 91 m.w.N.; Das Bundesverfassungsgericht bezeichnet als wissenschaftliche Tätigkeit „alles, was nach Inhalt und Form als ernsthafter planmäßiger Versuch zur Ermittlung der Wahrheit" anzusehen ist.; BVerfGE 35, 79 (113).

469 Unter Forschung wird eine Tätigkeit verstanden, die im Dienst der Suche nach Wahrheit zu neuen Ergebnissen der Erkenntnis zu gelangen sucht.; Oppermann, in: Handbuch des Staatsrechts, Freiheitsrechte, § 145 Rdn. 41.

Lehre verpflichtet ist.[470] Die Forschungsfreiheit in der Funktion als subjektiv-individuelles Abwehrrecht schützt in der Person des Wissenschaftlers den Prozeß wissenschaftlicher Betätigung in Forschung und Lehre, die wissenschaftliche Erkenntnis als Grundrechtsausübung und die Verbreitung und Publikation dieser wissenschaftlichen Erkenntnisse. In diesem Zusammenhang eher von Belang ist die institutionelle Garantie. Hierbei ergibt sich aus dem dem einzelnen Wissenschaftler eingeräumten Freiraum gleichzeitig eine rechtliche Sicherung der autonomen Sachbereiche Wissenschaft, Forschung und Lehre. Darin enthalten ist eine Garantie im Sinne der Gewährleistung bestimmter Merkmale der Universität, zu denen jene zu zählen sind, die den Typus der Universität als institutionellen Wissenschaftsbetrieb essentiell prägen und die für Schutz wie Organisation universitärer Forschung unverzichtbar sind.[471] Hierzu gehören wiederum die Wahl des Forschunsgegenstandes und die sachlich-personelle Forschungsorganisation. Erfaßt werden selbstverständlich auch außeruniversitäre Forschungseinrichtungen, welche in der Forschungslandschaft der Bundesrepublik einen ganz herausragenden Platz einnehmen.[472]

Hinsichtlich von Eingriffen in die Wissenschaftsfreiheit ist aber darauf hinzuweisen, daß kein Eingriff in dieses Grundrecht anzunehmen ist, wenn eine Hochschule oder andere öffentliche wissenschaftliche Einrichtung aufgelöst wird.[473] Begründet wird dies mit der dem Staat zukommenden Organisationshoheit auf diesem Gebiet. Anders wäre dies nur, wenn auf einem Forschungsgebiet durch staatliche Maßnahmen der Kernbereich der Forschungsfreiheit betroffen wäre, wenn beispielsweise eine Forschung in einem bestimmten Zweig nicht oder kaum mehr möglich wäre. Würde nun der Betrieb sämtlicher Forschungsreaktoren untersagt und würde demgemäß eine Forschung im Bereich der Kerntechnik und Kernphysik nahezu unmöglich, dann kann durchaus von einem eingriffsspezifischen Verhalten gesprochen werden. Die Grenzen der Organisationshoheit wären dann erreicht.

Die Wissenschaftsfreiheit unterliegt in Art. 5 Abs. 3 GG – abgesehen vom Verfassungstreuevorbehalt des Art. 5 Abs. 3 S. 2 GG im Hinblick auf die Lehre – keinem ausdrücklichen Schrankenvorbehalt. Auch gelten die Vorbehalte des Art. 5 Abs. 2 GG und die Schrankentrias des Art. 2 Abs. 1 GG im Rahmen des Art. 5 Abs. 3 GG nicht unmittelbar.[474] Dennoch kann die Forschungsfreiheit

---

470 BVerfGE 35, 79 (119 f.) st. Rspr.

471 So schon BVerfGE 15, 256 (264).

472 Oppermann, a.a.O., § 145 Rdn. 48 f.

473 BVerfGE 85, 360 (382).

474 Pieroth/Schlink, Grundrechte – Staatsrecht II, § 14 Rdn. 630 unter Verweis auf BVerfGE 30, 173 (191 ff.) in einer Entscheidung betreffend die Kunstfreiheit. Begründbar ist dies mit der systematischen Trennung der Gewährleistungsbereiche in Art. 5 GG.

nicht schrankenlos gelten, obwohl das Nichtvorliegen ausdrücklicher Schranken sicherlich nur im Sinne größtmöglicher Freiheit gedeutet werden kann. Zu berücksichtigen sind die Grundrechte Dritter und sonstige Verfassungspositionen, denen bei der Wahrung eines verhältnismäßigen Ausgleichs ebenso Bedeutung zukommt wie der möglichsten Entfaltung der Forschungsfreiheit. Im Falle des Betriebs eines Kernreaktors zu Forschungszwecken sind die schon im Rahmen der Verhältnismäßigkeitsprüfung von Art. 14 GG zu berücksichtigenden Rechte Dritter, insbesondere die Schutzpflicht des Staats zum Schutz von Leben und Gesundheit seiner Bürger zu beachten. Nimmt man, ebenso wie in der aktuellen Regelung des § 7 Abs. 1 a AtG, eine Betriebszeit von im Ergebnis 32 Jahren an, dann wäre eine Beschränkung des Art. 5 Abs. 3 GG als verhältnismäßig einzustufen, zumal bei Forschungsreaktoren nicht auf Kriterien wie die Sicherstellung der Energieversorgung Rücksicht zu nehmen wäre. Bei Beachtung der Anforderungen der Verhältnismäßigkeit würde ein zukünftiges Verbot des Betriebs von Forschungsreaktoren nicht gegen die in Art. 5 Abs. 3 GG gewährleistete Forschungsfreiheit verstoßen. Wünschenswert wäre ein solches Verbot im Hinblick auf den Forschungsstandort Deutschland sicher nicht. Wohlweislich wurde im Atomausstiegsgesetz vom 22.04.2002 auch auf eine entsprechende Regelung verzichtet.

VII. Der rechtsstaatliche Vertrauensschutz, das Willkürverbot und der Grundsatz der Bindungswirkung von Verwaltungsakten als Maßstäbe einer nachträglichen Befristung atomrechtlicher Errichtungs- und Betriebsgenehmigungen

1. Anwendungsbereich des rechtsstaatlichen Vertrauensschutzes

Nach der Heranziehung der Art. 14 GG und 12 GG als Maßstab für die nachträgliche Befristung von Genehmigungen für Atomanlagen nach § 7 Abs. 1 a AtG stellt sich die Frage, ob und inwieweit der rechtsstaatliche Vertrauensschutz Grenze einer gesetzlichen Regelung sein kann. Nimmt man die Rechtsprechung des Bundesverfassungsgerichts als Maßstab, dann ist zwischen der echten Rückwirkung von Gesetzen (Rückbewirkung von Rechtsfolgen) und der unechten Rückwirkung (tatbestandliche Rückanknüpfung) zu differenzieren.
Wirft man zunächst einen Blick auf die Fälle der echten Rückwirkung (Rückbewirkung von Rechtsfolgen), dann sollen dort die allgemeinen rechtsstaatlichen Grundsätze insbesondere des Vertrauensschutzes vorrangig gelten.[475] Jedoch sollen auch die Grundrechte in Verbindung mit diesen Grundsätzen Be-

[475] Seit der Grundsatzentscheidung BVerfGE 13, 261.

rücksichtigung finden, deren Schutzbereich von der geänderten Rechtslage nachträglich in belastender Weise betroffen ist.
Für die Fälle der unechten Rückwirkung oder tatbestandlichen Rückanknüpfung werden als Prüfungsmaßstab "vorrangig" die Grundrechte herangezogen, die mit der Verwirklichung der jeweiligen Tatbestandsmerkmale vor Verkündung der Norm "ins Werk gesetzt" worden sind. Weiter wird darauf hingewiesen, daß in die grundrechtliche Betrachtung die allgemeinen rechtsstaatlichen Grundsätze des Vertrauensschutzes, der Rechtssicherheit, aber auch der Verhältnismäßigkeit in der Weise einzufließen hätten, wie dies allgemein bei der Auslegung und Anwendung von Grundrechten im Hinblick auf die Fragen des materiellen Rechts geschehe.[476]
In einer späteren Entscheidung wird diese Verquickung von grundrechtlichem und rechtsstaatlichem Vertrauensschutz nicht weiter fortgeführt. Danach soll der rechtsstaatliche Vertrauensschutz in Fällen der Rückbewirkung von Rechtsfolgen nicht nur "Vorrang" haben, sondern wird gar als die einzige verfassungsrechtliche Sperre genannt, die hohe Hürden für den Gesetzgeber errichte. Das rechtsstaatliche Rückwirkungsverbot dürfe bei einer echten Rückwirkung "allein aus zwingenden Gründen des gemeinen Wohls oder wegen eines nicht – oder nicht mehr – vorhandenen schutzbedürftigen Vertrauen des Einzelnen durchbrochen werden".[477]
Letzteres kann aber für den zu behandelnden Fall des Atomausstiegs nicht gelten, insoweit es sich bei der nachträglichen Befristung ursprünglich unbefristet ergangener Betriebsgenehmigungen, wie zu sehen ist, nicht um eine gesetzliche Rückbewirkung von Rechtsfolgen handelt, sondern um eine tatbestandliche Rückanknüpfung. Für diese gelten nach dem vorher Festgestellten vorrangig die Grundrechte. Das Bundesverfassungsgericht prüft in einigen Entscheidungen jedoch zusätzlich und selbständig die rechtsstaatlichen Grundsätze der Rechtssicherheit und des Vertrauensschutzes.[478] Art. 12 GG und auch Art. 2 GG werden zudem regelmäßig in Verbindung mit dem Rechtsstaatsprinzip als Maßstab gewählt.[479]
Während in der Rechtsprechung keine völlig klare Linie erkennbar ist, geht man in der Literatur zum Teil davon aus, daß es sich im Verhältnis des rechtsstaatlichen Vertrauensschutzes zum grundrechtlichen Vertrauensschutz so verhält, wie im Falle des Art. 2 Abs. 1 GG zu den speziellen Freiheitsrech-

[476] Siehe nur BVerfGE 72, 200 (242).
[477] BVerfG DVBl. 1998, 465 ff.
[478] BVerfGE 70, 101 (114); 71, 230 (251); 71, 255 (272 ff.).
[479] BVerfGE 87, 48 (62); demgegenüber: BVerfGE 72, 200 (257), In letzterer Entscheidung wird als Maßstab das „Rechtsstaatsprinzip des Art. 20 Abs. 3 GG i.V.m. den von der Rechtsfolgenanordnung berührten Grundrechten" gewählt.

ten.[480] Ein Rückgriff auf den rechtsstaatlichen Vertrauensschutz wäre erst möglich, wenn die vorab untersuchten Grundrechte nicht einschlägig wären. Letzterem ist zuzugeben, daß derjenige, der sich auf grundrechtlichen Vertrauensschutz berufen kann, durch diesen umfassend abgesichert ist, zumal das Vertrauen des Grundrechtsberechtigten im Rahmen der Verhältnismäßigkeitsprüfung Berücksichtigung findet. Ein weiterreichender Schutz als der durch Grundrechte gewährte ist mittels des rechtsstaatlichen Vertrauensschutzes sicher nicht zu erreichen. Dennoch verliert der rechtsstaatliche Vertrauensschutz in einem solchen Fall nicht seine Berechtigung. Eine Prüfung wäre gegebenenfalls entbehrlich, nicht aber unzulässig. Darüberhinaus sind Fälle denkbar, in denen in einem vom Gesetzgeber zu reglenden Fall nur für einen Teil der Betroffenen der grundrechtliche Vertrauensschutz anwendbar ist, während für den anderen Teil mangels Einschlägigkeit eines Grundrechtes korrekterweise der rechtsstaatliche Vertrauensschutz heranzuziehen wäre.

Dieser ist für die Fälle der tatbestandlichen Rückanknüpfung weniger streng als für die Fälle der echten Rückwirkung. Denn nach der Rechtsprechung des Bundesverfassungsgerichts ist die unechte Rückwirkung grundsätzlich mit der Verfassung vereinbar und daher zulässig. Grenzen ergeben sich aber aus dem rechtsstaatlichen Prinzip der Rechtssicherheit, wobei ein schutzwürdiges Vertrauen vorhanden sein muß, welches wiederum mit dem öffentlichen Interesse an der rückwirkenden Neuregelung abzuwägen ist.

Ob es sinnvoll ist, daß der rechtsstaatliche Vertrauensschutz Eingriffe allein deshalb zuläßt, weil der Betroffene damit rechnen mußte, auch wenn keine „legitimierenden Gründe“ für den Eingriff vorliegen[481], mag an dieser Stelle offen bleiben. Zumal in dieser Konstellation die gehobenen Anforderungen, die Art. 14 GG an eine Regelung stellt, einzuhalten sind. Dennoch wäre ein Erfordernis gleichwertiger Kriterien auf der Ebene des rechtsstaatlichen Vertrauensschutzes wünschenswert. Gerade die Bedeutsamkeit des Rechtsstaatsprinzips und die Schutzwürdigkeit der von einer solchen rückwärtsgerichteten Regelung Betroffenen lassen dies notwendig erscheinen.

Problematisch stellt sich die Anwendbarkeit des rechtsstaatlichen Vertrauensschutzprinzips auf Anlagenbetreiber, die als grundrechtsunfähig zu qualifizieren wären, dar.[482] Ist für diese Gesellschaften der Grundrechtsschutz abzu-

---

480 Muckel, Vertrauensschutz, S. 64 f.

481 Maurer, in: Isensee/Kirchhof (Hrsg.), Handbuch des Staatsrechts, Band 3, 1988, S. 211 ff. (238) wirft dieses Problem auf und weist darauf hin, daß diese Frage nicht problematisiert, ja nicht einmal gestellt wird.

482 Ohne Problematisierung wenden das Prinzip des rechtsstaatlichen Vertrauensschutzes an: Ossenbühl, AöR 124 (1999), 1 (35 ff.); Stüer/Loges, NVwZ 2000, 9 (13 f.).; Roßnagel, Zur verfassungsrechtlichen Zulässigkeit eines Gesetzes zur Beendigung der Kernenergienutzung,

lehnen, dann ist die Anwendbarkeit des Prinzips des rechtsstaatlichen Vertrauensschutzes zu hinterfragen.
Die Atomanlagenbetreibergesellschaften werden als juristische Personen des Privatrechts betrieben. Handelt es sich um Gesellschaften, an denen sowohl private Anteilseigner, als auch die öffentliche Hand beteiligt sind, dann ist deren Grundrechtsfähigkeit danach zu beurteilen, inwieweit die öffentliche Hand Einfluß auf die Leitung des Unternehmens nehmen kann und ob öffentliche Aufgaben erfüllt werden. Mittels dieser Kriterien läßt sich das Maß der Einbindung einer Gesellschaft in die Staatsverwaltung bestimmen. Kommt man hiernach zu dem Ergebnis, daß wegen einer erheblichen Verquickung mit dem Staat eine Grundrechtsträgerschaft abzulehnen ist, dann liegt eine Verneinung der Anwendbarkeit des rechtsstaatlichen Vertrauensschutzes nahe.
Die Rechtsprechung hat einen Vertrauensschutz zugunsten der öffentlichen Gewalt beziehungsweise von Behörden abgelehnt[483] und darauf abgestellt, daß aufgrund der Stellung als dem Staat eingegliederte Körperschaft der Sache nach mittelbare Staatsverwaltung ausgeübt werde. Damit wird vom Ansatz her ebenso argumentiert, wie im Falle der Feststellung der Grundrechtssubjektivität. Ein aus dem Vertrauensschutzprinzip Verpflichteter kann nicht zugleich eine Berechtigung aus diesem Prinzip gewinnen. Wird dem entgegengehalten, daß sich staatliche oder staatlich beherrschte Rechtssubjekte dann auf Vertrauensschutz berufen könnten, wenn sie an der Entscheidungsfindung der angegriffenen hoheitlichen Maßnahme in keiner Weise mitgewirkt haben[484], dann erscheint dieser Ansatz nicht schlüssig. Gerade ein Abstellen auf Legitimationsaspekte läßt keine Differenzierungen zu. Hierzu kann auf die Ausführungen bezüglich der Fragen der Grundrechtssubjektivität verwiesen werden. Der demokratische Rechtsstaat darf sich weder auf Grundrechte berufen, noch auf das Prinzip rechtsstaatlichen Vertrauensschutzes, da seine Teilnahme an der politischen und wirtschaftlichen Kommunikation anderweitig gesichert ist und ansonsten die rechtsstaatlich-demokratische Legitimation der juristischen Person verwässert würde.
Zudem wird bezüglich der Grundrechtsträgereigenschaft keine derartige Unterscheidung vorgenommen und nur auf das Maß der Einbindung in die staatliche Organisation abgestellt.[485] Angängig ist dies aber allenfalls, wenn zwischen der Grundrechtssubjektivität und der Möglichkeit, sich auf das rechtsstaatliche

1998, S. 26 ff.; Roller, Eigentums- und entschädigungsrechtliche Fragen einer Beendigung der Kernenergienutzung, 1998, S. 81 (85).

[483] BVerwGE 27, 215 (217 f.); 36, 108 (111); 60, 208 (211).

[484] Borgmann, Rechtliche Möglichkeiten, S. 370.; vergleichbar: Kisker, in: VVDStRL 32 (1974), 149 ff. (168 ff.).

[485] Borgmann, Rechtliche Möglichkeiten , S. 318 ff.

Vertrauensschutzprinzip zu berufen, solche Unterschiede bestünden, die eine unterschiedliche Behandlung rechtfertigen würden.

Da es jedoch um die Grundrechte als subjektive Abwehrrechte geht und das Vertrauensschutzprinzip zwingend ein subjektives Element verlangt[486] und ebenso als Abwehrmechanismus funktioniert, können für den hier interessierenden Zusammenhang keine relevanten Abweichungen ausgemacht werden. Auf der einen Seite stehen die Grundrechtsverpflichteten beziehungsweise die aus dem Vertrauensschutz verpflichteten und auf der anderen Seite die Grundrechtsberechtigten beziehungsweise die, die sich auf das Vertrauensschutzprinzip berufen können. Sind die Letztgenannten mit den Erstgenannten identisch, ist eine Berufung auf die Grundrechte oder den Vertrauensschutz nicht möglich. Entscheidender Maßstab ist der Grad Einbindung in die staatliche Organisation sowohl im einen als auch im anderen Fall.

Der Gesetzgeber ist in einem solchen Fall nicht völlig frei. Gemäß der Rechtsprechung soll der in Art. 3 GG zum Ausdruck kommende Gleichheitssatz oder das Willkürverbot auch Geltung innerhalb des hoheitlichen Staatsaufbaus beanspruchen können. Dabei handele es sich um einen allgemeinen Rechtsgrundsatz, der schon aus dem Wesen des Rechtsstaats, dem Prinzip der allgemeinen Gerechtigkeit folge.[487] Eine gesetzliche Regelung, die eine nachträgliche Befristung der ursprünglich unbefristet erteilten Genehmigungen anordnet, wäre daran zu messen, ob sie eine willkürliche Belastung der von ihr Betroffenen darstellt.

Da es sich bei dem angeführten Grundsatz um eine objektiven Grundsatz handelt, ist der Gesetzgeber stets, also auch im Falle bestehender Grundrechtssubjektivität, an diesen gebunden.

---

[486] Zur objektiven Kontinuitätsgewähr später. Dieses Prinzip steht grundsätzlich der Verfolgung einer anderen Linie nicht entgegen, wenn die zugrunde liegenden Prämissen geändert werden. Dies ist schon ein Gebot des Demokratieprinzips.

[487] BVerfGE 34, 139 (146); BVerwGE 21, 362 (372); 35, 263 (272).; Praktisch sollen juristische Personen des öffentlichen Rechts oder des Privatrechts, welche von der öffentlichen Hand beherrscht werden, zwar eine Verletzung des Gleicheitssatzes rügen können, aber nicht mit dieser Begründung Verfassungsbeschwerde erheben können.

2. Der rechtsstaatliche Vertrauensschutz als Maßstab der nachträglichen legislativen Befristung der Betriebsgenehmigungen von Atomanlagen

Wie bereits im ersten Teil der Arbeit dargestellt wurde, ist der rechtsstaatliche Vertrauensschutz ein in der gesamten Rechtsordnung verortetes Prinzip, welches auch als verfassungsrechtlicher Grundsatz seine Wirkung entfaltet.
Die Wirkkategorien des Vertrauensschutzes sind höchst unterschiedlich. Geht es um gesetzgeberische Aktivitäten, dann kann sich dieser derart entfalten, daß der Gesetzgeber keine Regelung treffen darf, die in die Vergangenheit wirkt und damit getroffene Dispositionen entwertet.
Grundsätzlich ist nach der Rechtsprechung des Bundesverfassungsgerichts zwischen der Rückbewirkung von Rechtsfolgen (echte Rückwirkung) und der tatbestandlichen Rückanknüpfung (unechte Rückwirkung) zu differenzieren.
Die Rückbewirkung von Rechtsfolgen betrifft den zeitlichen Anwendungsbereich einer Norm und ist grundsätzlich nicht zulässig. Sie liegt dann vor, wenn eine gesetzliche Regelung eine Anordnung trifft, nach der eine Rechtsfolge bereits vor dem Inkrafttreten der Norm eintreten soll. Die Unzulässigkeit einer derartigen Regelung ergibt sich daraus, daß der von einem Gesetz Betroffene sich, basierend auf dem Rechtsstaatsprinzip und damit auf dem Vertrauensschutz und der Rechtssicherheit, darauf verlassen können muß, daß er bis zum Erlaß einer Neuregelung nicht nachträglich mit einer bisher nicht geltenden Belastung belegt wird.
Davon abzugrenzen ist die tatbestandliche Rückanknüpfung oder unechte Rückwirkung. Diese betrifft den sachlichen Anwendungsbereich einer Norm. Der gesetzliche Tatbestand erfaßt hier Sachverhalte, die bereits vor Verkündung des Gesetzes liegen. Jedoch treten die Rechtsfolgen erst nach Verkündung der Norm ein. Eine derartige Regelung wird unter Beachtung der Grundsätze des Vertrauensschutzes als wirksam und zulässig angesehen.
Für den Fall der nachträglichen Befristung ursprünglich unbefristet erteilter Betriebsgenehmigungen bedeutet dies, daß, da das Gesetz an Gegebenheiten, die vor seiner Verkündung liegen anknüpft, die Rechtsfolge, die mit der Stillegung des Kraftwerks umschrieben werden kann, aber erst nach der Verkündung eintreten wird, ein Fall der tatbestandlichen Rückanknüpfung oder unechten Rückwirkung vorliegt.
Der Schutz der Betreiber wird in einem solchen Falle, gemäß dem bereits ausgeführten, vorrangig über die Grundrechte realisiert. Dennoch kann, nach dem bereits ausgeführten, absichernd auf den rechtsstaatlichen Vertrauensschutz zurückgegriffen werden. Andere Ergebnisse sind bei der Anwendung dieses Prinzips nicht zu erwarten.

Der Ansatz der Trennung zwischen tatbestandlicher Rückanknüpfung und der Rückbewirkung von Rechtsfolgen wird zwar kritisiert[488], da eine klare Trennung oftmals nicht möglich sein wird und dies gerade vor dem Hintergrund der konträren Folgen problematisch ist. Jedoch ist in diesem Fall eine Einordnung problemlos möglich und eine weitere Problematisierung der Frage vor dem Hintergrund der Fragestellung der Arbeit nicht erforderlich.

Die Feststellung der Rechtmäßigkeit einer tatbestandlichen Rückanknüpfung am Maßstab des rechtsstaatlichen Vertrauensschutzes hat im wesentlichen anhand der folgenden Prüfungsschritte zu erfolgen: Zunächst sind die Voraussetzungen und das Gewicht der im konkreten Fall geschützten Vertrauensposition festzustellen. Anschließend sind die Bedeutung und das Gewicht des öffentlichen Interesses an der tatbestandlichen Rückanknüpfung herauszuarbeiten und schließlich sind die gefundenen Positionen gegeneinander abzuwägen.
Hinsichtlich der Argumentationsführung kann auf die Ausführungen zur Abwägung im Rahmen des Art. 14 GG verwiesen werden. Aus diesem Grunde soll die Argumentation an dieser Stelle nur knapp nachgezeichnet werden. Da es hier jedoch nicht auf das Vorliegen einer Eigentumsposition ankommt, kann von der vorhandenen Anlagensubstanz und der Errichtungs- und Betriebsgenehmigung aus argumentiert werden.

a. Das Vertrauen der Anlagenbetreiber

Die Vertrauensposition der Anlagenbetreiber kann generalisierend so beschrieben werden, daß sie sich im Besitz unbefristeter Betriebsgenehmigungen befinden, sie darauf vertraut haben, daß diese Genehmigungen nicht nachträglich befristet werden und sie demgemäß ihre Atomanlagen bis an die Grenze wirtschaftlicher Nutzbarkeit betreiben können. Vor diesem Hintergrund sind auch sämtliche anfänglichen und nachträglichen Investitionen in die Betrachtung einzubeziehen, die, laufzeitabhängig, entwertet würden.
Die Betreiber der Anlagen mußten allein damit rechnen und konnten darauf vertrauen, daß die Genehmigungen nur aus den im Atomgesetz genannten Gründen entzogen werden. Eine Reduzierung der Vertrauensposition der Anlagenbetreiber aus dem Grunde, daß die Genehmigung mit nachträglichen Auflagen versehen werden kann oder unter den gesetzlichen Voraussetzungen zurückgenommen oder widerrufen werden kann oder nach § 19 Abs. 3 AtG Aufsichtsmaßnahmen bis zur Stillegung möglich sind, kann nicht angenommen

[488] Pieroth, Rückwirkung und Übergangsrecht, 1981, S. 161 ff.; Bauer, JuS 1984, 241 (244 ff.).

werden, da mit diesen Maßnahmen von Beginn an gerechnet werden muß. Ein entgegenstehendes Vertrauen kann sich dann nicht bilden. Vielmehr konkretisiert sich die Vertrauensposition dahingehend, daß neben den im Gesetz genannten Gründen und damit kalkulierbaren Tatbeständen die in Bestandskraft erwachsenen Genehmigungen nicht beeinträchtigt werden können.
Gestützt wird diese Vertrauensposition durch die zunächst bestehende Förderung der Atomenergieerzeugung in § 1 Nr. 1 a.F. AtG, sowie durch die nach wie vor positive Grundeinstellung des Grundgesetzes zur Kernenergie, was auch aus den Regelungen der Art. 74 Nr. 11 a GG und Art. 87 c GG[489] geschlossen werden. Das Atomgesetz sollte nicht als Gesetz verstanden werden, welches durch staatliche Autorität eine bis dahin verbotene Betätigung, die friedliche Nutzung der Kernenergie, erlaubt, sondern als ein Gesetz, welches die Aufgabe hat, Sicherheiten zu schaffen zum Schutz der Allgemeinheit und des einzelnen bei der grundsätzlich freien Betätigung auf dem Gebiet der Kernenergie.[490] Als weitere vertrauensfördernde Gesichtspunkte wären zudem noch die Energieprogramme der Bundesregierungen zu nennen, die über viele Jahre hinweg hohe Mengen an Kernenergie als erfoderlich oder wünschenswert ansahen.[491]
Wenn des weiteren zur Untermauerung der Position der Anlagenbetreiber darauf verwiesen wird, daß für die Energieversorgungsunternehmen eine mittelbare Investitionspflicht nach dem alten Energiewirtschaftsgesetz bestand[492], so ist dies kein Gesichtspunkt, der hinsichtlich der Nutzung und Förderung der Kernenergie unbedingt als vertrauensfördernd eingestuft werden könnte. Denn die Energieversorgungsunternehmen waren zur Erfüllung der entsprechenden Vorgaben nicht durch die Nutzung von Kernenergie verpflichtet.

---

[489] Gleichwohl kann aus diesen Regelungen kein „Verfassungsauftrag" zur Nutzung der Kernenergie abgeleitet werden; so aber: Sante, Verfassungsrechtliche Aspekte eines vom Gesetzgeber angeordneten Ausstiegs aus der friedlichen Nutzung der Kernenergie, 1990, S. 57 ff.; Veith, Energieversorgungsunternehmen als Instrumente staatlicher Politik, 1988, 136 f.; Wagner, et 1989, 389; Wagner, NJW 1989, 1829; Die Kompetenzregeln des GG lassen vielmehr dem Gesetzgeber die Freiheit sich für oder gegen die Nutzung der Kernenergie zu entscheiden.; Ossenbühl, AöR 124 (1999), 1 (3 f.); Auch die Ansicht von Di Fabio, der dem Gesetzgeber die Einhaltung eines Kernbereichs der Kernenergienutzung (Forschungsreaktoren) vorschreiben will, geht zu weit.; Di Fabio, Der Ausstieg aus der wirtschaftlichen Nutzung der Kernenergie, S. 78 f.

[490] Cartellieri, Das Atomgesetz, BB 1960, 1.

[491] In der ersten Fortschreibung des Energieprogrammes der Bundesregierung aus dem Jahre 1974 wurde die Einrichtung von 45000 MW für 1985 als „erforderlich" und 50000 MW als „wünschenswert". Auch in der Zweiten und Dritten Fortschreibung 1977 und 1981 ging man vom weiteren Ausbau der Kernenergie aus, wenn auch nicht mehr in dem noch 1974 gesteckten Rahmen.

[492] Eingehend hierzu: Ossenbühl, AöR 124 (1999), 1 (42 ff.).

Keiner breiteren Erörterung bedarf der Umstand, daß zu einem Vertrauenstatbestand immer auch ein subjektives "sich im Vertrauen befinden" gehört. Dies ist im wesentlichen bereits mit den gemachten Ausführungen dargestellt worden.
Ein einmal bestehendes Vertrauen kann nachträglich zerstört werden. Eine vergleichende Heranziehung der Entscheidungen des Bundesverfassungsgerichts im sozialen Mietrecht oder Fischereipachtrecht ist jedoch nicht möglich, da die Einschränkungen der entsprechenden Vertrauenspositionen bereits von Beginn an bestand, während im Atomrecht nicht von vornherein mit einer nachträglichen Befristung der Anlagengenehmigungen gerechnet werden mußte. Etwaiges kann sich auch nicht aus einer "energie- und umweltpolitischen Bedenklichkeit der Kernenergie" ergeben.
Auch durch Gesetzentwürfe der damaligen Opposition im Bundestag konnte, wie bereits dargestellt wurde, keine Einschränkung der Vertrauensposition eintreten. Denn Vertrauen kann nur begründet werden durch den Staat und seine Organe, also beispielsweise durch Gesetze des Parlaments oder Planungen der Exekutive. Und eben nur jene Organe können dieses Vertrauen wieder zerstören. Könnte mit jeder Gesetzesinintiative Vertrauen zerstört werden, dann könnte jede Partei problemlos ständig durch Gesetzesinitiativen die Entstehung von Vertrauen verhindern.

b. Das öffentliche Interesse an der nachträglichen Befristung der Betriebsgenehmigungen für Atomanlagen und damit an einer vorzeitigen Stillegung von Atomanlagen

Wurde die Vertrauensposition der Anlagenbetreiber festgestellt, wäre weiterhin zu klären, inwieweit dieser ein öffentliches Interesse an einer vorfristigen Stillegung der Kernkraftwerke entgegensteht. Erörtert wurde bereits, daß ein öffentliches Interesse an einer vorzeitigen Stillegung von Atomkraftwerken nicht derart begründet werden kann, daß von Kraftwerken konkrete Gefahren ausgehen. Würden solche Gefahren vorliegen, dann ist diesen auf der Grundlage des geltenden Atomrechtes mit den darin zur Verfügung gestellten Instrumentarien zu begegnen.
Bezug genommen wird vielmehr auf die Risiken, die sich aus der friedlichen Nutzung der Kernenergie insgesamt ergeben. Zudem sind nicht einzelne Kraftwerke von den Maßnahmen betroffen sein, sondern es geht um alle Kraftwerke und die friedliche Nutzung der Kernenergie als solche.
Ist die vorzeitige Abschaltung der Kernkraftwerke Folge eines Verbots der friedlichen Nutzung der Kernenergie, dann kann ein derartiges Verbot nicht mit

der Abwehr konkreter Gefahren einzelner Anlagen begründet werden, sondern nur mit den Risiken, die sich aus der friedlichen Nutzung der Kernenergie ergeben. Die Gefahrenabwehr kann somit nicht als Umstand in eine Abwägung einfließen. Dies wird auch einhellig so gesehen.
Als Gründe für die Rechtfertigung des Ausstiegskonzepts können die Neubewertung des Gesamtrisikos der Kernenergienutzung, die letztlich eine Änderung der sogenannten Sicherheitsphilosophie darstellt, und die gemeinhin als ungelöst angesehene Problematik der Endlagerung angesehen werden.
Grundsätzlich kann es dem Gesetzgeber nicht verwehrt werden, eine Energiepolitik zu betreiben, die von der Kernenergie wegführt. Daß diese Neubewertung des Risikos der Kernenergie als eine politisch motivierte Entscheidung, die auch getragen ist von neueren Erkenntnissen der Risiken der Kernenergie, nicht in den Verantwortungsbereich der Anlagenbetreiber fällt, liegt insoweit auch auf der Hand, kann aber nicht von vornherein dazu führen, diesen Argumentationspunkt unterzugewichten oder in seiner Bedeutung zu relativieren.[493]
Auch kann aus dem Umstand, daß eine Änderung der Sicherheitsphilosophie nicht generell zur Zulässigkeit nachträglicher Auflagen oder von Genehmigungswiderrufen führt, nichts gegenteiliges geschlossen werden. Denn es geht, wie ausgeführt wurde, bei einem gesetzlichen Atomausstieg nicht um konkret bestehende Risiken einzelner Atomanlagen, sondern um die Gesamtrisiken der Kernenergie.
Damit bleibt an dieser Stelle festzustellen, daß sich das öffentliche Interesse an der nachträglichen Befristung der Atomanlagengenehmigungen aus der Neueinschätzung der Risiken der Nutzung der Kernenergie, einschließlich der nicht gelösten Entsorgungsfrage und untermauert durch die staatliche Schutzpflicht für das Leben und die Gesundheit der Bevölkerung ergibt.

c. Abwägung des Vertrauen der Anlagenbetreiber mit dem öffentlichen Interesse an einer vorzeitigen Stillegung der Kernkraftwerke

Abschließender Schritt einer Betrachtung des rechtsstaatlichen Vertrauensschutzes wäre die Abwägung der als schutzwürdig angesehenen Positionen der Anlagenbetreiber mit dem in Rede stehenden öffentlichen Interesse an einer vorzeitigen Stillegung der Kernkraftanlagen.
Auch hier kann auf die Abwägung im Rahmen des Art. 14 GG verwiesen werden. Einerseits besteht hier die Position der Anlagenbetreiber, die auf den ungekürzten Fortbestand ihrer Anlagengenehmigungen vertrauen und dies aus den Prinzipien des Rechtsstaats und der Rechtssicherheit herleiten und andererseits

---

[493] So aber im Ergebnis: Ossenbühl, AöR 124 (1999), 1 (49 f.).

das öffentliche Interesse, welches ein allgemein anerkanntes öffentliches Interesse ist[494] und in welchem sich der Wille der durch demokratische Wahlen legitimierten Mehrheit ausdrückt. Grundrechtlich läßt sich dieses Interesse über die Schutzpflicht des Staats für Leben und Gesundheit der Bevölkerung fixieren.

Geht die gesetzliche Regelung in § 7 Abs. 1 a AtG von einer zu erzeugenden Strommenge aus, die im Ergebnis eine Betriebszeit von 32 Jahren bedeutet, dann ist, wie gesehen wurde, der Position des Vertrauensschutzes Rechnung getragen worden, auch wenn die Parameter hier schwerer zu fixieren sind, als im Falle einer Enteignung nach Art. 14 Abs. 3 GG.[495]

Die gesetzliche Regelung hätte somit unter dem Gesichtspunkt des rechtsstaatlichen Vertrauensschutzes Bestand.

3. Das Willkürverbot

Juristischen Personen des öffentlichen Rechts und juristischen Personen des Privatrechts in öffentlicher Hand, die sich nicht auf Grundrechte berufen können, wird der Rückgriff auf das Willkürverbot gestattet. Es handelt sich dabei, unabhängig von den juristischen Personen, um einen allgemeinen Rechtsgrundsatz, der Geltung gegenüber dem Gesetzgeber entfaltet. Daß sich juristische Personen auf diesen Grundsatz berufen können sollen, wird vom Bundesverfassungsgericht nicht speziell begründet. Man wird jedoch vom Sinn des Art. 19 Abs. 3 GG ausgehen können. Dieser soll auf der Verfassungsebene juristischen Personen die Teilnahme am allgemeinen Rechtsverkehr ermöglichen. Ergibt sich daraus einerseits die Nichtanwendbarkeit von Grundrechten auf den Staat, da dieser durch spezielle verfassungsrechtliche Einrichtungen in seiner politischen und wirtschaftlichen Kommunikation geschützt ist, so ergibt sich daraus andererseits, daß sich der Staat auf Prozeßgrundrechte und das Willkürverbot berufen kann, da er auf die Geltung des Rechts existentiell angewiesen ist.[496]

---

[494] Ossenbühl, AöR 124 (1999), 1 (49 f.) mit der Beschreibung eines Unterschieds zwischen einem „wahren" öffentlichen Interesse, über welches Konsens bestehe und einem öffentlichen Interesse, welches „unter Umständen knappen Mehrheiten" entspringe.

[495] Eine genaue Grenze wird sich schwer ziehen lassen. Möglich wäre aber, da zwischen den entgegenstehenden Rechtspositionen Konkordanz hergestellt werden soll, festzustellen, daß aufgrund der bestehenden Schutzpflicht des Staates eine Befristung erheblich unterhalb der Grenze der wirtschaftlichen Nutzungsdauer der Atomanlage zulässig wäre.

[496] Vgl. Roellecke, in: Wolter/Riedel/Taupitz (Hrsg.), Einwirkungen der Grundrechte auf das Zivilrecht, Öffentliche Recht und Strafrecht, 137 (148).

Wählt man das Willkürverbot als Maßstab, dann können die zu Art. 3 GG entwickelten Grundsätze herangezogen werden. Für die Rechtfertigungsebene bedeutet dies, daß die Rechtfertigungsprüfung auf eine Evidenzkontrolle zu beschränken ist. Das Bundesverfassungsgericht akzeptiert eine Ungleichbehandlung als willkürfrei und gerechtfertigt, wenn sich nur irgendein sachlicher Grund zu ihren Gunsten anführen läßt. Das Gericht hat hierzu ausgeführt, daß der Gesetzgeber nicht willkürlich handelt, wenn von mehreren möglichen Lösungen nicht die zweckmäßigste, vernünftigste oder gerechteste gwählt wird, vielmehr erst dann, wenn sich ein sachlicher Grund für für eine gesetzliche Bestimmung nicht finden läßt. Der Spielraum des Gesetzgebers soll dort enden, wo die ungleiche Behandlung der geregelten Sachverhalte nicht mehr mit einer am Gerechtigkeitsgedanken orientierten Betrachtungsweise vereinbar ist, wo ein einleuchtender Grund für eine gesetzliche Differenzierung fehlt. Der Vorwurf einer derartigen Willkür gegenüber einer gesetzlichen Regelung könne nur dort gemacht werden, wo die Unsachlichkeit evident sei.[497]

Da auch von anderen Verfahren zur Erzeugung von Energie – gerade bei Einsatz fossiler Brennstoffe kann es zu erheblichen Schadstoffmengen kommen, die den Treibhauseffekt verstärken – Gefahren für die Umwelt, das Leben und die körperliche Unversehrtheit ausgehen, ist zu fragen, ob allein der Verzicht auf die Kernenergie sachlich gerechtfertigt im dargestellten Sinne ist. Einerseits gehen vom Verfahren zur Kernenergieerzeugung ganz erhebliche Gefahren aus und es fallen Abfälle an, die auf unüberschaubare Zeiträume sicher verwahrt werden müssen. Andererseits stellt sich die Energieerzeugung mittels fossiler Brennstoffe ebenso nicht unerheblich umweltgefährdend dar. Dennoch entspringen der Kernenergieerzeugung ganz spezifische Gefährdungspotentiale, die in iherer Typik nicht mit den Nachteilen anderer Energieerzeugungsarten zu vergleichen sind. Eine evidente Unsachlichkeit der Regelung und damit ein Verstoß gegen das Willkürverbot können daher nicht ausgemacht werden.

---

[497] BVerfGE 88, 87 (96); 55, 72 (90); 36, 174 (187); 23, 135 (143).; Die Art. 3 GG direkt betreffenden Differenzierungen haben sich in der Rechtsprechung des Verfassungsgerichts über einen längeren Zeitraum herausgebildet. Diese Unterscheidungen werden durch die Literatur im wesentlichen akzeptiert.; vgl. nur: Huster, JZ 1994, 541, Pieroth/Schlink, Grundrechte – Staatsrecht II, § 11 Rdn. 444.

D. Vertrauensschutz als Grenze des § 7 Abs. 1 S. 2 AtG

Eine weitere Überlegung wäre, ob und inwieweit nicht dem Gesetzgeber hinsichtlich des in die Zukunft gerichteten Ausschlußes der Neuerteilung von Betriebsgenehmigungen für Atomanlagen Grenzen gesetzt sind. Es geht dann um die Frage, ob es so etwas wie einen zukunftsgerichteten Vertrauensschutz geben kann.
Grundsätzlich wird man davon ausgehen können, daß Sachverhalte, die künftig entstehende Rechte oder Rechtsbeziehungen zum Gegenstand haben, nicht mit dem Grundsatz des Vertrauensschutzes in Konflikt geraten können. Man kann nicht darauf vertrauen, daß entweder der Gesetzgeber bestehende Gesetze unverändert bestehen läßt oder gar in einer bestimmten Weise tätig wird, selbst wenn sich dafür Anhaltspunkte ergeben sollten.[498] Der Vertrauensschutz als solcher benötigt stets als Anknüpfungspunkt einen in der Vergangenheit liegenden Bezugspunkt, bei Gesetzen also zumindest die Einwirkung auf Rechte oder Tatbestände, die nach altem Recht bestanden haben und auf die nachträglich eingewirkt wird, also die tatbestandliche Rückanknüpfung.
Dennoch ist der Gesetzgeber in seiner Rechtsbildung für zukunftsgerichtete Tatbestände nicht völlig frei. Er ist vielmehr einer gewissen Kontinuitätsgewähr verpflichtet. Eine Verbindung zum Vertrauensschutz besteht bei diesem Prinzip darin, daß der Vertrauensschutz bis zu einem gewissen Grad die subjektive Entsprechung der objektiv ausgerichteten Kontinuitätsgewähr darstellt.[499] Vertrauensschutz und Kontinuitätsgewähr zielen beide auf Stabilität, sind aber in ihrer Wirkung und Ausrichtung verschieden. Da es vor dem Hintergrund der historischen Bedingtheit des Rechtes keine absolute Kontinuitätsgewähr geben kann, bleibt nur eine relative Kontinuitätsgewähr als Forderung an den Gesetzgeber. Eine relative Kontinuitätsgewähr steht dann einem gesetzlichen Fortschritt nicht im Wege, verlangt aber vom Gesetzgeber, daß dieser bei seiner Tätigkeit konsequent und stetig vorgeht und abrupte und unstimmige Änderungen vermeidet. Folge eines Verstoßes gegen das Prinzip der Kontinuitätsgewähr ist aber keinesfalls die Verfassungswidrigkeit eines Gesetzes. Vielmehr handelt es sich hierbei um ein verfassungsrechtliches Postulat oder, so ein Vorschlag, ein Verfassungsgebot im Sinne der verfassungsrechtlich favorisierten Lösung.[500]
Das Vertrauen des Bürgers darauf, daß der parlamentarische Gesetzgeber die ihm übertragenen Aufgaben auf der Grundlage seiner demokratischen Legiti-

[498] Siehe nur: BVerfGE 38, 61 (83); 68, 193 (222); einschränkend: Weber-Dürler, Vertrauensschutz im öffentlichen Recht, 1983, S. 283 f.
[499] Maurer, in: Isensee/Kirchhof, Handbuch des Staatsrechts, Band III, 1988, § 60 Rdn. 1.
[500] Maurer, Der Verwaltungsvorbehalt, VVDStRL 43 (1985), S. 135 ff. (161, 256).

mation ordnungsgemäß erfüllt, gehört in den politischen Bereich und ist durch die Nutzung politischer Mittel, wie Wahlen, zu verwirklichen.
Abweichend stellt sich die Situation aber dann dar, wenn eine Selbstbindung des Gesetzgebers vorliegt. Hierbei bestehen die Möglichkeiten, daß der Gesetzgeber entweder den Fortbestand eines Gesetzes für einen Zeitraum zusichert – wirksam begrenzbar nur bis zum Zeitpunkt eines demokratisch legitimierten Machtwechsels – oder er sich auf eine sonstige Weise bindet. Folge der Selbstbindung ist die Entstehung eines Vertrauenstatbestands.
Da der erstgenannte Fall offensichtlich nicht vorliegt, wäre es aber denkbar, daß eine Bindung des Gesetzgebers unter dem Stichwort der "Systemgerechtigkeit"[501] vorliegt. In diesem Bereich wird im wesentlichen zwischen der gesetzlichen und der konzeptionellen Bindung des Gesetzgebers unterschieden. Eine gesetzliche Selbstbindung soll dann vorliegen, wenn eine Determination späterer Gesetzgebungsakte durch allgemein gehaltene Gesetze gegeben ist, während eine konzeptionelle Selbstbindung dann vorliegen kann, wenn sich der Gesetzgeber für ein bestimmtes Modell entscheidet und dann aber auch verpflichtet ist, dieses konsequent zu verwirklichen.[502] Grundlage der rechtlichen Bindung des Gesetzgebers kann in diesen Fällen der Gleichheitssatz des Art. 3 GG sein oder auch die aus dem Rechtsstaatsprinzip ableitbaren Grundsätze der Rechtssicherheit und des Vertrauensschutzes, wobei der Vertrauensschutz in der Form auftritt, daß keine Bindung des Gesetzgebers an seine eigene Regelung erfolgt, sondern daraus lediglich eine Verpflichtung zur folgerichtigen Ausgestaltung seiner gesetzgeberischen Konzeption folgt.[503] Demgemäß könnte man annehmen, daß der Gesetzgeber mit seiner ursprünglichen Entscheidung für die Atomenergie und deren jahrzehntelange konsequente Förderung sich derart gebunden hat, daß nicht ohne weiteres eine Abkehr von der Nutzung der Kernenergie möglich sein kann und somit auch in Zukunft Anlagengenehmigungen zu erteilen wären.
Jedoch ist es so, daß, wie dies bereits angedeutet wurde, die Bindung des Gesetzgebers relativ ist. Er hat zwar die determinierenden Gesetze als Prämissen zu beachten, kann sich aber der Bindung durch die Änderung eben jener Prämissen entziehen. Dieses Ergebnis ist insoweit einleuchtend, als es sonst für

---

501 Hierzu allgemein: Degenhart, Systemgerechtigkeit und Selbstbindung des Gesetzgebers als Verfassungspostulat, 1972.
502 Gern genanntes Beispiel ist, daß dann, wenn sich der Gesetzgeber für das System der Verhältniswahl entschieden hat, er dieses folgerichtig durchführen muß und nicht zwischen den Wahlsystemen der Mehrheits- und der Verhältniswahl hin- und herwechseln darf.
503 Maurer, in: Isensee/Kirchhof (Hrsg.), Handbuch des Staatsrechts, Band III, 1988, § 60 Rdn. 62.

neue parlamentarische Mehrheiten nicht möglich wäre, einen geänderten politischen Kurs einzuschlagen.

Eine Selbstbindung des Gesetzgebers, basierend auf dem Prinzip der Kontinuitätsgewähr, dahingehend, daß ein Ausschluß der Erteilung von Atomanlagengenehmigungen in Zukunft nicht möglich wäre, kann somit keinesfalls angenommen werden.[504]

[504] Eine Verletzung des Willkürverbots kann mit den zur nachträglichen Befristung von Atomanlagengenehmigungen ausgeführten auch für den Ausschluß der Neuerteilung von Anlagengenehmigungen nicht angenommen werden.

E. Weitere Regelungen des Atomausstiegsgesetzes

Das Gesetz zur geordneten Beendigung Kernenergienutzung vom 22.04.2002 enthält zur umfassenden Ausgestaltung des Atomausstiegs nicht nur eine Regelung über die Begrenzung der zu produzierenden Strommenge pro Atomkraftwerk[505] und damit eine nachträgliche Befristung der Betriebsgenehmigungen für Atomanlagen. Des weiteren sind enthalten eine Regelung über den Ausschluß der Neuerteilung von Errichtungs- und Betriebsgenehmigungen in § 7 Abs. 1 S. 2 AtG, ein Verbot der Wiederaufarbeitung ab dem 01.07. 2005 in § 9 a Abs. 1 S. 2 AtG, einer Verpflichtung zur Errichtung standortnaher Zwischenlager in § 9 a Abs. 2 S. 3 AtG, die Aufstockung der Deckungsvorsorge in § 13 Abs. 3 S. 2 AtG, sowie die Festschreibung einer periodischen Sicherheitsüberprüfung in § 19 a AtG.
Die Ausführungen sollen sich auf die Eigentums- und Berufsfreiheit beschränken. Auf die Darstellung des rechtsstaatlichen Vertrauensschutzes und das Willkürverbot soll mit Verweis auf getätigte Ausführungen verzichtet werden. Zusätzliche Aspekte lassen sich daraus nicht gewinnen.

I. Das Verbot der Neuerteilung atomrechtlicher Genehmigungen nach § 7 Abs. 1 S. 2 AtG

Die Regelung des § 7 Abs. 1 S. 2 AtG sieht vor, daß für die Errichtung und den Betrieb von Anlagen zur Spaltung von Kernbrennstoffen zur gewerblichen Erzeugung von Elektrizität und von Anlagen zur Aufarbeitung bestrahlter Kernbrennstoffe keine Genehmigungen erteilt werden.

1. Verstoß gegen die Institutsgarantie des Eigentums

Da sich bei dem Verbot der Neuerteilung atomrechtlicher Genehmigungen aus Art. 14 GG ableitbare Bestandsschutzfragen nicht stellen, könnte man hier lediglich danach fragen, inwieweit Art. 14 GG unter dem Aspekt der Institutsgarantie betroffen ist.[506] Der Anlagenbetreiber wäre hier an der Errichtung und der genehmigungskonformen Nutzung eines Kraftwerks gehindert.
Bei einem Verstoß gegen die Institutsgarantie wäre es dem Gesetzgeber verboten, die entsprechenden Eigentümerbefugnisse abzuspalten.

---

[505] Zur Reststrommenge als Eigentumsposition und weiteren sich aus der Regelung des § 7 Abs. 1 b AtG ergebenden Rechtsfragen: Huber, DVBl. 2003, 157 (159 ff.).

[506] Geht man bei der nachträglichen Befristung bestehender Genehmigungen davon aus, daß es sich um eine Inhaltsbestimmung des Eigentums handelt, dann stellt sich die hier dargestellte Frage schon in diesem Zusammenhang.

Entsprechend der allgemeinen Ansicht gewährt das Eigentumsgrundrecht das Eigentum auch als Rechtseinrichtung.[507] Geschützt ist ein Kernbestand an privaten Rechten, den der Gesetzgeber nicht entziehen darf. Nach dem Bundesverfassungsgericht ist es mit der Institutsgarantie des Eigentums unvereinbar, „wenn der Gesetzgeber an die Stelle des Privateigentums etwas setzten könnte, was den Namen Eigentum nicht mehr verdient“.[508] Mittels der Institutsgarantie wird somit die Befugnis des Gesetzgebers, den Inhalt des Eigentums zu bestimmen, graduell zurückgenommen.

Ein Recht aus dem Kernbestand des Eigentums würde nur entzogen, wenn sich aus der Rechtsstellung als bürgerlich-rechtlicher Eigentümer ein Recht zum Betrieb eines Kraftwerks ableiten ließe und dieses dem Kernbereich des Eigentums zugeordnet werden könnte. Würde man hingegen zu dem Ergebnis kommen, daß eine solche Rechtsstellung nicht existiert, würde die durch die Regelung eintretende Abspaltung kein verfassungsrechtliches Problem darstellen, insoweit dann nur eine bereits bestehende Rechtslage aktualisiert würde. Die folgenden Ausführungen sollen damit – entgegen den Ausführungen in dieser Arbeit – zunächst vom Bestehen eines solchen Rechts ausgehen. Auch für die Vertreter, die generell öffentlich-rechtliche Rechtsstellungen dem Eigentumsbegriff unterstellen wollen und diese auch dem Kernbereichsschutz unterfallen lassen, stellt sich die genannte Frage, da das Verbot der Kernkraftnutzung nicht zu einer bloßen Abspaltung der Nutzungsbefugnis zum Betrieb eines Kraftwerks aus dem Privateigentum führt, sondern diese Nutzungsbefugnis generell aus dem verfassungsrechtlichen Eigentumsinhalt ausgeklammert wird.[509]

Einen unverrückbaren Katalog von Rechten, die zum Kernbestand des Eigentums gehören, gibt es nicht. Vielmehr ist dieser abhängig von dem Funktionsgehalt und der Bedeutung des Eigentums in der jeweiligen Zeit.

Geht man nun mit dem Bundesverfassungsgericht von einer personalen Interpretation des Eigentumsgrundrechts aus[510], so bestimmt das persönliche Eigentum normativ den Wesensgehalt der Eigentumsgewährleistung. Daraus ergibt

---

[507] Vgl. nur: Papier in Maunz/Dürig, GG, Art. 14 Rdn. 11.; Teilweise werden die praktische Relevanz und der rechtliche Gehalt der Institutsgarantie in Zweifel gezogen.; Jarass/Pieroth, GG, Art. 14 Rdn. 3; Kutschera, Bestandsschutz, S. 123.

[508] BVerfGE 24, 367 (389).

[509] Vgl. Kutschera, S. 63-65, der auch die hier angesprochenen öffentlich-rechtlichen Rechtstellungen dem Eigentum unterstellen will und dann keinen Verstoß gegen die Institutsgarantie annimmt, wenn an die Stelle eines abgespaltenen Rechts eine äquivalente öffentliche Rechtsstellung tritt (Kompensationsthese).

[510] Siehe nur BVerfGE 50, 290 (340); In dieser Entscheidung heißt es, daß der Eigentumsschutz dort am stärksten ist, wo er der Verwirklichung einer freien selbstverantwortlichen Lebensgestaltung dient.

sich, daß je geringer der personelle Bezug des Eigentums ist, dieses um so weniger zum unantastbaren elementaren Bestand gehört.
Der Betrieb eines Kernkraftwerks und die Befugnis hierzu weisen letztlich kaum einen personellen Bezug auf. Abgesehen davon, daß Betreiber von Kernkraftwerken regelmäßig juristische Personen sind, deshalb zu fragen ist, ob der Eingriff die Entfaltung der persönlichen Freiheit der einzelnen, hinter der juristischen Person stehenden natürlichen Person tangiert[511], kann sicherlich nicht angenommen werden, daß die Errichtung und der Betrieb eines Kraftwerks eine notwendige Voraussetzung einer freien und eigenverantwortlichen Lebensgestaltung im vermögensrechtlichen Bereich ist. Vielmehr steht beim Betrieb von Kernkraftwerken der soziale Bezug im Vordergrund. Diesbezüglich sei nur darauf hingewiesen, daß das Bundesverfassungsgericht mehrfach die Energieversorgung als öffentliche Aufgabe[512] oder als Gemeinschaftsinteresse höchsten Ranges[513] bezeichnet hat und sich ein gewisser „negativer" Sozialbezug[514] aus den Risiken der Kernenergie ergibt. Zudem bleiben bei einer Regelung, die für die Zukunft die Erteilung von Betriebsgenehmigungen für Kernkraftwerke ausschließt, weitere relevante Nutzungsmöglichkeiten des Eigentums erhalten.
Somit kann, selbst bei Unterstellung eines Rechts zum Betrieb eines Kernkraftwerks, mangels des Bestehens eines personellen Bezugs, davon ausgegangen werden, daß durch eine solche Regelung die Institutsgarantie des Eigentums nicht berührt wird.

2. Verhältnismäßigkeit der gesetzlichen Regelung

Der Gesetzgeber ist bei der Ausgestaltung dieser zukunftsgerichteten Regelung, welche eine Inhaltsbestimmung[515] des Eigentums darstellt, an den Grundsatz der Verhältnismäßigkeit gebunden, der in seiner eigentumsspezifischen Ausformung erfordert, daß die Interessen des Einzelnen und der Allgemeinheit in ein angemessenes Verhältnis zueinander gebracht werden. Grundsätzlich kann hier auf die Ausführungen zur Verfassungsmäßigkeit der nachträglichen Befristung verwiesen werden, mit dem Unterschied, daß, da es sich um eine zukunftsgerichtete Regelung handelt, Vertrauensschutzaspekte nicht vorhanden

---

[511] BVerfGE 21, 362 (369).
[512] Siehe nur: BVerfGE 66, 248 (258); BVerfG JZ 1990, 335.
[513] BVerfGE 30, 292 (323, 324).
[514] So bezeichnet bei Roller, Genehmigungsaufhebung und Entschädigung im Atomrecht, S. 216.
[515] Eine Differenzierung danach, daß Inhaltsbestimmungen in die Zukunft wirken, Schrankenbestimmungen hingegen bestehende Rechte beschränken, soll hier nicht erfolgen.

und einstellbar sind. Es sei aber darauf hingewiesen, daß bei der Prüfung der Verhältnismäßigkeit einige Besonderheiten zu beachten wären. So ergibt sich daraus, daß der Gesetzgeber aufgrund seiner Schutzpflicht[516] die Grundrechte auch gegenüber privaten Beeinträchtigungen zur Geltung zu bringen und einen schonenden Ausgleich der betroffenen Belange herbeizuführen hat. Damit sind im Rahmen der Verhältnismäßigkeit nicht bloße Eigentümerinteressen und öffentliche Interessen zum Ausgleich zu bringen, sondern die Grundrechte Dritter vor den Risiken der Eigentumsnutzung zum Betrieb einer Kernanlage zu schützen. Auch schlagen sich hier der erwähnte schwache personale und starke soziale Bezug der betroffenen Eigentumspositionen nieder. Für die Prüfung der Verhältnismäßigkeit eines solchen Eingriffsakts wäre dann zu fragen, ob das Ziel oder das Vorhaben, welches Lebens- oder Gesundheitsgefahren verursacht, verfassungsgemäß ist, ob die Beeinträchtigung der Schutzgüter des Art. 2 Abs. 2 S. 1 GG geeignet ist, die entgegenstehende Position zu verwirklichen, ob die Zulassung der Beeinträchtigung notwendig ist oder es Alternativen gibt, die das entgegenstehende Interesse wahren und die Leben und Gesundheit weiter beeinträchtigen und ob ein angemessenes Verhältnis zwischen Lebens- und Gesundheitsbeeinträchtigung einerseits und entgegenstehender Position andererseits besteht.[517] Käme man so zu dem Ergebnis, daß die Energieversorgung auf gefahrlose Weise sichergestellt werden könnte, dann wäre eine weitere Nutzung der Kernenergie nicht erforderlich und verstieße gegen Art. 2 Abs. 2 S. 1 GG. Ergebe sich gegenteiliges, so wäre letztlich zu prüfen, ob das Interesse an der Nutzung des Eigentums und die Energieversorgung als Gemeinschaftsinteresse höchsten Ranges[518], dem Lebens- und Gesundheitsschutz vorgehen. Diese Frage kann wiederum nur beantwortet werden, wenn eine Qualifizierung des Ausmaßes von Risiken der Kernenergie erfolgt, die Anzahl betroffener Rechtsgüter klar ist, die Möglichkeit von Schäden und die Eintrittswahrscheinlichkeit. Aufgrund der dargestellten großen Sozialbindung und folglich etwas schwächeren Ausprägung der Eigentumsposition werden aber letztlich das Interesse an einer sicheren Energieversorgung und der Schutz von Leben und Gesundheit die ausschlaggebenden Kriterien sein.

[516] Zur staatlichen Schutzpflicht: Ossenbühl, DÖV 1981, 4 ff.; BVerfGE 53, 30 (57); 56, 54 (73).

[517] Prüfungsschritte bei: Hermes, Grundrecht auf Schutz, S. 253, 254.

[518] BVerfGE 30, 292 (323 f.).

3. Die Berufsfreiheit als Maßstab

Das Verbot der Neuerteilung von Anlagengenehmigungen würde in die Berufsfreiheit eingreifen, insoweit in Zukunft die Stromerzeugung aus Atomstrom nicht mehr möglich sein wird.
Stellt man auf den Beruf des Stromerzeugers ab, dann handelt es sich um eine Berufsausübungsregelung, da alle anderen Stromerzeugungsarten auch in Zukunft erlaubt sind.[519] Daß das Berufsbild des Kernenergieerzeugers nicht der Verkehrsauffassung und den tatsächlichen Gegebenheiten entspricht, wurde bereits dargelegt. Auch ist für eine Rückwirkung auf die Berufswahl[520] nichts ersichtlich. Bei einer natürlichen Betrachtungsweise unter Berücksichtigung der Verkehrsauffassung kann die Rückwirkung einer Berufsausübungsregelung auf die freie Berufswahl dann angenommen werden, wenn die Regelung ihrer objektiven Gestaltung nach den von ihr Betroffenen in aller Regel den gewählten Beruf wirtschaftlich unmöglich macht.[521] Für einen Stromerzeuger wird sich eine entsprechende Regelung in aller Regel jedoch nicht auf die Berufswahl ausüben.
Hinsichtlich der Verhältnismäßigkeit kann auf die getätigten Ausführungen zur nachträglichen Befristung der Atomanlagengenehmigungen verwiesen werden. Ebenso, wie schon bei Art. 14 GG, wird hier darauf abgestellt, daß es an der Geeignetheit der Maßnahme, mindestens aber an deren Erforderlichkeit fehlen würde.[522] Deutschland sei umgeben von Ländern, in denen Kernkraftwerke betrieben würden. Diese seien für die Bürger der Bundesrepublik ein unentrinnbares Risikopotential, welches auch bestünde, wenn es auf dem Hoheitsgebiet

---

[519] Die Verweisung auf die mögliche Ansiedlung ausländischer Betreiber mit nur einer Energieerzeugungsart ist nicht stichhaltig. Einerseits ist es unrealistisch anzunehmen, daß sich nach einem Verbot der Energieerzeugung mittels Kernspaltung ausländische Investoren bereit fänden, die auf deutschem Boden ein Kernkraftwerk errichten würden. Andererseits kann bei der Ausgestaltung berufsregelnder Gesetze und der Abgrenzung von Regelungen der Berufsausübung und Berufswahl nicht auf einen gewissen Grad der Abstraktion und Typisierung, der sich bei natürlicher Betrachtung an der allgemeinen Verkehrsauffassung (BVerfG 16, 147 (163 f.) orientiert, verzichtet werden. Da es danach darauf ankommt, wie ein Regelung *in aller Regel* wirkt, ist auch in dieser Konstellation bei der Einordnung als Berufsausübungsregelung zu bleiben, insoweit diese Fallgestaltung nicht nur unwahrscheinlich ist, sondern auch der absolute Ausnahmefall. (Siehe hierzu schon die Ausführungen zu Art. 12 GG im Falle der nachträglichen Befristung der Anlagengenehmigung). Nicht überzeugend ist insoweit: Scheuing, Europarechtliche Aspekte einer Beendigung der Kernenergienutzung in der Bundesrepublik Deutschland; EuR 2000, 1 (16).; a.A.: Berufswahlregelung: Stüer/Loges, NVwZ 2000, 9 (12).
[520] BVerfGE 7, 377 (401, 407 f.).
[521] BVerfGE 16, 147 (165).
[522] Schmidt-Preuß, Rechtsfragen des Ausstiegs aus der Kernenergie, S. 54 f.

Deutschlands keine Kraftwerke mehr gäbe. Erschwerend schlage zu Buche, daß die in Mittel- und Osteuropa betriebenen Kraftwerke keinesfalls an den deutschen Sicherheitsstandard heranreichen würden.
Das Ziel einer Reduzierung der Risiken der friedlichen Nutzung der Kernenergie könne nicht durch ein isoliertes Verbot der Erteilung von Neugenehmigungen für Anlagen auf deutschem Hoheitsgebiet erreicht werden. Insoweit müßten im Wege einer vergleichenden Risikobetrachtung die rings um die Bundesrepublik betriebenen Kernkraftwerke mitbewertet werden.
Für die Betrachtung der Verfassungsmäßigkeit einer Regelung kann es aber nur darauf ankommen, was ein Staat auf seinem Hoheitsgebiet leisten kann. Mit der dargestellten Sichtweise wäre es der Bundesrepublik verwehrt das ihr mögliche auf ihrem Gebiet zur Minimierung von Risiken zu tun. Im Rahmen der Prüfung der Geeignetheit und Erforderlichkeit sind nur solche Umstände berücksichtigbar, die sich im Herrschaftsbereich der Bundesrepublik gründen. Was für die Zurechenbarkeit[523] gilt, kann im Rahmen einer Verhältnismäßigkeitsprüfung nicht unberücksichtigt bleiben.
Unter dieser Prämisse wäre die geplante Regelung geeignet und erforderlich. An der Verhältnismäßigkeit im engeren Sinne bestünden, mit Verweis auf getätigte Ausführungen und unter Rückgriff auf die Begründung des Gesetzgebers, keine Zweifel.[524]

II. Das Verbot der Wiederaufarbeitung nach § 9 a Abs. 1 S. 2 AtG

Nach der Regelung des § 9 a Abs. 1 a.F. AtG standen die direkte Endlagerung und die Wiederaufarbeitung als gleichwertige Entsorgungsalternativen nebeneinander. Nach der nunmehr geltenden Regelung des § 9 a Abs. 1 S. 2 AtG ist die Abgabe von aus dem Betrieb von Anlagen zur Spaltung von Kernbrennstoffen zur gewerblichen Erzeugung von Elektrizität stammenden bestrahlten Kernbrennstoffen zur schadlosen Verwertung an eine Anlage zur Aufarbeitung bestrahlter Kernbrennstoffe vom 01. Juli 2005 an unzulässig.

Entscheidend für die verfassungsrechtliche Beurteilung des Wiederaufarbeitungsverbots ist dessen Einordnung als Inhaltsbestimmung des Eigentums oder als Enteignung. Nach der Ansicht von Schmidt-Preuß, bezogen auf den Fall eines übergangslosen Verbots der Wiederaufarbeitung, würde sich unter Heranziehung des formalisierten Enteignungsbegriffs des Bundesverfassungsgerichts

[523] Zur Zurechenbarkeit: BVerfGE 66, 39 (62).
[524] A.A.: Posser, in: Posser/Schmans/Müller-Dehn, Atomgesetz-Kommentar, Zur Novelle 2002; § 7 Abs. 1 Rdn. 108 f.

folgendes ergeben: Da der Gesetzgeber mit seiner Maßnahme objektiv darauf abziele, den Kernanlagenbetreibern die rechtliche Grundlage zur Entsorgung ihrer Brennstäbe zu nehmen und diesen damit die letzte Möglichkeit zum weiteren Betrieb der Kernanlagen entziehe, sei eine solche Regelung nur als Enteignung ausgestaltbar.[525] Einer solchen Sichtweise begegnen jedoch erhebliche Bedenken.

Zieht man den formalisierten Enteignungsbegriff des Bundesverfassungsgerichts heran, dann kommt man zu nachstehendem Ergebnis: Im Gegensatz zum dargestellten Fall der nachträglichen Befristung atomrechtlicher Errichtungs- und Betriebsgenehmigungen muß der Gesetzgeber im Falle des Wiederaufarbeitungsverbotes zur Verwirklichung seiner Zwecke nicht *gezielt* auf eine Eigentumsposition zugreifen. Es gibt keine Wiederaufarbeitungsgenehmigung und eine entsprechende, das Eigentum ausgestaltende Nutzungsbefugnis, die beseitigt werden müßte, um einen Ausstieg aus der Wiederaufarbeitung zu ermöglichen. Der Gesetzgeber kann einfach eine Modalität der Entsorgung untersagen und gestaltet damit die Nutzungsbefugnis am Kraftwerkseigentum aus. Da, unter der Berücksichtigung der Zwecksetzung des Gesetzgebers, ein gezielter konkret-individueller Zugriff auf eine Eigentumsposition zum Verbot der Wiederaufarbeitung schon gar nicht erforderlich ist und somit eine Enteignung als Zugriffsinstrument ausscheiden kann, konnte der Gesetzgeber das Wiederaufarbeitungsverbot als abstrakt-generelle Inhaltsbestimmung des Eigentums gemäß § 9 a Abs. 1 S. 2 AtG ausgestalten.

Steht als Ausgestaltungsmittel die Inhaltsbestimmung des Eigentums zur Verfügung, hat der Gesetzgeber die verfassungsrechtlichen Anforderungen einzuhalten, die sich an dieses Institut stellen.

Für die Prüfung der Verhältnismäßigkeit kann, insoweit eine Zielidentität besteht, als es um den Schutz der Bevölkerung vor den Gefahren der Kernenergie und der Strahlungsrisiken geht, auf die Ausführungen zur Verfassungsmäßigkeit einer nachträglichen Befristung atomrechtlicher Anlagengenehmigungen verwiesen werden. Zwar ändert sich an den Risiken durch Strahlung an den Wiederaufarbeitungsanlagen nichts, wenn man die Anlieferung deutscher Brennelemente unterbindet.

Dennoch können durch eine entsprechende Regelung etwaige Transportrisiken gegen Null reduziert werden. Geht man von nicht abweisbaren Transportrisiken aus, kann aber mit Sicherheit die Geeignetheit der Gesetzesregelung angenommen werden.

---

[525] Schmidt-Preuß, Rechtsfragen des Ausstiegs , S. 28.

Das Ergebnis der Verhältnismäßigkeitsprüfung hängt dann davon ab, wie schwer die Interessen der Betreiber, im Hinblick auf die Laufzeit etwaiger Verträge und sich daraus ergebener Rechte, zu gewichten sind im Verhältnis zum öffentlichen Interesse des Schutzes von Leben und Gesundheit der Bevölkerung vor Transportrisiken.
Da die gesetzliche Regelung des § 9 a Abs. 1 S. 2 AtG eine Übergangsfrist bis zum 01. Juli 2005 gewährt, also einem Zeitpunkt, zu welchem die bestehenden Verträge mit den Wiederaufarbeitungsfirmen auslaufen, kann ebenfalls die Verhältnismäßigkeit dieser Regelung angenommen werden.[526]

Mit dem Verbot der Wiederaufarbeitung ist Art. 12 GG in der Form der Gewährleistung der Berufsausübungsfreiheit betroffen. Denn diese erfaßt als ein zentrales Grundrecht freiheitlicher wirtschaftlicher Betätigung die Unternehmensfreiheit und, als deren Bestandteil, die Produktionsfreiheit[527], die sich auf die Ausgestaltung der Produktionsabläufe bezieht. Mit dem Verbot der Wiederaufarbeitung bleibt nunmehr allein die Möglichkeit, die verbrauchten Brennelemente endzulagern (bzw. in zu errichtenden Zwischenlagern unterzubringen).
Teilweise wird in dieser Regelung eine Berufswahlregelung erblickt. Begründet wird dies damit, daß die langfristige, den Entsorgungsvorsorgenachweis sicherstellende Wiederaufarbeitung für die Stromerzeuger eine eminent wichtige Bedeutung habe. Würde diesen die Wiederaufarbeitung verboten und die Entsorgungsbasis entzogen, wäre, mangels zeitgleich verfügbarer Alternativen und der Konsequenz einer Stillegung, eine Gefährdung der Unternehmerexistenz die Folge. Damit wäre der Bereich der Berufsausübungsregelungen klar verlassen. Da das gesetzliche Verbot unübersehbare Rückwirkungen auf die Berufswahl habe, würden die für diese Stufe entwickelten strengen Voraussetzungen gelten.[528]
Da hier als Beruf der des Stromerzeugers zugrundegelegt wurde und es tatsächlich so ist, daß die EVU einen Stromartenmix anbieten, ist es unwahrscheinlich, daß eines dieser Unternehmen tatsächlich in seiner Existenz bedroht wäre, wenn es zu einem Verbot der Wiederaufarbeitung und den geschilderten weiteren Schritten kommen würde. Zudem wäre ein Verstoß gegen das bereits genannte Verbot des widersprüchlichen Verhaltens anzunehmen, wenn der Ge-

[526] Ebenso: Huber, DVBl. 2001, 239 (245).
[527] Breuer, in: Isensee/Kirchhof (Hrsg.), Handbuch des Staatsrechts, Band VI, § 149 Rdn. 1 f.; die Benennung spezieller Teilfreiheiten führt aber nicht zu einer Ausweitung des Schutzbereichs des Art. 12 GG; sie dient vielmehr der Verdeutlichung des von diesem Artikel erfaßten Schutzbereichs; Wieland, in: Dreier (Hrsg.), GG; Band I, Art. 12 Rdn. 61.
[528] Schmidt-Preuß, Rechtsfragen des Ausstiegs aus der Kernenergienutzung, S. 32.

setzgeber ein Wiederaufarbeitungsverbot installieren und ohne Schaffung von Alternativen damit die Voraussetzungen zur Stillegung der Anlagen schaffen würde. Wenn zudem standortnahe Zwischenlager vorgesehen sind, ist nicht anzunehmen, daß es tatsächlich zu einem Fall der Anlagenstillegung auf Grund des Wiederaufarbeitungsverbots kommen kann, zumal in der Praxis die Einordnung von End- und Zwischenlagern nicht klar ist, da selbst Zwischenlager für einen nicht nur kurzfristigen Zeitraum angelegt und geplant sind. Die Regelung stellt sich somit als Berufsausübungsregelung dar, da sie das "wie" der Tätigkeit der Stromerzeuger regelt. Hinsichtlich der Verhältnismäßigkeitsprüfung soll auf die getätigten Ausführungen verwiesen werden. Unter dem Aspekt der Schutzpflicht für Leben und Gesundheit der Bürger erscheint die Regelung des § 9 Abs. 1 S. 2 AtG als verfassungsmäßig und den Anforderungen des Art. 12 GG genügend.[529]

III. Gesetzliche Sorgepflicht zur Einrichtung standortnaher Zwischenlager nach § 9 a Abs. 2 S. 3 AtG

Eine mit der Regelung zum Verbot der Wiederaufarbeitung im Zusammenhang stehende Vorschrift stellt die gemäß § 9 a Abs. 2 S. 3 AtG bestehende Verpflichtung der Kernanlagenbetreiber dar, für eine Zwischenlagerung der angefallenen bestrahlten Kernbrennstoffe oder verfestigten hochradioaktiven Spaltproduktlösungen innerhalb oder in der Nähe der Anlage zu sorgen.

Durch die gesetzliche Sorgepflicht zur Errichtung standortnaher Zwischenlager wird die Eigentumsordnung ausgestaltet. Es handelt sich also um eine Inhaltsbestimmung des Eigentums, die gerechtfertigt ist, wenn sie dem Verhältnismäßigkeitsprinzip i.w.S. genügt. Als gesetzgeberisches Ziel wäre die Reduzierung von Transportrisiken durch die Reduzierung der Wegstrecken in Betracht zu ziehen.[530] Daraus ergibt sich als taugliches Ziel die Minderung von Gefahren für die öffentliche Sicherheit. Die Einrichtung standortnaher Zwischenlager ist insoweit zweifelsohne geeignet und erforderlich. Im Rahmen der Verhältnismäßigkeit i.e.S. streiten auf Seiten der Anlageninhaber die finanziellen Be-

---

[529] A.A. Schmidt-Preuß, Rechtsfragen des Ausstiegs aus der Kernenergienutzung, S. 32, unter Annahme einer Berufswahlregelung.; Werden durch eine Regelung keine Grundrechte verletzt, dann können auch keine Kompensationsforderungen gegen die Bundesrepublik Deutschland etwa aus Amtshaftung, enteignungsgleichem Eingriff oder dem gemeinschaftsrechtlichen Staatshaftungsanspruch entstehen. Vom Vorliegen derartiger Ansprüche unter Annahme eines Verstoßes gegen Art. 12 und 14 GG durch ein Wiederaufarbeitungsverbot geht Schmidt-Preuß, a.a.O., S. 33 ff., aus.

[530] Vgl. BT-Drucks. 14/6890, S. 24.

lastungen in Form von Kosten für bisherige Zwischenlager und folgende Kosten zur Errichtung der nun erforderlichen Lagereinrichtungen gegen das öffentliche Interesse an einem Zugewinn[531] für die öffentliche Sicherheit und Ordnung. Grundsätzlich erscheint die Regelung aber nicht unverhältnismäßig, da nicht bestreitbare Transportrisiken auf Null reduziert werden.[532]

Bei einer gesetzlich statuierten Verpflichtung zur Errichtung standortnaher Zwischenlager handelt es sich um die Ausgestaltung der Modalitäten der Berufsausübung. Auch hier sind Rückwirkungen auf die Berufswahl nicht ersichtlich.
Zur verfassungsrechtlichen Rechtfertigung müssen sachliche Gemeinwohlgründe die Regelung als zweckmäßig erscheinen lassen. Die Regelung ist zur Erfüllung der intendierten Zwecke, der Reduzierung von Transportrisiken, geeignet, da diese nahezu auf Null reduziert werden.

Auch bestehen an der Erforderlichkeit der Regelung, mangels entsprechender Alternativen, keine Zweifel. Im Rahmen der Verhältnismäßigkeit sind die die Anlagenbetreiber treffenden Kosten abzuwägen gegen die Schutzpflicht des Staats für Leben und Gesundheit seiner Bürger und die Erhaltung und den Zugewinn an öffentlicher Sicherheit und Ordnung. Werden Transporte untersagt, kommt es auch zur Vermeidung der damit im Zusammenhang stehenden Konfliktpotentiale. Die insoweit bestehende "befriedende" Funktion der Vorschrift als Gemeinwohlbelang führt dann als wesentlicher Gesichtspunkt neben der genannten Schutzpflicht des Staates zur Bejahung der Verhältnismäßigkeit der Regelung. [533]

---

[531] Hier kann es nur um einen Zugewinn gehen, da die vorhandenen Regelungen über Transporte bereits hohe Anforderungen an die Sicherheit stellen und insoweit dem Stand von Wissenschaft und Technik entsprechen.

[532] Teilweise wird noch eine Ausgestaltung der Verhaltensanforderungen durch Verordnung gefordert. Nähere Ausführungen erfolgen bei der Darstellung des Art. 12 GG.

[533] Problematisch gestaltet sich die Regelung allein für die Fälle von Atomanlagen, die zeitnah nach dem 01. Juli 2005 abgeschaltet werden sollten. Insoweit wird geltend gemacht, daß eine hohe Eingriffsintensität bestünde, welche den wirtschaftlichen Restbetrieb der Anlage in Frage stellen würde und für die Restlaufzeit einer objektiven Berufswahlregelung gleichkomme. Eine Rechtfertigung sei dann allein durch das Vorliegen konkreter Gefahren für überragend wichtige Gemeinschaftsgüter möglich. Daß ca. 15 standortnahe Zwischenlager ein geringeres Risikopotential aufwiesen, als die bisherigen regionalen Zwischenlager kaum nachvollziehbar, und ob das gesetzgeberische Ziel, die Transportrisiken zu minimieren, vor diesem Hintergrund allein genügen könne, erscheine eher zweifelhaft. (Huber, DVBl. 2001, 239 (245 ff.)). Ob man dies aber im Hinblick auf die erkennbare Verringerung von Transportrisiken so sehen muß, erscheint doch fraglich.

IV. Die Aufstockung der Deckungsvorsorge

Die Rechtslage vor dem Atomausstiegsgesetz vom 22.04.2002 war so ausgestaltet, daß der Anlagenbetreiber gemäß § 25 Abs. 1 und 3 AtG summenmäßig unbegrenzt haftete. Der Gesetzgeber hatte das Haftungsrisiko hinsichtlich dieses Schadensersatzanspruches zum Teil abgesichert, insoweit zu den atomrechtlichen Genehmigungsvoraussetzungen auch die erforderliche Deckungsvorsorge gehörte. Nach § 13 Abs. 3 S. 2 a.F. AtG galt hierbei eine Höchstgrenze von 500 Mio. DM. Für den Fall, daß Schadensersatzforderungen nicht von dieser Deckungsvorsorge gedeckt wurden oder aus ihr nicht erfüllt werden konnten, wurde der in Anspruch genommene Betreiber durch den Staat freigestellt, wobei das Gesetz wiederum den Höchstbetrag dieser Freistellungsverpflichtung auf das Zweifache der Höchstgrenze der Deckungsvorsorge, also 1 Milliarde DM, festlegte.
Nach der neuen Regelung des § 13 Abs. 3 S. 2 AtG wurde der Höchstbetrag der Deckungsvorsorge auf 2,5 Milliarden Euro angehoben und die Freistellungsgrenze in § 34 Abs. 1 S. 2 AtG ebenfalls auf 2,5 Milliarden Euro festgesetzt.
Hinsichtlich des Grundrechts des Art. 14 GG gilt, daß nach gängiger Rechtsprechung das Vermögen als solches nicht geschützt ist.[534] Etwas anderes gilt nur in Fällen, in denen Maßnahmen mit erdrosselnder Wirkung vorliegen.[535] Insoweit eine Regelung ein "angemessenes Entgelt" vorsieht, kann keine solche erdrosselnde Wirkung angenommen werden.[536]

V. Die Sicherheitsüberprüfung nach § 19 a AtG

Durch das Gesetz zur geordneten Beendigung der Kernenergienutzung wurde in § 19 a Abs. 1 S. 1 AtG eine einmalige Verpflichtung der Betreiber der Atomanlagen zur Durchführung einer Sicherheitsüberprüfung und zur Vorlage der Ergebnisse bis zu dem in Anlage 4[537] zu diesem Gesetz genannten Datum,

---

[534] BVerfGE 74, 129 (148) m.w.N.
[535] BVerfGE 87, 153 (169); auch die zusätzlichen Anforderungen, die entweder an Sonderabgaben (Sachnähe, gruppennützige Verwendung) oder Gebühren gestellt werden, sind erfüllt.
[536] Auch hinsichtlich der Berufsfreiheit des Art. 12 GG bestehen hier keine Bedenken. Es handelt sich um eine Berufsausübungsregelung. Eine Rückwirkung auf die Berufswahl ist wegen der nicht erdrosselnden Wirkung der Regelung nicht denkbar. Das geschützte Gemeinwohlgut ist die Verbesserung des Opferschutzes (Begründung S. 34) Zu dessen Erreichung ist die Regelung geeignet, erforderlich. Von der Verhältnismäßigkeit der Regelung kann ausgegangen werden.
[537] Daten nach Anlage 4: Obrigheim: 31.12.1998; Stade: 31.12.2000; Biblis A: 31.12.2001; Biblis B: 31.12.2000; Neckarwestheim 1: 31. 12.2007; Brunsbüttel: 30.06.2001; Isar 1:

soweit dieses nach dem 27.04.2002 liegt, festgeschrieben. In S. 2 des § 19 a wurde des weiteren festgelegt, daß zehn Jahre nach dem in Anlage 4 genannten Datum die Ereignisse einer erneuten Sicherheitsüberprüfung vorzulegen sind. Soll die Anlage binnen drei Jahren nach einem Termin für eine Sicherheitsüberprüfung endgültig keine elektrische Energie mehr erzeugen, entfällt nach § 19 a Abs. 2 die Sicherheitsüberprüfung, weil die Zeitdauer der Sicherheitsüberprüfung und der Umsetzung von deren Ergebnissen die restliche Betriebszeit ausschöpfen.[538] Aufgrund der Erkenntnisse der Sicherheitsüberprüfung soll die zuständige Behörde über Maßnahmen nach §§ 17 und 19 AtG entscheiden können.

Die Sicherheitsüberprüfung wäre als die nach dem aktuellen Stand von Wissenschaft und Technik vorgenommene Ermittlung und Darlegung des Sicherheitsstands der Atomanlage zu verstehen

Eine derartige Regelung bezieht sich offensichtlich auf das "wie" der beruflichen Tätigkeit und ist damit eine Berufsausübungsregelung, die nach den dargestellten Grundsätzen der Drei-Stufen-Lehre gerechtfertigt ist, wenn sachliche Gemeinwohlgründe die Regelung als zweckmäßig erscheinen lassen.[539]

Die Gesetzesbegründung nennt die Erhöhung der Sicherheit als Gemeinwohlziel.[540] An der Geeignetheit der Regelung zur Erreichung des Ziels bestehen im Hinblick auf deren Ausgestaltung keine Zweifel. Die Frist zur Durchführung der Überprüfung ist auch so bemessen sein, daß eine "umfassende" Sicherheitsüberprüfung möglich ist. Die Erforderlichkeit ist zu bejahen, da durch eine zusätzliche Überprüfung tatsächlich ein Zugewinn an Sicherheit zu erzielen wäre.[541]

Bei der Prüfung der Verhältnismäßigkeit kommt es darauf an, wie die Regelung zu verstehen ist. Auf jeden Fall darf die den Betreibern entstehende Kostenbelastung nicht außer Verhältnis zu einem erzielbaren Sicherheits- und Erkenntnisgewinn stehen. Wird als Prüfungsmaßstab der "Stand von Wissen-

31.12.2004; Unterweser: 31.12.2001; Philippsburg 1: 31.08.2005; Grafenrheinfeld: 31.10. 2008; Krümmel: 30.06.2008; Grundremmigen B/C: 31.12.2007; Grohnde: 31.12.2000; Philippsburg 2: 31.10.2008; Brokdorf: 31.10.2006; Isar 2: 31.12.2009; Emsland: 31.12.2009; Neckarwestheim 2: 31.12.2009.

[538] Vgl. BT-Drucks. 14/6890, S. 25.

[539] Eine Rückwirkung auf die Berufswahl könnte nur angenommen werden, wenn durch extensive Anforderungen erdrosselnde Kosten verursacht würden.

[540] Vgl. BT-Drucks. 14/6890, S. 25.

[541] Diesbezüglich Zweifel bei: Schmidt-Preuß, Rechtsfragen des Ausstiegs., S. 44 f., der davon ausgeht, daß bereits nach der gegebenen Rechtslage turnusmäßige Sicherheitsüberprüfungen stattfinden und damit die Regelung nicht erforderlich sei. Da es Hier aber um einen *Zugewinn* an Sicherheit geht, können bestehende und auch genutzte rechtliche Möglichkeiten kein Maßstab sein.

schaft und Technik" angeführt und ist damit der "aktuelle" Stand von Wissenschaft und Technik gemeint[542], bestehen Bedenken an der Verhältnismäßigkeit der Regelung. Denn bei den betroffenen Anlagen handelt es sich regelmäßig um Altanlagen deren technisch-physische Voraussetzungen sich erheblich von denen von Neuanlagen unterscheiden. Der angewendete Maßstab ist dann einfach nicht stimmig und es wird, was hier aber zu berücksichtigen ist und im ersten Teil der Arbeit dargestellt wurde, dem Bestands- und Vertrauensschutz keine Beachtung geschenkt. Man würde enorme Kosten produzieren und aus rein tatsächlichen Gründen keinen großen Erkenntniszugewinn erzielen können. Unter diesem Blickwinkel wäre die Regelung nicht haltbar. Da das untergesetzliche Regelwerk, welches den Stand von Wissenschaft und Technik beschreibt, für Neuanlagen entwickelt wurde, ist eine Berücksichtigung der Bestandsschutzaspekte innerhalb des Regelwerkes erforderlich, um dem Umstand, daß es sich um bestehende Altanlagen handelt, Rechnung zu tragen. Nur dann kann die Regelung verhältnismäßig im engeren Sinne sein und damit der Verfassung entsprechen.[543] Im übrigen wäre dem Bestandsschutz der Atomanlagen spätestens bei Anordnung von Maßnahmen infolge von Sicherheitsüberprüfungen nach § 19 a AtG gemäß § 17 AtG Rechung zu tragen.

[542] So aber die Begründung BT-Drucks. 14/6890, S. 25.

[543] Die Regelung stellt auch eine Inhaltsbestimmung des Eigentums dar, insoweit sie die Nutzungsbefugnis an der Kernanlage ausgestaltet. Auch unter diesem Aspekt muß die Regelung verhältnismäßig sein. Diesbezüglich kann auf die zur Berufsfreiheit getätigten Ausführungen verwiesen werden.

F. Der Atomausstieg und das Europarecht

Die Frage der Europarechtskonformität des Atomausstiegs stellt sich unter drei differierenden Blickwinkeln.
Unterschiedliche rechtliche Problemstellungen ergeben sich aus dem Ausschluß der Neuerteilung von Atomanlagengenehmigungen (§ 7 Abs. 1 S. 2 AtG), der nachträglichen Befristung der ursprünglich unbefristet erteilten Genehmigungen (§ 7 Abs. 1 a AtG), sowie den den Atomausstieg komplettierenden Aspekt des Verbots der Wiederaufarbeitung von Brennelementen.

I. Verpflichtung zur Nutzung der Kernenergie aus dem EAG-Vertrag

Der Ausschluß neuer Genehmigungen kann nur gegen das Gemeinschaftrecht, in diesem Falle gegen den Vertrag zur Gründung der Europäischen Atomgemeinschaft (EAGV) oder hilfsweise den EG-Vertrag verstoßen, wenn dieses eine Verpflichtung der Mitgliedsstaaten zur Nutzung der Kernenergie durch diese selbst oder durch die Erteilung der Befugnisse an andere Rechtsträger enthalten würde.
Bezüglich des EAGV existieren eine Vielzahl von Vorschlägen, in denen die Verankerung der Atomenergieherstellung als Vertragspflicht zumindest thematisiert werden.[544] Hier sind die Art. 30 ff. EAGV, Art. 97 EAGV, die Präambel und Art. 1 Abs. 2 EAGV und die Loyalitätspflicht der Mitgliedsstaaten nach Art. 192 EAGV zu nennen. Weiter werden der "Geist des EAGV" genannt, sowie die Kernerergienutzung als "Geschäftsgrundlage" des EAG-Vertrags bezeichnet.
Argumentiert wird bezüglich Art. 30 EAGV dahingehend, daß, wenn die auf dieser Grundlage ergangenen Normen des EAG-Sekundärrechts, die die zulässigen Emissionen eines Atomkraftwerkes bestimmen, zum Schutze der Gesundheit vor den Gefahren ionisierender Strahlen eine abschließende Entscheidung darüber getroffen haben, unter welchen Voraussetzungen die ausreichende Sicherheit kerntechnischer Anlagen gewährleistet ist, man diesem Regelungssystem die Verpflichtung entnehmen könnte, daß bei Einhaltung der gemeinschaftsrechtlichen Vorgaben der Betrieb der damit als unbedenklich einzustufenden Anlagen nicht untersagt werden dürfe.[545] Damit ist zugleich gesagt, daß bei einem Ausstieg aus der Atomenergie, der nicht mit den Gefahren

[544] So insbesondere: Wahl/Hermes, Nationale Kernenergiepolitik und Gemeinschaftrecht, 1995, 196 ff.; Borgmann, Rechtliche Möglichkeiten, 1994, S. 402 ff.; Sante, Verfassungsrechtliche Aspekte eines vom Gesetzgeber angeordneten Ausstiegs aus der friedlichen Nutzung der Kernenergie, 1990, S. 116 ff.
[545] Wahl/Hermes, Nationale Kernenergiepolitik und Gemeinschaftsrecht, S. 197.

des Normalbetriebes, sondern mit den Gefahren des Atomunfalles begründet wird, die genannten Regelungen des EAGV nicht entgegenstehen können. Der Inhalt dieses Regelungskomplexes läßt sich so beschreiben, daß er keine Aussage darüber enthält, daß Kernenergieanlagen in den Mitgliedsstaaten betrieben werden müssen, sondern allenfalls die Anforderungen an den Schutz der Bevölkerung vor Strahlen beschreibt, wenn Atomanlagen betrieben werden.
Auch aus Art. 97 EAGV kann offensichtlich keine Verpflichtung der Mitgliedsstaaten zur Nutzung der Kernenergie abgeleitet werden. Geregelt wird in diesem Artikel, daß die Beteiligung natürlicher oder juristischer Personen des öffentlichen oder privaten Rechts eines Mitgliedsstaats am Bau von Atomanlagen wissenschaftlicher oder gewerblicher Art in einem anderen Staat keiner Beschränkung auf Grund ihrer Staatszugehörigkeit unterliegt. Daraus ergibt sich eindeutig, daß mit dieser Vorschrift der Bau von Atomanlagen vorausgesetzt wird, aber keinesfalls eine Verpflichtung begründet werden soll.
Auch aus der Präambel des EAGV und Art. 1 Abs. 2 EAGV läßt sich nicht derartiges herleiten. In den Erwägungen der Präambel sind die maßgeblichen politischen, wirtschaftlichen und sozialen Grundlagen, die zum Abschluß des Vertrags geführt haben, enthalten. Art. 1 Abs. 2 EAGV liefert die zentrale Aufgabenbeschreibung der Atomgemeinschaft, welche darin besteht, "durch die Schaffung der für die schnelle Bildung und Entwicklung von Kernindustrien erforderlichen Voraussetzungen zur Hebung der Lebenshaltung in den Mitgliedsstaaten und der Entwicklung der Beziehungen mit den anderen Ländern beizutragen". Aus letzterem läßt sich schon offensichtlich keine Verpflichtung herleiten, da allein eine allgemeine Aufgabenumschreibung der Gemeinschaft gegeben wird. Die Präambel kann ebenfalls als einleitende Wiedergabe politischer und wirtschaftlicher Zielsetzungen eine solche Pflicht nicht begründen. Denn nach dem im Unionsvertrag (Art. 5 EUV) und nach deutschem Verfassungsrecht gebotenen Prinzip der begrenzten Einzelermächtigung sind derartige Zielsetzungen grundsätzlich nicht in der Lage, Aufgaben, Befugnisse oder Rechtspflichten zu begründen.[546]
Aber auch aus der Gemeinschaftstreue nach Art. 192 EAGV können keine Verpflichtungen abgeleitet werden. Der EAGV stellt einen Förder- und Kontrollrahmen dar, soweit sich die Mitgliedsstaaten für eine wirtschaftliche Nutzung der Kernenergie entscheiden. Die Europäische Atomgemeinschaft hat demgemäß nicht selbst Kernenergie zu nutzen, sondern ihr sind lediglich einige Aufgabenfelder (Forschungsförderung, Gesundheitsschutz) zugewiesen. Aufgabe der Mitgliedsstaaten ist es, vor dem Hintergrund des Art. 192 EAGV die EAG in der Wahrnehmung dieser Aufgaben zu unterstützen und die durch den

[546] BVerfG, EuGRZ 1993, 429 (440,445).

EAGV begründeten Pflichten zu erfüllen. Eine ungeschriebene und selbständige Verpflichtung zur Nutzung der Kernenergie kann dem nicht entnommen werden.[547]

Eine Verpflichtung kann sich ebenso nicht aus dem beschworenen "Geist der Verträge" ergeben.[548]

Wollte man dem EAGV einen derartigen Aussagegehalt beimessen, dann wäre, angesichts der schwerwiegenden Einschränkung des energiepolitischen Handlungsspielraums der Mitgliedsstaaten, eine ausdrückliche Normierung erforderlich gewesen. An dieser Stelle kann auf die Ausführungen zu Art. 192 EAGV verwiesen werden.

Es ist davon auszugehen, daß der Vertrag einen Optionscharakter[549] besitzt und als Angebot zur Erleichterung der wirtschaftlichen Nutzung der Kernenergie verstanden werden muß. Der "Geist" des EAGV besteht darin, daß er den Mitgliedsstaaten einen Rahmen bei der Nutzung der Kernenergie gibt, soweit diese sich hierfür entscheiden.[550]

---

[547] Vgl. zur allgemeinen Gemeinschaftstreue: von Bogdandy, in: Grabitz/Hilf, Kommentar EGV/ EUV, 1994, Art. 5 Rdn. 14. Die folgende Argumentation ist auf Art. 192 EAGV übertragbar. Zur Annahme einer aus Art. 10 EGV abgeleiteten Rechtspflicht ist erforderlich, daß diese akzessorisch zu einer Gemeinschaftskompetenz oder einer gemeinschaftsrechtlichen Regelung zu sein hat. Sie muß der Erfüllung eines Soll-Zustands dienen, der bereits aus einer anderen Bestimmung folgt. Eine Begründung von Pflichten außerhalb des Anwendungsbereichs des Vertrags ist mit der Grundentscheidung des Art. 5 EGV (3 b Abs. 1 EGV a.F.) nicht vereinbar. Da ein Soll-Zustand, der mit der Verpflichtung zur Erzeugung von Kernenergie korrespondieren würde, nicht erkennbar ist, kann eine entsprechende Verpflichtung nicht angenommen werden.

[548] Sante, Verfassungsrechtliche Aspekte, S. 117 ff.; Di Fabio, a.a.O., S. 47 ff.; vergleichbar: Michaelis, Ausstieg aus der Kernenergie und europäische Integration, in: Festschrift von der Groeben, 1987, S. 231 (247); dessen zweifelhafte Ansicht, die Bundesrepublik könne schon aus dem Grunde nicht auf die Kernenergie verzichten, um den Import französischen Atomstroms abzuwehren, hat sich mit der Öffnung der Elektriziätsmärkte endgültig erledigt.

[549] Borgmann, Rechtliche Möglichkeiten, S. 406.

[550] Im Zusammenhang mit dem „Geist der Verträge" wird das (völkerrechtliche) Verbot des widersprüchlichen Verhaltens genannt. Dieses wäre, da das Gebot widerspruchsfreien Verhaltens restriktiv ausgelegt wird, nur verletzt, wenn die Bundesrepublik durch eine einseitiges Verhalten ein schutzwürdiges Vertrauen bei den Mitgliedsstaaten der Euratomgemeinschaft dahingehend hervorgerufen hat, daß sie auch in Zukunft an der Energieerzeugung durch Atomkraft festhalten werde und dies auf Grund einer ausdrücklichen einseitigen Zusicherung geschehen ist. Eine ausdrückliche Zusicherung ist zu fordern, da sonst einem Vertragsstaat eine an sich nicht vereinbarte Pflicht aufgebürdet würde. Zudem ist eine Verschiebung der gemeinschaftsrechtlichen Perspektive von der Förderung der Atomenergie hin zu einer nuklearen Sicherheitskultur zu erkennen, welche die Achtung nationaler Entscheidungen gegen eine wirtschaftliche Nutzung der Kernenergie mitumfaßt.; vgl. Denninger, Verfassungsrechtliche Fragen des Ausstiegs aus der Nutzung der Kernenergie zur Stromerzeugung, 2000, 28; Unterstreichend kann auf die im Text angeführte

Von den ursprünglichen Gründerstaaten wurde die Kernenergie von Luxemburg nie genutzt, wobei dies, ebenso wie der Ausstieg Italiens aus der wirtschaftlichen Nutzung der Kernenergie, nie Gegenstand eines Vertragsverletzungsverfahrens nach Art. 141 EAGV war.[551] Darüberhinaus sind dem EAGV weitere Mitgliedsstaaten hinzugetreten, die nie Kernenergie produziert haben (Österreich, Dänemark, Irland, Griechenland, Portugal)[552] oder zum Zeitpunkt des Beitritts bereits ihren Ausstieg beschlossen hatten (Schweden). Diese Staaten wurden auch nie aufgefordert, Kernenergie zu produzieren. Vielmehr wurde sogar, im Hinblick auf das Österreichische Atomsperrgesetz, in die Schlußakte des Beitrittsvertrages von 1994 mit Österreich, Norwegen, Finnland und Schweden im Einvernehmen eine "Gemeinsame Erklärung zur Anwendung des Euratom-Vertrags" aufgenommen, in welcher es unter anderem heißt: " Unter Verweis darauf, daß die die Europäische Union begründenden Verträge unbeschadet der Regeln für den Binnenmarkt ohne Diskriminierung für alle Mitgliedsstaaten gelten, erkennen die Vertragsparteien an, daß die Mitgliedsstaaten als Vertragsparteien des Vertrags zur Gründung der Europäischen Atomgemeinschaft die Entscheidung über die Erzeugung von Kernenergie entsprechend ihren eigenen politischen Ausrichtungen treffen".[553] Eine Einbeziehung dieser Erklärung in den Ratifikationsvorgang erfolgte dann durch das deutsche Zustimmungsgesetz zu dem Beitrittsvertrag, wobei die "Gemeinsame Erklärung" als eine Klarstellung zwar keinen Regelungscharakter besitzt, aber als Auslegungshilfe zur Klärung der Frage nach dem geltenden Gemeinschaftsrecht Berücksichtigung finden kann.[554]

Damit ist auch der Vorwurf entkräftet, die Nichtnutzung der Kernenergie stelle eine gemeinschaftrechtswidrige Duldung durch die Gemeinschaftsorgane dar.[555] Die genannten Staaten machen vielmehr lediglich von ihrem Recht gebrauch. Deren Mitgliedschaft in der EAG ist trotzdem nicht ohne Sinn, weil die Atomgemeinschaft auch Kontrollaufgaben zu erfüllen hat und die Durch-

---

Passage aus der Schlußakte zu dem Vertrag über den Beitritt von Norwegen, Österreich, Finnland und Schweden zur Europäischen Union verwiesen werden.

[551] Scheuing, Beendigung der Kernenergienutzung, EuR 2000, 1 (4).

[552] Wahl/Hermes, Nationale Kernenergiepolitik und Gemeinschaftsrecht, S. 178 ff.

[553] Schlußakte zu dem Vertrag vom 24.06.1994 über den Beitritt des Königreiches Norwegen, der Republik Österreich, der Republik Finnland und des Königreichs Schweden zur Europäischen Union; ABl. EG 1994 Nr. C 241 S. 371 (382); Da Norwegen den Vertrag unterzeichnete, aber dann, wegen eines negativ ausgegangenen Referendums, nicht ratifizierte, wurden die Beitrittsdokumente durch Ratsbeschluß vom 1.1.1995 (95/1/EG, Euratom, EGKS, ABl. EG 1995 Nr. L 1 S. 1 ff.) angepaßt.

[554] Scheuing, EuR 2000, 1 (4); Meng, in: von der Groeben/Thiesing/Ehlermann, Kommentar zum EU/EG-Vertrag, 1997, Art. O EUV Rdn. 109.

[555] Di Fabio, Der Ausstieg aus der wirtschaftlichen Nutzung der Kernenergie, S. 48 f.

führung dieser Aufgaben, auch gegenüber kernenergienutzenden Staaten, dem Interesse der Gesamtheit der Mitgliedsstaaten entspricht.[556] Wird darüber hinaus darauf verwiesen, daß ein Ausstieg Deutschlands aus der Kernenergie ein anderes Gewicht habe, als beispielsweise der Verzicht Luxemburgs[557] und man letzteres noch akzeptieren könne, dann kann dem nur entgegengehalten werden, daß, wenn nicht abweichendes vorgesehen ist, das Recht für alle Mitgliedsstaaten gleich zu gelten hat.[558] Sieht dieses keine Verpflichtung zur Nutzung der Kernenergie vor, so gilt dies sowohl für Luxemburg, als auch für die Bundesrepublik Deutschland.[559]
Teilweise wird auf eine "Geschäftsgrundlage" des EAGV abgestellt, die in der Kernkraftförderungspflicht bestanden habe und dadurch entfallen sei, daß einige Mitgliedsstaaten von der Option des Vertrags keinen Gebrauch gemacht hätten.[560] Geht man, wie hier, davon aus, daß der EAGV schon gar keine Verpflichtung zur Nutzung der Kernenergie enthält, dies also schon keine Geschäftsgrundlage ist, dann kann diese auch nicht nachträglich weggefallen sein. Zudem geht diese Ansicht selbst davon aus, daß eine Kernkraft*förderungs*- nicht aber eine Kernenergie*erzeugungs*pflicht besteht. Wenn man also die Prämissen dieser Ansicht ernst nimmt, würde schon, selbst bei Nichtwegfall der Geschäftsgrundlage, gar keine Verpflichtung zur Erzeugung von Kernenergie bestehen.
Weiterhin soll es den Mitgliedsstaaten des EAGV aber zumindest nicht gestattet sein, unumkehrbar und endgültig auf die friedliche Nutzung der Kernenergie zu verzichten.[561] Dieser Ansatz läuft letztlich leer, da es einen unumkehrbaren und endgültigen Verzicht einfach nicht geben kann. Bei einer nach Wahlen wechselnden Mehrheit kann jederzeit der Ausstieg aus dem Ausstieg beschlossen werden.[562] Es handelt sich insoweit um ein Gebot des Demokratieprinzips. Auch steht, im Hinblick auf die in Rede stehenden Betriebszeiten und

---

556 Scheuing,EuR 2000,1 (5).
557 Di Fabio, Der Ausstieg aus der wirtschaftlichen Nutzung der Kernenergie., S. 48.
558 Scheuing, EuR 2000, 1 (5).
559 Ein Abstellen auf die unterschiedlichen Stimmgewichte der Länder im Rat (Art. 205 EGV) bringt hier ebenso kein anderes Ergebnis. Zwar drückt sich darin das unterschiedliche wirtschaftliche Gewicht und die unterschiedliche Bevölkerungsstärke der Mitgliedsstaaten aus. Dennoch kann sich daraus keine Ungleichbehandlung der einzelnen Staaten im Hinblick auf die Geltung und den Inhalt rechtlicher Regelungen ergeben.;vgl. aber: Denninger, Verfassungsrechtliche Fragen des Ausstiegs aus der Nutzung der Kernenergie zur Stromerzeugung.
560 Roller, Genehmigungsaufhebung, S. 315 f.
561 Wahl/Hermes, Nationale Kernenergiepolitik und Gemeinschaftsrecht., S. 218.; Posser, in: Posser/Schmans/Müller-Dehn, Atomgesetz-Kommentar, Zur Novelle 2002, § 7 Abs. 1 Rdn. 111 ff.
562 Ebenso Scheuing, EuR 2000, 1 (6).

Restlaufzeiten der Kernkraftwerke, nicht zu befürchten, daß es zu einem faktischen endgültigen Ausstieg aus der Nutzung der Kernenergie kommen kann. Verweisend auf getätigte Ausführungen kann ebenso dem EGV keine Verpflichtung zur Erzeugung von Kernenergie entnommen werden.

II. Die Niederlassungsfreiheit als Maßstab für den Ausschluß der Neuerteilung von Anlagengenehmigungen

Ist dem EAGV keine allgemein bestehende Verpflichtung zur Nutzung der Kernenergie zu entnehmen, dann kann sich die Gemeinschaftsrechtswidrigkeit des Ausschlusses der Neuerteilung von Errichtungs- und Betriebsgenehmigungen (§ 7 Abs. 1 S. 2 AtG) allenfalls aus einem Verstoß gegen die Grundfreiheiten des EAG- oder EG-Vertrags ergeben.
Nach der Regelung des Art. 97 EAGV unterliegen natürliche oder juristische Personen des öffentlichen oder privaten Rechts, die der Gerichtsbarkeit eines Mitgliedsstaats unterstehen, keiner Beschränkung auf Grund ihrer Staatszugehörigkeit, wenn sie sich am Bau von Atomanlagen wissenschaftlicher oder gewerblicher Art beteiligen wollen. Ist schon wenig nachvollziehbar, wie die "Beteiligung am Bau" als Niederlassungsfreiheit auslegbar sein kann[563], so verbietet der Artikel nur Beschränkungen auf Grund der Staatszugehörigkeit.
Eine Regelung, die nicht an der Staatszugehörigkeit ansetzt und damit keine Diskriminierung nach der Staatszugehörigkeit bewirkt oder bezweckt, verstieße schon aus diesem Grunde nicht gegen Art. 97 EAGV.
Damit kommt es auf die Frage an, ob man in einem solchen Falle auf die allgemeinere Niederlassungsfreiheit in Art. 43 EGV zurückgreifen kann.[564] Eine

[563] So aber: Troberg in: von der Groeben/Thiesing/Ehlermann, Kommentar zum EU/EG-Vertrag, Band 1, Vorbemerkung zu Art. 52 bis 58, Rdn. 13; „Bau" bedeute auch Betrieb und „Beteiligung" sei im Sinne von Erst- und Zweitniederlassung zu verstehen. Eine Begründung wird nicht geliefert. Letzteres mag noch einleuchtend erscheinen, jedoch nur, wenn man den Begriff „Beteiligung" für sich betrachtet. Aus dem Sachzusammenhang ergeben sich keine weiteren Hinweise, die einer derartigen Auslegung förderlich wären. In den Erläuterungen der Bundesregierung zum Euratom-Vertrag läßt sich ebenfalls kein Hinweis finden. Der Vertrag sei als Vorwegnahme für den schrittweisen Aufbau eines allgemeinen Gemeinsamen Markts gedacht. Zu Art. 97 EAGV heißt es, der Vertrag solle Diskriminierungen verhindern, wenn sich juristische oder natürliche Personen am Bau von Atomanlagen wissenschaftlicher oder kommerzieller Art beteiligen wollten.; vgl., Die Europäische Atomgemeinschaft, Die Erläuterungen der Bundesregierung zum Vertrag zur Gründung der Europäischen Atomgemeinschaft [Bundestagsdrucksache Nr. 3440 v. 4. Mai 1957], 1957, S. 145 (190) Viel spricht hier für eine engere Auslegung.
[564] Zwar würde im Falle des Verbots der Erteilung von Atomanlagengenehmigungen unter Umständen auch Waren- und Dienstleistungsverkehr, möglicherweise auch der Verkehr von Arbeitnehmern beeinträchtigt. Jedoch handelt es sich dann um Folgen der Beschränkung der

ergänzende Heranziehung der Regelungen des EGV ist zulässig, wenn dadurch keine Beeinträchtigung der Regelungen des EAGV eintritt (Art. 305 Abs. 2 EGV).[565] Eine Beeinträchtigung wäre dann anzunehmen, wenn die Art. 92 ff. EAGV als abschließende Regelungen für den Bereich des Atomrechtes zu verstehen wären und die Niederlassungsfreiheit nur gemäß der Vorgaben des Art. 97 EAGV bestehen würde.
Aus der Subsidiaritätsregelung selber läßt sich damit kein Anhaltspunkt dafür entnehmen, ob ein Rückgriff auf die Regelungen des EGV zulässig ist.
In einer sich mit dem Verhältnis von EGKS und EGV beschäftigenden Entscheidung führte der Gerichtshof aus, daß "insoweit, als Fragen nicht Gegenstand von Bestimmungen des EGKS-Vertrags oder der auf seiner Grundlage erlassenen Regelungen sind, der EWGV und die zu seiner Durchführung ergangenen Vorschriften auf Erzeugnisse anwendbar sein können, die unter den EGKS-Vertrag fallen"[566]. Hieraus wurde der Schluß gezogen, daß, da weder sekundäres, noch primäres EGKS-Recht den Bereich der Erstattung oder des Erlasses von Eingangs- und Ausfuhrabgaben regeln, die Anwendung der problematischen Verordnung auf EGKS-Erzeugnisse möglich ist.
In einer anderen Entscheidung erklärte der EuGH, daß die Art. 92 ff. EAGV zwar ausschließlich die technischen Voraussetzungen für die Beseitigung der Handelshemmnisse regelten, bei einer Betrachtung dieser Bestimmungen im Zusammenhang mit dem Vertrag zur Gründung der Europäischen Wirtschaftsgemeinschaft stellten sie sich jedoch als bloße Ausformung der Rechtsvorstellungen, von denen das Gefüge des allgemeinen Gemeinsamen Markts getragen wird, auf einem hoch spezialisierten Gebiet dar. [567]
In den Erläuterungen der Bundesregierung zum Euratom-Vertrag heißt es zudem für Kapitel IX, welches den Titel "Der Gemeinsame Markt auf dem Gebiet der Kernenergie" trägt, daß der Vertrag in Übereinstimmung mit den Zielen und Grundsätzen des Vertrags über die Gründung der Europäischen Wirtschaftsgemeinschaft und in *Vorwegnahme* der dort für einen schrittweisen Aufbau eines allgemeinen Marktes vorgesehenen Maßnahmen bestimmt, daß für das Gebiet der Kernenergie der Gemeinsame Markt alsbald errichtet werden soll.[568]

Niederlassungsfreiheit, die als Aspekte in die Betrachtung der letztgenannten Freiheit einfließen können.

565 Siehe Art. 305 EGV und Petersmann, in: von der Groeben/Thiesing/Ehlermann, Kommentar zum EU/EG-Vertrag, Bd. 5, Art. 232 Rdn. 19; a.A. Lukes, in: Festschrift Everling, Bd. 1, S. 747, der den EAGV als eine abschließende Sonderregelung ansieht.

566 EuGH Slg. 1987, 5519 (5139).

567 EuGH Slg. 1978, 2151 (2173 Rdn. 15).

568 Die Europäische Atomgemeinschaft, Die Erläuterungen der Bundesregierung zum Vertrag zur Gründung der Europäischen Atomgemeinschaft, 1957, S. 145 (187).

Begründbar ist dieses Vorwegnahmebegehren damit, daß die Kernindustrie zu jener Zeit ein junger Industriezweig war und die Grundfreiheiten in Ermangelung etwaiger Besitzstände schneller umgesetzt werden konnten.[569] Daß keine weitergehende Ausgestaltung erfolgte läßt sich wohl damit erklären, daß zunächst das notwendige getan werden sollte, um eine Entwicklung der Kernenergieindustrie und -forschung zu ermöglichen.

Sollte der EAGV die partielle Vorwegnahme der Regelung eines Gemeinsamen Marktes sein, ist nicht zu sehen, wieso dann auf die allgemeinen Vorschriften nicht zurückgegriffen werden könnte. Ist ein bestimmter Tatbestand vom EAGV nicht erfaßt, ist es gerade im Interesse eines gemeinsamen Marktes, dann die Regelungen des EGV heranzuziehen, die den allgemeinen Gemeinsamen Markt auf einem höheren Niveau verwirklichen. Dem kann nicht entgegengehalten werden, daß mit dieser Sichtweise die Regelungen des EAGV mit Inkrafttreten des EGV überflüssig geworden wären.[570] Sie bleiben immer noch für die von ihnen erfaßten Stoffe und Tatbestände relevant.

Für die Frage der Vereinbarkeit einer Regelung über den künftigen Ausschluß der Erteilung von Atomanlagengenehmigungen soll demgemäß die allgemeine Niederlassungsfreiheit des Art. 43 EAGV Maßstab sein.[571]

Grundsätzlich gelten die Grundfreiheiten des EGV nur für grenzüberschreitende Tatbestände[572], im Falle der Niederlassungsfreiheit also für ausländische EU-Bürger und diesen nach Art. 48 EGV gleichgestellte Gesellschaften, wenn diese in für sie fremden Staaten dauerhaft einer Erwerbstätigkeit nachgehen wollen. Handelt es sich hingegen um einen Sachverhalt mit ausschließlich mitgliedsstaatinternem Bezug, dann kann sich die hiervon betroffene natürliche oder juristische Person nicht auf die Niederlassungsfreiheit berufen.

---

569 Vgl. Comité intergouvernemental créé par la Conférence de Messine, Rapport des chefs de délégation aux ministres des Affairs étrangères, Mae 120 f/56 (corrigé) Brüssel, 21.4.1957, S. 119.

570 So aber: Wahl/Hermes, Nationale Kernenergiepolitik und Gemeinschaftrecht, S. 97.

571 Teilweise wird in diesem Zusammenhang dann nicht auf Art 43 EGV zurückgegriffen, sondern es wird eine „Aufladung“ des Art. 97 EAGV vorgeschlagen oder eine inhaltliche Anlehnung an 43 EGV; Scheuing, EuR 2000 1, (9) mit Verweis auf EuGH Slg. 1990, I- 495 (523 f. Rdn. 10 ff.). Dies kann jedoch nicht überzeugen. So ging es in der angeführten Entscheidung um Zuständigkeitsregelungen für den Gerichtshof. Zudem stellt sich in der vorliegenden Problemkonstellation die Frage, ob bei Nichteinschlägigkeit eines spezielleren Diskriminierungsverbotes das allgemeinere des den allgemeinen Markt regelnden EGV herangezogen werden kann. Kommt man dabei zu dem Ergebnis, daß die Regelungen des EAGV nicht abschließend sind in dem Sinne, daß keine Beeinträchtigung gemäß Art. 305 Abs. 2 EGV im jeweiligen Fall vorliegt, dann können die Regelungen des EGV Anwendung finden. Eine interpretatorische Aufladung erscheint dogma-tisch nicht überzeugend. Folglich soll Art. 43 EGV Grundlage der Betrachtung sein.

572 Schweitzer/Hummer, Europarecht, 1996, § 14 Rdn. 1172 f.

Unter diesen Vorgaben würde die Niederlassungsfreiheit ausschließlich dann Relevanz entfalten, wenn natürliche oder juristische Personen aus anderen EU-Staaten selber Atomanlagen errichten oder betreiben wollten.[573] Außerdem wäre noch vorstellbar, daß sich ausländische Personen derart an deutschen Energieversorgungsunternehmen oder Atomanlagenbetreibergesellschaften beteiligen würden, daß sie Kontrolle übernehmen würden und damit Unternehmer im Sinne der Niederlassungsfreiheit wären. Der Vorgang der Beteiligung würde aber weiterhin der Kapitalverkehrsfreiheit unterfallen, ebenso wie eine Beteiligung, die nicht zu einer Kontrolle über das Unternehmen führt, an dem die Beteiligung erfolgte.
Dennoch wären diese Sachverhalte nicht als gemeinschaftswidrig einzustufen, da der Ausschluß der Neuerteilung von Genehmigungen In- und Ausländer gleichermaßen erfaßt.[574] Darüber hinaus ist anerkannt, daß Art. 43 EGV auch ein Beschränkungsverbot[575] enthält. Vom Vorwurf der Gemeinschaftswidrigkeit können daher auch nichtdiskriminierende mitgliedstaatliche Regelungen erfaßt werden, wenn diese sich nachteilig auf grenzüberschreitende Vorgänge auswirken können.[576] Gerechtfertigt sollen solche Maßnahmen dann sein, wenn ihnen zwingende Gründe des Gemeinwohls zugrundeliegen und sie verhältnismäßig sind.[577]
Insoweit wird der Tatbestand der zukünftigen Nichterteilung einer Atomanlagengenehmigung von der Niederlassungsfreiheit erfaßt, da juristischen und natürlichen Personen anderer Mitgliedsstaaten in nichtdiskriminierender Weise eine Erwerbstätigkeit, die Errichtung und der Betrieb von Atomanlagen, verweigert wird.

Die erforderlichen Gemeinwohlgründe stellen eben die dar, die, abstellend auf die Gesetzesbegründung, bereits bei der Prüfung von Art. 12 und 14 GG genannt wurden. Da ein zumindest vergleichbarer Schutz wie durch die Nationalverfassungen gewährt wird, läuft der Maßstab für die Prüfung einer Regelung mit den vom EU-Primärrecht geforderten Anforderungen gleich. Zu nennen

---

573 Vgl. Scheuing, EuR 2000, 1 (10 f.).
574 Auch das allgemeine Diskriminierungsverbot in Art. 12 EGV scheidet aus. Soweit eine nationale Maßnahme ohne grenzüberschreitenden Bezug einen Inländer schlechter stellt als vergleichbare ausländische Rechtsakte, verstößt sie nicht gegen das Diskriminierungsverbot. Entsprechendes hat dann für den unionsrechtlichen Grundrechtsschutz zu gelten. Der EuGH prüft eine nationale Regelung, die nicht im Rahmen des Gemeinschaftsrechts ergangen ist, nicht am Maßstab der Gemeinschaftsgrundrechte. Mehr dazu an anderer Stelle.
575 Schweitzer/Hummer, Europarecht, 1996, § 14 Rdn. 1175; EuGH Slg. 1995, I-4165 (4197 Rdn. 37)
576 Vgl. nur EuGH Slg. 1997, I-2471.
577 Schweitzer/Hummer, a.a.O., § 14 Rdn. 1175.

wären somit der Schutz von Leben und Gesundheit der Bevölkerung[578] vor den Risiken der Kernenergie, die ungelöste Entsorgungsfrage und Gefahren durch die Weitergabe von Kernmaterialien.
Bezüglich der Festlegung der Gemeinwohlgründe hat der EuGH einen gewissen Spielraum des nationalen Gesetzgebers zu berücksichtigen. Die Mitgliedsstaaten können durchaus bei der Festlegung von Gemeinwohlgründen unterschiedliche Prioritäten setzten, insoweit die Gesetzgebungskompetenz bei den Mitgliedsstaaten verblieben ist und vom EuGH zu akzeptieren ist.
Durch den Gerichtshof kann daher allenfalls geprüft werden, ob die angeführten Gründe vertretbar in dem Sinne sind, daß sie Ausdruck bestimmter politischer und wirtschaftlicher Entscheidungen sind, die den sozialen und kulturellen Besonderheiten des jeweiligen Mitgliedslands angepaßt sind. [579] Dies kann für die genannten Gründe bejaht werden.
Des weiteren muß die gesetzliche Regelung verhältnismäßig sein. Auch dies kann mit Verweis auf getätigte Ausführungen bejaht werden.
Daß das Verbot der Neuerteilung von Anlagengenehmigungen nur eine begrenzte Schutzwirkung besitzt, da in Zukunft bestehende Genehmigungen weiter genutzt werden können, hat auf die Geeignetheit keinen Einfluß, da die Maßnahmen getrennt zu betrachten sind. Der Gesetzgeber ist nicht gehalten, eine umfassende Gesamtregelung vorzulegen und diese als eine Maximallösung auszugestalten.[580] Er kann seine Maßnahmen auf bestimmte Teile einer Gesamtheit beschränken und zeitlich nachfolgend die verbleibenden Fragen einer Lösung zuführen.[581] Hier etwa die Entwicklung einer neuen Energiepolitik unter Berücksichtigung umweltfreundlicherer Energieerzeugungsarten. Nach der Rechtsprechung des EuGH sind zudem die Ausstrahlungswirkungen der Gemeinschaftsgrundrechte auf die Auslegung der geschriebenen Rechtfertigungsgründe zu berücksichtigen.[582] Dies hat jedoch konsequenterweise auch

---

578 Die Existenz grundfreiheitlicher Schutzpflichten wird vom EuGH seit der Entscheidung EuGH DVBl. 1998, 228 ausdrücklich anerkannt. Dies dürfte ebenso für den noch anzusprechenden Bereich der Gemeinschaftsgrundrechte gelten.; vgl. Szczellka, DVBl. 1998, 219 (221 f.).

579 EuGH Slg. 1991, I-997 (1025 Rdn. 11).

580 EuGH Slg. 1998, I-4301 (4346 Rdn. 44). Die angeführte Entscheidung betraf den Rat als Rechtsetzer im Anwendungsbereich des Art. 174 EGV. Etwas anderes kann für die rechtsetzenden Organe auf Mitgliedsstaatebene nicht gelten. Zumal der EuGH die Haftungsregeln der Gemeinschaft für normatives Unrecht auf die Mitgliedsstaaten übertragen hat.; EuGH Slg. 1996, I-1029, Brasserie du pêcheur, Factortame.

581 Vgl. die Ausführungen zur Schutzpflicht als Optimierungsgebot und die Grenzen dieses Ansatzes.

582 Für die Berufsfreiheit : EuGH Slg. 1997, I-4315 (4375 Rdn. 42); Slg. 1994, I-4973 (5065 Rdn. 78); Koenig/Haratsch, EuR, 2000, S. 31 ff. Rdn. 80 ff.; Entnommen werden die Gemeinschaftsgrundrechte vom EuGH einem wertenden Rechtsvergleich der nationalen Ver-

für den hier vorliegenden Fall der Rechtfertigung einer Maßnahme aus Gründen des Gemeinwohls zu gelten.[583] Die Gemeinschaftsgrundrechte sind in die Betrachtung der Verhältnismäßigkeit einzubeziehen.
Eine Einschränkung der Berufsfreiheit soll dann zulässig sein, wenn dies im öffentlichen Interesse erfolgt und einen im Hinblick auf den verfolgten Zweck verhältnismäßigen Eingriff darstellt, der die Freiheit nicht in ihrem Wesensgehalt antastet.[584] Aus dogmatischen Gründen muß hier eine sehr eingeschränkte Kontrolle, reduziert auf schwerwiegende Verstöße, erfolgen.
Geht man in Anlehnung an das zu Art. 12 GG ausgeführte davon aus, daß es sich bei dem Ausschluß der Neuerteilung von Errichtungs- und Betriebsgenehmigungen für Atomanlagen um das Verbot einer bestimmten Art der Energieerzeugung handelt und somit die Berufsausübungsfreiheit betroffen ist, dann ist ohne Zweifel das Grundrecht nicht in seinem Wesensgehalt beeinträchtigt.[585]
Daß mit dem Ausschluß der zukünftigen Nutzung der Kernenergie ein Aspekt eines bestimmten Tätigkeitsfeldes gänzlich verboten wird, ohne daß dies einen Verstoß gegen Gemeinschaftsrecht darstellt ergibt sich aus der konsequenten Anwendung des Verhältnismäßigkeitsprinzips im Gemeinschaftsrecht. Sähe man dies anders, käme man zu dem wenig nachvollziehbaren Ergebnis, daß man zwar deutschen Energieversorgern den Betrieb von Atomkraftwerken verbieten könnte, selbiges für ausländische Unternehmen nicht vorsehen dürfte, obwohl festgestellt wurde, daß der EAGV es den Mitgliedsstaaten überläßt, sich für oder gegen die Nutzung der Kernenergie zu entscheiden.
Der Ausschluß der Neuerteilung von Atomanlagengenehmigungen nach § 7 Abs. 1 S. 2 AtG ist daher mit der Niederlassungsfreiheit vereinbar und würde auch nicht das Gemeinschaftsgrundrecht der Berufsfreiheit beeinträchtigen.

---

fassungsrechtsordnungen und der Europäischen Menschenrechtskonvention.; Kirchhof, EuGRZ 1994, 16 (24 f.); eingehend zum unionsrechtlichen Grundrechtsschutz: Pauly, EuR 1998, 243 ff.
Sicherlich kann man dem gesamten Ansatz des EuGH in diesem Bereich skeptisch gegenüber stehen.. Für die Einbeziehung der Gemeinschaftsgrundrechte spricht einzig der vom EuGH und der Literatur angebrachte Gesichtspunkt, daß im Anwendungsbereich des Gemeinschaftsrechts keine Handlung anerkannt werden könne, die gegen den gemeinschaftlichen Grundrechtsstandard verstößt.; vgl. EuGH Slg. 1974, 491 (Rdn. 13), Ruffer, EU-Staaten als Verpflichtete der Gemeinschaftsgrundrechte, EuGRZ 1995, 518 (529).

[583] Vgl. Ruffert, EU-Staaten als Verpflichtete der Gemeinschaftsgrundrechte, EuGRZ 1995, 519 (528).

[584] EuGH Slg. 1997, I-4315 (4375 Rdn. 42).; Unter dem Aspekt der Schutzrichtung unterscheiden sich diese Fälle nicht.

[585] Daran würde sich auch nichts ändern, wenn ein neuer Betreiber auf den Markt treten würde, der ausschließlich Kernenergie erzeugen will. Das betroffene Berufsbild wäre das des Energieerzeugers. Allenfalls könnte man einen Eingriff in die Berufswahl unter dem Gesichtspunkt der faktischen Wirkung annehmen.

III. Die nachträgliche Befristung der bestehenden Genehmigungen

Abweichend zur zuvor beschriebenen Fragestellung ist im Falle der nachträglichen Befristung von Betriebsgenehmigungen ein feststehender Kreis von Adressaten betroffen, bei dem es sich ausschließlich um deutsche Anlagenbetreiber handelt. Ein Eingriff in die gemeinschaftsrechtliche Niederlassungsfreiheit liegt somit nicht vor, da diese ihre Garantie nur gegenüber EU-ausländischen natürlichen und juristischen Personen entfaltet.
Eine denkbare Konstellation wäre jedoch, daß ein EU-Bürger oder eine in der Gemeinschaft beheimatete Gesellschaft in Deutschland ein Kraftwerk übernehmen würde.[586] Diese Gesellschaft könnte die vorliegende Anlagengenehmigung nur insoweit nutzen, als es die festgelegte Laufzeit erlauben würde. Eine Beeinträchtigung der Niederlassungsfreiheit kann hier aber nur dergestalt angenommen werden, als keine Genehmigung zum Weiterbetrieb der Anlage über den genannten Zeitraum hinaus erteilt würde.
Bei der Verhältnismäßigkeitsprüfung wäre zusätzlich das Gemeinschaftsgrundrecht der Eigentumsgarantie zu berücksichtigen.[587] Da bei der hier angenommenen Konstellation der ausländische Betreiber ein Kraftwerk mit befristeter Genehmigung und damit befristeter Nutzungsdauer übernimmt, kann die Eigentumsgarantie, insoweit von Beginn an eine Beschränkung besteht, hinsichtlich eben jener Befristung keinen Schutz gewähren. Würde ein ausländischer Betreiber noch kurz vor Inkrafttreten der gesetzlichen Regelung ein Kraftwerk übernehmen, wären die Aspekte bei einer vorsichtigen Einbeziehung der Gemeinschaftsgrundrechte zu berücksichtigen, die im Rahmen der Prüfung von Art. 14 GG als Abwägungspunkte genannt wurden. Diesbezüglich würde aber eine von vornherein schwächere Vertrauensposition des ausländischen Betreibers vorliegen, da dieser angesichts der bevorstehenden gesetzlichen Regelung eine Beteiligung unternommen hat.
Eine Verletzung von Gemeinschaftsrecht ist somit im Hinblick auf nachträgliche Befristungen von Atomanlagengenehmigungen nicht denkbar.

---

586 Scheuing, EuR 2000, 1 (16).
587 Vgl. EuGH Slg. 1994, I-4973 (5065 Rdn. 78)

IV. Das Wiederaufarbeitungsverbot

Eine weiteres, mit der Frage des Atomausstieges zusammenhängendes Problem ist das des Verbots der Wiederaufarbeitung nach § 9 a Abs. 1 S. 2 AtG.[588] Dabei handelt es sich nicht unmittelbar um eine Ausstiegsregelung. Jedoch ist sie Teil des Gesamtkonzepts Atomausstieg. Da mit dem Verbot der Wiederaufarbeitung den mit dem Atomtransporten zusammenhängenden Gefahren entgegengewirkt werden soll, steht diese Regelung auch im unmittelbaren Zusammenhang mit der geplanten Installierung standortnaher Zwischenlager.
Im Rahmen der Wiederaufarbeitung werden die abgebrannten Brennelemente zunächst von den deutschen Kraftwerken nach Sellafield beziehungsweise nach La Hague verbracht werden. Nach der dort vorgenommenen Behandlung können die anfallenden Stoffe, wie rückgewonnenes Uran bezeihungsweise Plutonium, zur Fertigung von Mischoxidbrennelementen genutzt werden. Abfälle, hierbei im wesentlichen die in Glas eingeschmolzenen hochradioaktiven Spaltprodukte, werden, ebenso wie die vorgenannten Stoffe, nach Deutschland zurückgeführt.

1. Warenverkehrs- und/oder Dienstleistungsfreiheit als Maßstab

Vor diesem Hintergrund stellt sich bereits das erste Problem einer europarechtlichen Betrachtung eines Wiederaufarbeitungsverbots. Kann als Maßstab die Warenverkehrsfreiheit herangezogen werden oder muß die Dienstleistungsfreiheit Grundlage der Betrachtung sein, oder können beide Grundfreiheiten zusammen Anwendung finden. Man könnte einerseits davon ausgehen, daß der Transport der Waren im Vordergrund steht und damit die Warenverkehrsfreiheit als speziellere Freiheit Vorrang zu genießen hat.[589] Andererseits könnte man genau zu dem entgegengesetzten Ergebnis kommen und die Dienstleistungsfreiheit heranziehen.[590] Eine weitere Möglichkeit wäre, den Gesamtvorgang der Wiederaufarbeitung sowohl, bezogen auf den Transport, der

[588] Zu den verfassungsrechtlichen Fragen siehe unter Punkt: E.II.
[589] Pernice, in: Steinberg (Hrsg.), Reform des Atomrechts, 1994, S. 25 (31 ff.); Lukes, et 1990, 587 (589); Rengeling, in: Lukes (Hrsg.), Reformüberlegungen zum Atomrecht, 1991, S. 215 (310 ff.); ders., in: Lukes/Birkhofer (Hrsg.), 9. Deutsches Atomrechtssymposium, S. 289 (304).; Scheuing, EuR 2000, 1 (18 f.); Es wird auf die Entscheidung EuGH Slg. 1992, I-4431 (4478 Rdn. 25-28) verwiesen.
[590] Scheuing, Grenzüberschreitende atomare Wiederaufarbeitung im Lichte des europäischen Gemeinschaftsrechtes, S.28; Roßnagel, DVBl. 1991, 839 (843); Haeusler, in: Pelzer (Hrsg.), Kernenergierecht zwischen Ausstiegsforderung und europäischem Binnenmarkt, S. 164 (172 f.)

Warenverkehrsfreiheit und, bezogen auf den Vorgang der Wiederaufarbeitung als solcher, der Dienstleistungsfreiheit zuzuordnen.[591]
Letzterem Ansatz soll, trotz der angeführten EuGH-Entscheidung[592], gefolgt werden, zumal der EuGH in einem anderen Fall[593] trotz Warenverbringung den Schwerpunkt auf die Dienstleisungsfreiheit gelegt hat. Aber auch dieser Fall ist nicht mit dem hier in Rede stehenden zu vergleichen, da es um die Versendung von Formularen für die Teilnahme an Lotterien ging. In einem solchen Falle tritt der Versand schwerpunktmäßig hinter die Lotteriebetätigung als solche zurück. Zwar ist der Versand Voraussetzung dafür, daß sich Personen an der Lotterie beteiligen können. Dennoch ist dieser nachrangig, da er ohne größeren Aufwand durchgeführt werden kann und für es für die Lotteriebetreiber bei objektiver Betrachtung auf die Teilnahme an der Lotterie als solche ankommt.
Die Wiederaufarbeitung stellt, wie dies eingangs dargestellt wurde, keinen einheitlichen Vorgang dar. Vielmehr ist der Vorgang der Verbringung von Waren von der Wiederaufarbeitung als Dienstleistung zu trennen. Die Wiederaufarbeitung kann auch nicht als untergeordnetes Element der Warenverbringung bezeichnet werden, so wie dies mit Verweis auf die genannte Entscheidung getan wird, da die Wiederaufarbeitung als hochtechnisiertes Verfahren gerade ein ganz wesentliches Element des Gesamtvorgangs Wiederaufarbeitung darstellt. Ebenso ist das alleinige Abstellen auf den Wiederaufarbeitungsvorgang und damit auf die Dienstleistungsfreiheit nicht ausreichend, da der Transport, wie die Wiederaufarbeitung selbst, sich als äußerst aufwendige Verfahren darstellen, welche Gegenstand einer strengen Reglementierung sind. Ein Verbot der Wiederaufarbeitung würde zudem damit verbunden sein, daß keine Ein- und Ausfuhrgenehmigungen für Brennstoffe und Genehmigungen zur Beförderung von Brennstoffen mehr erteilt werden würden. Der Verkehr von Waren wäre somit zweifelsohne betroffen. Das Wiederaufarbeitungsverbot ist richtigerweise unter den Gesichtspunkten der Warenverkehrs- *und* der Dienstleistungsfreiheit zu untersuchen. Voraussetzung dafür wäre aber, daß die Brennstäbe tatsächlich auch als Waren im Sinne der Warenverkehrsfreiheit einzuordnen wären. Dies soll an anderer Stelle untersucht werden.

---

591 Wahl/Hermes, Nationale Kernenergiepolitik und Gemeinschaftsrecht, S. 108 f.; Di Fabio, Der Ausstieg aus der wirtschaftlichen Nutzung der Kernenergie, S. 57; Everling, RIW Beilage 2 zu Heft 3 / 1993, 1 (6 f.).
592 EuGH Slg. 1992, I-4431 (4478 Rdn. 25- 28); der EuGH prüfte in einem Fall, in welchem es um die Müllverbringung ins Ausland ging, ausschließlich die Warenverkehrsfreiheit, ohne die Dienstleistungsfreiheit zu erwähnen.
593 EuGH Slg. 1994, I-1039 (1088 f.).

2. Warenverkehrsfreiheit, Art. 93 EAGV; Art. 29 EGV

Den Warenverkehr betreffende Tatbestände sind in Art. 93 EAGV und in Art. 29 EGV geregelt. Wie sich aus Art. 305 Abs. 5 EGV ergibt, gelten die Regelungen des EGV nur subsidiär gegenüber den Regelungen des EGKS-Vertrags und des EAG-Vertrags. Enthalten die letztgenannten Verträge abgeschlossene Sonderregelungen, dann ist ein Rückgriff auf den EGV zur Prüfung der Europarechtskonformität nicht möglich.
Art. 29 EGV kann somit nur zur Anwendung kommen, wenn Art. 93 EAGV einem Wiederaufarbeitungsverbot nicht entgegenstehen würde und auch keine für den Bereich der Warenverkehrsfreiheit abschließende Regelung treffen wollte.

a. Voraussetzungen des Art. 93 EAGV; Rückgriffsmöglichkeit auf den EGV

Nach der Regelung des Art. 92 EAGV finden die Bestimmungen des Kapitels über den Gemeinsamen Markt auf dem Kerngebiet auf Güter und Erzeugnisse Anwendung, die in den Listen des Anhangs IV des Vertrags aufgeführt sind. Für Art. 93 EAGV kommen, nach dessen ausdrücklicher Anordnung, lediglich die in den Listen A1, A2 und B aufgeführten Erzeugnisse in Betracht.
Eine Einordnung der bestrahlten Brennelemente unter die hier allenfalls heranziehbare Liste A1 ist jedoch nicht klar möglich. Denn die angeführten Stoffe sind nicht in reiner Form vorhanden, sondern lediglich in den Brennelementen enthalten. Ein eindeutiger Schluß in Richtung auf eine Anwendbarkeit der Liste und des Art. 93 EAGV ist damit nicht ziehbar.[594]
Im Gegenteil erscheint dieser Schluß, bei einer vergleichenden Heranziehung des Art. 197 Nr. 1 EAGV, unzulässig.[595] Dort werden vertragsbezogene Begriffsbestimmungen vorgenommen, wobei es nach der konkreten Benennung von Stoffen heißt, daß auch „jedes Erzeugnis, in dem eines oder mehrere der genannten Isotope enthalten sind“, ein „besonderer spaltbarer Stoff“ im Sinne des Vertrags darstellt. Eine derartige Klausel ist in der Liste A1 des Anhangs IV des EAGV nicht enthalten.

---

594 A.A.: Everling, RIW 1993, Beilage 2 zu Heft 3 / 1993, S. 3 f.; Scheuing, Grenzüberschreitende atomare Wiederaufarbeitung im Lichte des europäischen Gemeinschaftsrechts, S.29; ders., EuR 2000, 1 (19); Schmidt-Preuß, Rechtsfragen des Ausstieges aus der Kernenergie, S. 13., mit dem Hinweis, daß Brennelemente stets mit Uran 235 angereichertes Uran, mit Plutonium angereichertes Uran oder andere in der Anlage angeführte Stoffe enthalten; offen lassend: Di Fabio, Der Ausstieg aus der wirtschaftlichen Nutzung der Kernenergie, S. 59.; wie hier: Denninger, Verfassungsrechtliche Fragen, S. 32 f. lediglich mit Verweis auf Wahl/Hermes, S. 126 ff.

595 Wahl/Hernes, Nationale Kernenergiepolitik und Gemeinschaftsrecht, S. 126.

Diese Ausweitung läßt sich daraus erklären, daß, da die Begriffsbestimmung der „besonderen spaltbaren Stoffe" Grundlage beispielsweise für die Überwachung der Sicherheit nach Art. 77 ff. EAGV und das Gemeinschaftseigentum nach Art. 86 ff. EAGV ist, alle Stoffe erfaßt werden mußten, von denen eine Gefahr entsprechend den Sicherheitsregeln ausgeht.[596] Die Art. 92 ff. EAGV verfolgen hingegen einen anderen Ansatz. Dort soll dem Gemeinsamen Markt auf dem Kerngebiet der Weg geebnet werden. Dementsprechend sind die Erzeugnisse von Interesse, die zur Herausbildung des Gemeinsamen Marktes dienen.
Hieraus kann jedoch nicht die Nichtanwendbarkeit der Vorschriften auf die bestrahlten Brennelemente mit der Begründung, daß nur „marktfähige" Stoffe erfaßt werden könnten, geschlossen werden. Für die Aufarbeitung von Brennelementen besteht ein Nachfrage, zu der es korrespondierend ein Angebot und somit einen Markt gibt.
Andererseits ist die Argumentation mit einer „Marktfähigkeit" dann überzeugend, wenn man dies in Zusammenhang mit der Liste A1 zum Anhang IV des EAGV bringt. Die Liste definiert insoweit abschließend die Stoffe, die als marktfähig in diesem Sinne bezeichnet werden können. Und dies sind letztlich Stoffe, die als unmittelbare Ausgangsstoffe zur Herstellung von für Kernspaltprozesse nötige Anordnungen gebraucht werden und nicht erst mit einem größeren Aufwand umgearbeitet werden müßten.
Weiterhin sei darauf verwiesen, daß die Listen, die die Gegenstände des Gemeinsamen Marktes festlegen gemäß Art. 92 EAGV durch den Rat auf Veranlassung der Kommission oder eines Mitgliedsstaates und auf Verschlag der Kommission geändert werden können.
Bestrahlte Brennelemente können daher nicht unter die Stoffe der Liste A1 des Anhangs IV des EAGV gezählt werden. Art. 93 EAGV ist schon aus diesem Grunde nicht anwendbar.

Weiterhin verbietet Art. 93 EAGV nur Ein- und Ausfuhrzölle, Abgaben gleicher Wirkung und mengenmäßige Beschränkungen der Ein- und Ausfuhr.
Ist eine ein Wiederaufarbeitungsverbot enthaltene Regelung, wie § 9 a Abs. 1 S. 2 AtG, zukunftsgerichtet neutral ausgestaltet und wird die Abgabe an ausländische und inländische Wiederaufarbeitungsfirmen unterschiedslos erfaßt, dann ist das Merkmal der „mengenmäßigen Beschränkung der Ein- und Ausfuhr" nicht gegeben, da nicht an die Ausfuhr als solche angeknüpft wird, sondern jeder Abgabetatbestand erfaßt ist.

596 Wahl/Hermes, Nationale Kernenergiepolitik und Gemeinschaftsrecht, S.126.

Das Wiederaufarbeitungsverbot könnte man in diesem Zusammenhang allenfalls als eine Maßnahme gleicher Wirkung wie eine Einfuhrbeschränkung qualifizieren. Ein solches Tatbestandsmerkmal sieht Art. 93 EAGV jedoch nicht vor.
Gegebenenfalls wäre es möglich, insoweit Art. 93 EAGV keine abschließende Regelung enthält, auf Art. 29 EGV zurückgreifen oder Art. 93 EAGV erweiternd auslegen. Einer erweiternden Auslegung steht aber, worauf schon hingewiesen wurde, der eindeutige Wortlaut entgegen. Im übrigen kann auf die Ausführen zur Europarechtskonformität eines zukünftigen Ausschlusses der Erteilung von Atomanlagengenehmigungen verwiesen werden. Es soll von einer prinzipiellen Anwendbarkeit des Art. 29 EGV ausgegangen werden.[597]

b. Unzulässigkeit eines Wiederaufarbeitungsverbots aus Art. 30 ff. EAGV

In diesem Zusammenhang sei noch auf die Normen der Art. 30 ff. EAGV hingewiesen, welche den Gesundheitsschutz normieren. Hätte man diese Regelungen so einzuschätzen, daß die auf ihrer Grundlage normierten Schutzanforderungen zu standardisierten einheitlichen Normen geführt haben, dann würden diese ein strengeres nationales Schutzniveau oder ein Wiederaufarbeitungsverbot nicht zulassen.[598] Art. 30 ff. EAGV[599] und die entsprechende Grundnormenrichtlinie können von vornherein nur als Maßstab für ein Wiederaufarbeitungsverbot dienen, soweit es um Gesundheitsgefahren geht, die durch diese Vorschriften geregelt werden konnten. Die Grundnormenrichtlinie legt Dosisgrenzwerte der Strahlenexposition von Arbeitskräften und der Bevölkerung fest, die bei dem *Normalbetrieb* von Atomanlagen entstehen und die eine Gefährdung durch ionisierende Strahlen mit sich bringen können. Ein Verbot der Wiederaufarbeitung und die alleinige Zulassung einer Endlagerung (mit vorheriger begrenzter Zwischenlagerung) kann dann nicht darauf gestützt werden

[597] A.A. Wahl/Hermes, Nationale Kernenergiepolitik und Gemeinschaftsrecht, S. 95 ff.; die die Niederlassungsfreiheit des EGV heranziehen wollen, eine Anwendung des EGV für den Bereich der Warenverkehrsfreiheit ausschließen. Der dort vorgenommenen Differenzierung kann nicht gefolgt werden. Sowohl die Dienstleistungs- als auch die Warenverkehrsfreiheit haben im EAGV eine Regelung erfahren. Aus der Aufzählung bestimmter Stoffe in Art. 93 auf einen abschließenden Regelungswillen bezüglich der Warenverkehrsfreiheit schließen zu wollen, diesen wegen der nur punktuellen Regelung der Dienstleistungsfreiheit aber auszuschließen, erscheint nicht überzeugend.

[598] Lukes, et 1990, 587 (594); Haedrich, NVwZ 1993, 1036 (1040 f.); Rengeling, DVBl. 1991, 914 ff.

[599] Den Grundnormen nach Art. 30 ff. EAGV kommt nach einhelliger Ansicht die Rechtsqualität von Richtlinien im Sinne des Art. 161 Abs. 3 EAGV zu. Diese sind demgemäß für jeden Mitgliedsstaat an den sie gerichtet sind, hinsichtlich des zu erreichenden Ziels verbindlich, überlassen aber den innerstaatlichen Stellen die Wahl der Form und der Mittel.

kann, daß die Endlagerung eine geringere Strahlenbelastung mit sich bringt, obwohl die in der Richtlinie enthaltenen Grenzwerte und anderweitigen Vorgaben eingehalten wurden, wenn die Vorschriften dahingehend abschließend wären, daß keine weitergehenden nationalen Vorschriften möglich wären.
Keine Regelungen enthält die Richtlinie hingegen zu dem Fragenkomplex von Störfällen und den Anforderungen an eine Kernanlage oder Transporteinrichtung im Falle nicht vorhergesehener Ereignisse. Dies wäre wegen der fehlenden Kompetenz der Gemeinschaft in diesem Bereich auch gar nicht möglich. Es besteht eine übereinstimmende Auffassung, daß das Gebiet der Reaktorsicherheit und der Sicherheit atomtechnischer Anlagen in dem den Mitgliedsstaaten verbliebenen Zuständigkeitsbereich liegt.[600]
Ebenso nicht vom Regelungsbereich der Normen werden die Aspekte erfaßt, die ein Wiederaufarbeitungsverbot damit begründen, daß auf diese Weise die Menge des insgesamt anfallenden radioaktiven Abfalles reduziert werden kann. Hierbei ist weder der Bereich der mit dem Normalbetrieb von Kernanlagen zusammenhängenden Gesundheitsgefahren, noch der Bereich der Sicherheit im Störfall angesprochen. Es geht letztlich um ein bestimmtes Entsorgungskonzept, für dessen Ausgestaltung die Verantwortlichkeit bei den Ländern liegt. Ein auf derartige Belange gestütztes Wiederaufarbeitungsverbot kann nicht mit den Art. 30 ff. EAGV in Konflikt geraten. Entscheidend ist somit, inwieweit der auf Art. 30 ff. EAGV basierenden Grundnormen-Richtlinie ein abschließender Charakter zukommt.
Einerseits wäre es möglich, in den Grundnormen abschließende Regelungen zu sehen. Begründen ließe sich dies zum einen mit Art. 2 lit. b EAGV. Dort heißt es, daß die Gemeinschaft zur Erfüllung ihrer Aufgabe „einheitliche Sicherheitsnormen für den Gesundheitsschutz der Bevölkerung und der Arbeitskräfte aufzustellen" hat. Zudem kann auf Art. 30 Abs. 2 lit. a EAGV verwiesen werden, wonach unter Grundnormen die zulässigen Höchstdosen zu verstehen sind, „die ausreichende Sicherheit" gewähren. Richtigerweise ist nach Regelungszweck und Wortlaut davon auszugehen, daß durch die Art. 30 ff. EAGV keine Einheitsnormen etabliert werden sollten, sondern es sich um nach oben offene Mindestnormen handelt.[601]

---

[600] Vgl. nur: Pernice, EuZW 1993, 497 (498 f.); Schröder, in: Pelzer (Hrsg.), Kernenergierecht, 1991, S. 137, 147.; Eine abweichende Ansicht – Grunwald, EuZW 1990, 209 (209) –, die im Hinblick auf Art. 2 lit. b EAGV der Meinung ist, Art. 30 ff. EAGV dürfe nicht auf die bloße Nennung von Höchstgrenzen reduziert werden, konnte sich nicht durch-setzen. Ihr steht auch der Wortlaut der Art. 30 ff. EAGV entgegen. Dazu an anderer Stelle.

[601] So die wohl herrschende Ansicht: Wahl/Hermes, Nationale Kernenergiepoltik und Gemeinschaftsrecht, S. 73 ff.; Pernice, EuZW 1993, 497 (498 f.); Scheuing, Grenzüberschreitende Wiederaufbereitung im Lichte des europäischen Gemeinschaftsrechts, 1991, 87;

Für diese Sichtweise läßt sich die Historie der Entstehung der Grundnormen anführen. Standen sich in den Verhandlungen noch die Positionen eines einheitlichen Maßstabs und der Mindestnorm gegenüber so setzte sich letztlich der Mindestnormansatz durch, ohne daß die Regelungen unmittelbar als Mindestnormen bezeichnet wurden, weil man den Eindruck gerade noch hinreichender Minimalregelungen vermeiden wollte. Eine derartige Beurteilung hat unter gemeinschaftsrechtlichen und völkerrechtlichen Aspekten den Vorteil größerer Flexibilität und erleichtert hinsichtlich verschiedener Verwaltungstraditionen und Wirtschaftsverfassungen der Mitgliedsstaaten die Übernahme der Grundnormen in die Praxis.[602]

Auch der Begriff „Grundnormen" läßt eine Intention in Richtung der Schaffung einer gemeinschaftlichen Basis für den Strahlenschutz in den Mitgliedsstaaten erkennen, die eine „ausreichende Sicherheit" gewährleistet. Außerdem läßt sich aus der Regelung des Art. 33 EAGV, der die mitgliedsstaatliche Anwendung der Grundnormen betrifft, eindeutig erkennen, daß auch für die Zeit nach dem Inkrafttreten des Euratom-Vertrags von weiterhin bestehenden divergierenden mitgliedsstaatlichen Vorschriften ausgegangen werden kann. Dort wird der Kommission die Aufgabe zugewiesen, die nationalen Vorschriften in Einklang zu bringen. Verwirklicht werden soll dies durch Empfehlungen. Eine derartige Kompetenz ergibt jedoch nur Sinn, wenn die Grundnormen nicht bindend für den Fall einer Verschärfung sind.[603] Auch läßt sich der von der Gegenansicht angeführte Hinweis auf Art. 2 lit. b EAGV für die hier vertretene Ansicht verwenden. Denn aus der Aufgabe der Aufstellung und Anwendung „einheitlicher Sicherheitsnormen" kann nicht abgeleitet werden, daß diese Normen zwingend bindend sein müßten oder keinen nationalen Spielraum erlauben würden.

Kloepfer, Umweltrecht, S. 1026.; Rengeling, RIW Beilage 2 zu Heft 3 / 1993, 5 (12 f.); Wollenteit/Gebauer, ZUR 1999, 250 (251).

602 Wahl/Hermes, Nationale Kernenergiepolitik und Gemeinschaftsrecht, S. 116 mit Verweis auf Haedrich, in: v.d.Groeben/Thiesing/Ehlermann, Handbuch des Europäischen Rechts, III A 44, Art. 30 EAGV (1987), Anm. 2. Letztere Kommentierung war im Rahmen einer Nachlieferung auszusortieren und wurde bis heute nicht ersetzt. Weitergehende Verweisungen konnten daher nicht berücksichtigt werden.; ebenso bzgl. der histor. Interpretation, Roßnagel, Die Wiederaufarbeitung im Ausland und das deutsche Atomrecht, 1991, S. 73.

603 Nicht offen sind die Grundnormen hingegen im Hinblick auf eine Absenkung des Schutzniveaus. Als Mindestnormen bilden sie eine Grenze nach unten. Zudem würde eine Nichtverbindlichkeit nach unten dem Schutzzweck der Normen untergraben.; wohl anders: Roßnagel, Die Wiederaufarbeitung im Ausland und das deutsche Atomrecht, S. 73, bei dem eine Tendenz im Hinblick auf die Zulässigkeit einer Abschwächungsmöglichkeit erkennbar ist: „Sollten Abschwächungen vom gemeinschaftlichen Standard denkbar sein, dann gibt es ohne jeden Zweifel erst recht Abweichungen zugunsten eines strengeren Gesundheitsschutzes."

Der EuGH hat sich in einer Entscheidung im Sinne der Mindestnormtheorie geäußert.[604] Nach diesem Judiz sind die Art. 30 ff. EAGV und die Vorschriften der jeweils gültigen Euratom-Richtlinien als Mindestnormen zu verstehen, die nationalen Regelungen nicht im Wege stehen, die in bestimmten Bereichen das Schutzniveau über das gemeinschaftsweit festgesetzte Niveau heben möchte und daher die zulässigen Höchstdosen absenkt.

Weiter führt der Gerichtshof aus, daß unter Berücksichtigung von Sinn und Zweck der Richtlinie und des Grundsatzes der Optimierung des Schutzes anzunehmen ist, daß der Gemeinschaftsgesetzgeber, hätte er die Einführung eines wirksameren als des in der Richtlinie vereinbarten Schutzes durch die Mitgliedsstaaten verbieten wollen, er dies ausführlich in deren Bestimmungen angegeben hätte.[605] Daraus ergibt sich, daß die Grundnormen des EAGV einem Verbot der Wiederaufarbeitung nicht entgegenstehen können. Mit der Einordnung der Strahlenschutzvorschriften als Mindestnormen erledigt sich auch der Versuch, diese Regelungen wie Harmonisierungsvorschriften (Art. 95 EGV) zu behandeln und damit eine Sperrwirkung zu begründen.[606] Denn die Systematik der Grundnormen als Mindestnormen verbietet es, die Strahlenschutzregelungen als Harmonisierungsvorschriften zu behandeln. Mit nach oben offenen Mindestnormen läßt sich kein Harmonisierungsziel verwirklichen.

Aber selbst für den Fall, daß man in den Strahlenschutzvorschriften Einheitsnormen sehen wollte, würde sich keine Unzulässigkeit des Verbots der Wiederaufarbeitung ergeben. Es wäre dann allenfalls unzulässig, ein Verbot auf den Schutz vor den in den Regelungen enthaltenen Strahlenwerten zu stützen, insoweit, wie es dargestellt wurde, der Regelungsbereich der Normen aus kompetenziellen Gründen nicht weiter reicht. Da mit dem Wiederaufarbeitungsverbot gemäß § 9 a Abs. 1 S. 2 AtG aber gegen die Gefahren, die mit der Wiederaufarbeitung und dem Transport verbunden sind, vorgegangen wird und möglicher Mißbrauch wird, bestehen keine Zulässigkeitsbedenken.

Die Wiederaufarbeitung wird insgesamt aus abweichenden Gründen verboten und damit auch en bloc aus dem Anwendungsbereich der Strahlenschutzvorschriften gestrichen.

---

[604] EuGH Slg. 1992,I- 6153.
[605] EuGH Slg. 1992, I-6153 (6181 Rdn. 27).
[606] Haedrich, NVwZ 1993, 1036 (1040).

c. Waren im Sinne von Art. 23 ff. EGV

Kam es für Art. 93 EAGV darauf an, ob Brennelemente zu den in den Listen des Anhangs IV genannten Stoffen zählen, so ist eine Voraussetzung der Anwendbarkeit des Art. 29 EGV, daß es sich bei den abgebrannten Brennelementen um „Waren" handelt. Nach der gängigen Definition des Begriffs Waren, handelt es sich bei diesen um bewegliche Sachen, die einen Geldwert haben und deswegen Gegenstand von Handelsgeschäften sein können.[607]

Damit besteht in gewisser Weise eine Verbindung zu der schon zuvor erfolgten Abgrenzung der Warenverkehrsfreiheit von der Dienstleistungsfreiheit. Käme man zu dem Ergebnis, daß die betroffenen Brennelmente Waren sind, dann wäre anschließend die angeführte Schwerpunktbetrachtung vorzunehmen. Entweder tritt dann die Warenverkehrsfreiheit völlig hinter die Dienstleistungsfreiheit zurück oder die Dienstleistungsfreiheit steht im Vordergrund. Möglich ist aber auch, daß eine Betrachtung, so wie dies hier für den Transport von Brennelementen angenommen wird, ergibt, daß verschiedene Elemente eines Vorgangs gleichwertig nebeneinander stehen und somit beide Grundfreiheiten getrennt auf die jeweils passenden Elemente des Gesamtvorgangs angewendet werden.

Ob es sich bei Abfall[608] um Waren handelt wird in Literatur und Rechtsprechung unterschiedlich gesehen. In der bereits angeführten Abfall-Entscheidung des EuGH[609] hat dieser im Hinblick auf den Warenbegriff entscheidend darauf abgestellt, daß es sich um einen Gegenstand handelt, der, basierend auf Handelsgeschäften, über die Grenze verbracht wird. Mit Friedrich, Pernice und Everling hat diese Sichtweise auch in der Literatur Anhänger gefunden.[610] Hingegen lehnen Müller-Graff und von Wilmowsky dies als zu pauschal ab.[611] Betrachtet man die in der Literatur gelieferten Begründungen, kommt man zu dem Ergebnis, daß letztlich auch auf dieser Ebene und unter Einbeziehung des Merkmals des Geldwerts eine Schwerpunktbetrachtung vorgenommen wird. Es wird ausgeführt, daß im Einzelfall entscheidend sei, ob es sich um ein geldwertes Gut handele. Erbringe der Abnehmer ein Entgelt (z.B. Metallreste, Altpapier, Glas), handele es sich um ein geldwertes Gut und damit um eine Ware.

---

[607] EuGH Slg. 1968, 633 (642).

[608] Zweifelsfrei handelt es sich bei Abfall um einen beweglichen körperlichen Gegenstand.

[609] EuGH Slg. 1992,I-4431 (4478 f.).

[610] Friedrich, UPR 1988, 4 (8 f.); Pernice, NVwZ 1990, 414 (416 f.); Everling, RIW Beilage 2 zu Heft 3 / 1993, 6 f.

[611] Müller-Graff, in: von der Groeben/Thiesing/Ehlermann; EGV/EUV-Kommentar, Band 1, 1997, Art. 30 EGV Rdn. 281 ff.; v. Wilmowsky, Grenzüberschreitende Abfallentsorgung, NVwZ 1991, 1 (5).

Werde hingegen dem Übernehmer des Abfalls ein Entgelt entrichtet, dann stehe die Entsorgungsdienstleistung des Abnehmers im *Vordergrund.*[612] Was im Vordergrund steht wird allerdings nicht aus dem Gesamtcharakter des Vorgangs geschlossen, sondern aus der Geldflußrichtung.

Dem ist sicherlich zuzugeben, daß der EuGH in der Abfallentscheidung die ursprünglich betretenen Pfade der Schwerpunktbetrachtung verlassen hat, indem er generell beim auf Handelsgeschäften basierenden Verbringen von Gegenständen auf die Warenverkehrsfreiheit zurückgreifen will.

Dennoch ist nicht zu erkennen, wieso die Entgeltlichkeit einer Leistung in dem Sinne, daß der Abnehmer der Sache zu zahlen hätte oder nicht, über die Eigenschaft als Ware im Rahmen der vorliegenden Fragestellung zu entscheiden hätte.[613] Eine konsequente Anwendung von Schwerekriterien trägt auf jeden Fall eine solche Betrachtung nicht. Zudem werden auf diese Weise zwei Fragen, die getrennt zu behandeln sind, vermischt. Zum einen, ob die Warenverkehrsfreiheit oder die Dienstleistungsfreiheit oder beide nach dem Gesamtcharakter eines Tatbestands einschlägig sind und zum anderen, ob es sich bei den in Rede stehenden Objekten um Waren handelt. Kommt man mittels einer Schwerpunktbetrachtung zu dem Ergebnis, daß eine Dienstleistung im Vordergrund steht und somit die Warenverkehrsfreiheit nicht zur Anwendung kommen kann, dann kann daraus nicht per se der Schluß gezogen werden, daß es sich bei den vorliegenden Gegenständen *nicht* um Waren handelt. Die Bestimmung, was eine Ware ist, ist vielmehr zuvor vorzunehmen, aber anhand anderer als Schwerekriterien. Letzere entscheiden allenfalls darüber, ob die Warenverkehrs- oder Dienstleistungsfreiheit einschlägig ist.

Möglich wäre noch, auch wenn der EuGH dies ablehnt, als Entscheidungsgesichtspunkte die Wiederverwertbarkeit und Rückführbarkeit des Abfalls mit

---

612 Müller-Graff, in: von der Groeben/Thiesing/Ehlermann, a.a.O., Art. 30 EGV Rdn. 281; ähnlich: Schön, Dienstleistungsfreiheit in der EG und deutsche Wirtschaftsaufsicht, 1989, 57 f., Dieser stellt, ohne auf die Entgeltlichkeit Bezug zu nehmen, allein auf den Schwerpunkt des Vorgangs ab und kommt für Abfall zu dem Ergebnis, daß der Schwerpunkt nicht auf dem Handel mit dem Produkt Abfall liege, sondern auf der Leistung „Beseitigung des Abfalls". Die vorliegende Konstellation, in der der Abfall aufgearbeitet und die Produkte dieses Vorgangs zurückgeführt werden, wird hingegen in die Betrachtung nicht einbezogen.

613 Zudem sei darauf hingewiesen, daß nicht ganz nachzuvollziehen ist, wieso der Geldwert einer Sache allein danach bemessen sein sollte, in welche Richtung das Geld für eine Leistung fließt. Der von den Gegenansichten angeführte Fall ist regelmäßig der eines „positiven" Geldwerts. Eine Sache kann aber auch einen „negativen" Geldwert haben, so wie hier, wenn eben für die Vornahme einer Handlung an einer Sache etwas bezahlt werden muß. Wieso aber nur der erste Fall, der des „positiven" Geldwerts, zur Annahme der Wareneigenschaft führen soll, bleibt unklar. Zudem besitzen die abgebrannten Brennelemente spätestens nach der Wiederaufarbeitung teilweise einen „positiven" Geldwert.

einzubeziehen. Die Anwendung dieser Kriterien wurde durch den EuGH mit Rechtssicherheitsaspekten abgelehnt. Der Gerichtshof führt aus, daß die Unterscheidung zwischen rückführbaren und nicht rückführbaren Abfällen im Hinblick auf Kontrollen an Grenzen sehr schwierig sei und zudem veränderliche Aspekte Einfluß hätten. Für die Frage der Rückführung von Abfall käme es eben auf die Kosten der Rückführung und die Rentabilität der Wiederverwertung an, was subjektiv sei und von wandelnden Faktoren abhängig.

Überzeugen vermag dies aber nicht völlig. Für die Einordnung der Verbringung von Abfall unter die Grundfreiheiten kann nicht entscheidend sein, ob aus Praktikabilitätsgründen Grenzkontrollen nach Art und Umfang möglich und zulässig sind. Nichtsdestotrotz ist eine Einbeziehung dieser Kriterien aus den genannten weiteren Gründen an dieser Stelle nicht geboten. Eine Einordnung einer Sache als Ware im Sinne der Warenverkehrsfreiheit darf nicht von wandelbaren subjektiven Kriterien abhängig sein. Berücksichtigung können diese Aspekte jedoch im Rahmen der Schwerpunktbetrachtung finden. Neben den dort angeführten Gesichtspunkten sind die Wiederverwertbarkeit und Rückführbarkeit von Abfall durchaus geeignet herauszuarbeiten, ob bei einem bestimmten Lebenssachverhalt die Dienstleistungsfreiheit die Warenverkehrsfreiheit schwerpunktmäßig verdrängt, ob dies umgekehrt der Fall ist oder ob beide Freiheiten nebeneinander herangezogen werden können. Ist es so, daß der Abfall lagerfähig bearbeitet wird oder ausschließlich im Ausland abgelagert wird, ohne zurückgeführt zu werden, dann steht grundsätzlich die Dienstleistung der Lagerung im Vordergrund, die Warenverkehrsfreiheit findet dann keine Anwendung, ohne daß damit gesagt wäre, daß der betroffene Abfall keine Ware wäre. Die Einbeziehung dieser Aspekte würde auch das bei der Schwerpunktbetrachtung gefundene Ergebnis für ein Wiederaufarbeitungsverbot stützen.

Da es sich bei den Brennelementen um körperliche Gegenstände handelt, die im Hinblick auf Handelsgeschäfte über die Grenze gebracht werden, sind diese als Waren im Sinne der Art. 23 ff. EGV einzustufen.

d. Das Verbot mengenmäßiger Ausfuhrbeschränkungen (Art. 29 EGV)

Der hier zu behandelnde Fall, daß ein innerstaatliches Verbot einer bestimmten Ware oder Produktionsart gleichsam ein Ausfuhrverbot mit sich bringt, ist dem Gemeinschaftsrecht im Bereich des freien Warenverkehrs nicht fremd. Der EuGH hat sich bereits früher mit inländischen Regelungen beschäftigt, die zu einem faktischen Verbot der Ausfuhr bestimmter Waren führten.[614]

Zur Klärung der Frage, welche Maßnahmen als Maßnahmen gleicher Wirkung[615] zu gelten haben, ist eine Trennung zwischen Ein- und Ausfuhrverboten vorzunehmen.

Vor allem kann nicht auf die für Einfuhrverbote entwickelte „Dassonville-Formel" zurückgegriffen werden.[616] Die Begründung hierfür ergibt sich daraus, daß die Warenverkehrsfreiheit unter dem Aspekt des Verbots von Einfuhrbeschränkungen auf der Vorstellung des EuGH beruht, daß nach dem Sinn des Gemeinsamen Marktes die Möglichkeit bestehen muß, jede Ware, die in einem Mitgliedsstaat befugt im freien Verkehr ist, auch in allen anderen Mitgliedsstaaten frei zu vermarkten und sich damit auch unterschiedslos anwendbare Vorschriften des Einfuhrstaats hinderlich für den Zutritt der Waren aus anderen Mitgliedsstaaten zu seinem Markt auswirken können. Eine solche Gefahr besteht hingegen bei Maßnahmen, die wie Ausfuhrbeschränkungen wirken nicht, da der innergemeinschaftliche Handel in dieser Konstellation nicht betroffen ist.

Demgemäß sind Maßnahmen gleicher Wirkung im Sinne des Art. 29 EGV grundsätzlich nur solche nationalen Regelungen, die spezifische Beschrän-

---

614 EuGH Slg. 1979, 3409.

615 A.A. Schmidt-Preuß, Rechtsfragen des Ausstiegs aus der Kernenergie, S. 14 f. Dieser geht von einer mengenmäßigen Beschränkung aus, da das Wiederaufarbeitungsverbot zu einer „Menge Null" führe. Dem kann nicht gefolgt werden, da die geplante Regelung keine gezielte Regulierung des Außenhandels darstellt. Vielmehr handelt es sich klar um ein anderweitig motiviertes Verbot, welches den wirtschaftlichen Effekt einer Nullmenge zeitigt.

616 Ob man zur Definition der „Maßnahme gleicher Wirkung" im Sinne des Art. 29 EGV vom Ansatz her doch auf die Dassonville-Formel zurückgreift und dann wegen der Besonderheiten der Ausfuhrbeschränkungen die Cassis-Formel unangewendet läßt und abweichende Eingrenzungen vornimmt (so Müller-Graff, in: v.d.Groeben/Thiesing/Ehlermann, EU/EG-Vertrag, Band 1, Art. 34 Rdn. 15 ff.) oder ob man mit dem EuGH bereits die „Maßnahme gleicher Wirkung" abweichend definiert, kann hier offen bleiben. Nach der EuGH-Ansicht erübrigt sich aber ebenso, da auf *spezifische* Beschränkungen der Ausfuhrströme abgestellt wird, die Einschränkung des Begriffs der Maßnahme gleicher Wirkung, wie sie mit der Cassis-Formel und der Keck-Formel vorgenommen wird.; a.A. Schmidt-Preuß, a.a.O., S. 10 , der ohne nähere Begründung das Merkmal der Notwendigkeit eines zwingenden Erfordernisses aus der Cassis-Formel auf Ausfuhrbeschränkungen anwendet; ebenso prüft dieses Merkmal: Denninger, Verfassungsrechtliche Fragen, S. 37.

kungen der Ausfuhrströme bezwecken oder bewirken und damit unterschiedliche Bedingungen für den Handel innerhalb eines Mitgliedsstaats und seinem Außenhandel schaffen, so daß die inländische Produktion oder der Binnenmarkt des betreffenden Staats zum Nachteil der Produktion oder des Handels anderer Mitgliedsstaaten einen besonderen Vorteil erlangt.[617] Um eine die Ausfuhr beschränkende Regelung als Maßnahme gleicher Wirkung qualifizieren zu können, muß es sich um eine innerstaatliche Norm handeln, die unterschiedliche Bedingungen für den Handel mit einer Ware innerhalb des Mitgliedsstaats und im Außenhandel schafft. Art. 29 EGV wendet sich nur gegen Ausfuhrregelungen mit diskriminierendem Charakter. Durch die vorliegende Regelung des § 9 a Abs. 1 S. 2 AtG würde jedoch den Betreibern von Kernanlagen in der Bundesrepublik schlechthin die Wiederaufarbeitung abgebrannter Brennelemente untersagt, ohne daß eine Unterscheidung zwischen dem Inland und dem Ausland getroffen wird. Ein Verstoß gegen Art. 29 EGV kann damit nicht angenommen werden.[618] Eine Verletzung des Art. 29 EGV kann auch nicht unter dem Aspekt vorliegen, daß gegenwärtig Wiederaufarbeitungsmöglichkeiten nur in anderen Ländern vorhanden sind. Die Regelung zum Wiederaufarbeitungsverbot knüpft unterschiedslos und zukunftsgerichtet neutral an den Vorgang der Wiederaufarbeitung an.[619]

Eine Privilegierung des Inlandsmarktes kann allenfalls wegen des Erfordernisses der Errichtung standortnaher Zwischenlager angenommen werden.[620] Gleichwohl ist zu beachten, daß ein solches Vorgehen, auch nach der Rechtsprechung des EuGH, gerechtfertigt ist. Dieser hat in seiner Müll-Rechtsprechung ausgeführt, daß Abfälle möglichst nah am Ort ihrer Erzeugung zu beseitigen sind, um ihre Verbringung soweit wie möglich einzuschränken (Art. 174 Abs. 2 EGV). Eine Rechtfertigung ist somit aus dem Prinzip der Entsor-

---

[617] EuGH Slg. 1979, 3409 (3414 ff.); siehe auch: Schweitzer/Hummer, Europarecht, § 14 Rdn. 1125.

[618] A.A. Schmidt-Preuß, Rechtsfragen des Ausstiegs aus der Kernenergie, S. 14 f.; Di Fabio, Der Ausstieg aus der wirtschaftlichen Nutzung der Kernenergie, S. 64 f., der allerdings die Möglichkeit einer Rechtfertigung nach Art. 30 EGV in Betracht zieht, wenn entsprechende Übergangszeiten berücksichtigt werden.; wie hier: Wahl/Hermes, Nationale Kernenergiepolitik und Gemeinschaftsrecht, S. 138.

[619] Anders Di Fabio, a.a.O. S. 65, der eine Verletzung des Art. 29 annimmt, weil von vornherein nur Ausfuhrtatbestände erfaßt werden könnten, obwohl er auf S. 59 noch feststellt, daß die geplante Regelung zukunftsgerichtet neutral und unterschiedslos ausländische und inländische Wiederaufarbeitungsfirmen erfasse.

[620] Schmidt-Preuß, a.a.O., S. 14 f., Dieser nimmt an, daß bereits das Wiederaufarbeitungsverbot eine Privilegierung bewirkt, da die Entsorgung nunmehr allein in deutscher Hand liege. Allein das Wiederaufarbeitungsverbot für sich betrachtet bewirkt jedoch keine Privilegierung des Inlandsmarktes.

gungsnähe möglich.[621] Ein Verstoß gegen Art. 29 EGV durch das Verbot der Wiederaufarbeitung kann nicht gesehen werden.

3. Die Dienstleistungsfreiheit Art. 49, 50 EGV

Gemäß Art. 50 EGV[622] werden als Dienstleistungen im Sinne der Dienstleistungsfreiheit alle Leistungen erfaßt, die in der Regel gegen Entgelt erbracht werden, soweit sie nicht den Vorschriften über den freien Waren- und Kapitalverkehr unterliegen. Dies ist bei der Wiederaufarbeitung als solcher der Fall. Die Vorschriften sind, wie bereits gesehen wurde, auch nicht gegenüber den Vorschriften über die Warenverkehrsfreiheit subsidiär, da der Vorgang der Wiederaufarbeitung als solcher nicht als untergeordneter Bestandteil des Gesamtvorgangs Wiederaufarbeitung angesehen werden kann.[623]
Ein Erfordernis zur Annahme der Einschlägigkeit der Dienstleistungsfreiheit ist das ein grenzüberschreitendes Moment vorliegen muß. Dieses kann einerseits so aussehen, daß sich der Dienstleistende in einen anderen Mitgliedsstaat zum Empfänger der Dienstleistung begibt (aktive Dienstleistungsfreiheit) oder andererseits sich der Dienstleistungsempfänger über die Grenze zum Dienstleistenden begibt (passive Dienstleistungsfreiheit). Als eine Form der Dienstleistung sind jedoch auch Korrespondenzdienstleistungen anerkannt, bei denen ausschließlich die Dienstleistung die Grenze überschreitet, Leistungsanbieter und Leistungsempfänger aber in ihren Ländern bleiben.[624] Um einen solchen Fall einer Korrespondenzdienstleistung handelt es sich im Falle der Wieder-

---

[621] EuGH Slg. 1992, I-4431 (4480 Rdn. 35). Die Grundsätze der Entsorgungsautarkie und der Entsorgungsnähe wurden aufgestellt durch die Basler Konvention vom 22. März 1989 über die Kontrolle des grenzüberschreitenden Verkehrs mit Sonderabfällen und ihrer Beseitigung.

[622] Nicht anwendbar ist hingegen Art. 96 EAGV. Dieser regelt die Arbeitnehmerfreizügigkeit und nicht die Dienstleistungsfreiheit. so aber: Schmidt-Preuß, Rechtsfragen des Ausstiegs aus der Kernenergie, S. 17. Dagegen läßt sich schon anführen, daß es in der auf dieser Vorschrift gestützten Richtlinie vom 5.3.1962 über den freien Zugang zu qualifizierten Beschäftigungen auf dem Kerngebiet (ABl. EG 1962 S. 1650) um die Sicherstellung der Arbeitnehmerfreizügigkeit für Fachkräfte im Nuklearbereich ging.; Scheuing, Beendigung der Kernenergienutzung, EuR 2000, 1 (7). Darüber hinaus verbietet die Regelung nur Beschränkungen auf Grund der Staatsangehörigkeit, was im hier anzunehmenden Fall nicht relevant ist.

[623] Anders die, die die Vorschriften des EAGV als abschließend ansehen oder die Warenverkehrsfreiheit unter Berufung auf die Müll-Entscheidung (EuGH Slg. 1992, I-4431) als alleinige einschlägige Grundfreiheit betrachten; so: Scheuing, EuR 2000, 1 (21); ders.,in: Koch/Roßnagel (Hrsg.), 10. Deutsches Atomrechtssymposium 1999, 121 (148). Das dem nicht so ist, beziehungsweise die Vergleichbarkeit der Fälle nicht gegeben ist, wurde bereits dargestellt.

[624] Vgl. Schweitzer/Hummer, Europarecht, Rdn. 1189.

aufarbeitung, da die abgebrannten Brennstäbe von den deutschen Atomanlagen zu den Wiederaufarbeitungsanlagen in Sellafield und La Hague verbracht werden, dort aufgearbeitet werden und anschließend das Plutonium und Uran und die angefallenen Reststoffe nach Deutschland zurücktransportiert werden.[625]
Gemäß der Rechtsprechung des EuGH stellt Art. 49 EGV nicht lediglich ein Diskriminierungsverbot dar, sondern ist auch auf unterschiedslos in- und ausländische Tatbestände erfassende Regelungen anwendbar.[626] Ob daraus allerdings geschlußfolgert werden kann, daß Art. 49 EGV auch in der hier vorliegenden Konstellation als ein Beschränkungsverbot wirken kann, ist indes fraglich.
Denninger verweist darauf, daß die entsprechenden EuGH-Entscheidungen auf das Wiederaufarbeitungsverbot nicht übertragbar seien. Diese beträfen Dienstleistungen, die im Verbieterstaat erbracht werden sollen. Die Ratio der Entscheidungen liege daher in der Vermeidung von Abschottungseffekten zugunsten des Binnenmarktes, indem ein Mitgliedsstaat innerstaatlich die Qualitätsanforderungen an eine Dienstleistung – nicht diskriminierend – erhöhe. Ein Verbot der Wiederaufarbeitung beträfe hingegen Dienstanbieter in anderen Mitgliedsstaaten. Der Binnenmarkt werde damit nicht positiv im Sinne eines Wettbewerbsvorteils betroffen.[627] Wahl/Hermes und Di Fabio wenden hingegen ohne größere Begründung die Rechtsprechung des EuGH an.[628]
Die von Denninger angeführte Kritik kann jedoch nur dann als stichhaltig bezeichnet werden, wenn dieser, an die Begründung zum Verbot von Warenausfuhrbeschränkungen angelehnte, Begründungsansatz auf die Dienstleistungsfreiheit übertragen werden kann.
In einer der genannten EuGH-Entscheidungen führte dieser aus, daß der freie Dienstleistungsverkehr als fundamentaler Grundsatz des Vertrags durch Regelungen beschränkt werden darf, die durch zwingende Gründe des Allgemeininteresses gerechtfertigt sind und die für alle im Hoheitsgebiet des Bestimmungsstaats tätigen Personen und Unternehmen gelten, und zwar nur insoweit, als dem Allgemeininteresse nicht bereits durch die Rechtsvorschriften Rech-

---

625 Daher nicht überzeugend Denninger, Verfassungsrechtliche Fragen, S. 40. Dieser nimmt einen Fall der negativen Dienstleistungsfreiheit an, nach welcher der Dienstnehmer zum Anbieter reist. Im vorliegenden Fall übertritt jedoch allein die Dienstleistung in Form der bestrahlten Brennelmente und den aus der Wiederaufarbeitung stammenden Stoffen die Grenze.
626 Siehe nur EuGH Slg. 1991, I-4221 ff; EuGH Slg. 1994, I-1039 (1094 ff.).
627 Denninger, Verfassungsrechtliche Fragen, S. 39 f.
628 Vgl. Di Fabio, Der Ausstieg aus der wirtschaftlichen Nutzung der Kernenergie, S. 70 f.; Wahl/Hermes, Nationale Kernenergiepolitik und Gemeinschaftsrecht, S. 168 f.; Wollenteit/Gebauer, ZUR 1999, 250 (254 f.); Scheuing, EuR 2000, 1 (21).

nung getragen ist, denen der Leistungserbringer in dem Staat unterliegt, in dem er ansässig ist.[629]
In der entschiedenen Konstellation ging es somit um Eingrenzungen im Verbieterstaat. Soweit man die Parallele zur Warenverkehrsfreiheit zieht – diese liegt bei Korrespondenzdienstleistungen nahe –, wäre entscheidend, ob der zu beurteilende Fall eher mit denen der Ausfuhrbeschränkungen oder denen der Einfuhrbeschränkungen zu vergleichen wäre. Während bei letzteren die Warenverkehrsfreiheit als Beschränkungsverbot ausgelegt wird, soll sie sich im ersten Fall lediglich als Diskriminierungsverbot darstellen. Begründet wird dies mit den unterschiedlichen Auswirkungen der Maßnahmen auf den allgemeinen Gemeinsamen Markt.
Im Falle des Verbots der Wiederaufarbeitung als Korrespondenzdienstleistung besteht eine Vergleichbarkeit zu den Einfuhrfällen, wenn man sich die Auswirkungen auf den Markt vergegenwärtigt.
Um einen zur Warenausfuhr parallel zu behandelnden Fall würde es sich dann handeln, wenn inländischen Leistungserbringern Beschränkungen bei der Leistung an ausländische Leistungsempfänger auferlegt würde.[630] Bei einem Verbot der Wiederaufarbeitung würde es hingegen ausländischen Wiederaufarbeitungsfirmen unmöglich gemacht, ihre Leistungen an deutsche Kernanlagenbetreiber zu erbringen und die Kernanlagenbetreiber könnten die Leistungen der Wiederaufarbeitungsfirmen nicht in Anspruch nehmen. Ein Marktabschottungseffekt ist daher gegeben.
Mit dieser Begründung ist ein Rückgriff auf die angeführte Rechtsprechung des EuGH im Falle des Verbots der Wiederaufarbeitung möglich. Wurden dort Rechtfertigungsgründe für nichtdiskriminierende Beschränkungen entwickelt, so sind die gesetzlichen Rechtfertigungsgründe, die sich auf diskriminierende Tatbestände beziehen, nicht anwendbar.[631]
Die Zulässigkeit einer solchen Regelung ist nach der angeführten Rechtsprechung dann gegeben, wenn zwingende Gründe des Allgemeininteresses vorliegen und die Regelung geeignet und erforderlich ist.[632]
Im Hinblick auf die ein Wiederaufarbeitungsverbot tragenden Gründe kann auf die im Rahmen der Prüfung der Zulässigkeit eines zukünftigen Ausschlusses der Erteilung von Errichtungs- und Betriebsgenehmigungen am Maßstab der

629 EuGH Slg. 1991, I-4221 (4244).
630 Vgl. Scheuing, Grenzüberschreitende atomare Wiederaufarbeitung im Lichte europäischen Gemeinschaftsrechts, 1991, S. 54; Wahl/Hermes, Nationale Kernenergiepolitik und Gemeinschaftsrecht, S. 169 Fn. 361.
631 A.A.: Schmidt-Preuß, Rechtsfragen des Ausstiegs, S. 18, der eine Rechtfertigung nach Art. 55 i.V.m. Art. 46 EGV prüft, diese i.E. aber ablehnt.
632 EuGH Slg. 1996, I-6511 (6537 Rdn. 25, 28).

Niederlassungsfreiheit verwiesen werden. Zudem können mit dem Wiederaufarbeitungsverbot Transportrisiken vermieden werden, Mißbrauchsgefahren beseitigt und die Vergrößerung des Müllvolumens verhindert werden. Das Vorliegen von Gründen des Allgemeinwohls und die Eignung und Erforderlichkeit des Wiederaufarbeitungsverbots können unter diesen Prämissen angenommen werden. Im übrigen wäre an dieser Stelle der Einschätzungsspielraum des Gesetzgebers zu berücksichtigen und es würde demgemäß nur zu festzustellen sein, ob die angeführten Gründe vom Gemeinschaftsrecht anerkannt sind und diese im vorliegenden Fall vertretbar sind und keinen protektionistischen Hintergrund besitzen.
Es wären zudem, wie schon eingangs bei der Niederlassungsfreiheit, die Gemeinschaftsgrundrechte zu berücksichtigen. Bezüglich des Wiederaufarbeitungsverbots sind die Berufsfreiheit und die Eigentumsgarantie einschlägig. Bezieht man letztere in dieser Konstellation in die Betrachtung mit ein, so wäre gegebenenfalls, wie auf nationaler Ebene, zur Herstellung der Verhältnismäßigkeit die Einräumung gewisser Übergangsfristen erforderlich, soweit ein Eingriff in bestehende Verträge mit Wiederaufarbeitungsfirmen vorgenommen würde. Grundsätzlich kann aber ein Verstoß gegen Gemeinschaftsrecht unter dem Aspekt der Dienstleistungsfreiheit nicht angenommen werden.[633]

Diesen Bereich abschließend soll noch auf die ein Eingreifen der Dienstleistungsfreiheit ausschließenden Art. 55 i. V. m. Art. 45 EGV eingegangen werden. Man könnte zumindest andenken, ob die Tätigkeit der Wiederaufarbeitung als Ausübung öffentlicher Gewalt im Sinne des Art. 45 EGV angesehen werden kann[634], da die Entsorgung bestrahlter Brennelemente in ihrer Ausformung der staatlichen Verantwortung unterstellt ist.[635]
Grundsätzlich wird der Begriff der „Ausübung öffentlicher Gewalt" eng ausgelegt. Begründen läßt sich dies damit, daß den einzelnen Mitgliedsstaaten die Möglichkeit genommen werden soll, sich durch die Ausgestaltung bestimmter

---

[633] Ein Verstoß gegen sekundäres Gemeinschaftsrecht (Richtlinie 80/836/Euratom [bzw. 96/29/EURATOM] und 84/467/Euratom) könnte angenommen werden, wenn das Wiederaufarbeitungsverbot damit gerechtfertigt würde, daß insbesondere die englischen oder französischen Grenzwerte nicht hinreichend seien.; Eine derartige Begründung liegt jedoch nicht vor dazu: Schmidt-Preuß, Rechtsfragen des Ausstiegs aus der Kernenergie, S. 19. Von einer solchen Konstellation soll hier nicht ausgegangen werden.

[634] Dabei kommt es auf die Dienstleistung an, die Gegenstand der Prüfung der Dienstleistungsfreiheit ist. Hier also die Wiederaufarbeitung als solche. Nicht relevant ist diesbezüglich, wie die an Stelle der Wiederaufarbeitung tretende Entsorgungsvariante einzustufen ist.

[635] Die Entsorgungsnachweise sind zu erbringen und nach einer Zwischenlagerung in der Nähe der Kernanlage kommt nur eine Endlagerung in einer Anlage des Bundes in Betracht.

Tätigkeiten als öffentliche oder staatliche Aufgaben der Vorgaben und Bindungen des Gemeinschaftsrechtes zu entziehen.
Gemeint sind daher nur die Tätigkeiten, die eine unmittelbare und spezifische Teilnahme an der Ausübung öffentlicher Gewalt darstellen.[636]
Damit kann jedoch allenfalls die Endlagerung als solche unter diesen Begriff gefaßt werden, wenn man darauf abstellt, daß beispielsweise Grundstücke mit Lagerstätten nur mittels hoheitlichen Zwanges bereitgestellt werden können.[637]
Die Tätigkeit der Wiederaufarbeitung selber ist eine von privaten Firmen vorgenommene Dienstleistung, die zwar zur Einhaltung von Sicherheitsanforderungen und Abwehr von Mißbrauchsgefahren unter ein staatliche Reglementierung gestellt ist, ohne daß damit eine zwingende Ausübung öffentlicher Gewalt im Sinne des Art. 45 EGV verbunden ist oder sein müßte.

Möglich wäre zudem, den Vorgang der Wiederaufarbeitung noch weitergehender aufzuteilen und die Zulässigkeit einer Einfuhrbeschränkung zu überprüfen.[638] Sinnvoll erscheint dies aber nicht. Letztlich stellt der Vorgang der Einfuhr der bearbeiteten Endprodukte der Wiederaufarbeitung einen Annex zur Ausfuhr der zu behandelnden Stoffe dar. Darüber hinaus würden vor Inkrafttreten des Verbots ausgeführte Stoffe vom Verbot nicht erfaßt und nach Inkrafttreten der Regelung dürften keine Brennelemente mehr ausgeführt werden. Das Problem würde sich damit schon nicht als ein solches darstellen.

---

[636] EuGH Slg 1974, 631 (652).
[637] Vgl. Wahl/Hermes, Nationale Kernenergiepolitik und Gemeinschaftsrecht, S. 171.
[638] Siehe: Wollenteit/Gebauer, ZUR 1999, 250 (255).; Die Vereinbarung zwischen der Bundesregierung und den Energieversorgungsunternehmen vom 14. Juni 2000 sieht in Punkt IV. 2. vor, daß die Entsorgung radioaktiver Abfälle aus dem Betrieb von KKW ab dem 01.07.2005 auf die direkte Endlagerung beschränkt wird. Bis zu diesem Zeitpunkt sollen Transporte zur Wiederaufarbeitung zulässig sein. Angelieferte Mengen sollen verarbeitet werden dürfen.

G. Grenzen des Wiederaufarbeitungsverbots aus dem Völkerrecht

Grenzen des gesetzlichen Wiederaufarbeitungsverbots können sich aus völkerrechtlichen Vereinbarungen mit Frankreich und England ableiten lassen.
Grundlage der Wiederaufarbeitung sind privatrechtliche Verträge zwischen deutschen Energieversorgungsunternehmen und den Wiederaufarbeitungsfirmen Compagnie Gènèrale des Matières Nuclèaires (COGEMA) beziehungsweise British Nuclear Fuels Limited (BNFL). Im Hinblick auf die abgeschlossenen Verträge wird zwischen den Verträgen unterschieden, die in den Zeitraum vor dem Beschluß der Aufgabe einer Inbetriebnahme einer eigenen deutschen Wiederaufarbeitungsanlage im Jahre 1989 fallen, sogenannten Altverträgen und sogenannten Neuverträgen, die im Jahre 1990 nach Änderung der deutschen Wiederaufarbeitungspolitik auf der Grundlage der zwischen der Deutschen Gesellschaft für die Wiederaufarbeitung von Brennstoffen (DWK) und COGEMA und BNFL ausgehandelten Musterverträge abgeschlossen wurden. Die Neuverträge laufen bis 2005, mit Option auf Verlängerung bis 2015.[639]
Durch die Regierungen der beteiligten Staaten wurde sich in Notenwechseln über die Bedingungen verständigt, unter denen die Wiederaufarbeitung erfolgen sollte. Ein Austausch von Notenwechseln zwischen den beteiligten Staaten erfolgte zunächst 1979 und 1980 und dann nach Änderung der Wiederaufarbeitungspolitik 1990[640] und 1991[641]. Das letztgenannte Notenwechselpaar bezieht sich auf die zwischen DWK und COGEMA beziehungsweise BNFL vereinbarten Musterverträge von 1990 und auf die im Jahre 1989 abgegebene Gemeinsame Erklärung zwischen der Bundesrepublik Deutschland und der Französischen Republik beziehungsweise dem Vereinigten Königreich über die Zusammenarbeit auf dem Gebiet der friedlichen Nutzung der Kernenergie.[642]
Durch diese Notenwechsel wurden völkerrechtliche Verträge abgeschlossen. Diese stünden, sofern der Inhalt der Notenwechsel ein Wiederaufarbeitungs-

[639] Vgl. Stüer/Loges, NVwZ 2000, 9 (10).
[640] Notenwechsel zwischen dem Botschafter der Französischen Republik, Serge Boidevaix, Bonn, und dem Staatssekretär des Auswärtigen Amtes, Werner Lautenschläger, vom 25.04.1990, Journal officiel de la Rèpublique Francaise v. 17.8.1990, S.10051.
[641] Notenwechsel zwischen dem Botschafter des Vereinigten Königreiches von Großbritannien und Nordirland, Sir Christopher Mallaby, Bonn, und dem Staatssekretär des Auswärtigen Amtes, Werner Lautenschläger , vom 21.3.1991 (brit. Note Nr. 73, dt. Az. 431-466.21 GRO SB 2), British Treaty Series No. 59 (1991), Cm 1639.
[642] Gemeinsame Erklärung über die Zusammenarbeit zwischen Frankreich und der Bundesrepublik Deutschland im Bereich der friedlichen Nutzung der Kernenergie vom 6.6.1989; Gemeinsame Erklärung über die deutsch-britische Zusammenarbeit im Bereich der friedlichen Nutzung der Kernenergie vom 25.7.1989.

verbot wirksam untersagen würde und keine Suspendierungs- oder Beendigungsgründe vorlägen, einem Verbot der Wiederaufarbeitung durch die Bundesrepublik Deutschland entgegen.
Eine Definition des Begriffs „völkerrechtlicher Vertrag“ findet sich in Art. 2 Abs. 1 lit. a) WVK. Danach ist ein Vertrag „eine in Schriftform geschlossene und vom Völkerrecht bestimmte internationale Übereinkunft von Staaten, gleichviel ob sie in einer oder in mehreren zusammengehörenden Urkunden enthalten ist und welche besondere Bezeichnung sie hat“.[643] Eine solche Übereinkunft ist dann anzunehmen, wenn zwei oder mehrere übereinstimmende Willenserklärungen mit Rechtsbindungswillen abgegeben wurden. Ohne Belang ist hingegen, daß keine einheitliche, von beiden Seiten unterzeichnete Urkunde vorliegt, da Art. 2 Abs. 1 WVK bestimmt, daß eine Übereinkunft auch in mehreren zusammenhängenden Urkunden enthalten sein kann.[644] Somit kommt es darauf an, ob aus dem Inhalt der in Frage stehenden Schreiben und den Begleitumständen auf den Abschluß eines völkerrechtlichen Vertrags geschlossen werden kann.[645]
Für eine Rechtsbindungswillen der Parteien kann der – noch näher darzustellende – Wortlaut der Vereinbarungen herangezogen werden. Die Parteien unterwerfen sich darin eindeutig ausformulierten Verhaltenspflichten. Zudem heißt es, daß „diese Note und die das Einverständnis Ihrer Regierung zum Ausdruck bringende Antwortnote eine Vereinbarung zwischen unseren beiden Regierungen bilden“. Ebenso spricht die für beide Seiten erhebliche Bedeutung des Regelungsgegenstandes in energie- und wirtschaftspolitischer Hinsicht für einen Rechtsbindungswillen.
Zudem stützen die Begleitumstände die Annahme eines entsprechenden Rechtsbindungswillens. So ist nicht nur anerkannt, daß ein völkerrechtlicher Vertrag durch den Austausch von zwei oder mehr Noten geschlossen werden kann. Vielmehr kann ein solcher Vertrag durch einen Vorschlag in einer einleitenden Note und dessen Annahme in einer Antwortnote zustande kommen.[646]
Die vom Referat 501 des Auswärtigen Amts herausgegebenen „Richtlinien für die Behandlung völkerrechtlicher Verträge (RvV)“ lassen erkennen, daß die

[643] Die gewohnheitsrechtliche Definition beschränkt sich hingegen nicht auf Staaten und kennt kein Formerfordernis. Insoweit hier Staaten beteiligt sind und die Notenwechsel in schriftlicher Form erfolgten, kommt diesen Abweichungen keine Bedeutung zu.
[644] Vgl. v. Heinegg, et 1999, 72 (73).
[645] Vgl. ICJ Rep. 1994 , S. 121 para. 23: In order to ascertain whether an agreement.... has been concluded, the court must have regard above all to its actual terms and to the particular circumstances in which it was drawn up.
[646] Vgl. Brownlie, Principles of Public International Law, 4 th. Ed., 1990, S. 632 ff. (Anm.4); Man unterscheidet in der internationalen Praxis drei Grundformen: unterzeichnete Noten, Verbalnoten und Briefe der Fachminister.

Bundesrepublik diese Möglichkeit des Abschlusses völkerrechtlicher Verträge anerkennt.[647]
Daß die Vereinbarung als Verwaltungsabkommen einzustufen ist, steht einer Qualifikation als völkerrechtlicher Vertrag nicht entgegen. Denn auch Verwaltungsabkommen, welche Oberbegriff für die hier vorliegenden Regierungsabkommen einerseits und sogenannte Ressortabkommen andererseits sind, sind völkerrechtliche Verträge.[648] Die Noten wurden von einem Staatssekretär und Botschaftern unterzeichnet. Deren Berechtigung zum Abschluß völkerrechtlicher Verträge kann angenommen werden.
Ob diese völkerrechtlichen Verträge einem deutschen Wiederaufarbeitungsverbot entgegenstehen können, läßt sich allein aus deren Inhalt ablesen.
Nach dem Inhalt des deutsch-britischen Vertrags[649] von 1991 sind beide Regierungen verpflichtet, der Lieferung von bestrahlten Brennelementen deutscher Stromerzeuger an die Wiederaufarbeitungsanlagen der BNFL kein rechtliches oder verwaltungsmäßiges Hindernis entgegenzusetzen (Nr. 2) und keinerlei Initiativen in Form von Gesetzen oder Verordnungen zu ergreifen, die die ordnungsgemäße Erfüllung der Verträge verhindern würde (Nr.3). Des weiteren wird von Seiten der Bundesrepublik zugesichert, „keinerlei Initiative in Form von Gesetzen oder Verordnungen zu ergreifen (....), die die Rückgabe von bei der Wiederaufarbeitung in Sellafield von bestrahlten Kernbrennstoffen aus der Bundesrepublik Deutschland entstehenden Abfall verhindern würde, sofern er in eine Form gebracht ist, die seinen sicheren Transport ermöglicht" (Nr. 5).

---

[647] Auswärtiges Amt (Referat 501), Richtlinien für die Behandlung völkerrechtlicher Verträge (RvV), Losebl., Bonn, Februar 1998.; vgl. auch: von Heinegg, Wiederaufarbeitung und Völkerrecht, et 1999, 72 (73).

[648] Vgl. Kunig, in: Graf Vitzthum (Hrsg.), Völkerrecht, 1997, 2. Abschn. Rdn. 89, 109; Der Begriff „Regierungsabkommen" leitet sich daraus ab, daß in dem Abkommen nicht die Staatsoberhäupter oder Staaten, sondern die Regierungen als Vertragsparteien genannt werden. Trotzdem werden durch die Regierungsübereinkünfte völkerrechtliche Rechte und Pflichten allein der vertragsschließenden Staaten begründet. Dies ergibt sich schon daraus, daß die Regierungen Organe der Staaten sind und als solche keine Rechtssubjektivität besitzen. Verträge können daher nur von Staaten oder sonstigen Völkerrechtssubjekten geschlossen werden.; vgl. insoweit Art. 6 WVK.

[649] Nr.2 : The two Governments declare that they will not impede by legal or administrative means the delivery of irradiated fuel elements from German electricity producers to BNFL`s reprocessing facilities.

Nr.3 : The two Governments declare that they do not intend to take any legislative or regulatory initiative which would prevent the due execution of the contract.

Der deutsch-französische Vertrag[650] enthält Vereinbarungen, nach denen beide Regierungen verpflichtet sind, dem Zugang deutscher Stromerzeuger zu den Wiederaufarbeitungskapazitäten (....) kein Hindernis entgegenzusetzen (Nr. 2 der Vereinbarung) und keinerlei Initiativen zu ergreifen, die den Transport der bestrahlten Brennelemente zum Zweck der Wiederaufarbeitung durch die COGEMA in ihrem jeweiligen Hoheitsgebiet verhindern würde (Nr. 3). Weiterhin wird die Bundesrepublik Deutschland verpflichtet, keinerlei Initiative zu ergreifen, „die COGEMA hindern würde, die radioaktiven Abfälle in Übereinstimmung mit den einschlägigen Klauseln der Musterverträge an die jeweiligen Vertragspartner zu liefern, soweit diese Abfälle in eine Form gebracht sind, die ihren völlig sicheren Transport in die Bundesrepublik Deutschland ermöglicht“ (Nr. 4 Abs. 3).

Bei der für die Auslegung völkerrechtlicher Verträge ansonsten heranziehbaren Vorschrift des Art. 31 WKV handelt es sich um kodifiziertes Gewohnheitsrecht. Es ist daher unerheblich, daß durch Frankreich die WKV nicht ratifiziert wurde und somit ein direkter Rückgriff auf Art. 31 WKV ausscheidet.[651] Zu berücksichtigen sind damit Ziele und Zwecke des Vertrags, der Zusammenhang der einzelnen Bestimmungen, Urkunden, die anläßlich des Vertragsschlusses abgefaßt wurden, sowie spätere Übereinkünfte der Vertragsparteien.
Da ein umfassendendes Verbot der Wiederaufarbeitung vorliegt, sind durch die gesetzliche Regelung des § 9 a Abs. 1 S. 2 AtG nicht allein die deutschen Stromerzeuger an einer Wiederaufarbeitung in der Bundesrepublik gehindert, sondern auch der Zugang zu den Wiederaufarbeitungsanlagen in Sellafield und La Hague ist abgeschnitten.
Schaut man zunächst auf den Wortlaut der Verträge, dann fallen die Begriffe „Hindernis“ und „verhindern“ auf.
Der Begriff des „Hindernisses“ ist im Zusammenhang der vorliegenden Vereinbarungen zu interpretieren. Zum einen erklärt die Nummer 2 für sich, daß

---

[650] Nr.2: Les deux Gouvernments ne mettront pas d'obstacle à l'accès des, producteurs d'électricité de République fédérale d'Allemagne aux capacités de retraitement de l'usine UP3.

Nr. 3: Les deux Gouvernements ne prendront aucune initiative susceptible d'empêcheur sur leurs territoires respectifs les transport de combustibles irradiés en vue de leur retraitement par la Cogéma, pourvu qu'ils aient été mis sous une forme qui permette leur transport en toute sécurité.

[651] Die WKV ist für die Bundesrepublik Deutschland am 20.08.1987 (BGBl. 1987 II S. 757) und für das Vereinigte Königreich am 27.01. 1980 in Kraft getreten. Die WKV findet daher nur auf die von der Bundesrepublik Deutschland nach dem 20.08.1987 und vom Vereinigten Königreich nach dem 27.01.1980 geschlossenen Verträge Anwendung. Frankreich ist hingegen – worauf schon im Text hingewiesen wurde – nicht Vertragspartei.

„der Lieferung (...) kein rechtliches Hindernis entgegengesetzt werden darf". Zum anderen wird in Nummer 3 darauf hingewiesen, daß „keine Initiativen in Form von Gesetzen oder Verordnungen ergriffen werden dürfen, die eine ordnungsgemäße Erfüllung der (Wiederaufarbeitungs-; Anm. d. Verf.) Verträge verhindern würden". Letzteres ist jedoch nur möglich, wenn der Wiederaufarbeitung *keinerlei* Hindernisse – und damit auch keine behindernden gesetzlichen Maßnahmen – entgegengesetzt werden können.[652]
Demgemäß läßt sich sagen, daß der Begriff des „Hindernisses" umfassend alle Maßnahmen erfaßt, die den von den Maßnahmen Betroffenen einen zusätzlichen Aufwand abverlangen, um ein bestimmtes Ziel zu erreichen. Mithin werden alle gesetzlichen und administrativen Vorgehensweisen erfaßt. Zudem sind nach der deutsch-französischen Vereinbarung auch alle sonstigen Maßnahmen mit entsprechender Wirkung untersagt, da sich diese, anders als die deutsch-britische Vereinbarung, nicht auf „rechtliche oder verwaltungsmäßige" Hindernisse beschränkt.
Der Begriff des „Verhinderns" ist jedoch nicht so weit zu fassen, wie der des „Hindernisses". Erfaßt letzterer nach dem Dargestellten alle Maßnahmen, kann ein „verhindern" regelmäßig allein in Form des Unmöglichmachens einer bestimmten Handlung oder eines bestimmten Erfolges zu verstehen sein.
Eine Erhöhung der Anforderungen an den Transport von Brennelementen oder die Rückführung von Brennelementen in die Bundesrepublik beziehungsweise ein Erschweren der letztgenannten Vorgänge würde daher nicht gegen die völkerrechtlichen Vereinbarungen verstoßen.
Nach beiden Vereinbarungen ist es aber der Bundesrepublik nicht erlaubt, Maßnahmen durchzuführen, die den Transport bestrahlter Brennelemente in der Bundesrepublik gänzlich untersagen würden.
Für die gefundene Interpretation läßt sich zudem die erwähnte Gemeinsamen Erklärung anführen[653], die den Notenwechsel vorbereitete. In jener Gemeinsamen Erklärung wird ausgeführt, daß die Regierungen einer langfristigen Zu-

[652] Anders: Kadelbach, ZUR 1999, 257 (259), der nur behindernde Administrativmaßnahmen von dem Verbot erfaßt wissen will. Er führt anschließend aus, daß die angesprochenen Regelungen an der Spitze solcher Vereinbarungen stünden, die sich wesentlich mit der Abwicklung der Wiederaufarbeitung beschäftigen würden. Als vorweggestellte Regelungen könnten sie sich somit nur auf die folgenden Vereinbarungen beziehen und würden daher nur behindernde Administrativmaßnahmen erfassen. Indes ist nicht erkennbar, wieso die ersten Regelungsziffern einen „Allgemeinen Teil" darstellen sollen, der sich dann auf den folgenden „Besonderen Teil" erstreckt. Zudem wird in den entsprechenden Nummern der Vereinbarungen klar von administrativen *und* gesetzlichen Hindernissen gesprochen. Anhaltspunkte für eine derartige Auslegung bestehen mithin nicht.
[653] Vgl. Kadelbach, ZUR 1999, 257 (259). Dieser relativiert jedoch den Inhalt der Gemeinsamen Erklärung.

sammenarbeit auf dem Gebiet der Wiederaufarbeitung positiv gegenüberstehen. Weiter wird der Absicht der beteiligten Unternehmen zugestimmt, die Wiederaufarbeitung von Brennelementen für einen Zeitraum von zunächst 15 Jahren, beginnend mit dem Jahre 1999, in Aussicht zu nehmen. Auch wird, wie in dem später ergangenen Notenwechsel, darauf hingewiesen, daß die Regierungen dem Zugang der deutschen Stromerzeuger zu den Wiederaufarbeitungskapazitäten kein Hindernis entgegensetzen werden.
Die Gemeinsame Erklärung kann zwar nicht unmittelbar zur Stützung des Auslegungsergebnisses herangezogen werden. Jedoch kann aus dem vorgezeichneten Inhalt ein entsprechender Willen der Vertragsparteien abgeleitet werden.
Zusammenfassend läßt sich an dieser Stelle somit festhalten, daß die Bundesrepublik Deutschland auf dem Wege des Notenaustauschs mit Frankreich und Großbritannien völkerrechtliche Verträge über eine Zusammenarbeit auf dem Gebiet der Wiederaufarbeitung bestrahlter Brennelemente deutscher Stromerzeuger in den Wiederaufarbeitungsanlagen in Sellafield und La Hague wirksam geschlossen hat.
Daher ist es der Bundesrepublik nicht erlaubt, der Lieferung abgebrannter Brennelemente an die genannten Wiederaufarbeitungsanlagen rechtliche oder verwaltungsmäßige Hindernisse – gegenüber Frankreich auch sonstige Hindernisse – entgegenzusetzen. Erfaßt werden diesbezüglich alle erschwerenden Maßnahmen.
Weiterhin ist es nicht zulässig, Handlungen vorzunehmen, die die ordnungsgemäße Erfüllung der Verträge zwischen den deutschen Stromerzeugern und der BNFL verhindern würden oder die den Transport bestrahlter Brennstoffe zum Zweck der Wiederaufarbeitung durch die COGEMA im Gebiet der Bundesrepublik verhindern würden.
Ebenso ist es der Bundesrepublik untersagt, Maßnahmen zu ergreifen, die die Rückgabe des bei der Wiederaufarbeitung von Brennelementen angefallenen Abfalls verhindern würden.
Nunmehr verbietet § 9 a Abs. 1 S. 2 AtG die Wiederaufarbeitung ab dem 01. Juli 2005, also dem Zeitpunkt, zu dem die Verträge der Energieversorgungsunternehmen mit den Wiederaufarbeitungsgesellschaften auslaufen.
Da diese Verträge aber eine Verlängerungsoption enthalten, verstößt das Wiederaufarbeitungsverbot, indem es den Kernanlagenbetreibern die Ausnutzung der sich aus der Option zur Verlängerung der Wiederaufarbeitungsverträge ergebenden Wiederaufarbeitungskapazitäten unmöglich macht und somit das Optionsrecht selbst verletzt, gegen Völkerrecht.

Als Folge einer solchen Völkerrechtsverletzung wäre an eine Einstandspflicht der Bundesrepublik aus dem Grunde der völkerrechtlichen Verantwortlichkeit zu denken.[654]

Da eine Rechtfertigung einer solchen Verletzung des Völkerrechts nicht erkennbar ist, kommt es darauf an, welche Rechtsfolgen im einzelnen sich aus der völkerrechtlichen Verantwortlichkeit ergeben.[655]

Grundsätzlich geht man davon aus, daß der Unrechtsverursacher die Unrechtsfolgen beseitigen muß. Es besteht eine Verpflichtung zur Wiedergutmachung und Genugtuung. Fällt die Wiederherstellung des ursprünglichen Zustands ganz oder teilweise aus, so besteht eine Verpflichtung zur Leistung von Wertersatz.[656] Ersetzt werden müßte ein adäquat und kausal verursachter Schaden unter Einbeziehung eines möglichen entgangenen Gewinns.[657] Eine Berücksichtigung von Schäden, die nicht den Vertragspartnerstaaten entstanden sind, sondern Privaten, kann nur erfolgen, wenn sich aus dem Zweck der verletzten Norm ergibt, daß diese auch dem Schutz der Rechte und Interessen Privater zu dienen bestimmt ist.

Bezogen auf den Fall eines Wiederaufarbeitungsverbots durch die Bundesrepublik hieße das, daß die Bundesrepublik gegenüber ihren Vertragspartnern verpflichtet wäre, eine dem Völkerrecht entsprechende Lage wiederherzustellen. Dazu würde es gehören, alles zu unterlassen, was den Zugang der deutschen Stromerzeuger zu den ausländischen Wiederaufarbeitungsanlagen erheblich erschweren würde oder was einen Transport von Brennelmenten oder Abfällen verhindern würde. Ein die Wiederaufarbeitung verhinderndes Gesetz müßte aufgehoben werden.[658]

Gegebenenfalls wäre auch eine Verpflichtung zur Ableistung von Schadensersatz anzunehmen. In Betracht käme dies dann, wenn die vorliegenden Verträge dem Schutze Dritter – der COGEMA und der BNFL – zu dienen bestimmt wären.

---

[654] Die Verantwortlichkeit wird gemeinhin unter den Begriffen der Staatenverantwortlichkeit, aber auch der Verantwortlichkeit internationaler Organisationen behandelt. Teilweise wird auch der Begriff völkerrechtliches Delikt verwendet. Damit werden aber nicht vorhandene Parallelen zum Recht der unerlaubten Handlungen hergestellt. Zudem ist dieser Begriff aus dem Grunde wenig tauglich oder mißverständlich, als zwischen solchen Völkerrechtsverletzungen unterschieden wird, die als „Delikt" und solchen die als „internationales Verbrechen" bezeichnet werden.; vgl. Schröder, in: Graf Vitzthum (Hrsg.), Völkerrecht, 1997, 6. Abschnitt II Rdn. 4.

[655] Eingehend zu den Voraussetzungen der völkerrechtlichen Verantwortlichkeit: von Heinegg, et 1999, 73 (75 ff.); Ipsen, in: ders., Völkerrecht, 1990, § 35 insbes. Rdn. 31 ff.

[656] Von Heinegg, et 1999, 72 (77).

[657] Zu Art und Umfang der Verantwortlichkeit: Ipsen, in : ders., Völkerrecht, § 36 Rdn. 66 ff.

[658] Von Heinegg, et 1999, 72 (77).

Da die völkerrechtlichen Verträge gerade im Hinblick auf die Verträge zwischen den deutschen Stromerzeugern und den Wiederaufarbeitungsunternehmen geschlossen wurden, erscheint eine solche Schadensersatzverpflichtung begründbar. Mit der Zusage der dauerhaften Lieferung von Brennelementen deutscher Kraftwerke an die Wiederaufarbeitungsanlagen Sellafield und La Hague sollte letztlich die Auslastung der Kapazitäten in diesen Anlagen sichergestellt werden. Der vertragliche Schutzzweck wäre insoweit für die Bundesrepublik zumindest erkennbar gewesen.[659]

[659] Von Heinegg, et 1999, 72 (77 f.); Ein den deutschen Stromerzeugern entstehender Schaden kann auf diesem Wege nicht ersetzt werden, da diesen allein die Bundesrepublik geltend machen könnte, dies aber ausgeschlossen ist, insoweit die Vertragsverletzung auf die Bundesrepublik zurückgeht.

Zusammenfassung

1. Bestandsschutz wird sowohl über Art. 14 GG, als auch über den Grundsatz des Vertrauensschutzes vermittelt. Bei der Betrachtung der Vorschriften über nachträgliche Auflagen und Genehmigungswiderrufe kann auf Art. 14 GG und das Vertrauensschutzprinzip zurückgegriffen werden, da eigentumsrechtlicher Bestandsschutz und Vertrauensschutz nicht konkurrierend auf einer Ebene zusammentreffen. Vielmehr stellt die Anlagengenehmigung als solche keine Eigentumsposition dar, womit deren Schutz allein über das Vertrauensschutzprinzip realisiert werden kann, während für die konkrete Anlage Art. 14 GG zur Anwendung kommen kann.

2. Neben der genehmigungskonformen Anlagennutzung und den in seiner Situationsgebundenheit durch das Recht am eingerichteten und ausgeübten Gewerbebetrieb geschützten Gewerbebetrieb, stellt die Anlagengenehmigung als solche keine Eigentumsposition im Sinne des Art. 14 GG dar. Sie wird bei Vorliegen ihrer tatbestandlichen Voraussetzungen erteilt und ist damit kein Äquivalent eigener Leistung, was aber im Falle vermögenswerter subjektiv-öffentlicher Rechte Voraussetzung zur Annahme einer Eigentumsposition ist. Aber auch die „ins Werk gesetzte“ Genehmigung unterfällt nicht dem Eigentumsschutz. Am Charakter der Genehmigung als solcher ändert sich nicht dadurch etwas, daß auf ihrer Grundlage eine Anlage errichtet wurde.

3. Die Vorschriften der §§ 17 Abs. 1 S. 3 und 7 Abs. 2 Nr. 3 AtG konkretisieren die Schutzzwecke aus § 1 Nr. 2 und 3 AtG. Daraus ergibt sich, daß die Voraussetzungen beider Regelungen zusammen zu bestimmen sind und im Grundsatz für die Beurteilung der Rechtmäßigkeit der atomrechtlichen Genehmigung die Sachlage im Zeitpunkt der Genehmigungserteilung maßgebend ist. Vor diesem Hintergrund ist jedoch auch die sich aus Art. 2 Abs. 2 S. 1 GG ergebende Schutzpflicht des Staats für Leben und körperliche Unversehrtheit und das vom Bundesverfassungsgericht für das Genehmigungsverfahren entwickelte Prinzip des dynamischen Grundrechtsschutzes zu sehen, dem eine Pflicht zur dynamischen Schadensvorsorge entnommen wird.

4. Eine Ausdehnung des Gefahrbegriffs im Atomrecht auf Bereiche hinreichenden Gefahrverdachts ist abzulehnen. Insbesondere würde bei einem Verzicht auf gesicherte Erkenntnisse zur Beurteilung der Schadenswahrscheinlichkeit das Merkmal der hinreichenden Wahrscheinlichkeit letztlich völlig beliebig und damit obsolet.

5. Im Rahmen des § 7 Abs. 2 Nr. 3 AtG ist einem zweigliedrigen Begriff der Schadensvorsorge zu folgen. Zur Voraussetzungseite des § 7 Abs. 2 Nr. 3 AtG gehören die Bereiche der Gefahrenabwehr und der Risikovorsorge. Dies läßt sich schon aus dem Wortlaut der Regelung entnehmen. Zwar spricht § 1 Nr. 2

AtG vom Schutz vor Gefahren, doch ist in § 7 Abs. 2 Nr. 3 AtG allein von Schäden die Rede.

6. Im verbleibenden Restrisikobereich, der dem Versagungsermessen zuzuordnen ist, sind keinerlei sicherheitstechnische Maßnahmen zulässig. Das Restrisiko ist definiert als eine von allen Bürgern zu tragende sozialadäquate Last. Dann in diesem Bereich dennoch Maßnahmen zulassen zu wollen, erscheint nicht eingängig. Auf diese Weise wird auch die vorliegende ausdifferenzierte Entscheidung zwischen den einzelnen Bereichen verwischt, wenn unverhältnismäßige Maßnahmen auf diesem Wege dennoch ermöglicht werden sollen.

7. Bei der Regelung des § 17 Abs. 1 S. 3 AtG handelt es sich um eine Inhaltsbestimmung des Eigentums. Die Aspekte des Bestands- und Vertrauensschutzes sind allein im Rahmen der Ausübung des Rechtsfolgeermessens einzustellen und sind von daher innerhalb einer Verhältnismäßigkeitsprüfung als Abwägungsgesichtspunkte zu berücksichtigen.

8. Auch in Fällen nachträglicher Auflagen zur Gefahrenabwehr ist der Grundsatz der Verhältnismäßigkeit heranzuziehen und es sind damit auch in diesem Bereich wirtschaftliche Aspekte zu berücksichtigen. Regelmäßig werden in etwaigen Fällen jedoch die wirtschaftlichen Aspekte angesichts der überragenden Bedeutung des Grundrechts auf Leben und körperliche Unversehrtheit im Falle einer sich verwirklichenden Gefahr zurückzutreten haben.

9. Nachträgliche Auflagen im Bereich der Risikovorsorge sind nicht auf den Vorsorgemaßstab der ursprünglichen Genehmigung begrenzt, denn hier bestimmt sich der Umfang der staatlichen Schutzpflicht durch eine Abwägung der Belange der betroffenen Dritten mit denen der Genehmigungsinhaber. Zu berücksichtigen sind technische Realisierbarkeit und Kosten der Maßnahme.

10. Bei einer vollzogenen Änderung in der Umgebung der Atomanlage ist neben dem Betreiber der heranrückenden Anlage auch der Eigentümer/Betreiber der Atomanlage verantwortlich, wobei dies wegen des Grundsatzes der bestmöglichen Schadensvorsorge neben dem Gefahrenbereich auch für den Risikovorsorgebereich zu gelten hat. Zu berücksichtigen ist jedoch neben der planungsrechtliche Priorität, also dem Umstand, daß die Atomanlage vor der heranrückenden Anlage vorhanden war (Bestandsschutz), die Mitverursachung durch den Betreiber der heranrückenden Anlage.

11. Nachträgliche Auflagen im Falle der Änderung des Standes von Wissenschaft und Technik bei auftretenden Gefahrlagen sind stets zulässig. Im Bereich der Risikovorsorge sind nachträgliche Auflagen im Falle der Änderung des Standes von Wissenschaft und Technik auch dann zulässig, wenn damit über den Stand bei Genehmigungserteilung hinausgehende sicherheitstechnische Anforderungen zu erfüllen sind.

Es hat dann eine umfassende Abwägung zwischen den Aspekten der Schutzpflicht des Staats für Leben und körperliche Unversehrtheit der Bürger und Bestands- und Vertrauensschutzaspekten stattzufinden.

12. Eine Änderung der Sicherheitsphilosophie berechtigt grundsätzlich auch zum Erlaß nachträglicher Auflagen. Von einer Änderung der Sicherheitsphilosophie spricht man wenn sich entweder die Auffassung der zuständigen Behörde über das hinzunehmende Restrisiko ändert, ohne daß neue wissenschaftliche Erkenntnisse vorliegen oder sich die Umstände der Schadensvorsorge geändert haben, oder wenn aufgrund neuer Wahrscheinlichkeitsbeurteilungen bestimmte Störfälle in die Liste der Auslegungsstörfälle aufgenommen werden oder Baustoffe nicht mehr verwendet werden dürfen. Auch in dieser Fallgruppe ergibt sich die Zulässigkeit nachträglicher Auflagen im Risikovorsorgebereich nach einer Abwägung der Aspekte der staatlichen Schutzpflicht und des Bestands- und Vertrauensschutzes für die Anlagenbetreiber.

13. Unter den vorgenannten Aspekten wäre es sogar denkbar, auf die Abgrenzung von Risikovorsorgebereich und Restrisikobereich zu verzichten und die Zulässigkeit von Maßnahmen allein am Maßstab der Verhältnismäßigkeit festzulegen. Damit wären Maßnahmen im Restrisikobereich, die, streng an der dargestellten Dogmatik orientiert, gar nicht zulässig wären, unter Umständen im Falle einer günstigen Abwägung zulässig.

14. Die Vereinbarung von Restlaufzeiten für Kernkraftwerke in dem Gesetz zur geordneten Beendigung der Kernenergienutzung wirkt sich derart auf die Zulässigkeit nachträglicher Auflagen aus, als etwa eine Abwägung die Unzulässigkeit einer teuren Nachrüstungsmaßnahme im Hinblick auf eine entsprechend kurze Restlaufzeit ergeben kann.

15. Die Pflicht zum Widerruf von Atomanlagengenehmigungen nach § 17 Abs. 5 AtG besteht, wenn dies wegen erheblicher Gefährdungen der Beschäftigten, Dritter oder der Allgemeinheit erforderlich ist und nicht durch nachträgliche Auflagen in angemessener Zeit Abhilfe geschaffen werden kann. Aufgrund der Tatbestandsvoraussetzung der erheblichen Gefährdung ergibt sich die Zulässigkeit des Widerrufs bei Vorliegen der tatbestandlichen Voraussetzungen in den Fallgruppen der Änderung in der Umgebung der Anlage, der Änderung des Standes von Wissenschaft und Technik, aber auch im Bereich der Änderung der Sicherheitsphilosophie.

16. Die Atomanlagengenehmigung kann nach § 17 Abs. 3 Nr. 2 AtG widerrufen werden, wenn eine ihrer Voraussetzungen später weggefallen ist. Bei dieser Widerrufsmöglichkeit kommen den Bestands- und Vertrauensschutzaspekten mehr Bedeutung zu, da regelmäßig keine Gefahrlagen vorliegen werden.

17. Die Regelung des § 18 Abs. 2 Nr. 3 AtG, die einen Entschädigungsausschluß für Fälle nachträglich eingetretener, in der genehmigten Anlage oder Tätigkeit begründeter Gefährdungen vorsieht, erfaßt lediglich tatsächlich nachträglich eingetretene Gefährdungen, nicht hingegen solche, die anfänglich bestanden und erst nachträglich erkannt wurden. Dies ergibt sich daraus, daß in einem solchen Fall die Genehmigung von Anfang an rechtswidrig war und damit allenfalls eine Rücknahme der Genehmigung in Frage käme, für die aber kein Entschädigungsausschlußtatbestand vorliegt. Zu befürworten ist insoweit aber eine entsprechende Anwendung des § 18 Abs. 2 Nr. 3 AtG.
18. Im Hinblick auf die Regelung des § 18 Abs. 3 AtG für den Entschädigungsausschluß bei der Anordnung nachträglicher Auflagen hat zu gelten, daß eine Entschädigungsverpflichtung nur in Betracht kommt, wenn die nachträgliche Auflage in ihren wirtschaftlichen Auswirkungen einem Widerruf gleichkommt. § 18 Abs. 3 AtG i.V.m. § 17 Abs. 3 S. 1 AtG soll nachträgliche Auflagen davor bewahren, unter Berücksichtigung von Wert und Restnutzungsdauer der Atomanlage, diese als unverhältnismäßig einzustufen. Um der positiven Gesamtaussage des Atomgesetzes zur zeitlich limitierten Nutzung der Kernenergie zur Wirksamkeit zu verhelfen, soll dann eine an sich unverhältnismäßige Auflage ergehen können, unter der Bedingung der Gewährung einer Entschädigung. Diese Tatbestandskonstellation entspricht genau einer solchen, in der die nachträgliche Auflage in ihren Auswirkungen einem Widerruf gleichkommt.
19. § 18 AtG stellt die Regelung einer ausgleichspflichtigen Inhaltsbestimmung im Sinne der Eigentumsdogmatik dar. Weiter ist § 18 AtG hinsichtlich der Genehmigungsebene noch in den im Rechtsstaatsprinzip verorteten Prinzipien des Vertrauensschutzes und der Bestandskraft der Genehmigung verankert. Diese weitergehende Zuordnung ergibt sich zudem noch daraus, daß der § 18 AtG i.V.m. § 17 AtG letztlich einen Ausgleich zwischen der positiven Grundaussage des Atomgesetzes zur zeitlich begrenzten Nutzung der Kernenergie und dem Schutzzweck des Atomgesetzes vornimmt.
20. Ein Ausstieg aus der friedlichen Nutzung der Kernenergie wäre auf dem Wege eines ausstiegsorientierten Gesetzesvollzugs nicht zulässig. Ein derartiges Vorgehen verstieße gegen den Grundsatz der Gesetzesbindung der vollziehenden Gewalt aus Art. 20 Abs. 3 GG. Da das Atomgesetz insgesamt eine positive Aussage zur Nutzung der Kernenergie trifft, was durch den in § 1 Nr. 1 a.F. AtG verankerten Förderzweck untermauert wurde und sich nunmehr daraus ergibt, daß das Atomgesetz die Nutzung der Kernenergie über einen bestimmten Zeitraum noch erlaubt, würde eine auf einen politischen Ausstiegswillen begründete Versagung der Erteilung von Errichtungs- und Betriebsgenehmigungen für Atomanlagen diese gesetzliche Grundaussage unterlaufen.

21. Bei der Beachtung bestimmter Vorgaben wäre ein Atomausstieg mittels eines öffentlich-rechtlichen Vertrags eine zulässige Alternative. In einem solchen Vertrag könnte eine Begrenzung der Laufzeit von Atomanlagen vereinbart werden. Sicherheitsinteressen wären hierdurch nicht beeinträchtigt. Ebenso können gegen einen hiermit in Verbindung stehenden Verzicht auf eine Entschädigung, welche eine Enteignungsentschädigung darstellt, keine Bedenken geltend gemacht werden.
22. Bei der Vereinbarung zwischen der Bundesregierung und den beteiligten Atomanlagenbetreibern handelt es sich mangels Rechtsbindungswillens nicht um einen öffentlich-rechtlichen Vertrag, sondern um eine informale Absprache. Als verwaltungsmäßiges Handeln unterliegen die informalen Absprachen den Bindungen der Verfassung (Art. 20 Abs. 3 GG) einschließlich der Grundrechte (Art. 1 Abs. 3 GG) sowie dem Grundsatz der Gesetzmäßigkeit der Verwaltung (Art. 20 Abs. 3 GG).
Die Zusage eines störungsfreien Anlagenbetriebs kann als Ausübung fachaufsichtlicher Befugnisse durch den Bund nach Art. 85 GG verstanden werden. Es liegt zudem keine unzulässige Bindung des Normgebers vor, da die Normgeber Parlament und Bundesrat an der Vereinbarung nicht beteiligt waren und daher auch nicht gebunden werden konnten. Auch besteht keine Zustimmungsbedürftigkeit zu der Vereinbarung durch den Bundesrat entsprechend der Regelung des § 58 Abs. 2 VwVfG, da die Vereinbarung gerade unverbindlich ist und die Regelung des § 58 Abs. 2 VwVfG besteht, um eine Gefahr der Vereitelung von Rechten Drittbetroffener zu verhindern, die aber gerade nicht besteht.
23. Der Atomausstieg auf legislativem Wege durch das Gesetz zur geordneten Beendigung der Kernenergienutzung vom 22.04.2002 ist, bei Berücksichtigung der Vorgaben der Verfassung für eine entsprechende Regelung, ein gangbarer Weg.
Die Gesetzgebungskompetenz des Bundes für diesen Regelungsbereich ergibt sich aus Art. 74 Abs. 1 Nr. 11 AtG, welcher dem Gesetzgeber die konkurrierende Gesetzgebungskompetenz zum Erlaß atomrechtlicher Normen gibt, wozu als negativer Aspekt der Ausstieg aus der Nutzung der Kernenergie gehört.
24. Die Zustimmungsbedürftigkeit eines Atomausstiegsgesetzes besteht insoweit nicht, als die Erteilung von Genehmigungen zur Neuerrichtung von Kernkraftwerken ausgeschlossen wird (§ 7 Abs. 1 S. 2 AtG), bestehende Betriebsgenehmigungen nach einer bestimmten Laufzeit oder einer erzeugten Strommenge erlöschen (§ 7 Abs. 1 a AtG) und die Wiederaufarbeitung verboten wird (§ 9 a Abs. 1 S. 2 AtG). In einem solchen Fall ist die Verwaltungszuständigkeit des Bundes nicht in Umfang und Tragweite berührt, die eine Zustimmungsbedürftigkeit herbeiführen würde. Dies könnte nur dann ange-

nommen werden, wenn die Änderung der Verwaltungsaufgaben derart ist, daß sie einer Neuübertragung gleichkäme.

25. Die Grundrechte können nur dann Maßstab für die vorliegende gesetzliche Regelung sein, wenn die hiervon negativ Betroffenen, die Kernanlagenbetreiber, Träger von Grundrechten sein können. Im Grundsatz sind die in Rede stehenden Grundrechte des Art. 12 und 14 GG nach der Rechtsprechung des Bundesverfassungsgerichtes auf juristische Personen anwendbar. Handelt es sich, wie bei den Atomanlagenbetreibern, um juristische Personen des Privatrechts mit Beteiligung der öffentlichen Hand – gemischtwirtschaftliche Unternehmen –, kommt es, neben dem Bestehen eines personalen Substrats, darauf an, ob die betreffenden Unternehmen öffentliche Aufgaben wahrnehmen, da sie dann als Teil der öffentlichen Verwaltung im materiellen Sinne anzusehen wären, und ob ein maßgeblicher Einfluß der öffentlichen Hand auf die Geschäftsführung vorliegt. Eine maßgebliche Einflußnahme wird regelmäßig anzunehmen sein, da sich die öffentliche Hand aufgrund entsprechender Vorschriften (z.B.: § 65 Abs. 1 Nr. 3 BHO) an Unternehmen in der Rechtsform des Privatrechts nur beteiligen soll, wenn ein angemessener Einfluß im Aufsichtsrat oder einem entsprechenden Überwachungsorgan wahrgenommen werden kann.

Die Energieerzeugung als Teil der Energieversorgung stellt als Aufgabe der Daseinsvorsorge eine öffentliche Aufgabe dar. Die Energieversorgung ist in ihrer Gesamtheit als Daseinsvorsorgeaufgabe einzustufen, da ohne eine Energieerzeugung eine Energieversorgung nicht zu sichern ist. Die Energieversorgung (im weiteren Sinne) ist eine Daseinsvorsorgeaufgabe, da sie zu den Grundbedürfnissen des menschenwürdigen Lebens gehört und eine Eigenversorgung nicht möglich ist.

Grundrechtssubjektivität kommt daher im Regelfall nur den Atomanlagenbetreibergesellschaften zu, die vollständig in der Hand privater Anteilseigner sind.

26. Wählt man zunächst Art. 14 GG als Maßstab des Atomausstiegsgesetzes, dann sind geschützte Eigentumspositionen die Atomanlage als solche und das Recht zur Nutzung der Anlage, soweit dieses durch die Betriebsgenehmigung gedeckt wird.

27. Wird die Nutzungsbefugnis zum Betrieb der Atomanlagen durch eine bestimmte zu erzeugende Strommenge nachträglich auf gesetzlichem Wege zeitlich begrenzt (§ 7 Abs. 1 a AtG), dann handelt es sich um eine Enteignung in Form der Legalenteignung.

Mit der Befristung der Nutzungsbefugnis für Atomanlagen werden Nutzungsrechte daran mit Erreichung der gesetzlichen Erzeugungsmenge derart reduziert, daß keinerlei wirtschaftlicher Wert an den Anlagen mehr verbleibt.

Im Hinblick auf die Warnfunktion der Junktimklausel ist es dem Gesetzgeber bei der gesetzlichen Gestaltung auch nicht gestattet, Eigentumsentziehungen als bloße Nebenfolgen zu verharmlosen und auf die Inhaltsbestimmung des Eigentums zurückzugreifen. Da eine nachträgliche Befristung der Atomanlagengenehmigungen und die daraus resultierende Beschränkung der Nutzungsbefugnis der Atomanlagen zwingend einen Zugriff auf bestehende Rechte erfordert, kann auf die Grundsätze zu den Reformgesetzen nicht zurückgegriffen werden.

28. Die Verhältnismäßigkeit einer Regelung ist stets zu messen unter Berücksichtigung der vom Gesetzgeber verfolgten Ziele und der hierbei eingesetzten Mittel. Der Gesetzgeber wird tätig werden, um den Gefahren, die mit der Energieerzeugung durch Kernspaltung verbunden sind, entgegenzuwirken. Als Interessen kommen daher die Schutzpflicht des Staats für Leben und Gesundheit der Bevölkerung in Frage. Ebenso ist der Umweltschutz im Sinne des Art. 20 a GG zu berücksichtigen.

29. Eine verhältnismäßige gesetzliche Regelung hat geeignet zur Erfüllung der angestrebten gesetzgeberischen Zwecke zu sein. Unter Beachtung der gesetzgeberischen Einschätzungsprärogative heißt dies, daß die entsprechende Maßnahme in der Lage sein muß, das anvisierte Ziel zu fördern. Eine nachträgliche Befristung der Nutzungsbefugnis von Atomanlagen ist geeignet, das Leben und die Gesundheit der Menschen vor den Gefahren der Kernenergie zu schützen. Zum einen reduziert sich mit einem früheren Abschalten der Atomanlagen das Risiko eines atomaren Unfalls und zum anderen steigt mit zunehmende Alter der Anlagen deren Störanfälligkeit.

Weiterhin ist kein gleich geeignetes milderes Mittel zur Erreichung der anvisierten Zwecke zu erkennen, als ein Befristung der Betriebsgenehmigungen und damit eine zeitliche Limitierung der Nutzungsbefugnisse der betroffenen Kernanlagen. Eine beschleunigte Zulassung neuer und moderner Anlagen, damit die Altanlagen substituiert werden können, ist kein gleich geeignetes milderes Mittel, da damit die Risiken der Kernenergie zwar verringert werden können, diese aber nicht vermieden werden.

Zur Feststellung der Verhältnismäßigkeit i. e. S. einer Regelung ist eine Gesamtabwägung vorzunehmen zwischen der Schwere des Eingriffs und der Bedeutung und dem Gewicht der ihn rechtfertigenden Gründe. Zu berücksichtigen wären, neben der Schutzpflicht des Staats für Leben und Gesundheit der Bevölkerung, dem Schutz der Umwelt und der Sicherstellung der Energieversorgung, auf Seiten der Anlagenbetreiber deren Vertrauen in den Erhalt einer zeitlich nicht begrenzten Anlagen- und Betriebsgenehmigung. Im Hinblick auf das Gefahrpotential der Kernenergie und dem relativ geringen Gewicht des Vertrauensschutzes nach einer Betriebszeit von durchschnittlich 32 Jahren,

gemessen an der erzeugten Strommenge, wird man von der Verhältnismäßigkeit der Regelung des § 7 Abs. 1 a AtG auszugehen haben.
30. Gemäß der Regelung des Art. 14 Abs. 3 S. 2 GG darf eine Enteignung nur erfolgen, wenn Art und Ausmaß der Entschädigung normiert sind. Soweit des Gesetz zur geordneten Beendigung der Kernenergienutzung vom 22.04.2002 eine solche Regelung nicht enthält, genügt es nicht den Vorgaben der Verfassung.
Eine entsprechende Entschädigungsregelung nach Art. 14 Abs. 3 S. 3 GG hätte die Entschädigung unter gerechter Abwägung der Interessen der Allgemeinheit und der Beteiligten zu bestimmen.
Hierbei ist es dem Gesetzgeber unbenommen, eine Entschädigung unterhalb des Verkehrswerts zu gewähren, wobei dies, um die dem Prinzip der Lastengleichheit folgende Entschädigung nicht in eine Billigkeitsentschädigung umzuwandeln, aus situationsbedingten Besonderheiten zu rechtfertigen ist. Dies wird dann angenommen werden können, wenn der Wert der Atomkraftwerke nicht der eigenen Leistung der Kraftwerksbetreiber entspringt, sondern zu einem gewissen Teil auf dem Einsatz öffentlicher Mittel beruht.
Nicht abzugsfähig sind hingegen Wertminderungen an den Kraftwerken, die infolge einer anstehenden Enteignung eintreten.
Ebenso nicht berücksichtigt werden kann ein entgangener Gewinn, da als Eigentumspositionen nur vorhandene Rechtspositionen angesehen werden können, nicht hingegen bloße Gewinnchancen. Etwas anderes hat jedoch dann zu gelten, wenn sich eine günstige Betriebsprognose bereits im gegenwärtigen Betriebswert des Unternehmens niederschlägt und ein potentieller Erwerber gerade aus diesem Grund einen höheren Preis bezahlen würde.
Ein Aspekt, der zu einer Entschädigungsreduzierung führen kann, ist die vorhandene Sozialbindung des Eigentums. Mit der Anerkennung des Grundsatzes einer Entschädigungsreduzierung im Falle der Sozialbindung des Eigentums wird verhindert, daß entweder eine volle Entschädigung zu gewähren ist, oder, im Falle „bloßer“ Sozialbindung, die Werteinbußen am Eigentum in voller Höhe zu tragen sind. Da das Anlageneigentum im Geltungsbereich das Atomgesetzes starken Sozialbindungen unterworfen ist – Schutzpflicht für Leben und Gesundheit der Bevölkerung und Energieversorgungsauftrag –, wäre ein gewisser Sozialbindungsabzug gerechtfertigt.
Da für Atomkraftwerke kein Markt existiert, hat die Wertermittlung anhand des Zeitwerts der Anlagen zu erfolgen, welcher der tatsächliche wirtschaftliche Wert der Anlagen ist.
Die Berechnung kann sich, unter Berücksichtigung der Rechtsprechung des BGH, an der Wiederbeschaffungsformel orientieren. Danach soll die Entschä-

digung die Wiederbeschaffung eines gleichwertigen Gegenstandes ermöglichen.

Möglich und wohl genauer, als ein „bildhaft" zu verstehender Wiederbeschaffungswert, ist eine Berechnungsart, die, in einem Falle des Nichtvorhandenseins eines Marktwerts, die tatsächlichen Herstellungskosten zur Grundlage der Berechnung macht. Von diesen soll der lineare wirtschaftliche Wertverlust für die bisherige Betriebszeit bei einer bestimmten Gesamtnutzungszeit abzuziehen sein. Zu den tatsächlichen Herstellungskosten und damit Teil des Zeitwerts hätten auch die im Laufe der Zeit angefallenen Kosten für Änderungs- und Nachrüstungsmaßnahmen zu sein. Von diesen Gesamtinvestitionskosten wäre dann ein Abzug des wirtschaftlichen Wertverlustes vorzunehmen.

31. Als Maßstab der die Nutzungsbefugnis von Atomanlagen beschränkenden und die Genehmigung von Atomanlagen befristenden Regelung des § 7 Abs. 1 a AtG dient ebenso Art. 12 GG zu. Hinsichtlich privater juristischer Personen hat das Bundesverfassungsgericht Art. 12 GG im Sinne einer Unternehmerfreiheit ausgelegt und den Schutzbereich wesentlich auf Gründung und Führung des Unternehmens konkretisiert.

Eine Begrenzung der Nutzungszeit von Atomanlagen hat, da damit auch eine Neuorientierung der Energiepolitik einhergeht, eine berufsregelnde Tendenz, da nach Ablauf der Nutzungszeit kein Strom aus der Kernspaltung mehr gewonnen werden dürfte.

32. Die Beschränkung der Nutzungsbefugnis von Atomanlagen stellt eine Berufsausübungsregelung im Sinne der Drei-Stufen-Lehre des Bundesverfassungsgerichts dar. Beruf ist der des Strom- und Energieerzeugers. Von der Ausbildung eines eigenständigen Berufsbildes des Kernenergieerzeugers kann nicht ausgegangen werden, da die Kernenergieanlagenbetreibergesellschaften von den klassischen Stromanbietern beherrscht werden und bei diesen einen, je nach Gesellschaft schwankenden, mehr oder minder bedeutenden Geschäftsbereich ausmachen. Solange die Kernenergieerzeugung in einem solchen nicht herausragenden Rahmen erfolgt, kann sich keine Verkehrsauffassung derart herausbilden, daß die Kernenergieerzeugung ein eigenständiger Beruf wäre.

33. Unter diesen Prämissen wäre ein Eingriff in den Schutzbereich des Art. 12 GG nach den Vorgaben des Bundesverfassungsgerichts gerechtfertigt, wenn vernünftige Erwägungen des Gemeinwohls dies zweckmäßig erscheinen lassen würden.

Zu beachten ist, daß – was auch bei Art. 14 GG Berücksichtigung zu finden hat – es sich bei den betroffenen Unternehmen um Großunternehmen handelt, bei denen der personale Grundzug des Freiheitsrechtes, hier der Berufsausübungsfreiheit, erheblich reduziert ist, was Auswirkungen auf den Umfang der Regelungsbefugnis des Gesetzgebers hat. Auch müssen die über das jeweilige

Unternehmen hinausreichenden Auswirkungen der Berufsfreiheit berücksichtigt werden. Die soziale Funktion und der soziale Bezug der Freiheit sind zu berücksichtigen.

34. Das Gesetz zur geordneten Beendigung der Kernenergienutzung vom 22.04.2002 nimmt Forschungsreaktoren von einem Betriebsverbot aus.

Im hypothetischen Falle einer gesetzlichen Regelung, die auch den Betrieb von Forschungsreaktoren untersagen würde, wäre die Forschungsfreiheit nach Art. 5 Abs. 3 GG als verfassungsrechtliche Grenze der entsprechenden Regelung zu berücksichtigen. Die Grundrechtssubjektivität der Betreiber von Forschungsreaktoren wäre auf jeden Fall gegeben, da, auch bei alleiniger Inhaberschaft durch die öffentliche Hand, es sich bei der Atomforschung durch Universitäten und entsprechende Institute um ein Gebiet handelt, in der eine sogenannte grundrechtstypische Gefährdungslage gegeben ist. Die Betreiber sind dem grundrechtlich geschützten Lebensbereich, der Forschung, zugeordnet und sind demzufolge als staatsunabhängige oder staatsdistanzierte Einrichtungen anzusehen. Mit einem Verbot des Betriebs von Forschungsreaktoren würde, da so Forschungen auf dem Gebiet der Kerntechnik und Kernphysik nicht mehr möglich wären, in den Kernbereich der Forschungsfreiheit eingegriffen.

35. Eine weitere Grenze gesetzgeberischer Tätigkeit stellt das Prinzip rechtsstaatlichen Vertrauensschutzes dar. Dieses kann das im Rahmen der Art. 14 und 12 GG gefundene Ergebnis unterstreichen. Im Falle der nachträglichen Befristung ursprünglich unbefristet erteilter Betriebsgenehmigungen für Atomanlagen gemäß § 7 Abs. 1 a AtG handelt es sich um eine tatbestandliche Rückanknüpfung oder unechte Rückwirkung.

Das Vertrauen der Anlagenbetreiber, daß die ihnen erteilten Genehmigungen nur aus den im Atomgesetz genannten Gründen entzogen werden, ist abzuwägen gegen das öffentliche Interesse an der nachträglichen Befristung der Betriebsgenehmigungen für Atomanlagen und damit an einer vorzeitigen Stillegung der Atomanlagen. In Anbetracht der Gefahren der Kernenergie und die den Vertrauensschutz relativierende gewährte relativ lange Betriebszeit von 32 Jahren ist von einem Überwiegen des öffentlichen Interesses auszugehen.

36. Für die Anlagenbetreibergesellschaften, für die die Grundrechtssubjektivität verneint wurde, kann das rechtsstaatliche Vertrauensschutzprinzip keine Anwendung finden. Diesen wird Schutz über das Willkürverbot zu gewähren sein. Daß sich juristische Personen auf diesen Grundsatz berufen dürfen, kann man aus dem Sinn des Art. 19 Abs. 3 GG ableiten. Wählt man das Willkürverbot als Maßstab, dann ist – angelehnt an die Prüfung von Art. 3 GG – die Rechtfertigungsprüfung auf eine Evidenzkontrolle zu beschränken. Eine Ungleichbehandlung ist dann als willkürfrei zu qualifizieren und gerechtfertigt, wenn sich nur irgendein sachlicher Grund zu ihren Gunsten anführen läßt. Da

von der Kernenergieerzeugung ganz spezielle und erhebliche Gefährdungen ausgehen – etwa im Falle eines Unfalls oder im Hinblick auf die Endlagerungsfrage – kann keine evidente Unsachlichkeit und damit auch kein Verstoß gegen das Willkürverbot angenommen werden.

37. Neben der Befristung bestehender Anlagengenehmigungen ist in dem Atomausstiegsgesetz vom 22.04.2002 ein Verbot der Neuerteilung atomrechtlicher Genehmigungen vorgesehen. Dabei handelt es sich um die inhaltliche Ausgestaltung des Eigentums. Ein Verstoß gegen die Institutsgarantie des Eigentums kann hierin nicht gesehen werden, da – wie im ersten Teil der Bearbeitung dargestellt wurde – der Rechtsstellung als Eigentümer von Grund und Boden nicht die Befugnis zur Errichtung und zum Betrieb eines Kernkraftwerks immanent ist. Ein gesetzliches Verbot kann dann auch keinen Eingriff in den Kernbestand des Eigentums darstellen.

38. Zu einem Gesamtkonzept eines Atomausstiegs ist das Verbot der Wiederaufarbeitung gemäß § 9 a Abs. 1 S. 2 AtG, also die Unzulässigerklärung der Abgabe bestrahlter Brennelmente an Dritte zum Zwecke der Wiederaufarbeitung, zu zählen. Das Wiederaufarbeitungsverbot ist als Inhaltsbestimmung des Eigentums ausgestaltet. Der Gesetzgeber muß, ganz anders als bei der nachträglichen Befristung bestehender Betriebsgenehmigungen, zur Verwirklichung seiner Ziele nicht gezielt auf Eigentumspositionen zugreifen, da es weder eine Wiederaufarbeitungsgenehmigung, noch eine entsprechende, das Eigentum ausgestaltende, Nutzungsbefugnis gibt.

Im Hinblick darauf, daß die Regelung des § 9 a Abs. 1 S. 2 AtG das Wiederaufarbeitungsverbot erst ab dem 01.07.2005 wirken läßt, dem Zeitpunkt, zu dem die Verträge mit den Wiederaufarbeitungsfirmen auslaufen, und daß damit Transportrisiken auf Null reduziert werden, ist die Vorschrift jedenfalls verhältnismäßig.

39. Der Vertrag zur Gründung der Europäischen Atomgemeinschaft (EAGV) und auch der EG-Vertrag enthalten keine Verpflichtung der Mitgliedsstaaten, Kernenergie zu nutzen.

40. Die Niederlassungsfreiheit des Art. 43 EGV kann als Maßstab für den Ausschluß der Neuerteilung von Anlagengenehmigungen nach § 7 Abs. 1 S. 2 AtG herangezogen werden. Die Regelungen des EAGV – Art. 92 ff., insbesondere Art. 97 EAGV – stellen insoweit keine abschließende Regelung dar, als durch sie keine Beeinträchtigung der Regelungen des EAGV eintritt (Art. 305 Abs. 2 EGV).

Art. 43 EGV enthält ein Beschränkungsverbot, nach dem auch nichtdiskriminierende mitgliedstaatliche Maßnahmen erfaßt werden, wenn diese sich nachteilig auf grenzüberschreitende Vorgänge auswirken können. Ein solcher Fall liegt bei einem Ausschluß der Erteilung von Anlagengenehmigungen nach § 7

Abs. 1 S. 2 AtG vor, da juristische und natürliche Personen anderer Mitgliedsstaaten in nichtdiskriminierender Weise an einer Tätigkeit, der Errichtung und dem Betrieb von Atomanlagen verhindert wären. Derartige Maßnahmen sind gerechtfertigt, wenn ihnen zwingende Gründe des Gemeinwohls zugrunde liegen und sie verhältnismäßig sind.
Unter Beachtung der Gesetzgebungsbefugnis der Mitgliedsstaaten kommt dem EuGH bezüglich der Festsetzung entsprechender Gründe lediglich die Befugnis zu, zu prüfen, ob diese vertretbar sind. Die Mitgliedsstaaten können daher bei der Festlegung von Gemeinwohlgründen unterschiedliche Prioritäten setzen.
Nach der Rechtsprechung des EuGH sind zudem die Ausstrahlungswirkungen der Gemeinschaftsgrundrechte auf die Auslegung der geschriebenen Rechtfertigungsgründe zu berücksichtigen. Konsequenterweise hat dies aber auch für die Fälle der Rechtfertigung einer Maßnahme aus Gründen des Gemeinwohls zu gelten. Die Gemeinschaftsgrundrechte sind in die Betrachtung der Verhältnismäßigkeit einzubeziehen.
Geht man, wie hier, davon aus, daß es sich bei dem Ausschluß der Neuerteilung von Errichtungs- und Betriebsgenehmigungen für Atomanlagen um das Verbot einer bestimmten Art der Energieerzeugung handelt und daher die Berufsausübungsfreiheit betroffen ist, dann ist das Grundrecht, bezogen auf den Beruf des Stromerzeugers, nicht in seinem Wesensgehalt beeinträchtigt. Abstellend auf den eingeschränkten Überprüfungsmaßstab und die vom Gesetzgeber angeführten Gemeinwohlgründe ist von der Verhältnismäßigkeit der Regelung und damit deren Gemeinschaftsrechtskonformität auszugehen.
41. Hingegen kann die Niederlassungsfreiheit keinen Maßstab für eine nachträgliche Befristung von Errichtungs- und Betriebsgenehmigungen nach § 7 Abs. 1 a AtG darstellen, da es sich in diesem Falle um einen feststehenden Adressatenkreis deutscher Anlagenbetreiber handelt und ein Schutz nur bei Beteiligung EU-ausländischer natürlicher oder juristischer Personen entfaltet würde. Aber auch dann wäre, im Hinblick auf getätigte Ausführungen zur Verhältnismäßigkeit, davon auszugehen, daß die Regelung Verhältnismäßigkeit ist und den Anforderungen des Gemeinschaftsrechts genügt.
42. Einen weiteren Teil des Gesamtkonzeptes Atomausstieg stellt das Verbot der Wiederaufarbeitung nach § 9 a Abs. 1 S. 2 AtG dar.
Der Gesamtvorgang der Wiederaufarbeitung ist, bezogen auf den Transport, der Warenverkehrsfreiheit und, bezogen auf die Wiederaufarbeitung als solche, der Dienstleistungsfreiheit zuzuordnen.
Weder läßt sich der Vorgang des Transportes dem der Wiederaufarbeitung unterordnen, noch läßt umgekehrt die Wiederaufarbeitung den Transport hinter sich zurücktreten. Beide Teilelemente des Gesamtvorgangs Wiederaufarbeitung haben für sich jeweils eine so erhebliche Bedeutung – auch der Transport

stellt sich regelmäßig als überaus aufwendiges Verfahren dar –, daß ein Schwerpunkt nicht festgestellt werden kann.

43. Art. 93 EAGV ist auf bestrahlte Brennelemente nicht anwendbar, da diese nicht zu den in den Listen A 1, A 2 und B aufgeführten Erzeugnissen und die hier allenfalls heranziehbare Liste A1 gehören.

Zudem verbietet Art. 93 EAGV nur Ein- und Ausfuhrzölle, Abgaben gleicher Wirkung und mengenmäßige Beschränkungen der Ein- und Ausfuhr. Die Regelung des § 9 a Abs. 1 S. 2 AtG, die zukunftsgerichtet neutral ausgestaltet ist und die Abgabe an ausländische und inländische Wiederaufarbeitungsfirmen unterschiedslos erfaßt, stellt keine „mengenmäßige Beschränkung der Ein- und Ausfuhr“ dar, da nicht an die Ausfuhr als solche angeknüpft wird, sondern jeder Abgabetatbestand erfaßt ist.

44. Ein Wiederaufarbeitungsverbot ist nicht wegen der Regelungen der Art. 30 ff. EAGV als unzulässig einzustufen.

Die Art. 30 ff. EAGV und die entsprechende Grundnormrichtlinie können nur insoweit als Maßstab für das Wiederaufarbeitungsverbot dienen, als es um Gefahren geht, die durch diese Vorschriften geregelt werden.

Auf jeden Fall werden von diesen Vorschriften die Bereiche der Störfälle und der Anforderungen an eine Kernanlage oder Transporteinrichtung im Falle nicht vorhergesehener Ereignisse nicht erfaßt, da das Gebiet der Reaktorsicherheit und der Sicherheit atomtechnischer Anlagen in dem den Mitgliedsstaaten verbliebenen Regelungsbereich liegen.

45. Abgebrannte Brennelemente sind „Waren“ im Sinne des Art. 29 EGV, da es sich, abstellend auf die in der Abfall-Entscheidung des EuGH gefundene Definition, um Gegenstände handelt, die, basierend auf Handelsgeschäften, über die Grenze verbracht werden.

46. Ein Verstoß des Wiederaufarbeitungsverbots gegen das Verbot mengenmäßiger Ausfuhrbeschränkungen in Art. 29 EGV kann nicht gesehen werden. Bei den hier allein in Frage kommenden Maßnahmen gleicher Wirkung, wie ein Ausfuhrverbot kommt es darauf an, daß es sich um eine innerstaatliche Norm handelt, die unterschiedliche Bedingungen für den Handel mit einer Ware innerhalb eines Mitgliedsstaats und im Außenhandel schafft.

Durch die Regelung des § 9 a Abs. 1 S. 2 AtG wird aber den Betreibern von Kernanlagen in der Bundesrepublik generell die Wiederaufarbeitung abgebrannter Brennelemente untersagt, ohne daß eine Unterscheidung zwischen dem Inland und dem Ausland getroffen wird.

Eine Verletzung läßt sich auch nicht unter dem Aspekt konstruieren, daß gegenwärtig Wiederaufarbeitungsmöglichkeiten nur in anderen Ländern vorhanden sind. Die Regelung zum Wiederaufarbeitungsverbot knüpft unter-

schiedslos und zukunftsgerichtet neutral an den Vorgang der Wiederaufarbeitung an.
47. Die Dienstleistungsfreiheit des Art. 49 EGV kommt hier in Form der Korrespondenzdienstleistungsfreiheit zur Anwendung. Die abgebrannten Brennstäbe werden von den deutschen Atomanlagen zu den Wiederaufarbeitungsanlagen in Sellafield und La Hague verbracht, dort aufbereitet und anschließend werden das Plutonium und Uran und die angefallenen Reststoffe nach Deutschland zurücktransportiert.
Gemäß der Rechtsprechung des EuGH stellt Art. 49 EGV nicht lediglich ein Diskriminierungsverbot dar, sondern ist auch auf unterschiedslos in- und ausländische Tatbestände erfassende Regelungen anwendbar.
Dies gilt auch für den Fall des Wiederaufarbeitungsverbots, da dieses – für den Teil des Gesamtkomplexes Wiederaufarbeitung, der die Dienstleistung als solche betrifft – mit einem Einfuhrverbot zu vergleichen ist. Denn es wird bei einem Verbot der Wiederaufarbeitung ausländischen Wiederaufarbeitungsfirmen unmöglich gemacht, ihre Leistungen an deutsche Kernanlagenbetreiber zu erbringen und die Kernanlagenbetreiber können die Leistungen der Wiederaufarbeitungsfirmen nicht in Anspruch nehmen. Ein Marktabschottungseffekt ist daher zu bejahen.
Als eine Regelung tragende und rechtfertigende Gründe sind – unter Beachtung des Einschätzungsspielraums des nationalen Gesetzgebers und unter Heranziehung der Gesetzesbegründung – anzuführen: die Vermeidung von Transportrisiken, die Beseitigung von Mißbrauchsgefahren, und die Verhinderung der Vergrößerung des Müllvolumens. Insoweit kann von einer Rechtfertigung des Eingriffs in die Dienstleistungsfreiheit ausgegangen werden.
48. Durch ein Wiederaufarbeitungsverbot werden völkerrechtliche Vereinbarungen mit Frankreich und England tangiert.
Als Grundlage der Wiederaufarbeitung bestehen privatrechtliche Verträge zwischen deutschen Energieversorgungsunternehmen und dem französischen Wiederaufarbeitungsunternehmen COGEMA und dem britischen Wiederaufarbeitungsunternehmen BNFL.
Zwischen den Regierungen der beteiligten Staaten wurde sich in Notenwechseln über die Bedingungen verständigt, unter denen die Wiederaufarbeitung erfolgen sollte. Unter anderem erfolgte dies in einem letzten Notenwechselpaar 1990 und 1991.
Durch die Notenwechsel wurden völkerrechtliche Verträge – in Form von Regierungsabkommen – geschlossen.
Von erheblicher Bedeutung für die Auslegung der völkerrechtlichen Verträge sind die in beiden Verträgen enthaltenen Begriffe „Hindernis“ und „verhindern“. Während der Begriff „Hindernis“ alle Maßnahmen erfaßt, die vom

Betroffenen ein zusätzliches Tun verlangen, wird man den Begriff „verhindern“ so zu verstehen haben, daß davon nur die Maßnahmen erfaßt sein können, die eine bestimmte Handlung oder einen bestimmten Erfolg unmöglich machen.
Wird etwa im Hinblick auf den Transport von Brennelementen oder der Rückführung von Brennelementen in die Bundesrepublik von „verhindern“ gesprochen, so kann ein bloßes Erhöhen der Anforderungen an die vorgenannten Vorgänge nicht gegen die völkerrechtlichen Vereinbarungen verstoßen. Nicht erlaubt wären hingegen Maßnahmen, die den Transport bestrahlter Brennelemente in der Bundesrepublik gänzlich untersagen würden
Vor allem nicht zulässig wären gesetzliche oder vewaltungsmäßige – nach der deutsch-französischen Vereinbarung auch alle sonstigen Maßnahmen mit entsprechender Wirkung – Vorgehensweisen, die die Lieferung bestrahlter Brennelmente als solche beeinträchtigen würden.
Insoweit die Regelung des § 9 a Abs. 1 S. 2 AtG die Wiederaufarbeitung ab dem 01.07.2005 ganz verbietet, verstößt sie, insoweit sie es den Kernanlagenbetreibern unmöglich macht, die sich aus der Verlängerungsoption ergebenden Wiederaufarbeitungskapazitäten auszunutzen, was eine Verletzung des Optionsrechts selbst zur Folge hat, gegen Völkerrecht.

Literaturverzeichnis

Backherms, Johannes: Bestandsschutz und wesentliche Änderungen, in: Lukes (Hrsg.), 6. Deutsches Atomrechtssymposium 1979, Köln u.a. 1980, S. 173 ff.

Barthelmeß, Alfred: Gesichtspunkte zur genetischen Beurteilung von Grenzwerten der Strahlenbelastung, in: Institut für Völkerrecht der Universität Göttingen und Bundesministerium des Inneren (Hrsg.), 4. Deutsches Atomrechtssymposium 1976, Köln u.a. 1977, S.309 ff.

Badura, Peter: Der Eigentumsschutz des eingerichteten und ausgeübten Gewerbebetriebs, AöR 98 (1973), 153 ff.

ders.: Staatsrecht, München 1986

ders.: Eigentum, in: Handbuch des Verfassungsrechts, Benda/Maihofer/Vogel (Hrsg.), 2. Auflage Berlin 1994, S. 327 ff.

Bauer, Hartmut: Informelles Verwaltungshandeln im öffentlichen Wirtschaftsrecht, VerwArch 1987 , 241 ff.

ders.: Bundesverfassungsgericht und Rückwirkungsverbot, JuS 1984, 241 ff.

Bender, Bernd: Abschied vom „Atomstrom" ?, DÖV 1988, 813 ff.

ders. / *Sparwasser*, Meinhard / *Engel*, Rüdiger: Umweltrecht, 3. Auflage Heidel berg 1998

Blanke, Hermann-Josef: Vertrauensschutz im deutschen und europäischen Verwaltungsrecht, Tübingen 2000

von Bogdandy, Armin: Art. 5 EUV, in: Grabitz/Hilf, Das Recht der Europäischen Union, Loseblatt, Lieferung September1994

Borgmann, Klaus: Rechtliche Möglichkeiten und Grenzen eines Ausstiegs aus der Kernenergie, Berlin 1994

Böckenförde, Ernst-Wolfgang: Grundrechte als Grundsatznormen, in: Der Staat 29 (1990) 1 ff.

Böhm, Monika: Nachträgliche Anordnungen und Atomaufsicht, in: Koch/Roßnagel (Hrsg.), 10. Deutsches Atomrechtssymposium 1999, Baden-Baden 2000, S. 251 ff.

dies.: Ausstieg aus der Kernenergienutzung, NuR 1999, 661 ff.

Breuer, Rüdiger: Die Bodennutzung im Konflikt zwischen Städtebau und Eigentumsgarantie, Berlin 1976

ders.: Gefahrenabwehr und Risikovorsorge im Atomrecht, DVBl. 1978, 829 ff.

ders.: Freiheit des Berufs, in: Isensee/Kirchhof (Hrsg.), Handbuch des Staatsrechts, Band VI : Freiheitsrechte, Heidelberg 1989; § 147

ders.: Anlagensicherheit und Störfälle - Vergleichende Risikobewertung im Atom- und Immissionsschutzrecht, NVwZ 1990, 211 ff.

ders.: Umweltrecht, in: Eberhard Schmidt-Aßmann (Hrsg.) Besonderes Verwaltungsrecht, 11. Auflage Köln 1999

Brownlie, Ian: Principles of Public International Law, 4th Ed. Oxford 1990

Bryde, Brun-Otto: Art. 14 GG, in: von Münch/Kunig, Grundgesetzkommentar, Band 1, 4. Auflage München 1992

Bull, Hans-Peter: Die Staatsaufgabe nach dem Grundgesetz, 2. Auflage Kronberg / Ts. 1977

Cartellieri, Ulrich:Das Atomgesetz, BB 1960, 1 ff.

Commerzbank AG: Wer gehört zu wem ? Beteiligungsverhältnisse in Deutschland, Frankfurt am Main 2000

Degenhart, Christoph: Systemgerechtigkeit und Selbstbindung des Gesetzgebers als Verfassungspostulat, München 1976 *ders.*: Vertragliche Bindungen der Gemeinde im Verfahren der Bauleitplanung, BayVBl. 1979, 289 ff.

ders.: Kernenergierecht, Schwerpunkte – Entscheidungen – Entwicklungslinien, 2. Auflage Köln 1982

ders.: Aktuelle Tendenzen in der neuen Rechtsprechung zum Atomrecht, et 1989, 750 ff.

ders.: Staatsrecht I - Staatsorganisationsrecht, 17. Auflage Heidelberg 2001

ders.: Bundes- und länderfreundliches Verhalten im Atomrecht, in: Koch/ Roßnagel (Hrsg.), 11. Deutsches Atomrechtssymposium 2001, Baden -Baden 2002, S. 329 ff.

Denninger, Erhard: Befristung von Genehmigungen und das Grundrecht auf Eigentum, in: Koch/Roßnagel (Hrsg.), 10. Deutsches Atomrechtssymposium 1999, Baden-Baden 2000, S. 167 ff.

Dieners, Peter: Länderrechte in der Bundesauftragsverwaltung, DÖV 1991, 925 ff.

Di Fabio, Udo: Der Ausstieg aus der wirtschaftlichen Nutzung der Kernenergie, Köln 1999

Dolde, Klaus-Peter: Bestandsschutz im Immissionsschutzrecht, in: Püttner (Hrsg.), Festschrift für Otto Bachof, 1989, S. 191 ff.

ders.: Bestandsschutz von Altanlagen im Immissionsschutzrecht, NVwZ 1986, 873 ff.

Drews, Bill / *Wacke*, Gerhard / *Vogel*, Klaus / *Martens*, Wolfgang: Gefahrenabwehr, 9. Auflage Köln 1986

Ehlers, Dirk: Eigentum, Sozialbindung und Enteignung bei der Nutzung von Boden und Umwelt, VVDStRL 51 (1992), 211 ff.

Erichsen, Hans-Uwe: Das Verwaltungshandeln, in: ders. (Hrsg.), Allgemeines Verwaltungsrecht, 11. Auflage Berlin u.a. 1998 *ders.* / *Knoke*, Ulrich: Bestandskraft von Verwaltungsakten, NVwZ 1983, 185 ff.

Everling, Ulrich: Die Wiederaufarbeitung abgebrannter Brennelemente, RIW Beilage 2 zu Heft 3 / 1993, 1 ff.

Fischerhof, Hans: Deutsches Atomgesetz und Strahlenschutzrecht, Band 1, 2. Auflage Baden-Baden 1978

Forsthoff, Ernst: Die Verwaltung als Leistungsträger, Stuttgart/Berlin 1938

ders.: Der Staat der Industriegesellschaft, München 1971

Franzen, Ludwig Ferdinand: Nachträgliche Berücksichtigung der Änderungen von Wissenschaft und Technik oder der Umgebung bei einer genehmigten Kernanlage, in: Lukes (Hrsg.), 1. Deutsches Atomrechtssymposium 1972, Köln u.a. 1973, 125 ff.

Frenz, Walter: Atomkonsens und Landesvollzugskompetenz, NVwZ 2002, 561 ff.

Friauf, Karl-Heinz: Zum gegenwärtigen Stand der Bestandsschutzproblematik, WiVerw. 1989, 87 ff

Friedrich, Helmut-Martin: Rechtsprobleme der nationalen, völkerrrechtlichen und europarechtlichen Regelung der grenzüberschreitenden Abfallverbringung, UPR 1988, 4 ff.

Frings, Hartmut: Bestandsschutz atomrechtlicher Anlagen, Bonn 1992

Gieseke, Paul / *Wiedemann*, Werner / *Czychowski*, Manfred: Kommentar Wasserhaushaltsgesetz, München 1992

Gemmecke, Rolf: Nachträgliche Anordnungen im Atomrecht, Berlin 1995

Götz, Volkmar: Allgemeines Polizei- und Ordnungsrecht, 13. Auflage Göttingen 2001

Grunwald, Jürgen: Neuere Entwicklungen des Euratom-Rechts, EuZW 1990, 209 ff.

Gubelt, Manfred: Art. 12 GG, in: von Münch/Kunig (Hrsg.), Grundgesetz Kommentar Band 1, 4. Auflage München 1992

Gundel, Jörg: Stromimporte aus Drittstaaten im EG-Binnenrecht für Energie, RdE 2000, 85 ff.

Haedrich, Heinz: Atomgesetz, Baden-Baden 1986

ders.: Zur Zulässigkeit der Wiederaufarbeitung abgebrannter Brennelemente aus deutschen Kernkraftwerken in andere EG- Mitgliedsstaaten, NVwZ 1993, 1036 ff.

Haeusler, Ditmar: Einflüsse des Binnenmarktes auf den Betrieb von Kernanlagen, in: Pelzer (Hrsg.), Kernenergierecht zwischen Ausstiegsforderung und europäischem Binnenmarkt, Baden-Baden 1991, S. 164 ff.

Häberle, Peter, in: Schmitt-Gläeser (Hrsg.), Festschrift zum 50 jährigen Bestehen des Richard-Boorberg-Verlags, Stuttgart 1977

Hansen-Dix, Frauke: Die Gefahr im Polizeirecht, im Ordnungsrecht und im technischen Sicherheitsrecht, Köln u.a. 1982

Hartung, Sven: Die Atomaufsicht, 1992

ders.: Zur Grundrechtsfähigkeit der Betreiber von Kernkraftwerken, DÖV 1992, 393 ff.

von Heinegg, Heintschel Wiederaufarbeitung und Völkerrecht, et 1999, 72 ff.

Heitsch, Christian: Genehmigung kerntechnischer Anlagen nach deutschem und US-amerikanischen Recht, Berlin 1993

Hennicke, Peter: Der Weg in die Energieeffizienz und Solarenergiewirtschaft führt über den Atomausstieg, in: Koch/Roßnagel (Hrsg.), 10. Deutsches Atomrechtssymposium 1999, Baden-Baden 2000, 33 ff.

ders.: Umweltrelevante und wirtschaftliche Auswirkungen des Verzichts auf Kernenergie, in: Koch/Roßnagel (Hrsg.), 11. Deutsches Atomrechtssymposium 2001, Baden-Baden 2002, 399 ff.

Hermes, Georg: Das Grundrecht auf Schutz von Leben und Gesundheit; Schutzpflicht und Schutzanspruch aus Art. 2 Abs. 2 S. 1 GG, 1987

Hofmann, Hasso: Privatwirtschaft und Staatskontrolle bei der Energieversorgung durch Atomkraft, München 1989

Huber, Hans: Das Recht im technischen Zeitalter, in: ders./Eichenberg (Hrsg.), Rechtstheorie, Verfassungsrecht, Völkerrecht, Bern 1971, 59 ff.

Huber, Peter-Michael: Entsorgung als Staatsaufgabe und Betreiberpflicht, DVBl. 2001, 239 ff.

ders.: Entsorgung als Staatsaufgabe und Betreiberpflicht, in: Ossenbühl (Hrsg.), Atomrechtstag 2000, Baden-Baden 2001, S. 149 ff.

ders.: Konsensvereinbarung und Gesetzgebung, in: Koch/Roßnagel (Hrsg.), 11. Deutsches Atomrechtssymposium 2001, Baden-Baden 2002, S. 329 ff.

ders.: Restlaufzeiten und Strommengenregelungen, DVBl. 2003, 157 ff.

Hülsebusch, Claudia: Nachträgliche Anordnungen gemäß § 17 Abs. 1 BImschG unter eigentumsrechtlichen Gesichtspunkten, Bonn 1989

Huster, Stefan: Gleichheit und Verhältnismäßigkeit, JZ 1994, 541 ff.

Ipsen, Jörn: Staatsorganisationsrecht, 5. Auflage Neuwied 1993

Jarass, Hans D.: Die Anwendung des Umweltrechts auf bestehende Anlagen; Die Altlastenproblematik im deutschen Recht, im Recht anderer europäischer Staaten und im EG-Recht, Baden-Baden 1987

ders.: Kommentar zum Bundesimmissionsschutzgesetz, 2. Auflage München 1992

ders. / *Pieroth*, Bodo: Grundgesetz für die Bundesrepublik Deutschland, 5. Auflage München 2000

Jürgensen, Thomas/*Schlünder*, Irene: EG-Grundrechtsschutz gegenüber Mitgliedsstaaten, AöR 121 (1996), 200 ff.

Kadelbach, Stefan: Die Vereinbarkeit des Verbotes der Wiederaufarbeitung im Ausland mit Völkerrecht, ZUR 1999, 257 ff

Kimminich, Otto: Art. 14 GG, in: Dolzer/Vogel/Graßhof (Hrsg.), Bonner Kommentar zum Grundgesetz, Loseblatt Heidelberg, 65. Lieferung 1992

Kisker, Günter: Vertrauensschutz im Verwaltungsrecht, VVDStRL 32 (1972), 149 ff.

Klöck, Oliver: Der Atomausstieg im Konsens – ein Paradefall des umweltrechtlichen Kooperationsprinzips ?, NuR 2001, 1 ff.

Kloepfer, Michael: Umweltrecht, 2. Auflage München 1998

Köbler, Gerhard: Juristisches Wörterbuch, 11. Auflage München 2002

Koch, Hans-Joachim/*Roßnagel*, Alexander: Neue Energiepolitik und Ausstieg aus der Kernenergie, NVwZ 2000, 1 ff.

v. Komorowski, Alexis: Rechtsfragen des Atomausstiegs, Jura 2001, 17 ff.

Kopp, Ferdinand O. / *Ramsauer*, Ulrich: VwVfG – Verwaltungsverfahrensgesetz, 7. Auflage München 2000

Koppensteiner, Hans Georg: Zur Grundrechtsfähigkeit gemischtwirtschaftlicher Unternehmen, NJW 1990, 335 ff.

Krebs, Walter: Art. 19 GG, in: von Münch/Kunig (Hrsg.), Grundgesetz Kommentar, Band 1, 4. Auflage München 1992

Kreft, Friedrich: Öffentlich-rechtliche Ersatzleistungen, 2. Auflage Berlin 1998

Kruis, Konrad: Der gesetzliche Ausstieg aus der „Atomwirtschaft" und das Gemeinwohl, DVBl. 2000, 441 ff.

Kube, Hanno: Verfassungsrechtliche Anforderungen an einen legislativen Ausstieg aus der friedlichen Nutzung der Kernenergie, ZG 2000, 11 ff.

Kuckuck, Bernd: Bestandsschutz und wesentliche Änderungen, in: Lukes (Hrsg.), 6. Deutsches Atomrechtssymposium 1979, Köln u.a. 1980

Kühne, Günther / *Brodowski*, Christian: Das neue Atomrecht, NJW 2002, 1458 ff.

Kühne, Günther: Anmerkungen zu BVerfG, Beschluß der 3. Kammer des 1. Senats vom 16.05.1989, JZ 1990, 335 ff.

Kuhnt, Dietmar: Nachträgliche Berücksichtigung der Änderungen von Wissenschaft und Technik oder der Umgebung bei einer genehmigten Kernanlage, in: Lukes (Hrsg.), 1. Deutsches Atomrechtssymposium 1972, Köln u.a. 1973

Kunig, Philip: Verträge und Absprachen zwischen Verwaltung und Privaten, DVBl. 1992, 1193 ff

ders.: in: Graf Vitzthum (Hrsg.), Völkerrecht Berlin 1997

Kutscheidt, Ernst: Die nach dem Stand von Wissenschaft und Technik erforderliche Vorsorge gegen Schäden, in: Lukes (Hrsg.), 6. Deutsches Atomrechtssymposium 1979, Köln u.a. 1980

Kutschera, Bernd: Bestandsschutz im öffentlichen Recht, Heidelberg 1990

Lange, Klaus: Rechtliche Aspekte eines Ausstiegs aus der Kernenergie, NJW 1986, 2463 ff.

Langer, Stefan: Strukturfragen der Berufsfreiheit, JuS 1993, 203 ff

Langenfeld, Christine: Die rechtlichen Rahmenbedingungen für einen Ausstieg aus der Kernenergie, DÖV 2000, 929 ff.

Leisner, Anna: Die polizeiliche Gefahr zwischen Eintrittswahrscheinlichkeit und Schadenshöhe, DÖV 2002, 326 ff.

Leisner, Walter: Die Höhe der Eigentumsentschädigung, NJW 1992, 1409 ff.

ders.: Eigentum (§ 149), in: Isensee/Kirchhof (Hrsg.), Handbuch des Staatsrechts, Band VI, Heidelberg 1989

Lubberger, Andreas: Eigentumsdogmatik, Baden-Baden 1995

Lukes, Rudolf: Rechtsfragen der Technologiebewertung, in: Münch/Renn/Roser (Hrsg.), Technik auf dem Prüfstand - Methoden und Maßstäbe der Technologiebewertung, Essen 1982, 167 ff.

ders.: Rechtsfragen einer europäischen Entsorgung, et 1990, 587 ff.

ders.: Verhältnis EAGV zum EGV, in: Due (Hrsg.), Festschrift für Ulrich Everling, Band 1, Baden-Baden 1995

ders. / *Backherms*, Johannes: Die Berücksichtigung von Kriegseinwirkungen im atomrechtlichen Genehmigungsverfahren, AöR 103 (1978), S. 334 ff.

Lutz, Reinhardt: Eigentumsschutz bei „störender Nutzung" gewerblicher Anlagen, Hamburg 1983

Marburger, Peter: Atomrechtliche Schadensvorsorge, 2. Auflage Köln u.a. 1985

Martens, Wolfgang: Immissionsschutzrecht und Polizeirecht, DVBl. 1981, 597 ff.

Maurer, Hartmut: Der Verwaltungsvorbehalt, VVDStRL 43 (1985), S. 135 ff.

ders.: Kontinuitätsgewähr und Vertrauensschutz (§ 60), in: Isensee/Kirchhof (Hrsg.), Handbuch des Staatsrechts, Band III, Heidelberg 1988

ders.: Allgemeines Verwaltungsrecht, 11. Auflage München 1997

Meng, Werner: Art. O EUV, in: von der Groeben/Thiesing/Ehlermann, Kommentar zum EUV/EGV, 5. Auflage Baden-Baden 1997

Meyer, Hans / *Borgs*, Heinz Joachim / *Maciejewski*, Hermann: Verwaltungsverfahrensgesetz, 2. Auflage Frankfurt / Main 1982

Michaelis, Hans: Ausstieg aus der Kernenergie und europäische Integration, in: Mestmäcker/Möller/Schwarz (Hrsg.), Eine Ordnungspolitik für Europa – Festschrift für Hans von der Groeben zu seinem 80. Geburtstag, Baden-Baden 1987, S. 231 ff.

Muckel, Stefan: Kriterien des verfassungsrechtlichen Vertrauensschutze bei Gesetzesänderungen, Berlin 1989

Müller-Graff, Peter-Christian: Art. 30 EGV, in: von der Groben/Thiesing/Ehlermann, Kommentar zum EUV/EGV, Band 1, 5. Auflage Baden-Baden 1997

von Münch, Ingo: Grundbegriffe des Staatsrechts, Band I, Stuttgart 1986

von Mutius, Albert: Art. 19 Abs. 3 GG, in: Bonner Kommentar zum Grundgesetz, Loseblatt Heidelberg, Stand Dezember 1982

Mutschler, Ulrich: Nebenbestimmungen zur Atomanlagengenehmigung und die Zulässigkeit ihrer Verwendung zur Ausräumung von Versagungsgründen, Köln u.a. 1974

ders.: Die rechtliche Beurteilung komplexer technischer Sachverhalte im Kernenergierecht, in: Leßmann/Großfeld/Vollmer (Hrsg.), Festschrift für Lukes zum 65. Geburtstag, Köln u.a. 1989

Murswiek, Dietrich: Die staatliche Verantwortung für Risiken der Technik – Verfassungsrechtliche Grundlagen und immissionsschutzrechtliche Ausformung, Berlin 1985

ders.: Art.2 GG, in: Sachs (Hrsg.), Grundgesetz Kommentar, 2. Auflage München 1999

Nell, Ernst Ludwig: Wahrscheinlichkeitsurteile in juristischen Entscheidungen, Berlin 1983

Nolte, Rüdiger: Rechtliche Anforderungen an die technische Sicherheit von Kernanlagen, Berlin 1984

Nüßgens, Karl / *Boujong*, Karlheinz: Eigentum, Sozialbindung, Enteignung, München 1987

Opfermann, Wilhelm: Die Enteignungsentschädigung nach dem Grundgesetz, Berlin 1974

Oppermann, Thomas: Freiheit von Forschung und Lehre (§ 145), in: Isensee/Kirchhof (Hrsg.), Handbuch des Staatsrechts, Band VI: Freiheitsrechte, Heidelberg 1989

Ossenbühl, Fritz: Daseinsvorsorge und Verwaltungsprivatrecht, DÖV 1971, 513 ff.

ders.: Regelungsgehalt und Bindungswirkung der 1. Teilgenehmigung im Atomrecht, NJW 1980, 1353 ff

ders.: Kernenergie im Spiegel des Verfassungsrechts, DÖV 1981, 1 ff.

ders.: Die Bewertung technischer Risiken bei der Rechtsetzung, DÖV 1982, 833 ff.

ders.: Weisungen des Bundes in der Bundesauftragsverwaltung, Der Staat 28 (1989), 31 ff.

ders.: Bestandsschutz und Nachrüstung von Atomkraftwerken, Köln u.a. 1994

ders.: Staatshaftungsrecht, 5. Auflage München 1998

ders.: Verfassungsrechtliche Fragen eines Ausstiegs aus der friedlichen Nutzung der Kernenergie, AöR 124 (1999), 1 ff.

ders.: Eigentumsschutz und Nutzungsbeschränkungen, in: Isensee/Leisner (Hrsg.), Freiheit und Eigentum: Festschrift für Walter Leisner zum 70. Geburtstag, S. 689 ff.

Papier, Hans-Jürgen: Grundfälle zu Eigentum, Enteignung und enteignungsgleichem Eingriff, JuS 1981, 498 ff.

ders.: Untersuchungen im Bereich Genehmigung, Aufsicht, Nachrüstung, in: Lukes (Hrsg.), Reformüberlegungen zum Atomrecht, Köln u.a. 1991

ders.: Diskussionsbeitrag, in: Lukes/Birkhofer (Hrsg.), 9. Deutsches Atomrechtssymposium 1991, Köln u.a. 1991 *ders.*: Der verfassungsrechtliche Rahmen der friedlichen Kernenergienutzung, in: Pelzer (Hrsg.), Kernenergierecht zwischen Ausstiegsforderung und europäischem Binnenmarkt, Baden-Baden 1991, S. 37 ff.

ders.: Art. 14 GG, in: Maunz/Dürig/Herzog, Grundgesetz, Loseblatt München 1994

Pauly, Walter: Weisungsabwehr in der Bundesauftragsverwaltung, DÖV 1989, 883 ff.

ders.: Anfechtbarkeit und Verbindlichkeit von Weisungen in der Bundesauftragsverwaltung, Berlin 1989

ders.: Strukturfragen des unionsrechtlichen Grundrechtsschutzes, EuR 1998, 242 ff.

Peters, Hans: Öffentliche und staatliche Aufgaben, in: Festschrift für Nipperdey zum 70. Geburtstag, München und Berlin 1965, S. 877 ff.

Petersmann, Ernst-Ulrich: Art. 232 EGV, in: von der Groeben/Thiesing/Ehlermann (Hrsg.), Kommentar EGV/EUV, Band 5, 5. Auflage Baden-Baden 1997

Pernice, Ingolf: Gestaltung und Vollendung des Umweltrechts im europäischen Binnenmarkt, NVwZ 1990, 414 ff.

ders.: EG-rechtliche Rahmenbedingungen zur Atomrechtsreform, EuZW 1993, 497 ff.

ders.: EG-rechtliche Rahmenbedingungen der Atomrechtsreform, in: Steinberg (Hrsg.), Reform des Atomrechts, Baden-Baden 1994, S. 25 ff.

Pfaundler, Conrad: Der atomrechtliche Gefahrenbegriff - ein unbestimmter Rechtsbegriff mit Beurteilungsspielraum, UPR 1999, 336 ff.

Pieroth, Bodo: Rückwirkung und Übergangsrecht - verfassungsrechtliche Maßstäbe für intertemporale Gesetzgebung, Berlin 1981

ders.: Die Grundrechtsberechtigung gemischtwirtschaftlicher Unternehmen, NWVBl, 1992, 85 ff.

ders. / *Schlink*, Bernhard: Grundrechte – Staatsrecht II, 15. Auflage Heidelberg 1998

Plischka, Hans-Peter: Technisches Sicherheitsrecht, Berlin 1969

Posser, Herbert / *Schmans*, Malte / *Müller-Dehn*, Christian: Atomgesetz-Kommentar, Zur Novelle 2002, Köln u.a. 2003

Radkau, Joachim: Aufstieg und Krise der deutschen Atomwirtschaft, Hamburg 1983

Rengeling, Hans-Werner: Anlagenbegriff, Schadensvorsorge und Verfahrensstufung im Atomrecht, DVBl. 1986, 265 ff.

ders.: Reaktorsicherheit: Vorsorge auch jenseits praktischer Vernunft ?, DVBl. 1988, 257 ff.

ders.: Entsorgung, Endlagerung und Brennstoffkreislauf, in: Lukes (Hrsg.), Reformüberlegungen zum Atomrecht, Köln u.a. 1991, S. 215 ff.

ders.: Entsorgung, Endlagerung, Brennstoffkreislauf, in: Lukes/Birkhofer, 9. Deutsches Atomrechtssymposium 1991, Köln u.a. 1991, S. 289 ff.

ders.: Schadlose Verwertung radioaktiver Reststoffe durch Wiederaufarbeitung in anderen EG-Mitgliedsstaaten, DVBl. 1991, 914 ff.

Richter, Bernhard: Nachrüstung von Kernkraftwerken, 1985

Rid, Urban / *Hammann*, Wolf: Grenzen der Gefahrenabwehr im Umweltrecht, UPR 1990, 281 ff.

Rittstieg, Helmut: Grundgesetz und Eigentum, NJW 1982, 721 ff.

Roller, Gerhard: Genehmigungsaufhebung und Entschädigung im Atomrecht, Baden-Baden 1994

ders.: Eigentums- und entschädigungsrechtliche Fragen einer Beendigung der Kernenergienutzung, Baden-Baden 1998 *ders.*: Die Vereinbarkeit der nachträglichen gesetzlichen Befristung atomrechtlicher Genehmigungen, ZuR 1999, 244 ff.

Robbers, Gerhard: Der Grundrechtsverzicht, JuS 1985, 925 ff.

Roellecke, Gerd: Geschichte des deutschen Hochschulwesens, in: Flämig (Hrsg.), Handbuch des Wissenschaftsrechts, Band 1, 2. Auflage Berlin 1996, S. 3 ff.

ders.: Zur Geltung von Grundrechten für juristische Personen des öffentlichen Rechts, in: Wolter/Riedel/Taupitz (Hrsg.), Einwirkungen der Grundrechte auf das Zivilrecht, Öffentliche Recht und Strafrecht, Heidelberg 1999, S. 137 ff.

Ronellenfitsch, Michael: Das atomrechtliche Genehmigungsverfahren, 1983

Roßnagel, Alexander: Auf der Suche nach einem zeitgemäßen Verhältnis von Technik und Recht, in: ders. (Hrsg.) Recht und Technik im Spannungsfeld der Kernenergiekontroverse, Opladen 1984, S. 13 ff.

ders.: Atomrechtliche Entsorgungsvorsorge durch Wiederaufarbeitung im Ausland ? , DVBl. 1991, 839 ff.

ders.: Fakultative und imperative Handlungskompetenzen für nachträgliche Administrativmaßnahmen; Zum Schutz vor Risiken der Kernenergie, in: Baumann/Roßnagel/Weinzierl, Rechtsschutz für die Umwelt im vereinten Deutschland, Würzburg 1992, S. 65 ff.

ders.: Zur verfassungsrechtlichen Zulässigkeit eines Gesetzes zur Beendigung der Kernenergienutzung, Baden-Baden 1998

ders.: Das Beendigungsgesetz als Umsetzung einer Konsensvereinbarung, in: Koch/Roßnagel (Hrsg.), 11. Deutsches Atomrechtssymposium 2001, Baden-Baden 2002, 305 ff.

Rozek, Jochen: Die Unterscheidung von Eigentumsbindung und Enteignung, Tübingen 1998

Ruffert, Matthias: EU-Staaten als Verpflichtete der Gemeinschaftsgrundrechte, EuGRZ 1995, 518 ff.

Salje, Peter: Das Gesetz zur Neuregelung des Energiewirtschaftsrechts, NVwZ 1998, 916 ff.

Samper, Rudolf / *Honnacker*, Heinz: Polizeiaufgabengesetz, 16. Auflage Stuttgart 1995

Sante, Ulrich-Andreas: Verfassungsrechtliche Aspekte eines vom Gesetzgeber angeordneten Ausstiegs aus der friedlichen Nutzung der Kernenergie, Frankfurt am Main 1990

Scharnhoop, Hermann: Nachträgliche Berücksichtigung der Änderungen von Wissenschaft und Technik oder der Umgebung bei einer genehmigten Anlage, in: Lukes (Hrsg.), 1. Deutsches Atomrechtssymposium 1972, Köln u.a. 1973, 131 ff.

Schattke, Herbert: Abgrenzung der Genehmigungs- und Aufsichtsverfahren für kerntechnische Anlagen, et 1986, 740 ff.

Schenke, Wolf-Rüdiger: Zur Problematik des Bestandsschutzes im Baurecht und Immissionsschutzrecht, NuR 1989, 8 ff.

Scherer, Joachim: Rechtsprobleme normersetzender „Absprachen", DÖV 1991, 1 ff.

Scheuing, Dieter H.: Grenzüberschreitende atomare Wiederaufarbeitung im Lichte des europäischen Gemeinschaftsrechts, Baden-Baden 1991

ders.: Europarechtliche Aspekte einer Beendigung der Kernenergienutzung in der Bundesrepublik Deutschland, EuR 2000, 1 ff.

ders.: Europarechtliche Aspekte einer Beendigung der Kernenergienutzung, in: Koch/Roßnagel (Hrsg.), 10. Deutsches Atomrechtssymposium 1999, Baden-Baden 2000, S. 121 ff.

Schlarmann, Josef: Die Wirtschaft als Partner des Staates, Hamburg 1972

Schmidt-Aßmann, Eberhard: Formen der Enteignung (Art. 14 Abs.3 GG), JuS 1986, 836 ff.

ders.: Der Grundrechtsschutz gemischtwirtschaftlicher Unternehmen nach Art. 19 Abs. 3 GG, Beilage Nr. 34 zu BB Heft 27/1990, 1 ff.

ders.: Zur Bedeutung der Privatrechtsform für den Grundrechtsstatus gemischtwirtschaftlicher Unternehmen, in: Jayme/Laufs/Misera/Reinhart (Hrsg.), Festschrift für Hubert Niederländer, Heidelberg 1991, S. 393 ff.

Schmidt-Preuß, Matthias: Konsens und Dissens in der Energiepolitik, NJW 1995, 989 ff.

ders.: Das neue Atomrecht, NVwZ 1998, 553 ff.

ders.: Kernenergiepolitik und Atomrecht, et 1998, 750 ff.

ders.: Rechtsfragen des Ausstiegs aus der Kernenergie, Baden-Baden 2000

ders.: Technikermöglichung durch Recht, in: Klöpfer (Hrsg.), Kommunikation-Technik-Recht, Kommunikationsrecht in der Technikgeschichte, Berlin 2002, 175 ff.

Schmieder, Klaus: Atomanlagengenehmigung und Bestandsschutz von Atomanlagen beim Nachrücken von Industrieansiedlungen, Köln u.a. 1997

Schmitt, Dieter: Kosten eines Kernenergieausstiegs in Deutschland, et 1998, 6 ff.

Schmitt, Franz-Josef: Bestandsschutz für Kernenergieanlagen, in: Lukes/Birkhofer (Hrsg.), 8. Deutsches Atomrechtssymposium 1989, Köln u.a. 1989, 81 ff.

Schneider, Hans-Peter: Nachträgliche Anforderungen, periodische Sicherheitsüberprüfung und Atomaufsicht, in: Steinberg (Hrsg.), Reform des Atomrechts, 1994

ders.: Die Verantwortung des Staates für den sicheren Betrieb kerntechnischer Anlagen, in: Steinberg/Schneider (Hrsg.), Schadensvorsorge im Atomrecht zwischen Genehmigung, Bestandsschutz und staatlicher Aufsicht, Baden-Baden 1991, 117 ff.

Schoch, Friedrich: Rechtsfragen der Entschädigung nach dem Widerruf atomrechtlicher Genehmigungen, DVBl. 1990, 549 ff.

Scholz, Rupert: Art. 12 GG, in: Maunz/Dürig/Herzog, Grundgesetz, Loseblatt München 1981

Schorkopf, Frank: Die „vereinbarte“ Novellierung des Atomgesetzes, NVwZ 2000, 1111 ff.

Schröder, Meinhard: Binnenmarktrelevante Schwerpunkte der Gemeinschaftspolitik zur nuklearen Sicherheit, in: Pelzer (Hrsg.), Kernenergierecht, Baden-Baden 1991, S. 133 ff.

Schulze-Fielitz, Helmuth: Bestandsschutz im Verwaltungsrecht, Die Verwaltung 20 (1987), S. 307 ff.

Schulze-Osterloh, Lerke: Entschädigungspflichtige Inhaltsbestimmung des Eigentums und Enteignung; Tendenzen der neueren Rechtsprechung des Bundesverfassungsgerichts, NJW 1981, 2539 ff.

Schwabe, Jürgen: Anmerkungen zu BVerfGE 83, 201, JZ 1991, 778 ff.

ders.: Anmerkungen zu BGH, Urteil vom 17.12.92- III ZR 112 / 91- , DVBl. 1993, 430 ff.

Schweitzer, Michael / *Hummer*, Waldemar: Europarecht, 5. Auflage Neuwied 1996

Schwerdtfeger, Gunther: Die dogmatischen Strukturen der Eigentumsgarantie, Berlin 1983

ders.: Eigentumsgarantie, Inhaltsbestimmung und Enteignung (BVerfGE 58, 300), JuS 1983, 108 ff.

Seibert, Max-Jürgen: Die Bindungswirkung von Verwaltungsakten, Baden-Baden 1989

Sellner, Dieter: Die Grundpflichten im Bundes-Immssionsschutzgesetz, in: Bachof/Heigl/Redeker (Hrsg.), Verwaltungsrecht zwischen Freiheit,

Teilhabe und Bindung; Festgabe aus Anlaß des 25jährigen Bestehens des Bundesverwaltungsgerichts, München 1978

ders.: Gestuftes Genehmigungsverfahren, Schadensvorsorge, verwaltungsgerichtliche Kontrolldichte, NVwZ 1986, 616 ff.

ders.: Nachträgliche Auflagen und Widerruf der Genehmigung von Kernanlagen, in: Franßen/Redeker/Schlichter/Wilke (Hrsg.), Bürger – Richter – Staat – Festschrift für Horst Sendler, München 1991, S. 339 ff.

Sendler, Horst: Wer gefährdet wen: Eigentum und Bestandsschutz den Umweltschutz oder umgekehrt ?, UPR 1983, 33 ff.

ders.: Anwendungsfeindliche Gesetzesanwendung, Döv 1992, 181 ff.

ders.: Überlegungen zur geplanten Atomgesetznovelle, in: Ossenbühl (Hrsg.), Deutscher Atomrechtstag 2000, Baden-Baden 2001, S. 187 ff.

Steinberg, Rudolf / *Lubberger*, Andreas: Aufopferung, Enteignung und Staatshaftung, Baden-Baden 1991

Steinkämper, Hubert: Genehmigung, Aufsicht, Nachrüstung, in: Lukes/Birkhofer (Hrsg.), 9. Deutsches Atomrechtssymposium 1991, Köln u.a. 1991, S. 255 ff.

Stelkens, Paul / *Bonk*, Heinz Joachim /*Sachs*, Hans-Uwe: Verwaltungsverfahrensgesetz, 6. Auflage München 2001

Stern, Klaus: Das Staatsrecht der Bundesrepublik Deutschland, Band 3 Halbband 1, München 1988

Stettner, Rupert: Art. 74 GG, in: Dreier (Hrsg.), Grundgesetz, Band 2, Art. 20 bis 82 GG, Tübingen 1998

Stüer, Bernhard / *Loges*, Sandra: Ausstieg aus der Atomenergie zum Nulltarif ?, NVwZ 2000, 9 ff.

Szczellka, Peter: Grundfreiheitliche Schutzpflichten- eine „neue“ Funktion der Grundfreiheiten des Gemeinschaftsrechts, DVBl. 1998, 219 ff.

Troberg, Peter: Vorbemerkung zu Art. 52 bis 58, in: von der Groeben/Thiesing/ Ehlermann (Hrsg.), Kommentar zum EGV / EUV, Band 1, 5. Auflage, Baden-Baden 1997

Veith, Christian: Energieversorgungsunternehmen als Instrumente staatlicher Politik; Dargestellt am Beispiel des Ausstiegs aus der Kernenergie, 1988

Vollmer, Lothar: Schutzbereich für Kernenergieanlagen, in: Lukes (Hrsg.), 1. Deutsches Atomrechtssymposium 1972, Köln u.a. 1973

Wagner, Hellmut: Ausstieg aus der Kernenergie durch Verwaltungsakt ?, DÖV 1987, 528 ff.

ders.: Ist die energiewirtschaftliche Plutoniumnutzung rechtswidrig ?, et 1989, 389 ff.

ders.: Ist das Atomgesetz verfassungswidrig ?, NJW 1989, 389 ff.

ders.: Die Fortentwicklung des Atom- und Strahlenschutzrechts im Zeitraum vom 1.1. 1989 bis 30.06. 1991, NVwZ 1991, 834 ff.

ders.: Atomkompromiss und Atomausstieg, NVwZ 2001, 1089 ff.

Wahl, Rainer: Abschied von Ansprüchen aus Art. 14 GG, in: Bender/Breuer/ Ossenbühl/Sendler (Hrsg.), Festschrift für Redeker, 1993, S. 245 ff.

ders. / Hermes, Georg: Nationale Kernenergiepolitik und Gemeinschaftsrecht, Düsseldorf 1995

Weber, Karl-Heinz: Regelungs- und Kontrolldichte im Atomrecht, 1984

Weber-Dürler, Beatrice: Vertrauensschutz im öffentlichen Recht, Basel u.a. 1983

Wesener, Wolfgang: Energieversorgung und Energieversorgungskonzepte, München 1986

Wieland, Joachim: Art. 12 GG, in: Dreier (Hrsg.), Grundgesetz, Band 1, Tübingen 1996 *von Wilmowsky*, Peter: Grenzüberschreitende Abfallentsorgung, NVwZ 1991, 1 ff.

Winters, Karl-Peter: Atom- und Strahlenschutzrecht, München 1978

Wolff, Hans-Joachim / *Bachof*, Otto / *Stober*, Rolf: Verwaltungsrecht I, 10. Auflage München 1997

Wollenteit, Ulrich / *Gebauer*, Jochen: Risiken der Wiederaufarbeitung, ZUR 1999, 250 ff.

FSC
www.fsc.org
MIX
Papier | Fördert
gute Waldnutzung
FSC® C083411

Kolibri 360 GmbH
Ferdinand-Jühlke-Straße 7
99095 Erfurt, Deutschland
produktsicherheit@kolibri360.de

Druck:
CPI Druckdienstleistungen GmbH
im Auftrag der
Kolibri 360 GmbH
Ferdinand-Jühlke-Str. 7
99095 Erfurt